全国高等职业技术教育
卫生部规划教材

供临床、护理、医学影像技术、
口腔医学技术、药学、检验等专业用

计算机应用基础

（第 2 版）

主　编　陈吴兴

副主编　徐晓丽

编　者　（按姓氏拼音排列）
陈吴兴　（丽水学院医学院）
贾　平　（湖南省益阳医学高等专科学校）
刘艳梅　（黑龙江省卫生学校）
武　莉　（辽宁省本溪市卫生学校）
王晓超　（河南省漯河医学高等专科学校）
徐晓丽　（大庆医学高等专科学校）
严　燕　（重庆医药高等专科学校）
张会丽　（山西省临汾职业技术学院）

编写秘书　张会丽　（山西省临汾职业技术学院）

U0284786

人民卫生出版社

图书在版编目（CIP）数据

计算机应用基础/陈吴兴主编. —2版. —北京：人民卫生
出版社，2010.1
ISBN 978-7-117-12507-9

Ⅰ. 计⋯　Ⅱ. 陈⋯　Ⅲ. ①电子计算机—高等学校：技术
学校—教材　Ⅳ. ①TP3

中国版本图书馆 CIP 数据核字（2009）第 230403 号

| 人卫社官网 | www.pmph.com | 出版物查询，在线购书 |
| 人卫医学网 | www.ipmph.com | 医学考试辅导，医学数据库服务，医学教育资源，大众健康资讯 |

计算机应用基础
（第 2 版）

主　　编：陈吴兴
出版发行：人民卫生出版社（中继线 010-59780011）
地　　址：北京市朝阳区潘家园南里 19 号
邮　　编：100021
E - mail：pmph @ pmph.com
购书热线：010-59787592　010-59787584　010-65264830
印　　刷：北京人卫印刷厂
经　　销：新华书店
开　　本：787×1092　1/16　印张：27.75
字　　数：692 千字
版　　次：2003 年 12 月第 1 版　2017 年 8 月第 2 版第 15 次印刷
标准书号：ISBN 978-7-117-12507-9/R·12508
定　　价：38.00 元

打击盗版举报电话：010-59787491　E-mail：WQ @ pmph.com
（凡属印装质量问题请与本社市场营销中心联系退换）

全国高等职业技术教育第 2 轮卫生部规划教材

修 订 说 明

为适应我国医学专科教育改革和基层卫生工作改革发展的需要,卫生部教材办公室 2009 年决定对全国高等职业技术教育卫生部规划教材进行第 2 轮修订,本次修订的是本系列教材的公共基础课和临床基础课教材,共 14 门。临床课教材不再修订,学校可采用第 6 轮高职高专临床医学专业卫生部规划的临床课教材(3 年制)。

2009 年 5 月,卫生部教材办公室在湖北省襄樊市主办了全国高等职业技术教育第 2 轮卫生部规划教材主编人会议,此次会议上进一步明确了编写原则,即以专业培养目标为导向,以职业技能的培养为根本,基本理论和基本知识以"必须、够用"为度,继续坚持"三基、五性、三特定"的原则。

本系列教材主要适合于"五年一贯制"医学类专科学校使用。

全国高等职业技术教育第 2 轮卫生部规划教材(供临床、护理、医学影像技术、口腔医学技术、药学、检验等专业用)共 14 门课:

1.《语文》	主编	王 峰	副主编	禹 琳	丁慎国
2.《英语》	主编	段晓静	副主编	于 红	赵 旦
3.《数学》	主编	张爱芹	副主编	张洪红	周汉伟
4.《物理》	主编	楼渝英	副主编	肖擎纲	朱世忠
5.《化学》	主编	杨艳杰	副主编	何丽针	
6.《计算机应用基础》	主编	陈吴兴	副主编	徐晓丽	
7.《体育与健康》	主编	成明祥	副主编	张晓云	焦方芹
8.《医学生物学》	主编	康晓慧	副主编	张淑玲	王学民
9.《系统解剖学与组织胚胎学》	主编	刘文庆 吴国平	副主编	全晓红	秦 毅
10.《生理学》	主编	彭 波	副主编	潘丽萍	王加真
11.《生物化学》	主编	何旭辉	副主编	赵汉芬	朱 霖
12.《病原生物与免疫学》	主编	许正敏 杨朝晔	副主编	姜凤良	吴松泉
13.《病理学》	主编	丁运良	副主编	杨 红	周 洁
14.《药理学》	主编	谭安雄	副主编	李秀丽	郭春花

前 言

由于计算机科学技术的发展非常迅速，计算机应用已经广泛渗透到了社会各个领域，成为现代社会知识结构中的重要组成部分，并发挥着越来越大的作用，是人们学习、工作、生活中的必备工具。本书是计算机基础课应用教材，作为高等职业技术学院和高等专科学校的计算机专业和非计算机专业的教学用书，同时也可作为广大计算机操作使用者学习的参考读本。

由于部分院校学生要参加教育部或省教育厅组织的本门课程的等级考试，故再版时，本教材继承了上版教材的优点，改进了其存在的不足，并对上版教材进行了较大改版。如将上版以 Windows 98 为教学平台的内容改版为 Windows XP，将主要内容以美国微软公司推出的现代化办公应用软件包 Office 2000 组件内容改为 Office 2003 为基础进行编写。由于南北方的医学院校对计算机等级考试的要求有差异，故删除了上版教材的第三章，增加相当篇幅介绍了基于 Office Access 2003 和 Visual FoxPro 6.0 的数据库应用软件，充实了计算机等级考试的内容，作为计算机等级考试的必备教材。

为了提高医学院校计算机教学的总体水平，另编写了《计算机应用基础学习指导及习题集》，除了教学配套实验外，还编写了各章的习题。教材共分为 9 章，按教学大纲给定的 120 学时要求进行编写，各医学院校可根据自己学校教学要求目的的不同，自行选用安排教学。

第一章主要介绍计算机基础知识。

第二章主要介绍 Windows XP 操作系统功能与使用。

第三章主要介绍文字处理软件——中文 Office Word 2003。

第四章主要介绍电子表格处理软件——中文 Office Excel 2003。

第五章主要介绍演示文稿软件——中文 Office PowerPoint 2003。

第六章主要介绍网页制作软件——中文 Office FrontPage 2003。

第七章主要介绍数据库管理软件 Office Access 2003。

第八章主要介绍计算机网络基础知识。

第九章主要介绍 Visual FoxPro 6.0 数据库管理系统。

本教材内容由浅入深、循序渐进、实践性强，强调上机操作，突出技能的培养。当每一项操作有多种操作方法时，按照方法一、方法二……叙述；每一种方法涉及分步操作时，均采用步骤一、步骤二……进行描述，故本教材在讲授理论知识的同时兼顾上机操作。理论与实践并举是这本教材的一大特色。

本教材是卫生部高等职业技术教育规划教材，由全国高等医药教材建设研究会、卫生部教材办公室组织，全国相关高等医药院校从事计算机教学的一线教师参加编写，先后于 2009 年 5 月在湖北省襄樊市召开了主编人会议，于 2009 年 9 月在黑龙江省哈尔滨市召开了定稿会议。书稿整个编写过程中得到了各编者所在单位的大力支持，在此表示诚挚的谢忱。

本教材涉及计算机相关专业知识的内容较多,对每位编者要求较高,为使本教材的内容符合高等医学职业技术教育的要求,全体编者以高度认真负责的态度参与了整个教材的编写,编者们通过腾讯 QQ 群进行编写讨论,对初稿相互传递进行反复互审,力求教材的科学性与完美性。鉴于时间仓促,加上编者水平有限,书中难免有错误和不足之处,恳请各位专家、同行和广大读者批评指正。

陈吴兴

2009 年 11 月

目　录

第 一 章

计算机基础知识

计算机(computer)是一种能接收和存储信息,并按照存储在其内部的程序对输入的信息进行加工、处理,然后把处理结果输出的高度自动化的电子设备。计算机是人类 20 世纪科学技术发展进程中最杰出的成就之一,它的研制成功对人类社会的发展和科学技术的进步起到了重要作用。21 世纪是信息的时代,随着计算机技术的飞速发展以及计算机的普及应用,计算机已成为信息社会不可缺少的工具,计算机应用教育已成为人们素质教育中的重要组成部分。

第一节　计算机与信息社会

计算机不仅是现代社会使用最广泛的现代化工具,而且是信息社会的重要支柱,信息社会与计算机密切相关。

20 世纪 90 年代开始,信息革命在世界各地悄然兴起,这意味着 21 世纪人类将进入信息社会。信息社会的主要特征是:

1. 人类处理信息的能力将由于计算机及通信技术的运用而成百上千倍地扩大。人类脑力劳动的相当部分将由信息处理系统代替。

2. 社会的信息交往将在很大程度上围绕信息网络及其服务中心展开。

3. 能使大量信息快速传输成为现实的信息技术,将使人类的活动在空间距离上相对缩小,在时间上加快活动的进程,并在社会各方面对人类日常活动产生极大的影响。

4. 随着信息、技术和知识的大量产生,传输及服务将可以与物质产品的生产、运输及服务产业相比拟。信息产业将成为信息社会的主要支柱产业之一。

信息社会对人才素质的培养和知识结构的更新提出了全新的要求,信息社会的基础是计算机、通信和控制。计算机已无可争辩地成为一项社会技术,越来越多的人已经认识到:①计算机的普及和应用将使传统的生活和工作方式发生变化。在信息社会里,不会使用计算机的人,就如同不会使用纸和笔一样,将是新时代的"文盲"。②计算机技术水平的高低是衡量人才的重要尺度。目前许多专业的实际工作都离不开计算机,计算机使用水平的高低将影响到人们所从事专业的发展。当代大学毕业生应该有较强的计算机应用与开发能力。③信息社会人们工作方式的改变(人们将普遍使用诸如电子数据交换、电子邮件、综合业务数字网、可视电话等信息技术),要求高技术人才必须具备很强的应用计算机技术的能力。

为了培养面向 21 世纪各行各业的高等技术人才,计算机知识与应用能力应成为高等职业技术学校的学生知识和能力结构的重要组成部分。同时,在迈入 21 世纪的今天,在高等职业学校的各学科教育中,计算机的作用已不仅仅是一种工具,而是各学科本身内容的有机组成部分。加强计算机基础教育不仅能提高计算机知识水平,也为提高其他学科的教育水平打好基础。因此,计算机基础教育既是文化基础教育、人才的素质教育,也是强有力的技术基础教育。这是信息化社会的需要,也是各学科发展的需要。

一、计算机的诞生和发展

计算机和其他电子设备一样,是随着社会的发展和科学技术的进步而发展起来的。在20世纪40年代中期,由于科学技术的发展,需要研制和生产更先进的计算工具,以解决比较复杂的科学计算,为此,世界上一些先进的国家组织科学家进行研制和生产电子计算机。1946年2月,美国研制成功世界上第一台电子计算机,称为 ENIAC(埃尼阿克),它是电子数值积分器和计算器的英文名称(electronic numerical integrator and calculator)的缩写。

图1-1中的这台计算机使用了18 000多个电子管,10 000只电容,7 000个电阻,6 000多个开关和1 500多个继电器,其重量达30t,占地面积约150m²,它的耗电量约为140kW/h。其运算速度为5 000次/s加法运算,比当时的机械计算机的运算速度快1 000倍左右。

第一台电子计算机的诞生,揭开了计算机发展史的序幕。半个多世纪以来,计算机发展极为迅速,更新换代非常快。计算机的发展阶段,通常是按照计算机中所采用的电子逻辑器件来划分的,可以分为以下四个阶段:

图1-1　第一台电子计算机

1. 第一代电子管计算机　从 ENIAC 问世至 20 世纪 50 年代后期,即 1946～1958 年,其特点是:以电子管为逻辑元件,其耗电量大,工作时大部分电能以热的形式散发,使计算机内的温度升高,常常因为电子管烧坏而停机检修。它的存储设备与现在的计算机也不相同,它以磁芯为内存储器,磁带机为外存储器,其运算速度为每秒数万次。它的软件发展也不完善,没有系统软件,只能使用机器语言和汇编语言编写的计算机程序。

2. 第二代晶体管计算机　20 世纪 50 年代末至 20 世纪 60 年代中期,即 1959～1964年,其特点是:以晶体管取代电子管作为逻辑元件,其耗电量降低了,它采用半导体存储器为内存储器,磁盘为外部存储器,其运算速度较快,每秒可达到几百万次。计算机的软件也有所发展,提出了操作系统概念,出现了部分高级语言,如 COBOL、BASIC 语言。

3. 第三代中小规模集成电路计算机　20 世纪 60 年代中期至 20 世纪 70 年代初期,即1965～1970 年,其特点是:采用中、小规模集成电路作逻辑元件,半导体存储器为内存储器,大容量磁盘为外存储器,其运算速度更快,每秒可达到千万次。软件有操作系统,结构化程序设计语言,并出现了分时操作系统。

4. 第四代大规模、超大规模集成电路计算机　20 世纪 70 年代初期至今,即 1971 年至今。其特点是:以大规模集成电路作为逻辑元件,以集成度更高的半导体存储单元作内存,以磁盘和光盘作为外存储器,其运算速度每秒可达百亿次以上。这一代计算机在各种性能上都得到了大幅度的提高,使用的软件也越来越丰富,其应用领域更加扩大,已经涉及国民经济的各个领域,在办公自动化、数据库管理、图像识别、专家系统等许多领域里大显身手,发挥其重要作用。计算机的发展速度非常快,目前计算机已经普遍进入普通家庭,为人们的学习、工作和生活提供了许多方便。

目前,一些国家正在研制新一代计算机,如支持逻辑推理和支持知识库的智能计算机、神经网络计算机和生物计算机等。

二、微型计算机

计算机的分类方法较多,按照计算机的运算速度、数据处理能力和输入输出能力可分为:巨型机、大型机、中型机、小型机和微型机。

在各类计算机中,由于微型机具有体积小、价格便宜、使用方便、通用性强、可靠性高和适应环境能力强等许多优点,所以也是发展最快、应用范围最广、使用数量最多的计算机。

常见微型计算机有 IBM-PC 机(个人计算机),IBM-PC 机是美国 IBM 公司于 1981 年研制成功的,以后又不断研制开发新产品,在几年的时间内发展成为一个系列微型计算机。世界各大计算机公司也相继生产出大批与 IBM-PC 机在功能和结构上基本相同的兼容机,称为 IBM-PC 兼容机。美国苹果公司研制生产的麦金塔什机,是一种高性能微机,它在图形图像处理、印刷排版和多媒体数据处理等许多应用领域具有独特的优点。

目前所生产的微型计算机采用了先进的微处理器(microprocessor),Inter 公司生产的 P4 处理器主频 6.4GHz 以上;IBM 公司生产的微芯片其主频已达 110GHz。内存容量主流是 2GB 以上或更大,硬盘的容量达 320GB 或更大,运行速度超过 6 亿条指令/s。如图 1-2 所示的是第四代微型计算机。

图 1-2　第四代微型计算机

当今微型计算机已发展出单片机、便携式微型计算机(笔记本计算机)、台式微型计算机。

随着计算机应用范围的扩大,各大电脑公司注重微型计算机的研究和生产,对于计算机的普及起到了积极的推进作用,所以微型计算机具有很好的发展前景。

三、计算机的特点

计算机主要具有以下几个特点:

1. 运算速度快　电子计算机由于采用了高速的电子元件以及先进的计算技巧,它的运算速度非常快,目前先进的计算机其计算速度可达每秒千亿次以上,极大地提高了工作效率,使过去需要几年甚至几十年才能完成的计算工作,现在只需用几个小时,甚至几分钟内就可以完成。

2. 计算精确度高　由于计算机软件和硬件技术的发展,从而使其精确度在理论上达到无限,能满足任意精度的要求。例如,计算圆周率,科学家能计算到小数点后 500 多位,而日本的学者利用计算机可以精确计算到小数点后 200 万位。

3. 自动化程度高　电子计算机在程序控制下自动进行工作,整个工作过程中不需要人工直接干预。用户可以根据自己需要解决的问题,事先将编写好的程序输入计算机内部,其余的工作完全由计算机完成,因此计算机的应用范围十分广泛。

4. 记忆功能强　计算机具有记忆功能的部件——存储器,它能存储大量的信息,是其他工具无法比拟的,这种功能很像人类大脑的"记忆"功能,所以计算机也称为"电脑"。

5. 具有逻辑判断能力 计算机还可以进行逻辑运算,进行判断和比较,可以利用计算机此项功能进行逻辑推理和证明,研制和生产智能模拟型计算机,扩大了计算机的应用领域。

四、计算机的性能指标

评价计算机的性能指标主要有以下几项:主频、字长、内存容量、存取周期和运算速度。

1. 主频 计算机的中央处理器(Central Processing Unit,CPU),在单位时间内发出的脉冲数(时钟频率),称为主频率(简称主频)。它在很大程度上决定了计算机的运行速度。主频的单位是兆赫兹(MHz,1 000MHz 为 1GHz),双核的微处理器是目前市场上的主流产品,主频是 2 000MHz(2GHz)以上,如酷睿(Core)系列,也有四核的微处理器,但目前费用高。AMD2 有三核的,主频 2.6 以上,也是市场上主流产品。主频率越高,计算机的运行速度越快。而现在微处理器的二级缓存的大小也是微处理器的一项重要性能指标。

2. 字长 字长是指计算机运算部件一次能处理的二进制数据的位数。字长越长,计算机处理信息的能力越强,存储的信息容量越大,性能也越高。它是评价计算机性能的一个非常重要的指标。不同型号的计算机,它的字长也不相同,有 8 位、16 位、32 位,目前可达64 位。

3. 内存容量 内存储器能存储的信息总字节数称为内存容量。字节(Byte)是指作为一个单位来处理的一串二进制位数,通常以 8 个二进制位(Bit)作为一个字节。每 1 024 个字节称为 1K 字节(1 千字节,简写 1KB)。目前双核处理器(CPU)的微型计算机的内存容量一般在 2GB 以上。内存储器容量越大,处理数据的范围越广,运行速度越快。

4. 存取周期 把信息代码存入存储器,称为"写",把信息代码从存储器中取出,称为"读"。存储器进行一次"读"或"写"操作所需要的时间称为存储器的访问时间(或读写时间),而连续的启动两次独立的"读"或"写"操作(如连续的两次"写"操作)所需要的最短时间,称为存取周期(或存储周期)。目前微型计算机内存储器都采用大规模集成电路制成,其存取周期很短,约为几十毫微秒(或几毫微秒)。

5. 运算速度 运算速度是一项综合性的性能指标,其单位是 MIPS(百万条指令/秒)。因为各种指令的类型不同,执行不同的指令所需要的时间也不一样。单位时间内运行指令的条数,其数值越大说明计算机运算的速度越快,处理信息的能力越强。过去以执行定点加法指令作为标准来计算运算速度,现在用一种等效速度或平均速度来衡量。等效速度是由各种指令平均执行时间以及相对应的指令运行比例计算的,即用加权法求得。影响机器运算速度的因素很多,主要是 CPU 的主频和存储器的存取周期。

衡量一台计算机系统的性能指标很多,在评价计算机的性能指标时,除上述列举的五项主要指标外,还要考虑计算机的兼容性、可靠性、汉字处理能力、网络功能等因素,此外性能/价格比是一项综合性评价计算机性能的指标。

五、计算机的应用领域

目前计算机的应用范围非常广泛,主要应用于工业、农业、国防、科研、卫生、文化、教育、交通、商业、建筑、通信以及日常生活的各个领域,概括起来有以下几个方面:

1. 科学计算　计算是计算机当初发明的最主要目的,计算机主要解决科学研究和工程技术中的数值计算。如航空航天、导弹、天气预报、大型力学工程、人造卫星、高层建筑、原子反应堆、地质勘探等方面的科学计算。

2. 数据处理　数据处理是指对大量的数据进行加工和处理的过程。包括数据的收集、存储、分类、统计、处理和输出等。经过对数据的处理,为科学的判断和决策提供依据。数据处理也是计算机的一个重要应用领域,如图书检索、人口普查、电子商务系统、生产管理系统、医院信息系统等都是用计算机进行大量复杂的数据统计处理,降低了工作人员的劳动强度,大大地提高了工作的效率、工作质量和管理水平。

3. 过程控制　过程控制又称实时控制,指用计算机实时采集控制对象的数据,分析处理采集的数据后,按被控制对象的系统要求对控制对象进行控制。过程控制主要用于工业生产,利用计算机对生产过程进行监视和控制。例如,汽车工业用计算机控制整个装配流水线;炼钢厂用计算机控制生产过程中的投料、炉温和冶炼等;在交通运输、航空航天领域利用计算机进行过程的控制,如车辆调度、飞机起降、火箭的发射等。

4. 计算机辅助系统　它包括计算机的辅助设计、辅助制造、辅助教学及其他辅助系统。

(1) 计算机辅助设计(computer aided design,CAD):指利用计算机帮助设计人员进行设计。它能很容易地对设计方案随时进行修改,可以提高设计质量、缩短设计时间、降低设计人员的劳动强度。例如:机械设计、飞机制造设计、集成电子设计、建筑设计、服装设计、装潢设计等。

(2) 计算机辅助制造(computer aided manufacturing,CAM):计算机辅助制造是利用计算机对生产设备进行管理、操作和控制。它可以降低劳动者的劳动强度、提高劳动生产率和产品质量。如数控机床加工工件。

(3) 计算机辅助教学(computer aided instruction,CAI):指利用计算机帮助教师进行教学,指导学生的学习。把计算机作为一种现代化教学手段,给学生传授知识,也可以模拟在实际中难以进行的实验过程等,解决了教学中用其他实验设备无法完成的一些难题。能激发学生的学习兴趣,提高教学质量。随着计算机网络的发展,还可以利用计算机进行远程教学,学生不受时间和地点空间的限制,随时随地学习。

(4) 计算机辅助测试(computer aided testing,CAT):指利用计算机进行复杂而大量的测试工作。

(5) 其他辅助系统:如计算机辅助诊断,主要在医学领域上的应用,在临床上利用计算机对某些疾病进行辅助诊断或准确的诊断,如螺旋 CT(Spiral CT,即计算机断层扫描)可以对脑出血、颅内占位性病变进行科学的、准确的诊断。

5. 人工智能　人工智能是指利用计算机模拟人类的演绎推理和决策等智能活动。其应用领域十分广泛,如计算机模拟医学专家的经验,对某些疾病进行诊断和提出治疗方案。还可通过计算机网络实施远程医疗。

6. 计算机通信　计算机通信是近几年迅速发展起来的一项重要的计算机应用领域。计算机网络技术的发展,促进了计算机通信应用业务的开展。目前,不断完善的计算机网络系统,给计算机通信增加了新的内容,由单纯的文字数据通信扩展到音频、视频和活动图像的通信。Internet 的迅速普及,诸如网上会议、网上医疗、网上金融、网上商业等网上通信活动进入了人们的生活。进入 21 世纪,随着 ADSL、3G 的广泛使用,计算机通信将进入高速发展阶段。

7. 远程医疗(telemedicine) 远程医疗是使用远程通信技术、全息影像技术、新电子技术和计算机多媒体技术等,发挥大型医学中心技术和设备的优势,对医疗卫生条件较差的偏远地区开展的远距离医学信息和服务。它实现了对医学资料和远程视频、音频信息的传输、存储、查询、比较、显示及共享,旨在提高诊断与医疗水平,降低医疗开支,满足广大人民群众保健需求的一项全新的医疗服务。远程医疗正日益渗入到医学的各个领域,如皮肤病、肿瘤、放射医学、外科手术、精神病学和家庭医疗保健等。

8. 智能机器人 模拟人的思维和动作(智能模拟型计算机),在各种恶劣的环境下代替人类进行某种脑力劳动及细微、繁重的体力劳动,解决社会生产和生活中的一些难题。

综上所述,随着计算机的普及、性能的提高、智能化及网络化的逐步发展和完善,其应用范围也在不断的扩大,为此,作为一名医学生以及在职的医务工作人员必须学习、掌握和使用好计算机,以适应社会发展的需要。

六、计算机的发展趋势

从第一台计算机研制成功,计算机不断的发展和完善,其性能和应用领域不断的扩大。按照主要物理器件分类,计算机发展大致经历了四代,而这四代均采用的是冯诺依曼机型结构。针对芯片集成电路提出的摩尔定律预言,每过 18 个月,微处理器硅芯片上晶体管的数量就会翻一番。随着大规模集成电路工艺的发展,芯片的集成度越来越高,也越来越接近工艺甚至物理的上限,最终,晶体管会变得只有几个分子那样小。在这样小的距离内,起作用的将是"古怪"的量子定律,电子从一个地方跳到另一个地方,甚至越过导线和绝缘层,从而发生致命的短路。

以摩尔速度发展的微处理器使全世界的微电子技术专家面临着新的挑战。尽管传统的、基于集成电路的计算机短期内还不会退出历史舞台,但旨在超越它的非冯诺依曼机型结构,新型材料类的超导计算机、纳米计算机、磁光计算机、DNA 计算机和量子计算机正在跃跃欲试。

总体来说计算机将向以下几个方向发展:

1. 巨型化 所谓巨型化即所生产的计算机速度更快、存储和信息处理能力更加强大,以解决普通计算机不能或难以解决的大型复杂信息处理问题。如石油勘探、大型力学工程、中长期天气预报,以及航空航天等高科技领域的数值计算和数据处理。

2. 微型化 各个计算机生产厂家研制和生产微型计算机,因为它具有灵活、价格便宜的特点,大多数人有能力购买和使用计算机,扩大了计算机的应用范围,人们能真正体验到计算机给生产和生活带来的好处,所以微型计算机的发展最快、应用最广泛、最具有发展前途。

3. 网络化 网络化是利用现代通信设备和通信线路将不同地理位置、功能各自独立的多台计算机系统连接起来,在网络软件管理下组成计算机网络。其目的是实现资源共享,用户可以在网上浏览、检索和下载信息,也可进行电子邮件、传真或文件传输,还可参加网上会议、阅读电子小说、诊疗、购物及远程教育等。

4. 智能化 在计算机内部存储一些定理和推理规则,用户设计好程序,然后让计算机自动探索解题方法和推导出结论。其中最具有代表性的两个领域是专家系统和智能机器人。机器人代替人进行某些脑力劳动或繁重的体力劳动,以完成更为艰巨的工作任务。

七、我国计算机产业的发展

我国计算机事业起步比较晚,1956 年开始研制生产电子计算机。1957 年,第一台模拟电子计算机研制成功。1958 年,我国研制生产第一台电子数字计算机(103 机)。从 1964 年开始,我国推出一系列晶体管计算机,如 109 乙、109 丙、108 乙、320 等。1974 年开始,我国自行研制和生产出一系列集成电路计算机,如 150、DJS-100 系列、DJS-200 系列等。

20 世纪 70 年代,由于受某些因素的影响,我国的计算机发展速度较慢。20 世纪 80 年代后,我国计算机事业如雨后春笋,生机勃勃。1983 年,研制生产出我国第一台亿次巨型机"银河-Ⅰ";1993 年,10 亿次巨型计算机"银河-Ⅱ"诞生;1995 年,曙光 1000 大型机通过鉴定,其峰值达 25 亿次/秒;1997 年,130 巨型机"银河-Ⅲ"诞生;2000 年 7 月,"神威-Ⅰ"计算机问世,其速度可达 3 840 亿次/秒。目前我国研制的"曙光 5000"首次采用了 4 路 4 核的刀片服务器设计,在 7U 高度的机箱内可部署了 40 颗 CPU,实现 160 个计算核心的计算密度。"曙光 5000"的单机柜内可以部署 5 个 7U 高度机箱,这意味了"曙光 5000"单机柜即可实现 200 颗 CPU,800 个计算核心的超高计算密度,理论计算峰值 7.5 万亿次。2008 年 6 月,在国家 863 计划"高性能计算机及其核心软件"重大专项的支持下,中科院计算所和曙光公司研发成功"曙光 5000A"高效能计算机系统。这台名为"魔方"的超级计算机已经通过国家验收,成功运行在上海超级计算中心。"魔方"的峰值运算速度为 233 Tflops,Linpack 实测值达到 180.6Tflops,在 2008 年 11 月份公布的全球高性能计算机 TOP500 排行榜中进入前十名。"魔方"是目前国内性能最高的通用计算机系统,也是当时除美国之外,世界范围内性能最高的超级计算机系统。

我国是继美国、日本之后第三个具备研制高性能计算机的国家,在微型计算机的研制和生产方面,也居世界领先地位。国内市场上先后推出联想、长城、方正、清华同方、浪潮等国产名牌产品,国产品牌市场占有率越来越高;值得庆贺的是我国的联想集团于 2004 年 12 月宣布收购 IBM 全球台式电脑及笔记本电脑业务,2005 年 1 月 27 日获联想股东批准通过,收购在 2005 年第二季度完成。在软件产业方面更是兴旺发达,先后推出北大方正汉字激光照排系统、江民 KV 系列杀毒软件、金山毒霸、瑞星杀毒等反病毒软件、金山公司 WPS Office 系统集成软件等。

第二节 计算机的运行基础

为了了解计算机的基本工作原理,首先应该知道计算机是如何进行信息处理的,为此要掌握什么是数制、二进制数的运算规则、信息在计算机中的表示方法及信息在计算机中的存储。

一、 数   制

(一) 进位计数制

一种进位计数制包含一组数码符号。

1. **数码** 一组用来表示某种数制的符号。如:0、1、2、3、4、5、A、B……

2. **基数** 数制所用的数码个数,用 R 进制表示,称 R 进制,其进位规律是"逢 R 进一",如:十进制的基数为 10,逢 10 进 1,借 1 当 10。60 进制的基数是 60,逢 60 进 1,借 1 当 60。

3. 位权 数码在不同位置上的权值。在某进位制中,处于不同数位的数码,代表不同的数值,某一个数位的数值是由这位数码的值乘上这个位置的固定常数构成,这个固定常数称为"位权"。如:十进制的个位的位权是"1",百位的位权是"100"。

(二) 十进制

在工作和日常生活中人们经常与数接触,进行数字的处理,通常人们习惯使用十进制表示数,即用 0、1、2、3、4、5、6、7、8、9 十个数字符号表示数字信息,由于它有 10 个数码,因此基数为 10。数码处于不同的位置表示的大小是不同的,如 9876.56 这个数中的 8 就表示 $8 \times 10^2 = 800$,这里 10^n 称作位权,简称"权",一个十进制数各位的权是以 10 为底的幂。十进制数又可以表示成按"权"展开的多项式。

例 1:将十进制数 9876.56 按权展开为多项式。

计算方法如下:

$9876.56 = 9 \times 10^3 + 8 \times 10^2 + 7 \times 10^1 + 6 \times 10^0 + 5 \times 10^{-1} + 6 \times 10^{-2}$

在进行数值运算时,其进位遵循"逢 10 进 1,借 1 当 10"的规则。

(三) 二进制

在计算机中,信息的处理是用二进制进行的。二进制即用 0 和 1 两个数字符号表示数字信息,许多电子元件都只具有两种稳定的工作状态,如半导体的通断;电位的高低;电极的正负;电容器的充电和放电等等,为此,计算机在进行信息处理时首先采用二进制数。

对于一个二进制数,二进制的基数是 2,权为 2^n。也可以表示成按权展开的多项式。

例 2:将二进制数 1010111.101 按权展开为多项式。

计算方法如下:

$$1010111.101 = 1 \times 2^6 + 0 \times 2^5 + 1 \times 2^4 + 0 \times 2^3 + 1 \times 2^2 + 1 \times 2^1 + 1 \times 2^0$$
$$+ 1 \times 2^{-1} + 0 \times 2^{-2} + 1 \times 2^{-3}$$

运算时其进位遵循"逢 2 进 1,借 1 当 2"的规则。

(四) 八进制

八进制数的数码是用 0、1、2、3、4、5、6、7 表示,八进制数基数为 8,权为 8^n,也是可用权展开的多项式。

例 3:将八进制数 657.15 按权展开为多项式。

计算方法如下:

$$657.15 = 6 \times 8^2 + 5 \times 8^1 + 7 \times 8^0 + 1 \times 8^{-1} + 5 \times 8^{-2}$$

八进制数运算时,遵循"逢 8 进 1,借 1 当 8"的规则。

(五) 十六进制

十六进制数的数码是用 0、1、2、3、4、5、6、7、8、9、A、B、C、D、E、F 表示,十六进制数的基数是 16,权为 16^n,也可以表示成按权展开的多项式。

其中字符 A 对应十进制中的 10,B 表示为 11,C 表示 12,D 表示 13,E 表示 14,F 表示 15。也可以表示成按权展开的多项式。

例 4:将十六进制数 36C.B5 按权展开为多项式。

计算方法如下:

$$36C.B5 = 3 \times 16^2 + 6 \times 16^1 + 12 \times 16^0 + 11 \times 16^{-1} + 5 \times 16^{-2}$$

十六进制数运算时,遵循"逢 16 进 1,借 1 当 16"的规则。

各进制书写时,可用以下三种格式:

第一种:$9\,876.56_{(10)}$,$1\,010\,111.101_{(2)}$,$657.15_{(8)}$,$36C.B5_{(16)}$。

第二种:$(9\,876.56)_{10}$,$(1\,010\,111.101)_2$,$(657.15)_8$,$(36C.B5)_{16}$。

第三种:$9\,876.56D$,$1\,010\,111.101B$,$657.15O$,$36C.B5H$;其中 D、B、O、H 分别表示为十进制、二进制、八进制和十六进制。

二、数制之间的转换

1. 十进制数转换成二进制数　十进制数转换成二进制数按以下方式进行:

(1) 整数位转换:用"除 2 取余法"的规则,如图 1-3 所示。

1) 用 2 去除十进制的整数,取其余数为转换后的二进制数的最低度位数;

2) 再用 2 去除所得的商,取其余数为转换后的二进制数的高一位数字;

3) 重复执行 2)直至商为 0,余数为 1 时为止,转换后的二进制数的最高位。

(2) 小数位转换:用"乘 2 取整法",将十进制的小数部分乘 2,取积的整数部分作为二进制数的最高位;用上步积的小数部分再乘 2,同样取积的整数部分作为二进制数的次高位,以此类推,直到积的小数部分为 0 或达到所要求的精确度为止,如图 1-4 所示。

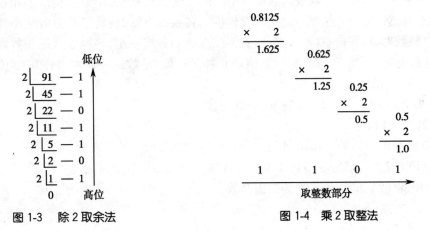

图 1-3　除 2 取余法　　　　图 1-4　乘 2 取整法

例 5:将十进制数 91.8125 转换为二进制数。

计算方法如下:

① 先将该数的整数 91 除以 2,得:1011011。

② 将该数的十进制小数 0.8125 转换为二进制小数。

故 91.8125D 转换成二进制得:1011011.1101B

2. 二进制数转换成十进制数　将一个二进制数转化为一个十进制数,只要将各二进制数乘以相应的权值,再将各项之和相加即可。

例 6:将 $(1011.1001)_2$ 转换成十进制数。

计算方法如下:

$$(1011.1001)_2 = 1\times2^3+0\times2^2+1\times2^1+1\times2^0+1\times2^{-1}+0\times2^{-2}+0\times2^{-3}+1\times2^{-4}$$
$$= 8+0+2+1+0.5+0+0+0.0625$$
$$= 11.5625_{(10)}$$

3. 八进制数转换成十进制数

例 7:将 $657.15_{(8)}$ 转换成十进制数。

计算方法如下：

$$657.15_{(8)} = 6 \times 8^2 + 5 \times 8^1 + 7 \times 8^0 + 1 \times 8^{-1} + 5 \times 8^{-2}$$
$$= 384 + 40 + 7 + 1/8 + 5/64$$
$$= 431.203\,125_{(10)}$$

4. 十六进制数转换成十进制数

例 8：将 $36C.B5_{(16)}$ 转换成十进制数。

计算方法如下：

$$36C.B5_{(16)} = 3 \times 16^2 + 6 \times 16^1 + 12 \times 16^0 + 11 \times 16^{-1} + 5 \times 16^{-2}$$
$$= 768 + 96 + 12 + 11/16 + 5/256$$
$$= 768 + 96 + 12 + 0.687\,5 + 0.019\,531\,25$$
$$= 876.707\,031\,25_{(10)}$$

5. 非十进制数之间的相互转换

(1) 先转换成十进制数，再将十进制数转换成相应进制数。

(2) 八进制数和二进制数之间的相互转换。

因为 $8 = 2^3$，即一个八进制数可以用三个二进制数来表示，反之亦然，利用这一规则可方便地在八进制数和二进制数之间相互转换。转换的方法是：将二进制数从小数点开始分别向左（整数部分）和向右（小数部分）每三位二进制分成一组，转换成八进制数码中的一个数字，连接起来，不足三位时，对原数值用 0 补足三位，整数部分在左边补 0（高位），小数部分在右边补 0（低位）。

例 9：将 $(10\,110\,101.11)_2$ 转换成八进制数。

计算方法如下：

$(10\,110\,101.11)_2 = (010\,110\,101.110)_2 = (265.6)_8$，反过来也一样。

或 $(10\,110\,101.11)_2 = \boldsymbol{0}10\ 110\ 101.\ 110\ \boldsymbol{0} = (265.6)_8$，倒过来也一样。

例 10：将 $(2\,376.14)_8$ 转换为二进制数。

计算方法如下：

$(2\,376.14)_8 = (010\,011\,111\,110.001\,100)_2$

或 $(2\,376.14)_8 = \boldsymbol{0}10\ 111\ 110.\ 001\ 1\boldsymbol{00}$

即 $(2\,376.14)_8 = (10\,011\,111\,110.0011)_2$

(3) 十六进制数和二进制数之间的相互转换。

因为 $16 = 2^4$，即一个十六进制数可以用四个二进制数来表示，反之亦然，利用这一规则可方便地在十六进制数和二进制数之间相互转换。转换的方法是：将二进制数从小数点开始分别向左（整数部分）和向右（小数部分）每四位二进制分成一组，转换成十六进制数码中的一个数字，连接起来，不足四位时，对原数值用 0 补足四位，整数部分在左边补 0（高位），小数部分在右边补 0（低位）。

例 11：将 $(1\,010\,110\,101.11)_2$ 转换为十六进制数。

$(1\,010\,110\,101.11)_2 = (0010\,1011\,0101.1100)_2 = (2B5.C)_{16}$，反过来也一样。

$(1\,010\,110\,101.11)_2 = \boldsymbol{00}10\ 1011\ 0101.\ 11\boldsymbol{00} = (2B5.C)_{16}$，反过来也一样。

例 12：将 $(A26.F)_{16}$ 转换为二进制数。

$(A26.F)_{16} = 1010\ 0010\ 0110.1111$

即 $(A26.F)_{16} = (101\,000\,100\,110.1111)_2$

例 13: 将(1010101011.011)$_2$,转换成十六进制数。

(1010101011.011)$_2$ = **00**10 1010 1011. 011**0** = (2AB.6)$_{16}$

即(1010101011.011)$_2$ = (2AB.6)$_{16}$

在这里不难看出,二进制和八进制、十六进制之间的转换非常直观,因此,要把一个进数制转换成二进制数,可以转换成八进制数或十六进制数,然后再转换成二进制数。同样,在转换中若要将十进制数转换成八进制数和十六进制数时,也可以先把十进制数转换成二进制数,然后再转换成八进制数或十六进制数,如表1-1所示的常用计数制对照表。

表 1-1 常用计数制对照表

十 进 制 数	二 进 制 数	八 进 制 数	十六进制数
0	0	0	0
1	1	1	1
2	10	2	2
3	11	3	3
4	100	4	4
5	101	5	5
6	110	6	6
7	111	7	7
8	1000	10	8
9	1001	11	9
10	1010	12	A
11	1011	13	B
12	1100	14	C
13	1101	15	D
14	1110	16	E
15	1111	17	F
16	10000	20	10
...	...	...	...

(4) 二进制的算术运算。

1) 加法:0+0=0 1+0=1 0+1=1 1+1=0(有进位)

2) 减法:0-0=0 1-0=1 1-1=0 0-1=1(有借位)

3) 乘法:0×0=0 0×1=0 1×0=0 1×1=1

4) 除法:0/1=0 1/1=1

三、信息在计算机中的表示

计算机是一种对信息进行处理的机器,不仅处理数值信息,还要处理一些字符、文字和图形等非数值信息。而计算机只能识别和处理用二进制表示的信息,所以对常用的数字和符号等在计算机内部要转化成为计算机能识别和处理的二进制数,利用二进制数来表示这些信息才能处理。

（一）二进制编码

将常用的一些文字、符号和图形等信息用规定的代码来表示的过程称为编码。用二进制数表示的数字和符号信息称为二进制编码。当计算机进行信息处理时，首先将通过输入设备输入的各种符号由计算机自动转换成二进制编码，存入计算机的内存，再送到运算器处理，输出时再将二进制编码进行转换，最后通过输出设备输出。

（二）ASCII 码

目前计算机普遍使用的是由美国国家标准局制定的标准信息交换码（American Standard Code for Information Interchange，ASCII）。ASCII 码是一种用 7 位二进制数表示 1 个字符的字符编码，共表示 128 个字符，其中包括控制符号，阿拉伯数字（0～9），英语字母（大小写各 26 个），一些运算符号如＋、－、＊、/和一些常用符号$ 、#、%、? 等。由于计算机的存储是以字节为单位，每个字节为 8 位，用一个字节表示一个 ASCII 码，通常最高位作为奇偶校验位，奇校验为 1；偶校验为 0。如大写英文字母 A ＝ $(1000001)_2$，再加上一个校验位 1 或者 0，即为它的 ASCII 码。ASCII 码规定最高位恒为 0。ASCII 字符编码见表 1-2。

表 1-2　ASCII 字符编码表

B3-B0 ＼ B6-B4	000	001	010	011	100	101	110	111
0000	NUL	DLE	SP	0	@	P	、	p
0001	SOH	DC1	!	1	A	Q	a	q
0010	STX	DC2	"	2	B	R	b	r
0011	ETX	DC3	#	3	C	S	c	s
0100	EOT	DC4	$	4	D	T	d	t
0101	ENQ	NAK	%	5	E	U	e	u
0110	ACK	SYN	&	6	F	V	f	v
0111	BEL	ETB	`	7	G	W	g	w
1000	BS	CAN	(	8	H	X	h	x
1001	HT	EM	)	9	I	Y	i	y
1010	LF	SUB	*	:	J	Z	j	z
1011	VT	ESC	+	;	K	[	k	{
1100	FF	FS	,	<	L	\	l	|
1101	CR	GS	-	=	M	]	m	}
1110	SO	RS	.	>	N	^	n	~
1111	SI	US	/	?	O	_	o	DEL

（三）汉字的编码

（1）汉字交换码（国标码 GB 2312—80）：不同汉字系统进行汉字交换时使用的统一编码。一个汉字用两个字节表示，且各字节最高位 1，汉字编码中每个汉字由两个 ASCII 代码组成，并且每个 ASCII 的最高位均为 1。我国公布了汉字交换码标准 GB 2312—80，即国标码。国标 GB 2312—80 规定,全部国标汉字及符号组成 94×94 的矩阵,在此矩阵中,每一行称为一个"区",每一列称为一个"位"。区号为 01~94,位号也为 01~94。区码和位码简单地组合在一起(即两位区码居高位,两位位码居低位)就形成了"区位码"。区位码可唯一确定一个汉字或汉字符号,反之,一个汉字或汉字符号都对应唯一的区位码,例如汉字"玻"的区位码为"1803"(即在 18 区的第 3 位)。

国标码共收录了 7 445 个字符,其中含有 6 763 个汉字(一级汉字 3 775 个,它们按拼音排序,二级汉字 3 008 个,它们按部首排序),其余为全角字符、中文标点、数字序号及特殊符号等。

(2) 汉字机内码:计算机存储、处理汉字信息时所用的代码。

汉字的机内码是从上述区位码的基础上演变而来的,它是在计算机内部进行存储、传输所使用的汉字代码。

(3) 汉字输入码(外码):常见的汉字输入码有音码(如智能 ABC)、形码(如五笔)和音形码(如自然码)等。

注意:汉字的外码要转换为内码才能在计算机内存储和处理。

(4) 汉字输出码(汉字字形码):以点阵或矢量表示汉字字形的编码称为汉字输出码。

汉字的字形码是汉字的输出依据,在汉字点阵编码中,有笔画落到的点为 1(发光),否则为 0(不发光)。

例 14:"次"字的 16×16 点阵编码占据存储空间为 $16 \times 16/8 = 32(B)$,其点阵图如图 1-5 所示。

例 15:800 个 24×24 点阵的汉字字形码,需要多少存储空间?

所需的存储空间为:$24 \times 24/8 \times 800(B) = 57\,600(B)$

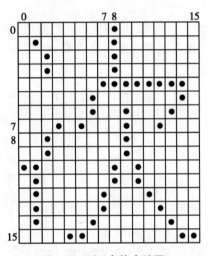

图 1-5　"次"字的点阵图

其中,汉字字型的集合称为字库,一般存在外存上,需要时才装入内存。字库所占的存储空间为:每个汉字所占的字节数×字数。

四、信息在计算机中的存储

1. 位(bit)　位是度量数据的最小单位。表示一位二进制信息。如 $(01000100)_2$ 为 8 位二进制数。

2. 字节(byte)　通常将 8 位二进制数称为一个字节(简称 B,$1B = 8bit$),字节是信息存储的基本单位。例如:$(01000100)_2$ 为 1 个字节可以表示 256 种状态(即 2^8)。随着计算机技术的发展,计算机的存储容量越来越大,除了字节(B)以外,还有更大的存储单位,千字节(KB)、兆字节(MB)、千兆字节(1GB)来表示信息容量。它们之间的换算关系如下:

KB　　　$1KB = 2^{10} Byte = 1\,024 Byte$

MB　　　$1MB = 2^{10} KB = 1\,024 KB$

GB　　　$1GB = 2^{10} MB = 1\,024 MB$

TB　　　$1TB = 2^{10} GB = 1\,024 GB$

$1\,024B = 1KB$　　　$1\,024KB = 1MB$　　　$1\,024MB = 1GB$　　　$1\,024GB = 1TB$

3. 字(Word)　计算机在信息存储、加工、处理和传递时是以一组若干字节的二进制数进行的,这组二进制数称为一个字。机器字长一般是指参加运算的寄存器所含有的二进制位数,它是评价计算机性能的一个重要指标。字长越长,计算机处理信息的能力越强。常用的固定字长有 8 位、16 位、32 位和 64 位等。目前使用的微机一般字长为 32 位和 64 位。

4. 存储地址　每个字节在存储器中有一个"地址",只有通过存储"地址"才能找到存储单元,并能存取数值。

第三节　计算机系统组成

一台完整的计算机系统由计算机的硬件系统和软件系统两部分组成,两者是不可分割的统一整体,硬件只有配备完善的软件才能发挥作用。同样,软件只有通过硬件才能工作。

一、计算机的硬件系统

硬件是指构成计算机的所有电子元件和装置总称,是组成计算机的物质基础。计算机硬件系统结构由运算器、控制器、存储器、输入设备和输出设备五个部分组成。如图 1-6 所示。

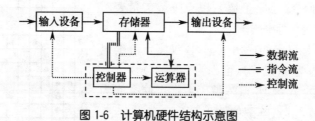

图 1-6　计算机硬件结构示意图

(一) 运算器

运算器(arithmetic unit)是对数据进行各种算术运算单元和逻辑运算单元的部件,它由算术/逻辑运算单元和寄存器两部分组成。算术/逻辑运算单元主要是完成各种运算功能,寄存器是用来存放数据的,在控制器的指令控制下把数据从寄存器送到算术/逻辑运算单元中进行计算,然后将计算结果再送回寄存器中保存起来,最后通过输出设备将计算机处理的结果转换成二进制数输出。

(二) 控制器

控制器(controller)是整个计算机的指挥中心,从存储器中有顺序地取出控制指令,翻译成指令代码,然后向各部件发出相应的指令,使其各部分按照程序的要求,完成规定的工作任务。

由于运算器和控制器两者的关系密切,因此在计算机生产时将两者集成到一块芯片上,这块芯片称中央处理器(central processing unit,CPU),它是计算机的核心部件。

(三) 存储器

存储器(memory)是由半导体构成的记忆装置,用来存储程序、原始数据、信息处理的中间结果和最终结果。按存储器与 CPU 的关系,可分为主存储器(简称主存或内存)和辅助存储器(简称辅存或外存)。

1. 内存　内存是计算机主机的一部分,用于存放正在执行的程序或数据,可与中央处理器直接交换信息,其特点是容量小、速度快。内存又分为只读存储器(read only memory,

ROM)和随机存储器(random access memory,RAM)。只读存储器只能对存储的信息进行读(取)操作,不能进行写(存)操作,它是生产厂家在生产时用特殊的方式进行固化,一般用来存储重要的程序和数据,如计算机的基本输入/输出程序、自检程序、外部设备驱动程序以及日期时钟控制程序等,因此这些程序永久存储在 ROM 的芯片中,断电时不会丢失。随机存储器可存(写)可取(读),是用户使用计算机时暂时存储正在执行中的程序和数据,所以当切断电源时内部的信息就会消失。为了弥补内存容量不足和永久性地保存数据,计算机除了内存外,还应配备外存。

2. 外存　常见的外存有硬盘、软盘、光盘、优盘、可移动硬盘等,用来存放暂时不执行的程序和数据。但它本身不能直接与中央处理器交换信息,而是通过内存与中央处理器进行信息的交换。其特点是容量大、携带方便、长期保存,但相对内存它的存取速度慢。

(四) 输入设备

输入设备(input device)是用户将需要处理的信息输送到计算机内部的设备。目前普遍使用的输入设备有键盘、鼠标、数码相机、扫描仪等。

(五) 输出设备

输出设备(output device)是将计算机处理过的二进制代码信息转换成人们能识别的形式,通过输出的设备输出,常用的输出设备有显示器、打印机、绘图仪、视频和音频等。

除此之外,还可通过磁盘或光盘驱动器将信息储存到磁盘或光盘中,通过声音合成器将计算机输出的信息转换成声音,通过声音输出设备输出。从数据输入输出的角度看,外存储设备也可以被看作输入/输出设备。

二、计算机的软件系统

计算机的软件是用户和计算机的接口,没有软件,硬件无法完成它的工作任务。

(一) 软件的概念和分类

1. 软件和程序的概念　软件(software)是指计算机完成某项任务时所需要的程序、数据和资料,即为运行、管理和维护计算机所编制的各种程序和文档的总和。

程序是指计算机完成某项任务的有序指令的集合,文档是运行程序时需要的数据和帮助信息等辅助性文件。

2. 软件的分类　软件通常分为系统软件和应用软件两大类。

(1) 系统软件:系统软件是管理、控制、使用和维护计算机硬件、软件资源的软件。系统软件中最主要的是操作系统,另外还包括语言处理程序、系统实用程序、各种工具软件等。如:Windows 2000、Windows XP 和 Windows Vista 等。

(2) 应用软件:应用软件是专门为了解决某个实际问题而编制的程序。随着计算机应用领域的扩大,应用软件的数量也越来越多。如 Office 2003、Office 2007、WPS Office 等。

(二) 计算机语言知识

人与人之间进行信息交流使用的是人类自然语言,而计算机使用的是计算机语言,二者之间无法直接沟通,所以人类想让计算机按人的意图完成某项任务时,必须解决人与计算机之间的信息沟通,即实现"人机对话"功能,为此有必要了解计算机的语言。计算机语言分为机器语言、汇编语言、高级语言和智能语言。

1. 机器语言　是用计算机能识别和执行的二进制代码指令表达的计算机语言。它的优点是机器能够直接识别和执行,速度快,占用内存空间小。因为指令的含义和格式是由计算机设计者规定的,然后按指令系统设计计算机的逻辑电路进行生产,使用者就可以用它的指令来控制和使用计算机。不同的计算机,其指令编码可能不一样,所以用机器语言编程缺乏通用性,指令难记,程序也难读、难改。为了克服它的缺点,人们创造了用符号表示指令的汇编语言。

2. **汇编语言** 又称符号语言,是一种面向机器的低级程序设计语言,用助记符来代替二进制代码指令,助记符通常用英文单词的缩写来表示,比较好记,如减法用 SUB、加法用 ADD 等,用汇编语言编写计算机程序比机器语言更方便,其特点是通用性和移植性较差,但比机器语言易读、易改。

3. **高级语言** 是一种接近人类自然语言和数学语言的计算机语言,程序中所用的运算符号及运算式子,与通常使用的数学公式在形式上差不多,所以高级语言容易学习,大多数人都能很快学会用高级语言编写程序。目前,在我国比较流行的高级语言有以下几种:

(1) FORTRAN 语言:主要应用于科学计算和计算机辅助设计。

(2) BASIC 语言:主要用于科学计算、数据处理等方面。

(3) PASCAL 语言:是一种结构化程序设计语言,主要用于数据处理、科学计算,尤其是系统软件开发等方面。

(4) C 语言:适用于系统软件、数值计算、数据处理等方面的应用。

用机器语言编写的程序称目标程序,而用汇编语言和高级语言编写的程序称为源程序,使用的指令不是二进制代码指令,所以计算机无法直接执行,必须通过语言处理程序把源程序翻译成目标程序计算机才能识别和执行。

三、计算机的工作原理

早在 1945 年美籍匈牙利科学家冯·诺依曼就提出了计算机的工作原理,即"存储程序"和"程序控制"工作原理。世界上绝大多数计算机都是根据这个原理制造的。他的指导思想是:①计算机的硬件由五大基本部件(运算器、控制器、存储器、输入设备和输出设备)组成;②采用二进制形式表示数据的指令;③采用存储程序和程序控制的工作方式。

1. **存储程序** 就是计算机用户根据所解决的问题,编写好程序,通过输入设备将程序和程序运行所需要的数据存入存储器。

2. **程序控制** 当计算机收到执行程序命令时,从内存中依次调出指令送入 CPU 进行译码,控制器按照指令的要求发出相应的控制信号,指挥和控制计算机的各个组成部件完成指令所规定的操作,直至完成这项工作。所以计算机的工作过程实际就是反复从内存取指令、执行指令的过程。

3. **总线** 所谓总线就是连接多个部件的一组公共信息传输线,它能分时发送与接收信息,是计算机的一种内部结构,其功能是传递数据信息。总线由地址总线、数据总线和控制总线组成。

(1) 地址总线:为寻址总线。

(2) 数据总线:用于传送数据,在 CPU 与存储器、CPU 与输入/输出接口之间进行双向数据传送。

(3) 控制总线:用于传送各种控制信号的,有 CPU 到存储器及外设的控制信号,也有外设到 CPU 的。

四、微型计算机的硬件配置

微型计算机是计算机中应用最普及、数量最多的一类。微型计算机系统由软件系统和硬件系统两部分组成。硬件系统包括主机(运算器、控制器、存储器)和外部设备(简称外设)。

(一) 主机

主机是微型计算机的主要部分,一般由机箱、电源、CPU、内存、主板、外存、声卡、网卡等组成。

1. 机箱　机箱是主机的外壳,主要用于固定各种硬件,提供计算机所需要的电源及保护各种部件。

2. 电源　固定在主机箱内,将 220V 交流电转化成 5V 和 12V 的直流电,供各部件的使用。

3. 主板　主板是主机的核心部件,是一块多层印刷电路板,它上面主要有 CPU、内存、总线的有关接口电路。通过计算机的主板把计算机的各个部件连接起来,使之成为一个有机的整体,计算机才能工作。主板上还有两个重要的系统:一是基本输入/输出系统(BIOS),它是一个固化的 EPROM 芯片。通过 BIOS 实现主机与外部设备之间的连接。计算机启动时 BIOS 首先进行自检,检测所有主要部件以确认它们都能正常运行,计算机才能正常启动,否则,它可利用其内置的诊断程序对主要部件的故障给用户提示。当计算机正常启动后,BIOS 控制计算机的所有操作。许多计算机的 BIOS 还配有一些实用程序,供用户使用;二是在主板还有一块互补金属氧化物半导体(CMOS),用于存放系统设置。

4. 中央处理器(CPU)　它是计算机的核心部件,是能独立地执行程序,完成信息的处理。早期生产的计算机主要是采用 Inter 公司生产 CPU,所以习惯上用 CPU 的型号作为计算机的型号。如采用 Inter 公司 80386 的 CPU 简称 386 的计算机,80486 芯片(CPU)简称 486 的计算机,目前采用 Inter 双核处理器,如酷睿(Core)系列是市场上的主流产品。双核处理器(dual core processor)是指在一个处理器上集成两个运算核心,从而提高计算能力。"双核"的概念最早是由 IBM、HP、Sun 等支持 RISC 架构的高端服务器厂商提出的,不过由于 RISC 架构的服务器价格高、应用面窄,没有引起广泛的注意。简而言之,双核处理器即是基于单个半导体的一个处理器上拥有两个一样功能的处理器核心。换句话说,将两个物理处理器核心整合入一个核中。芯片制造厂商们也一直坚持寻求增进性能而不用提高实际硬件覆盖区的方法。多核处理器解决方案针对这些需求,提供更强的性能而不需要增大能量或实际空间。

5. 内存储器(内存)　存放信息处理的原始数据、中间结果和最终结果。内存储器的容量是以字节为基本单位。由于存储器的容量较大,通常有 512MB、1GB 和 2GB 等,目前市场上主流产品为 2GB。

6. 外存储器　由于内存容量小、无法长期保存信息,所以只作临时存储设备。为了弥补内存的不足,在计算机上除配备内存外,主要是硬磁盘(120GB、320GB 和 640GB 等),还有光盘、优盘和移动硬盘等。

7. 声卡　声卡是计算机处理音频的主要设备。其主要功能是处理(生成、编辑和播放)声音,包括数字化波形声音、合成器产生的声音和来自激光唱片的音频。

8. 网卡　网卡是组建计算机网络不可缺少的重要部件,客户机通过网卡、网线与服务器连接,相互间进行信息交换,以实现资源共享。网卡的基本功能是进行数据转换、网络存取控制和生成网络信号等。

（二）微型计算机常用的外部设备

1. 输入设备 就是把原始数据、程序和控制信息输入到计算机中的部件，它由两部分组成：即输入装置和输入接口。最常用的输入装置有键盘、鼠标、扫描仪等；输入接口是连接主机和输入装置的"接口电路"，通过它实现主机和输入装置的信息交换。

（1）键盘：是由一组按阵列方式组装在一起的开关构成，每一个键位就相当于一个开关，按下时接通电路。键盘中的控制器获得按键的信号后，会自动将开关信号转换为相应的扫描码，通过键盘的电缆送入计算机，根据信号的控制指令来指挥和控制计算机工作。如图1-7 所示。

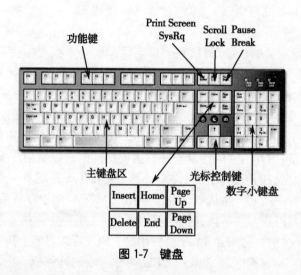

图 1-7 键盘

键盘是计算机的最基本输入设备，掌握它的组成及使用方法是学习计算机入门的前提条件，只有熟练掌握计算机键盘的使用，才能得心应手地操作计算机。

1）键盘的结构：键盘的种类很多，常见的标准键盘是 101 键，按其不同的功能可分为四个区：功能键盘区、打字键盘区、光标控制键盘区、数字光标小键盘。打字键盘区与传统的打字键盘相似，主要有输入符号、英文字母、数字符号。功能键盘区（F1～F12）在不同的应用软件里有不同的具体功能。F1～F6 的功能由系统决定，F7～F12 的功能可根据用户的需要自行定义。为了大家学习方便，具体介绍见表 1-3。对于计算机使用者来说，不仅要熟悉计算机的键盘，还应掌握键盘录入的基本知识。

表 1-3 常用键的基本功能

键 符 号	功能键和使用方法
Enter	换行键或回车键，执行输入的命令；本行输入结束，光标向下移动一行
Esc	强行退出键，按此键后屏幕出现"\"且光标下移一行，执行某个程序时，中止程序的执行
Shift	换档键。按住此键不放同时按上档的各种符号，可输入上档符号或大写字母
Caps Lock	大小写字母转换（锁定）键，当键盘的右上角的 Caps Lock 指示灯亮着时，可输入大写字母，再按此键一下，指示灯关闭，此时输入的是小写字母
Backspace	退格键，按一下此键，删除光标左侧的一个字符，同时光标向左移动一个字符位置
Space	空格键，在键盘上该键最长，按一下，光标向右移动一个字符的位置，出现一个空格

键 符 号	功能键和使用方法
Tab	制表定位键,按一下该键光标向右移动 8 个字符的位置
Ctrl	控制键,该键单独使用没有任何意义,主要与其他键结合使用,起到某种控制作用。如与 Alt、Del 键组合使用,可进行热启动
Alt	转换键,该键单独使用没有任何意义,但与其他键组合,可成为功能键或控制键。如与 Ctrl、Del 键组合可进行热启动
Pause	暂停/中止键,按一下此键可暂停正在执行的命令,与 Ctrl 键组合可中止命令的执行
Scroll Lock	屏幕锁定键,按下此键,则屏幕停止滚动,直到再按此键为止
Print Screen	屏幕打印控制键,该键和 Shift 键组合,可将屏幕上的内容通过打印机打印出来
Home、End	光标快速移动键,使光标回到本行的起始、结束的位置
PageUp 和 PageDown	翻屏键,按一下该键盘可向前或向后翻屏
Insert	编辑状态控制键,可进行编辑状态(插入/改写)转换
Delete	删除键,按一下可删除光标所在位置的后一个字符
Num Lock	小键盘区数字锁定键,在键盘右上角有一个该键的指示灯,灯亮时,可输入小键盘区的数字,关闭时,则执行该键的编辑控制的功能
← → ↑ ↓	光标移动键,使光标向左、右、上、下移动

2) 键盘录入基本知识:键盘指法是键盘操作的主要内容,它是通过双手熟练而又有节奏地击打字母而进行文字录入的一种实用型技能。要熟练、高效的输入汉字,就必须进行键盘指法训练,这样才能有效、快速、正确的录入文稿。初学者从一开始就要有意识地严格要求自己,掌握基本指法和正确的姿势,运用"盲打法"达到一定的速度及准确度。

(2) 鼠标:是一种可以快速、准确、方便地移动光标及向计算机发出控制指令的装置。其主要功能是进行光标定位或用来完成某种特定的输入。它比键盘更为方便、灵活,是窗口操作、绘图软件的首选设备。常见的鼠标有两种:机械式鼠标和光电式鼠标。

2. 输出设备 微型计算机中常见的输出设备有显示器、打印机等。

(1) 显示器:是用户与计算机之间进行对话的主要信息窗口。其作用是在屏幕上显示从键盘、鼠标或其他输入设备输入的命令或数据,程序运行时能将计算机内的信息转换成直观的数字、符号、文字、图形、视频等输出,以便用户及时观察信息和结果。显示器的主要性能指标是:屏幕大小、分辨率、点间距、刷新频率、色彩数。

(2) 打印机:是计算机系统中最常用的输出设备。在显示器上输出的内容只能查看,无法长期保存。如果需要长期保存,就需要用打印机将输出内容打印出来。打印机按照打印方式可分为:点阵打印机、喷墨打印机和激光打印机。每种打印机都有各自优点缺点。

(三) 微型计算机的外存储器

外存储器 外存储器简称"外存",是计算机中的外部设备,用来存放大量的暂时不参加运算或处理的数据和程序。计算机若要运行存储在外存中的某个程序,必须先将其从外存读到内存中才能执行。外存又称为"辅助存储器",微型计算机的外存一般有软盘、硬盘、光盘和 U 盘等,可移动磁盘是目前一种用半导休集成电路制成的电子盘,已经成为可移动外存的新宠,电子盘又称"优盘",可反复存取数据,不需要另外的硬驱动设备,使用时只要插入计算机中 USB 插口(热拔插)即可,取代了软盘。另外还有可移动硬盘。如图 1-8 所示。

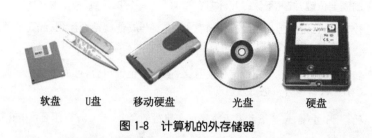

软盘   U盘   移动硬盘   光盘   硬盘

图 1-8   计算机的外存储器

第四节   计算机安全基础

随着计算机技术的发展,其应用领域不断扩大,人们可以利用计算机来解决生产、生活和社会活动中的许多实际问题,同时计算机系统的安全也存在许多不良的因素,避免计算机不安全的因素给人们带来的不良后果,计算机的不安全因素主要有两方面:一是计算机的信息安全问题;二是计算机病毒。

一、计算机信息安全

计算机信息安全是一门涉及计算机科学、通信技术、密码技术、信息安全技术、应用数学、信息论等多种学科的综合性学科。计算机信息安全是指信息系统的软件、硬件及其系统中的数据受到保护,不受偶然因素、恶意的原因而遭到破坏、更改、泄露,系统连续可靠正常地运行,网络服务不中断。

从广义来说,凡是涉及网络上信息的保密性、完整性、可用性、真实性和可控性的相关技术和理论都是信息安全的研究领域。还包括自然灾害(如地震、雷电、火灾等)、物理损坏(如硬盘损坏、设备使用寿命等)、设备故障(如停电、电磁干扰)等。

狭义的系统安全包括计算机主机系统和网络系统上的主机、网络设备和某些终端设备的安全问题,主要是针对某些人恶意对这些系统的攻击、侦听、欺骗等非法手段的防护。

随着计算机网络的发展,计算机信息安全问题更加突出。尤其是国际互联网络,因为它是跨越时空的,所以安全问题也是跨越时空的。虽然我国的网络不发达,但是遭到的安全危险却是同国外一样的,这是一个很严重的问题。为此,对于每个计算机使用者来说,一定要做好信息安全工作,以保障计算机系统的信息安全。

二、计算机病毒

(一) 计算机病毒的概念

关于计算机病毒的认识和定义,目前尚不一致。我国在 1994 年 2 月 18 日正式颁布实施的《中华人民共和国计算机信息系统安全保护条例》,其中第二十八条给计算机病毒下了一个明确的定义,即"计算机病毒,是指编制或者在计算机程序中插入的破坏计算机功能或者毁坏数据,影响计算机使用,并能自我复制的一组计算机指令或者程序代码。"从计算机病毒的定义可以看出,计算机病毒是人为制造的、存在于计算机的程序中、对计算机的功能或数据具有破坏作用、具有自我复制功能的一组计算机指令或程序代码。

由于计算机的病毒可以破坏计算机的功能或者毁坏数据,会给计算机用户带来严重的危害、给人类社会造成巨大的经济损失,为此,在使用计算机时一定要注意防治计算机病毒。

(二) 计算机病毒的危害

计算机病毒对计算机的功能具有破坏作用,能毁坏数据,甚至破坏主板、硬盘等硬件,如:CIH 病毒、宏病毒、黑色星期五、蠕虫病毒、特洛伊木马病毒等等。从个人电脑到计算机网络,涉及我们日常无纸化办公,在计算机网络上休闲娱乐生活的方方面面,可见它的危害日益严重。在过去的十几年里,就发生过多起计算机病毒传播事件,造成重大经济损失。

1. CIH 病毒　　CIH 病毒是由毕业于中国台湾大同工学院资讯工程系的陈盈豪编制,CIH 是他的英文名字缩写。1998 年 7 月 26 日,该病毒首次袭击了美国,病毒发作时直接向计算机主板 BIOS 芯片和硬盘写乱码,导致主板损坏,同时破坏硬盘上的数据。1998 年 8 月26 日,该病毒入侵中国。1999 年 4 月 26 日,CIH 病毒在全球暴发,造成的损失无法估量,仅这一天给中国造成的经济损失超过 100 亿元人民币。

2. "爱虫"病毒　　2000 年 5 月 4 日,网络上突然出现了以一个主题为"I love you"的病毒邮件,并包含一个附件,通过 Microsoft outlook 电子邮件系统传播。当用户在 Microsoft outlook 里打开这个邮件时,系统就会自动复制,并向地址簿中的所有邮件地址发送这个病毒。这种病毒可以改变本地及网络硬盘上面的某些文件。用户机器感染病毒以后,邮件系统将会变慢,严重时可导致整个网络系统崩溃。这种病毒袭击的主要对象是具有 IT 系统的计算机,世界上许多国家重要部门的计算机系统都被侵害过,如美国的安全部门、中央情报局、英国国会、福特公司等。调查显示,此次病毒感染估计损失超过 100 亿美元以上。"爱虫"病毒是计算机蠕虫病毒的一种,本教材的第八章第六节计算机网络安全,将对蠕虫和木马病毒做进一步阐述。

病毒侵害的范围还在不断扩大,有人统计,国内 90% 的计算机遭受过病毒的攻击。特别是计算机网络的发展,给计算机病毒的传播提供了快捷的传播途径,所以应该了解计算机病毒的有关知识,加强计算机病毒的防治工作,保障计算机系统的安全。

(三) 计算机病毒的主要特点

1. 传染性　　传染性是指计算机病毒从被感染的计算机通过各种途径扩散到未感染的计算机,这种特性称传染性。正因为计算机病毒具有传染性,某台计算机感染病毒后,就可以通过它作为传播媒介,将病毒传播扩散,造成多台计算机感染病毒,危害很大。

2. 隐蔽性　　因为计算机病毒是由计算机专业人员编制的,所以病毒一般具有很高的编程技巧、短小精悍的程序。通常隐藏在正常程序或磁盘较隐蔽的地方,不引起人的注意,感染病毒后计算机没有任何反应,系统仍能运行,只有当病毒发作时,用户才会知道计算机内有病毒感染。因为它有这个特点,用户在病毒发作前难以发现病毒,因此,病毒的预防较为困难。

3. 潜伏性　　大部分病毒感染系统后一般不会马上发作,它可以长期隐藏在系统中,只有在满足特定条件时才发作,破坏计算机系统。例如:著名的"黑色星期五"病毒,就是在某月的 13 日且正好是星期五才发作。CIH 病毒平时在计算机中隐藏,只有在某月的 26 日发作。

4. 破坏性　　是指病毒侵入系统后,对系统及其应用程序产生不同程度的影响。轻者占用系统资源,降低计算机的工作效率;重者可删除文件、格式化磁盘或导致系统崩溃。前者称为良性病毒,后者称为恶性病毒。如 CIH 病毒就是一种恶性病毒,它可以改写主板上的

BIOS 数据,损坏主板和硬盘。

此外,计算机病毒还具有不可预见性、寄生性、触发性等特点。

（四）计算机病毒的防治

由于计算机病毒种类多、数量大、用户难以发现,使得计算机病毒的防治工作非常困难。尽管国内外研究人员在这方面做了很大努力,研制和开发了一些杀毒软件,对某些病毒有作用,但还存在缺陷。到目前为止,还没有研制出一种对各种病毒都有效的杀毒软件。因此,对计算机病毒的防治应该做到:一是要识别病毒;二是要有做好预防工作,不让病毒侵入计算机系统;三是要学会检测和清除病毒,一旦病毒侵入计算机系统后,会采取有效的措施对病毒进行杀病毒处理。

1. 识别病毒　当计算机被病毒感染时,可能表现出各种各样的异常现象。病毒的种类不同,表现的现象也不相同。下面是病毒感染后计算机系统可能出现的一些现象,为大家判断计算机是否感染病毒提供参考:①计算机屏幕显示一些奇怪的图案。②文件的大小发生变化,文件的字节数超过正常文件的字节数,有时文件太大无法调入内存。③无法存取文件。④调入和执行程序的速度慢。⑤系统启动的速度比正常时慢。⑥计算机经常发生莫名其妙的死机或重新启动现象。⑦检查磁盘时报告磁盘上有异乎寻常的坏扇区,对有写保护的磁盘操作时声音大。⑧文件的存取时间发生变化,与正常不一致。⑨自动生成特殊的文件。⑩计算机的内存出现非正常的减少。

如发现计算机有上述情况,要认真检查,如果排除了其他因素,就很可能是由计算机病毒引起的,可用杀病毒软件进行杀毒或其他方法处理。

2. 计算机病毒的预防措施　计算机感染了病毒,可产生不良后果,因此预防计算机病毒是很重要的。预防计算机病毒的措施并不复杂,只要能够对计算机病毒给予高度的重视,加强计算机病毒的预防工作。保障计算机的安全。预防计算机病毒主要采取以下一些措施:①对新购置的计算机系统用检测病毒软件检查病毒,如果没有病毒感染和破坏迹象的可以使用。②对新购置软盘和光盘进行病毒检测。如发现感染病毒,软盘可进行高级格式化处理;光盘则作废弃处理。③新购置的计算机软件也要进行病毒检测。④使用正版软件,不使用来历不明或非正当途径获取的磁盘和光盘。⑤应备有无毒的、写保护的、含有常用命令文件的系统启动盘,用于清除病毒和维护系统安全。⑥定期对磁盘的文件进行备份,重要的数据更应及时备份。⑦多人共用一台计算机时,应建立上机登记制度,发现病毒及时报告,尽早处理,防止病毒扩散。

3. 病毒的检测和清除　对于计算机病毒,应用反病毒软件进行检测和清除。同时,应该注意以下几点:①安装正版的带有防火墙或有病毒实时监控功能的反病毒软件。②经常用计算机反病毒软件检测和及时清除计算机病毒,发现新的病毒应及时上报主管部门。③及时升级杀毒软件。因为病毒每天都在产生,所以一个版本的反病毒软件不能清除所有的病毒。要根据病毒的变化,逐步升级杀毒软件的版本,以查杀计算机的新病毒。

第五节　多媒体技术和多媒体计算机

自 1984 年美国苹果公司生产出世界上第一台多媒体计算机以来,多媒体技术的应用逐渐引起人们的关注,尤其是进入 20 世纪 90 年代,多媒体技术与网络技术的结合,构成了第三次信息革命的核心。在 21 世纪,多媒体技术将成为世界上发展最快、最有潜力的技术之一。为此,我们应对多媒体技术和多媒体计算机有初步的了解。

一、多媒体的概念

1. **媒体** 是信息表示和传播的载体(表示形式),如文字、图形图像、声音、视频信号、动画等都是媒体,它们向人们传递各种信息。

2. **多媒体** 是集多种数字化媒体以交互方式表示的技术。多媒体实际上是处理和应用不同类型的信息媒体的一整套技术。

3. **多媒体技术** 是指采用计算机交互式综合处理文本、图形、图像和声音等多媒体信息的一种新技术。随着社会的发展和科学技术的进步,多媒体技术也将不断地发展和完善,多媒体的含义和范围还将扩展,它不局限于人们日常生活中的几种媒体,更主要的是它代表着一种先进的科学技术。其发展的目标是尽可能实现如身临其境的自然情景下的那种信息交流的真实效果。

多媒体技术涉及面相当广泛,主要包括:①音频技术:音频采样、压缩、合成及处理、语音识别等。②视频技术:视频数字化及处理。③图像技术:图像处理、图形动态生成。④图像压缩技术:图像压缩、动态视频压缩。⑤通信技术:语音、视频、图像的传输。⑥标准化:多媒体标准化。

二、多媒体的特点

多媒体技术具有集成性、交互性、非循序性和非纸张输出形式四个显著特点。

(一) 集成性

多媒体技术的集成性是指其综合应用各种媒体和具有多种技术的功能。即利用先进的计算机信息处理技术,同时对文字、音频、视频等多种媒体进行综合处理,并按媒体的要求格式进行同步输出,达到了文字、声音、图形和图像的协调统一,接近人类自然情景下的信息交流效果。

多媒体系统充分体现了集成性的巨大作用。多媒体系统的集成性主要表现在以下两个方面,一是多媒体信息媒体的集成;二是处理这些媒体的设备与设施的集成。

(二) 交互性

交互性是指计算机用户与多媒体计算机之间实现信息的双向处理、沟通或与多媒体计算机连续对话,进行信息或控制权的交换过程。由于多媒体计算机具有交互性,用户可以按照自己的意愿来解决问题,并能利用这种交流方式来帮助学习、思考、查询或统计,达到增进知识,提高解决问题的能力。

(三) 非循序性

非循序性是指不按次序获取信息的方式。改变了以往对信息查询单独的循序性的存取方式,为计算机使用者提供了许多方便,大大简化了资料查询的过程。

(四) 非纸张输出方式

非纸张输出方式是与传统的以纸张为输出载体的出版模式相比较而言。它主要是以光盘为主要的输出载体,不仅能够用于保存和传递文字及图形,而且还能够将有关的影像及声音记录下来。

正因为多媒体技术具有许多的特点,使其发展比较快、应用的范围也比较广。

三、多媒体技术的发展

（一）发展多媒体技术的必要性

多媒体计算机把人们进一步引入信息领域，并以最直观的方式表达多媒体信息。因此，发展多媒体技术的必要性在于：

1. 信息处理和存储能力加大 大大增强了计算机处理和存储信息的能力。

2. 人机界面 多媒体技术的运用使计算机系统的人-机交流界面更加友好，操作更加方便，信息的表达方式更加符合人的习惯。

3. 接受信息 多媒体技术使人们能自动接受自然信息。

4. 相互结合 多媒体技术使音像技术、计算机技术和通信技术这三大信息处理技术紧密地结合在一起，为信息处理技术的发展开拓了新的途径，同时也大大拓展了计算机的应用范围。

5. 实现无纸化 多媒体利用数据压缩和大容量数据存储技术，配以宽带网络传递，使得实现无纸世界成为可能。

6. 所见即所得 多媒体的组合文档输出，真正做到所见即所得。

7. 远距离服务 多媒体技术和通信技术的结合，实现了远距离服务，消除了由于地理障碍而带来的不便。

8. 远程教育 多媒体技术在教育和人才培训方面将有用武之地，它有力地推动计算机辅助教育和计算机辅助教学的发展，并将有可能促进人工智能技术和知识信息处理的结合。

9. 数据库服务 多媒体技术和数据库、通信技术、专家系统、知识信息处理相结合，可开发更好的具有一定智能的决策支持系统，建立面向对象的多媒体数据库，能有效地综合利用多媒体信息为决策者服务。

10. 编程大众化 应用面向对象编程技术，使软件部件化，使得开发多媒体应用变得快捷，且易于维护。

多媒体技术提供了多维化空间的交互能力，目前在电影、电视和文艺创作方面已取得了可喜的成果，今后将会越来越多地利用多媒体技术进行各种创作活动。多媒体技术将引起信息社会的一场划时代的革命。

（二）多媒体技术的发展状况

1. 音频技术 音频技术发展较早，几年前一些技术已经成熟并产品化，甚至进入了家庭，如数字音响。音频技术主要包括四个方面：音频数字化、语音处理、语音合成及语音识别。

音频数字化目前是较为成熟的技术，多媒体声卡就是采用此技术而设计的，数字音响也是采用了此技术取代传统的模拟方式，而达到了理想的音响效果。音频采样包括两个重要的参数即采样频率和采样数据位数。采样频率是对声音每秒钟采样的次数，人耳听觉上限在 20kHz 左右，目前常用的采样频率为 11kHz、22kHz 和 44kHz 几种。采样频率越高，音质越好，存贮数据量越大。CD 唱片采样频率为 44.1kHz，达到了目前最好的听觉效果。采样数据位数是每个采样点的数据表示范围，目前常用的有 8 位、12 位和 16 位三种。不同的采样数据位数决定了不同的音质，采样位数越高，存贮数据量越大，音质也越好。CD 唱片采用了双声道 16 位采样，采样频率为 44.1kHz，因而达到了专业级水平。

音频处理包括范围较广，但主要方面集中在音频压缩上，目前最新的 MPEG 语音压缩算法可将声音压缩 6 倍。语音合成是指将正文合成为语言播放,目前国外几种主要语音的合成水平均已到实用阶段,汉语合成近几年来也有突飞猛进的发展,实验系统正在运行。在音频技术中难度最大、最吸引人的技术当属语音识别,虽然目前只是处于实验研究阶段,但是广阔的应用前景使之成为研究关注的热点之一。

2. 视频技术　虽然视频技术发展的时间较短,但是产品应用范围已经很大,与 MPEG 压缩技术结合的产品已开始进入家庭。视频技术包括视频数字化和视频编码技术两个方面。视频数字化是将模拟视频信号通过模数转换和彩色空间变换转为计算机可处理的数字信号,使得计算机可以显示和处理视频信号。视频编码技术是将数字化的视频信号经过编码成为电视信号,从而可以录制到录像带中或在电视上播放。对于不同的应用环境有不同的技术可以采用。从低档的游戏机到电视台广播级的编码技术都已成熟。

3. 图像压缩技术　图像压缩一直是技术热点之一,它的潜在价值相当大,是计算机处理图像和视频以及网络传输的重要基础,目前 ISO 制订了两个压缩标准,即 JPEG 和 MPEG。JPEG 是静态图像的压缩标准,适用于连续色调彩色或灰度图像。它包括两部分:一是基于 DPCM(空间线性预测)技术的无失真编码;一是基于 DCT (离散余弦变换)和哈夫曼编码的有失真算法。前者图像压缩无失真,但是压缩比很小。目前主要应用的是后一种算法,图像有损失但压缩比很大,压缩 20 倍左右时基本看不出失真。

MJPEG 是指 Motion JPEG,即按照 25 帧/s 速度使用 JPEG 算法压缩视频信号,完成动态视频的压缩。

MPEG 算法是适用于动态视频的压缩算法,它除了对单幅图像进行编码以外,还利用图像序列中的相关原则,将帧间的冗余去掉,这样大大提高了图像的压缩比例。通常保持较高的图像质量而压缩比高达 100 倍。MPEG 算法的缺点是压缩算法复杂,实现很困难。

(三) 多媒体产品

1. 多媒体音频产品　声卡是目前多媒体产品中市场份额最大的产品之一,它的主要功能是将声音采样存入计算机,或将数字化声音转为模拟信号播放,通常它还有 MIDI 音乐合成器和 CD-ROM 控制器,高档产品还具有 DSP 装置。声卡的典型产品为声霸卡系列。CD-ROM 采用与激光唱片一样的技术,可将声音、图像等信息存入光盘用于访问。它的容量大,使用中无磨损,已成为多媒体的重要产品之一。目前 MO 技术的发展已产生了可读写的高速光盘驱动器,应用前景十分广阔。

2. 多媒体视频及压缩产品　视频卡可以将视频信号转换为数字信号,与 VGA 信号叠加后在 VGA 上显示。同时可以捕捉视频图像、存盘或小窗口半动态连续捕捉视频信号。视频编码卡可将 VGA 信号编码为电视信号,在电视上播放或录制到录像带上,根据不同的应用需求,有多种不同档次的产品可供用户选择。动态视频压缩卡可将全动态视频信号直接压缩并存入计算机中,计算机中的数据也可实时在 VGA 上回放。专业视频卡可以用于视频非线性编辑,视频质量可达广播级。

3. 多媒体软件产品　视频特技编辑软件可以完成音视频编辑、特技制作、音视频管理、字幕叠加等多种制作功能,具有操作方便、功能丰富、效率高等优点,是新一代数字视频编辑工具。软件直接可以完成多种特技的制作,并且支持二维、三维视频特技效果。在专用硬件支持下,以更高效的方式完成视频特技制作。支持 SMPTE 时码控制功能,可以控制多种专业视频设备。

多媒体应用系统制作工具是用来自动制作多媒体应用系统的工具,使应用开发摆脱程序设计以及众多多媒体产品的编程问题。不需编写程序，使用工具即可完成应用系统的制作。

（四）多媒体应用领域及前景

多媒体涉及声音、图像、视频等与人类社会息息相关的信息处理，因此它的应用领域极其广泛，可以说已经渗透到了计算机应用的各个领域。不仅如此，随着多媒体技术的发展，一些新的应用领域正在开拓，前景十分广阔。这就是人们把多媒体技术称为继微机之后第二次计算机社会变革的原因。

多媒体计算机的标准配置的声卡和 CD-ROM/DVD 已经逐步成为普通 PC 机的基本配置，声卡和 CD-ROM/DVD 市场的扩大已使其价格具备了进入家庭市场的竞争力。目前多媒体节目(title)包括电子图书、教学、游戏、专业信息等各种内容，在国外应用已经相当广泛。光盘技术的发展十分迅速，现在大容量、高速、可读写的光盘驱动器已经问世，随着技术的不断完善和市场的扩大，价格也会迅速降低，应用前景非常巨大。

图像压缩与视频处理技术、网络技术的相结合具有广阔的应用前景。图像压缩首先为图像的存贮、管理提供了一个高效的处理方式，存贮量减少几十倍。图像压缩与视频技术的结合使得计算机可以处理视频信号，并为家庭 CD/DVD 视盘打下了基础。

四、多媒体计算机

如果说 20 世纪 80 年代是微机腾飞的年代，那么 20 世纪 90 年代就是多媒体迅猛发展的年代。几十年来，随着计算机软硬件技术的发展以及声音、视频处理技术的成熟，已经有众多的多媒体产品陆续进入市场，并且已经进入到计算机应用的各个领域中。多媒体技术与产品不仅仅局限于一个专门的领域，它提供了处理声音、图像、视频等最普通、直观的信息手段，使得计算机除了能处理文字、数据等信息外，还可以处理声音、图像、视频等信息，大大增强了计算机的应用深度和广度。多媒体技术的发展与成熟为计算机应用翻开了新的一页，必将会对计算机业乃至整个社会带来深远的影响。

多媒体技术使音像技术、计算机技术和通信技术三大信息处理技术紧密地结合起来，为信息处理技术发展奠定了新的基石。

多媒体技术发展已经有多年的历史，到目前为止，声音、视频、图像压缩方面的基础技术已逐步成熟，并形成了产品进入市场，现在热门的技术如模式识别、MPEG 压缩技术、虚拟现实技术正在逐步走向成熟，相信不久也会进入市场。

多媒体技术集成了多个领域的尖端技术，产品涉及音频、视频、压缩等各个领域。因此对于应用领域巨大的多媒体应用市场来说，不可能再建立在传统的程序设计方法上，需要有一种适合于大多数人方便使用的强有力工具的支持，才能够满足多媒体市场不断发展的需要。多媒体应用系统开发平台（以下简称平台）就是一种强有力高效的方式，它集成了应用系统制作、多媒体设备接口、多媒体信息编辑和数据库接口等功能，使用它就可以方便地制作出功能强大的多媒体应用系统而无需写程序。

使用多媒体制作平台是开发多媒体应用系统，从系统设计、制作到系统的维护过程都变得十分简单和方便。与通常程序设计相比它有以下三大特点：①简单易学，无需专门软件背景知识。②系统制作及维护过程直观方便。③可靠性高。

此外，由于平台集成了多种多媒体硬件环境，因此可以方便地操作各种多媒体设备，而无需对其专门学习。

目前多媒体制作平台最主要的应用领域是教育培训和信息咨询两大行业,在国内外应用已相当普及。市场最大的是多媒体节目的制作,在国外已深入到家庭,无论是幼儿、中学、小学、大学教育,还是各种专业技术的教育培训,都有很广阔的应用前景。信息咨询的应用领域更加广泛,从公众行业(如交通旅游)到专业领域的信息咨询等方面,应用前景也同样广阔。

(陈吴兴)

第 二 章

Windows XP 操作系统

Windows XP 操作系统是美国微软公司(Microsoft)近年来开发出的新一代图形用户界面操作系统,比以往版本的 Windows 操作系统功能更强大,使用起来更简单、灵活、方便。本章主要介绍 Windows XP 中文操作系统的使用。

第一节　操作系统概述

操作系统是配置在计算机上的最重要的系统软件,是整个计算机的管理和指挥中心。操作系统控制和管理着计算机的软件和硬件资源,合理地组织计算机系统中的工作流程,为用户与计算机硬件系统之间提供接口,以及实现功能强大、使用方便和可扩展的工作环境,使计算机系统能高效地运行,使用户能方便、灵活、高效地使用计算机。因此,要熟练使用计算机的操作系统,就需要了解一些关于操作系统的相关知识。

一、操作系统的功能和分类

(一) 操作系统的功能

操作系统管理着计算机系统资源。从资源管理的角度,操作系统有如下功能:

1. 处理器管理　处理器管理的主要任务是对中央处理器及其运行状态实施有效的管理,并按一定的策略将处理器轮流分配给各程序和外设服务。

2. 存储器管理　存储器管理的主要任务是合理地为程序分配内存,提高存储器的利用率,保证程序的执行。存储器管理包括内存分配、内存保护、内存扩充等。

3. 设备管理　设备管理的主要任务是对计算机系统内的所有设备实施有效管理,以使用户能方便灵活地使用设备,提高设备利用率,保证系统正常工作。

4. 文件管理　在计算机系统中各种程序和数据都是以文件形式存储的。文件管理就是对文件存储空间、目录、文件的存取进行管理,为用户提供对文件的存取、共享和保护等手段,使用户方便地对文件进行各种操作。

5. 作业管理　作业是用户在一次程序的执行或数据处理过程中要求计算机所做的工作的总称,作业管理是对作业进行调度和控制。

(二) 操作系统的分类

根据操作系统使用环境和功能特征的不同,有很多分类方法。

1. 按结构和功能分类　一般可分为批处理操作系统、分时操作系统、实时操作系统、网络操作系统以及分布式操作系统等。

（1）批处理操作系统：是指用户将作业交给系统操作员，系统操作员将许多用户的作业组成一批作业，之后输入到计算机中，在系统中形成一个作业流；然后启动操作系统，系统自动、依次执行每个作业；最后由操作员将作业结果交给用户。

（2）分时操作系统：是指一台主机连接了若干个终端，每个终端交互式地向系统提出请求命令，系统将 CPU 的时间划分成若干个时间片，系统接受每个用户命令，采用时间片轮转方式处理服务请求，并通过交互方式在终端上向用户显示结果；用户根据上步结果发出下步命令。

（3）实时操作系统：是指计算机能及时响应外部事件的请求，在规定的时间内完成对该事件的处理，并控制所有实时设备和实时任务协调一致工作。

（4）网络操作系统：是基于计算机网络，在各种计算机操作系统基础上按网络体系协议标准开发的系统软件。它包括网络管理、通信、安全、资源共享和各种网络应用。其目标是相互通信和资源共享。

（5）分布式操作系统：是由多台计算机通过网络连接在一起而组成的计算机系统。该系统中任何两台计算机可能通过远程过程调用交换信息，系统中的计算机无主次之分，系统中的资源提供给所有用户共享，一个程序可分布在多台计算机上并行地运行，互相协调完成一个共同的任务。

2. 按用户数量分类　一般分为单用户操作系统和多用户操作系统。

（1）单用户操作系统：单用户操作系统又可分为单用户单任务操作系统和单用户多任务操作系统。

单用户单任务操作系统：在一个计算机系统内，一次只能执行一个用户程序，此用户独占计算机系统中的全部软硬件资源。常见的单用户单任务操作系统有 MS-DOS、PC-DOS 等。

单用户多任务操作系统：也是为单用户服务的，但是它允许用户一次提交多项任务。常见的单用户多任务操作系统有 Windows 98 等。

（2）多用户操作系统：多用户操作系统允许多个用户通过各自的终端共同使用同一台主机，共享主机中各类资源。常见的多用户多任务操作系统有 Windows 2000 Server、Windows XP、Windows Server 2003、UNIX。

二、微型计算机操作系统

常见的微型计算机的操作系统有 DOS、Windows、UNIX、Linux 等几种。

（一）DOS 操作系统

磁盘操作系统（disk operation system，DOS）是一种单用户单任务的操作系统。1981年，随着 PC 机的诞生，适用于 PC 机的 DOS 操作系统应运而生，为微机使用者提供了一个最基本的操作环境和工作平台。DOS 采用字符界面，用户必须输入各种命令来操作计算机。同时，用户利用 DOS 提供的各种命令管理微机的所有资源。

（二）Windows 操作系统

微软公司成立于 1975 年，目前已成为世界上最大的软件公司。1983 年 11 月微软公司宣布 Windows 1.0 诞生，1990 年又推出 Windows 3.0 操作系统，它的功能进一步加强。但是，此时的 Windows 操作系统还是由 DOS 引导的。直到 1995 年，微软公司推出了 Windows 95 操作系统，它作为独立的操作系统深受用户欢迎，并在很多方面做了进一步的改进,还集成了网络功能和即插即用功能。1998 年,微软公司推出的 Windows 98 将微软的 Internet 浏览器技术整合到操作系统中,使得访问 Internet 就像访问本地硬盘一样方便,从而更好地满足了人们越来越多的使用网络资源的需求。因此,Windows 操作系统逐渐取代 DOS 操作系统。

今天,操作系统家族已经非常庞大,从 Windows 3.X 到 Windows 95、Windows 98、Windows Me、Windows NT、Windows 2000 和 Windows XP,Windows XP 已经成为目前微型机的主流操作系统。

2007 年,微软公司又推出 Windows Vista 操作系统。Vista 是微软公司的继 20 世纪发布 Windows 95 以来,一个功能更加强大的桌面操作系统版本,用户界面是一次"革命性的创新",绚丽多彩、赏心悦目。由此说明,图形界面的操作系统更加完善和成熟。

(三) UNIX 操作系统

UNIX 操作系统是由美国贝尔实验室于 1969 年开发的一种多用户、多任务、交互式、通用的分时操作系统。UNIX 以其开放性、公开源代码、易理解、易扩充、易移植等优点,成为现代操作系统的代表。用户可以方便地向 UNIX 系统中逐步添加新的功能和工具,这样可使 UNIX 越来越完善,提供更多服务,从而成为有效的程序开发平台。它可以安装和运行在笔记本、微型机、工作站以至大型机和巨型机上,以其运行时的安全性、可靠性以及强大的计算能力赢得了广大用户的信赖。

(四) Linux 操作系统

Linux 是由芬兰科学家 Linus Torvalds 于 1991 年编写的一个操作系统内核。Linus 把这个系统放到了 Internet 上,供人们免费使用和自由下载,许多人对这个系统进行改进、扩充和完善,逐步发展成为完整的 Linux 系统。由于它是一款自由软件,不仅具有全部 UNIX 特点和优点,用户还可以免费使用,免费下载源代码,并根据自己的需要对它进行修改和改进,使之成为真正通用的多用户、多任务的操作系统。

三、Windows XP 的特性

Windows XP 中文操作系统是美国微软公司(Microsoft)近年来开发的新一代图形用户界面操作系统,它整合了 Windows 98 和 Windows 2000 的许多优秀功能,提供了更高层次的安全性、稳定性和易用性。Windows XP 比以往版本的 Windows 操作系统功能更强大,使用起来更简单、灵活、方便。其主要特点有:

(1) 全新的图形化界面:Windows XP 在界面上比以前的 Windows 版本有很大的变化,Windows XP 的桌面更新颖、灵活、方便、智能化。

(2) 强大的用户管理功能:利用 Windows XP,同一个时间多个用户可以在不重新启动计算机的情况下运行多道程序、执行多项任务,能轻松地进行任务切换和信息传递。

(3) 实用的网络功能:利用 Windows XP 的网络设置,用户可以迅速地收发传真、电子邮件、访问 WWW 等,安全地获取大量外界信息。

(4) 系统还原功能:"系统还原"是 Windows XP 的新组件之一,用户可通过它监视系统和某些应用程序文件的更改,在不丢失个人数据文件的前提下,将系统还原到过去某一时间的状态。

(5) 更强大的多媒体环境:Windows XP 具有更高的多媒体性能,其内置的声音和图像的拖放、嵌入以及链接技术,使得多媒体的应用更加方便。

四、Windows XP 的运行环境

1. Windows XP 运行的基本硬件环境　Windows XP 具有强大的功能和更新的技术,因此 Windows XP 在硬件配置较高时才能发挥其优越性。Windows XP 运行的基本硬件环境:

(1) CPU:不低于 233MHz,建议配置 300MHz 以上。

(2) 内存:不低于 64MB,推荐配置 128MB 内存或更高。

(3) 硬盘空间:不少于 1.5GB 硬盘空间或者分区,推荐配置 5GB 以上的可用空间。运行空间不低于 200MB,建议 500MB 以上。

(4) 显示器:14in 彩色显示器,建议配置 15in 或更高分辨率的显示器。

(5) 显卡:标准 VGA 卡或更高分辨率的图形卡,推荐配置支持硬件 3D 的 32 位真彩色显卡。

(6) 输入设备:CD-ROM 光驱或 DVD-ROM 驱动器;键盘和 Microsoft 兼容鼠标。

2. Windows XP 的安装　Windows XP 的安装方式可分为光盘启动安装、升级安装。

(1) 光盘启动安装:首先在 BIOS 中设置启动顺序为光盘优先,然后将 Windows XP 安装光盘插入光驱。计算机从光盘启动后将自动运行安装程序。用户可按照提示,顺利完成安装过程。

(2) 升级安装:启动 Windows 9X 或 Windows 2000,关闭所有程序。将 Windows XP 光盘插入光驱,系统将自动运行并弹出安装界面,单击"安装 Windows XP"超链接进行安装即可。如果光盘没有自动运行,可双击光盘根目录下的 setup. exe 文件开始安装。

五、Windows XP 的启动与关闭

1. 启动 Windows XP　开机后,计算机首先对基本设备进行检查,并显示相应的信息。稍后,系统自动进入 Windows XP 的欢迎界面,如果有多个计算机用户,使用用户切换功能,选择其中一个用户;如果设置了用户密码,输入相应的用户密码后,即可登录系统,如图 2-1 所示。

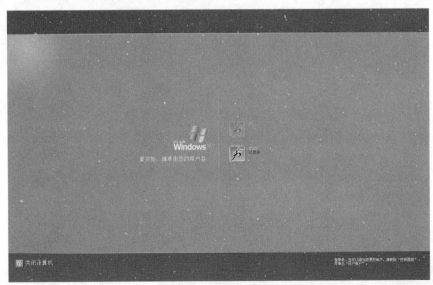

图 2-1　选择用户界面

2. 关闭 Windows XP 用户在关机前一定要保存所有应用程序中处理的结果,关闭所有运行着的应用程序。Windows XP 系统为用户提供了"注销"和"关闭计算机"两种退出当前操作的方式。

(1)注销有"注销"和"切换用户"选项。计算机进入"注销 Windows"界面,可以退出当前用户运行的程序,并准备由其他用户使用该计算机。选择"切换用户"可以切换到其他用户,但系统保留所有登录账户的使用环境,当需要时,可以切换到之前的使用环境,如图 2-2 所示。

(2)单击"开始"菜单上的"关闭计算机",出现"关闭计算机"对话框,其中有"待机"、"关闭"和"重新启动"三个选项,可以根据需要选择其中的一项,如图 2-3 所示。

图 2-2 "注销 Windows"对话框

图 2-3 "关闭计算机"对话框

第二节 Windows XP 的用户界面

一、桌面背景

桌面是用户操作计算机正常工作的平台。启动 Windows XP 后,进入到如图 2-4 所示的 Windows XP 桌面:桌面背景是屏幕上主体部分显示的图像,用于美化屏幕;桌面的左边摆放着一些常用图标,是管理和操作计算机的快捷工具;最下边是任务栏,是桌面的重要组成部分。

图 2-4 Windows XP 桌面

二、桌　面　图　标

在 Windows XP 桌面上摆放的各种图标由一些图形和文字组成。每一个图标代表一个对象,可以是一个文件、一个程序或一台硬件设备。它是管理和操作计算机的快捷工具,以快捷方式分别提供系统某方面的功能,双击图标可以启动相应的程序,打开对应的窗口。桌面上的主要图标有:"我的文档"、"我的电脑"、"网上邻居"、"回收站"、"Internet Explorer"等。

1.“我的文档”　是 Windows XP 为用户设置的一个文件夹,英文名称是"My Documents"。每位登录到该计算机的用户均拥有各自唯一的"我的文档"文件夹。当使用某些应用程序创建文件时,如果用户没有指定保存的位置,这些文件将自动保存在"我的文档"文件夹中。

2.“我的电脑”　用户可以通过"我的电脑"访问、管理和维护本地计算机中的所有资源,包括磁盘管理、文档管理、配置计算机软件和硬件环境等。

3.“网上邻居”　用来管理和访问局域网内的计算机,进行信息交换,共享整个网络上的资源。

4.“回收站”　用于暂存被用户从硬盘上删除的文件、文件夹、快捷方式等信息,并对这些信息进行管理和维护,根据需要进行还原或删除。

5.“Internet Explorer”　用于启动 Internet 浏览器,浏览因特网的信息。

三、任　务　栏

1. 任务栏的组成　在 Windows XP 中,在系统默认情况下,任务栏出现在桌面底部,包括"开始"按钮、快速启动区、应用程序区和系统通知区,如图 2-5 所示。

"开始"按钮　　快速启动区　　　　应用程序区　　　　　　　　　　　　　　　　　　系统通知区

图 2-5　任务栏的组成

"开始"按钮:单击"开始"按钮将会弹出一个上弹式的菜单,其中包含用于启动程序、查找文件、设置系统或访问"帮助"等所有的 Windows 操作。

快速启动区:通常有"显示桌面"图标、"Internet Explorer"图标、"Outlook Express"图标等,单击其中的图标即可启动程序。将桌面上的图标拖曳到快速启动区,就可以完成快捷按钮的添加。

应用程序区:当启动某一应用程序时,在"任务栏"上出现该应用程序的窗口标题按钮,活动的应用程序按钮颜色是深蓝色,不活动的应用程序按钮颜色是浅蓝色。单击各窗口按钮可在不同的应用程序之间进行快速切换。

系统通知区:位于任务栏最右侧,是语言设置和时间显示区域,包括"音量"、"输入法"、"时间"等。

2. 设置任务栏属性　用户可以自行设置任务栏属性,以符合自己操作计算机的习惯。方法如下:

步骤一:右键单击任务栏,在快捷菜单中选择"属性"命令,打开"任务栏和开始菜单属性"对话框。

步骤二:在该对话框中,用户可以根据自己的习惯选择或取消选择某些复选框,便达到了设置任务栏的目的。

步骤三:选择"锁定任务栏"复选框,可以锁定任务栏。锁定任务栏后,用户不能对任务栏再做任何修改,直到该复选框被取消选择。

步骤四:选择"自动隐藏任务栏"复选框,在不使用时任务栏会自动隐藏,在屏幕底部留有一条蓝线。当鼠标指向这条蓝线时,任务栏会自动显示出来,当鼠标离开任务栏,它就又隐藏起来。

步骤五:选择"将任务栏保持在其他窗口的前端"复选框,无论何时,任务栏总是会显示在桌面上其他窗口的前面,不会被挡住。

步骤六:选择"分组相似任务按钮"复选框,在有多个窗口打开时,在任务栏上会分组显示相同或相似的窗口。当有多个窗口打开时,选择该项可以节省任务栏空间。一般情况下,这个复选框默认是被选中的。

步骤七:选择"显示快速启动"复选框,系统默认的和用户自己设置的快速启动按钮就会出现在任务栏里,只要直接单击就可以快速启动应用程序。

步骤八:选择"显示时钟"复选框,就会在任务栏最右边显示时间。

步骤九:选择"隐藏不活动的图标"复选框,不活动的图标将被隐藏,以便简化任务栏。

3. 任务栏上的工具栏　任务栏的工具栏包括:地址、链接、语言栏、桌面和快速启动。右键单击任务栏的空白处,弹出快捷菜单,将鼠标放置在快捷菜单的"工具栏"命令上,弹出的级联菜单就是工具栏命令的名称列表。

这些命令的作用是:

"快速启动":包含"启动 Internet Explorer 浏览器"、"桌面"等。

"地址":是为用户能方便访问 Internet 而设置,在地址栏的文本框内输入一个地址,按回车键后,可以自动链接该网站的状态,而不用事先打开 Internet Explorer。该命令还可以浏览本地资源、打开一个文件或启动一个可执行程序。

"链接":其中列出了一些微软公司推荐的重要链接,用户也可以添加自己喜欢的链接。

"桌面":列出了当前桌面上的组件,将这些组件以小图标的形式放在任务栏上。

"语言栏":可以方便地选择需要使用的输入法。

此外,还有"新建工具栏"。利用新建工具栏,可以为任务栏添加新的工具栏,例如光盘、文件夹等。

第三节　Windows XP 的基本操作

一、鼠标和键盘操作

1. 最基本的鼠标操作有以下几种

(1)指向:将鼠标指针移动到目标位置或某一对象上(不按动鼠标键),一般用于激活某一对象或显示某一信息。

(2)单击:将鼠标指针移动到某个选定的对象上,快速按动鼠标左键一次,一般用于选定某个对象或某个选项、执行某项操作等。

(3)右击:将鼠标移动到某个选定的对象上,按动鼠标右键一次,用于弹出对象的快捷菜单或帮助提示。

（4）双击：将鼠标移动到某个选定的对象上，快速连续按动鼠标左键两次，一般用于启动应用程序、打开窗口和文档等操作。

（5）拖放：将鼠标移动到某个选定的对象上，按住鼠标左键不放并移动鼠标指针，到目标位置后释放鼠标左键。一般用于复制、移动对象、滚动条操作、改变窗口大小等操作。鼠标指针形状及其含义如表 2-1 所示。

表 2-1　鼠标指针形状及其含义

指 针 形 状	含 义	指 针 形 状	含 义
↖	标准选择	↔	调整水平大小
↖?	帮助选择	↕	调整垂直大小
↖⧖	后台操作	↖	对角线调整 1
⧖	系统忙	↗	对角线调整 2
＋	精度选择	✛	移动
I	文字选择	↑	其他选择
✎	手写	⤴	链接选择
⊘	不可用		

2. 键盘操作　在 Windows 中，有一些特殊的按键组合，这些按键组合称为快捷键。利用键盘可以实现 Windows 中提供的一切操作功能，适当地利用这些快捷键可以大大加快操作速度，提高工作效率。Windows 常用的快捷键见表 2-2。

表 2-2　Windows 常用的快捷键

快 捷 键	含 义
F1	打开帮助
F2	重命名文件或文件夹
F3	查找文件或文件夹
Shift＋F10	弹出所选项的快捷菜单
Alt＋F4	关闭当前窗口或退出程序
Alt＋Esc	在打开的窗口间进行切换
Alt＋Tab	在打开的窗口间进行选择性切换
Alt＋菜单中右侧带下划线的字母	执行菜单中的相应命令
Ctrl＋Esc	打开"开始"菜单
Ctrl＋A	选定全部内容
Ctrl＋C	将选定内容复制到剪贴板
Ctrl＋X	将选定内容移动到剪切板
Ctrl＋V	将剪贴板内容粘贴到当前光标位置
Ctrl＋Z	撤销刚进行过的操作
Ctrl＋Space	切换中英文输入状态
Ctrl＋Shift	在各种输入法之间进行循环切换

续表

快 捷 键	含 义
Ctrl+.	切换中/英文标点符号
Shift+Space	切换全角/半角输入状态
Del	删除选定的对象,并放入回收站
Shift+Del	彻底删除选定的对象,不放入回收站
Ctrl+Alt+Del	打开 Windows 任务管理器
Print Screen	复制屏幕图像到剪贴板
Alt+Print Screen	复制当前窗口图像到剪贴板

二、窗 口 操 作

窗口是 Windows 中最基本的表现形式。用户每启动一个应用程序或打开一个文件夹时,Windows XP 会在屏幕上开辟一个矩形区域,这个矩形区域就称为窗口。通过窗口可以查看其中显示的对象,浏览文件或相关信息。

(一) 窗口的组成

窗口通常由标题栏、菜单栏、工具栏、地址栏、状态栏、工作区域等组成。如图 2-6 所示,是一个典型的 Windows XP 窗口。

图 2-6　"我的电脑"窗口

(1) 标题栏:标题栏位于窗口的顶部,主要用于显示本窗口的名称,其最左边是窗口图标,也就是控制菜单图标,紧邻的是窗口标题,即窗口的文字标识。标题栏最右边是三个命令按钮,左起分别是最小化按钮　、最大化　或还原按钮　、关闭按钮　。

(2) 菜单栏:菜单栏位于标题栏的下方,由多个菜单组成。每个菜单都可以包含多种菜单命令,通过单击菜单命令可以完成对当前窗口的各种操作。

(3) 工具栏:位于菜单栏的下方。工具栏中的每个按钮对应菜单的常用命令,只要用鼠标单击这些工具按钮,就可以执行所对应的菜单命令。由于工具图标形象直观,使用特别方便。

工具栏的显示或隐藏：当需要工具栏显示时，选择"查看"菜单中的"工具栏"命令，在其级联菜单中包含标准按钮、地址栏、链接、锁定工具栏和自定义，选择"标准按钮"子命令，工具栏出现；否则，工具栏不显示。

工具栏的设置：工具栏在系统默认情况下，有"前进" ⬅、"后退" ➡、"向上" 🔼、"搜索" 🔍、"文件夹" 📁 和"查看" 🔡 按钮。如果需要添加其他按钮，选择"查看"菜单的"工具栏"选项中的"自定义…"命令，或右键单击工具栏的任意位置在快捷菜单中选择"自定义…"，弹出"自定义工具栏"对话框来设置选项。

（4）地址栏：位于工具栏下方，用于表明文件或文件夹所在位置。

（5）工作区：用于显示窗口当前工作主题的内容，用户可以在其中进行浏览和操作。

（6）状态栏：状态栏位于窗口的底部，用来显示窗口中与当前操作、当前系统状态有关的信息。

（二）窗口的基本操作

窗口的基本操作包括：改变窗口大小、移动窗口、排列窗口、窗口的切换、关闭窗口等。

（1）改变窗口的大小：通过单击最小化与最大化/还原按钮，或拖动窗口边框来改变窗口大小，也可以通过双击标题栏最大化或还原窗口。窗口最大化后，相应位置出现还原按钮；当窗口还原后，相应位置变为最大化按钮。

（2）移动窗口：当窗口未处于最大化状态时，将鼠标指针移到窗口的标题栏上，拖曳鼠标到适合的位置，窗口即移动到新的位置。

（3）排列窗口：窗口的排列有层叠、横向平铺和纵向平铺三种方式。右键单击任务栏的空白处，在弹出的快捷菜单中选择"层叠窗口"、"横向平铺窗口"、"纵向平铺窗口"三个选项中的任意一项，可以对窗口进行重新排列。

（4）窗口的切换：Windows XP 可以在同时打开的多个窗口之间进行切换，但任何时刻只有一个窗口处于激活状态，覆盖在其他窗口之上，称为"活动窗口"或"前台窗口"。单击需要打开的窗口、单击任务栏上窗口的图标、使用"Alt＋Tab"键或者"Ctrl＋Esc"键都可以实现窗口之间的切换。

（5）关闭窗口：Windows XP 所有窗口的关闭方式都是一样的，常用的方法有以下几种：

方法一：单击窗口标题栏右上角的"关闭"按钮。

方法二：单击窗口标题栏左上角的控制菜单图标，在弹出的菜单中选择"关闭"命令；或双击控制菜单按钮，可以关闭窗口。

方法三：选择"文件"菜单中的"退出"命令。

方法四：右键单击窗口标题栏，出现快捷菜单，在菜单中选择"关闭"命令。

方法五：在键盘上同时按住"Alt＋F4"组合键关闭活动窗口。

三、Windows XP 对话框及其操作

1. 对话框的特点　对话框是一种特殊的窗口，它的外形是一个矩形框，不可以改变大小。不同的对话框有不同的外观和各具特点的内容。在 Windows XP 窗口下拉式菜单的选项后面有"…"符号，表示选择该命令后会弹出相应的对话框，用户可以在其中输入信息、设置选项、阅读提示等。此外，当 Windows XP 要警告、确认或提醒的时候也会弹出相应的对话框。

2. 对话框中的元素　对话框是 Windows XP 获取信息的一种标准界面，对话框有多种形式，"打印"对话框如图 2-7 所示。

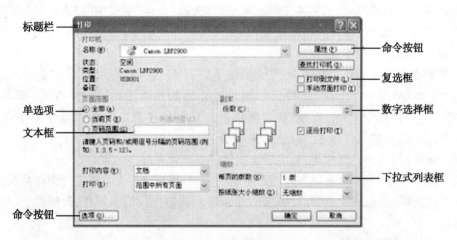

图 2-7 "打印"对话框

（1）标题栏：标题栏在对话框顶部，左边是对话框名称，右端是帮助按钮和关闭按钮。

（2）选项卡：在较复杂的对话框中，常常设有多个选项卡。一个选项卡对应一个主题信息，里面有若干个选项供用户进行选择。单击选项卡标题，可在多个选项卡之间方便地进行切换。

（3）文本框：文本框是用来输入文字或命令的地方。打开对话框时，文本框可能是空白或包含文本。已包含的文本是默认内容，用户可以删除后再输入新内容。

（4）命令按钮：在对话框中有一些带文字的矩形按钮，称为命令按钮。单击命令按钮，则执行相应的功能。有的命令按钮还会再次弹出相应的对话框，进一步进行操作。大多数对话框有 确定 和 取消 按钮。选择"确定"按钮，系统会立即执行对话框的设置，同时关闭对话框；选择"取消"按钮，对话框的设置就会被取消，关闭对话框。

（5）列表框：列表框是在对话框中以列表形式显示有效选项供用户进行选择。列表框中列出的对象既可以是文字，也可以是图形。

（6）单选项与复选框：单选项是以分组形式给出的一组命令，命令名称前的按钮呈圆圈形，用于选取一组功能相斥的操作，单击每一个选项，都只能选取其中一项，选中一项命令时，圆圈中会出现黑点。

复选框用于选取一组相互独立的选项。可以全选，或全不选，也可以选择其中的一个或几个，这也是单选项与复选框的区别。当复选方框内有"√"时表示该功能已选，如果是空的，表示放弃此选项。

（7）下拉式列表框：在许多文字选框的右边还带有一个下拉按钮 。单击该按钮出现一系列的下拉选项，保存着系统已设置了的备选信息，用户可根据需要在其中进行选择。

（8）数字选择框：在数字选择框中，有一对紧靠在一起的向上和向下的小按钮，称为数字按钮 。单击数字按钮，可改变数字框中的数值，进行相应的选择。

另外，警告、确认或提醒对话框只有在需要确认、提醒或警告时才出现。确认对话框提示用户确认是否执行某一操作，提醒对话框用来传递一些提示信息，警告对话框提示用户执行的操作可能带来的不良后果，通常都有"确定"、"重试"、"继续"、"取消"、"是"和"否"等按钮。

四、菜 单 操 作

Windows XP 的菜单一般包括"开始"菜单、下拉菜单、快捷菜单和控制菜单等。

1. "开始"菜单　"开始"按钮是 Windows XP 的总按钮,始终位于任务栏的最左边,单击该按钮,就会弹出"开始"菜单,通过该菜单,用户可以快速启动其他应用程序、查找文件及获得帮助,几乎可以完成计算机的任何操作。也可以按"Ctrl+Esc"键或键盘上的窗口键直接启动"开始"菜单。右击"开始"按钮则出现相应的快捷菜单。

在 Windows XP 中可以选择两种风格的"开始"菜单:具有 Windows XP 风格的菜单方便用户访问 Internet、电子邮件和经常使用的程序;具有传统风格的经典菜单方便使用以前版本的用户进行操作。如图 2-8 所示。

Windows XP 的"开始"菜单将内容进行了集成化处理。"开始"菜单的左侧为用户区:上部显示 Internet、电子邮件快捷方式;中部是用户最近使用过的应用程序,方便用户访问经常使用的应用程序;下部是"所有程序"命令按钮,指向该按钮会弹出下一级子菜单,里面包含了用户安装的所有应用程序。"开始"菜单右侧列出了"我的文档"、"我的电脑"和"控制面板"等图标,底部为系统注销和关闭区,有"注销"和"关闭计算机"按钮。

图 2-8　"开始"菜单

2. 菜单操作　Windows XP 中的大多数操作都是通过执行菜单中的相关命令实现,这是 Windows 的特色之一。菜单就是一组命令列表,用户可以从中选择命令来执行。Windows XP 的菜单包括"开始"菜单、窗口中的菜单、快捷菜单。

(1) 菜单的约定:Window XP 的菜单中有一些特殊的约定,用不同的显示方式表示不同的含义。了解这些约定对使用菜单是很有益处的。菜单的约定见表 2-3。

表 2-3　菜单的约定

项　　目	功　　能
正常的命令	屏幕显示是黑色的,系统会立即执行的命令
灰色的命令	有条件可执行,当前状态下该命令项无效
菜单命令旁边的"√"标记	复选选中标记,表示该菜单项命令有效
菜单命令旁边的"●"标记	单选选中标记,表示该菜单项命令有效
菜单命令右边有"…"的命令	当它被选择时会弹出一个对话框
右边有黑三角"▶"的命令	表示它还有下级子菜单,鼠标指向时即会出现
命令右侧的组合键	菜单命令的快捷键

(2) 菜单的操作:窗口菜单可以用鼠标或键盘打开与操作。窗口中的菜单栏有"文件"、"编辑"和"帮助"等,单击每个菜单对应的下拉菜单提供的命令,可以执行相应的操作。菜单名称右边有一个带下划线的字母,叫做"热键",将"Alt"键和"热键"字母同时按下,会打开相应的菜单,用光标移动键来改变菜单的选择。例如同时按"Alt"键与"F"键会打开"文件"菜单。只要在菜单外边的任何地方单击即可取消菜单选项;按"Esc"键可以关闭菜单。

五、Windows XP 系统帮助和支持

Windows XP 在"开始"有个"帮助和支持",单击可以启动"帮助和支持服务中心"是全面提供各种工具和信息的资源。使用搜索、索引或者目录,可以广泛访问各种联机帮助系统。通过它,可以向联机 Microsoft 支持技术人员寻求帮助,可以与其他 Windows XP 用户和专家利用 Windows 新闻组交换问题和答案,还可以使用"远程协助"让朋友或同事帮助您,如图 2-9 所示。

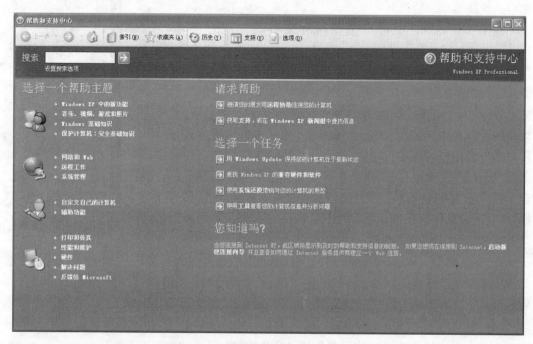

图 2-9　Windows XP 帮助和支持中心

（一）教程和文章

无论您是 Windows XP 新手还是刚刚学会使用计算机,都可以浏览 Windows XP,以便发现其中激动人心的新功能。然后在新文章中更深入地钻研 Windows XP 的某些主要功能。通过阅读,可以更好了解如何设置家庭网络、组织和共享数字照片、在计算机上播放音乐、共享文件以及自定义计算机。

（二）Windows XP 教程

ms-its：C：\WINDOWS\Help\whatsnew.chm：：/EXEC＝, tourstart.exe, , CHM＝ntshared.chm FILE＝alt_url_windows_component.htm

（三）联机帮助

Windows XP 为操作系统中的所有功能提供了广泛的帮助。从"帮助和支持中心"主页上,可以浏览帮助主题。单击导航栏上的"主页"或者"索引",可以查看目录或索引。在"搜索"框中键入一个或多个词汇,可以查找所需信息。

（四）远程协助

使用"远程协助",可以让朋友或者计算机专家同事指导您解决计算机问题。只需使用 Windows 实时客户端邀请联机联系人,或者使用电子邮件向朋友发出邀请。在得到您的授

权后,专家可以查看您的屏幕,甚至可以取得您计算机的控制权。所有会话都经过加密,并且可以用密码进行保护。甚至可以在解决问题的过程中联机聊天。

第四节　Windows XP 的资源管理系统

一、Windows XP 的文件系统

在 Windows XP 中所有的任务和资源都是以文件的形式存在的,Windows XP 通过文件的管理达到控制和管理整个计算机的目的。

文件和文件夹的概念如下:

1. 文件　文件是 Windows XP 最基本的存储单位。所谓文件,就是被赋予名字并存储在磁盘上的相关信息的集合,是信息在电脑中的组织形式,这些信息可以是程序、程序所使用的一组数据、用户创建的文档、图形、视频、音频等。比如:一个高级语言源程序、一份用户自己创建的文档资料、图片资料等都可以作为文件。

2. 文件的命名规则　每一个文件都有一个文件名作为标识。一般地,文件名由主文件名和扩展名组成。文件的主名可以直接作为文件名,扩展名用来标记文件的类型。在计算机系统中,信息用名称进行存储,通过文件的名称对信息进行管理。Windows XP 中文件的命名遵照如下规则:

(1) Windows XP 中,文件或文件夹可以使用长文件名,主文件名与扩展名之间用“.”隔开。主文件名不得超过 255 个字符。文件的扩展名可以使用多个字符,使用多分隔符,但只有最后一个分隔符后的部分能作为文件的扩展名。

(2) Windows XP 文件名使用字母可以保留指定的大小写格式,但不能用大小写区分文件名,例如:ABC. DOC 和 abc. doc 被认为是同一个文件。

(3) 文件名不可以使用空格开头,但在文件名中可以使用汉字、字母、数字、下划线、空格以及一些特殊字符,如“@”、“^”、“!”、“#”等。

(4) 文件名中不能使用的字符有:“＊”、“:”、“\”、“/”、“?”、“"”、“<”、“>”、“|”等符号。

(5) 不允许同一磁盘的同一个路径中有两个相同的文件名。但不同磁盘或同一磁盘的不同路径下可以有同名的文件。

(6) 用户可以在查找和排列文件时使用通配符,通配符有两种:“＊”和“?”。“＊”通配符代表所在位置可以是任意长的多个字符。“?”通配符代表所在位置可以是任意一个合法字符。

3. 文件的类型　文件根据它所含的信息的类型进行分类,文件有很多类型,不同类型的文件通过文件的扩展名表示。

文件的扩展名一般由 1~4 个字符组成,可用的字符同主文件名规定相同。扩展名必须用英文中的句号“.”与主文件名隔开。Windows XP 常用文件扩展名见表 2-4。

表 2-4　Windows XP 常用文件扩展名

扩 展 名	文 件 类 型	扩 展 名	文 件 类 型
.doc	Word 文档文件	.hlp	帮助文件
.exe	可执行文件	.bmp	画图文件

续表

扩 展 名	文 件 类 型	扩 展 名	文 件 类 型
.jpg	压缩图像文件	.xls	Excel 电子表格文件
.htm	主页文件	.wav	声音文件
.dbf	数据库文件	.mpg	压缩的视频流文件
.ppt	PowerPoint 演示文稿文件	.bak	备份文件
.txt	文本文件	.sys	系统配置文件

4. 文件夹　文件夹是在磁盘上组织程序和文档的一种方式，又称为目录，它既可包含文件，也可包含其他子文件夹，用于管理文件和系统设备，用户可以把文件分类存放在不同的文件夹中。每张磁盘在格式化的时候，系统自己建立一个存储其所有文件和文件夹的最高层文件夹，叫根文件夹，用"\"表示。在根文件夹下可以直接存储文件和子文件夹，每个子文件夹中又可以存储文件和建立下一级子文件夹。Windows XP 中所有文件夹组成的结构就像一棵倒置的树，因此称为文件夹树。"我的电脑"位于文件夹树的最顶层，可以说是一个最大的文件夹，用于组织和管理计算机中的硬盘、光盘等存储介质，以及所有文件。

文件夹的命名规则和文件命名规则一样，但一般不用扩展名。

（1）路径：路径用来表示一个文件或者一个子文件夹在磁盘中的位置，有绝对路径和相对路径两种表示方式。绝对路径从根文件夹写起，以"\"作为路径的开始，相对路径从当前位置开始，以"."或者文件夹名开始。另外，"\"用于路径起始位置，则表示根文件夹；同时，它还可用于表示文件夹名之间、文件夹名与文件名称之间的隔离符。

（2）文件的文件名：完整地标识一个文件，应包含文件所在的磁盘、文件夹、文件的名称和扩展名等信息。完整的文件名是：

"盘符:""路径""＜文件名＞"".＜扩展名＞"

其中，盘符为磁盘所在的驱动器号，如 A、B、C、D 等。扩展名可能省略。

5. 对象　指数据以及可以对这些数据进行的操作组合在一起所构成的独立实体的总称。在 Windows XP 中，对象包括窗口、文件、文件夹、图标等。

二、Windows XP 的资源管理器

"我的电脑"是电脑系统管理器，其主要功能是管理本地计算机资源，进行磁盘、文件夹操作；配置计算机软硬件环境等。

Windows XP 的资源管理器是最重要的文件管理工具之一，是对计算机的资源进行管理的实用程序，能同时显示文件夹列表和文件列表，帮助用户在内部网络、本地磁盘驱动器以及 Internet 上查找所需要的资源。利用资源管理器，可以快速预览文件、文件夹及其树状结构，以及整个驱动器中的内容，可直接运行程序，打开文档，管理存储器及其他外部设备等资源，也可以复制、移动、删除及修改文件和文件夹的属性。如图 2-10 所示。

1. "资源管理器"的启动　打开"资源管理器"窗口的方法有很多，现介绍其中的几种。

方法一：右击桌面上"我的电脑"、"回收站"、"我的文档"、"网上邻居"及文件夹等任意一个图标，在快捷菜单中选择"资源管理器"。

方法二：在"我的电脑"窗口中选中工具栏中"文件夹"图标后，直接进入"资源管理器"。

方法三：右击"我的电脑"中的驱动器图标或文件夹图标，弹出快捷菜单，单击"资源管理器"。

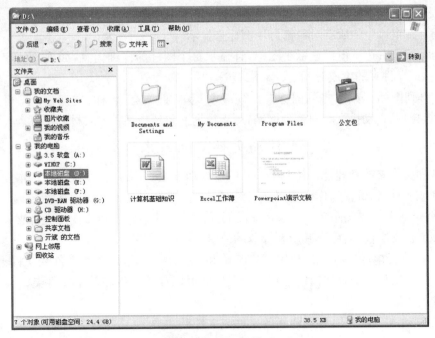

图 2-10　资源管理器

方法四：右击"开始"菜单按钮,在弹出的快捷菜单中选择"资源管理器"。

2."资源管理器"窗口　"资源管理器"窗口的独特之处是包含左右两个子窗口,资源管理器左边子窗口是"文件夹"窗口,显示了整个计算机资源的树形结构,它的文件夹有折叠和展开两种方式,当某一图标前面有"＋"时,表示它有下级文件夹,单击"＋"号,可以展开它的下级子文件夹,这时,"＋"号变成"－"号;当单击"－"号时,下级文件夹折叠起来,"－"号又变成"＋"号。资源管理器右边子窗口是"内容"窗口,它显示的是左边子窗口所选择的存储器或文件夹的具体内容。

3.利用"资源管理器"浏览和管理计算机的资源　由于它采取左右子窗口显示的方法,查看资源要比用"我的电脑"更方便。在左边子窗口中单击对象,右边子窗口就显示它的内容。

(1)工具栏按钮的使用:与"我的电脑"方法相同。工具栏中包括一些常用功能按钮,如前进、后退、向上、文件夹、查看等。

用户可以使用"查看"菜单中的"工具栏"命令中的"自定义"子命令打开"自定义工具栏"对话框,在工具栏中添加其他命令按钮,按自己的喜好设置个性化的工具栏。

工具栏可以显示、隐藏或锁定。当需要显示工具栏时,选择"查看"菜单的"工具栏"命令,在其级联菜单中包含标准按钮、地址栏、链接、锁定工具栏和自定义,选择"标准按钮"子命令,工具栏出现。否则,工具栏不显示。

(2)工具栏的锁定:单击"查看"菜单下"工具栏"中的"锁定工具栏"子命令,则菜单栏、工具栏、地址栏都被锁定,不能改变位置。否则,拖动菜单栏、工具栏、地址栏前边的竖虚线,可以在窗口上部改变它们的位置。

(3)图标的显示方式▦▾：有缩略图、平铺、列表、图标、详细信息等显示方式。

缩略图：右边子窗口以缩略图的方式排列图标。

平铺：右边子窗口以大图标的方式排列图标。

列表：把窗口中的所有对象按 A、B、C、D…的顺序排列，这样方便查找。

图标：在窗口中的所有对象都可用图标来显示。

详细信息：右边子窗口显示小图标，且显示每个图标的详细信息，如硬盘的容量、可用空间、文件或文件夹的生成时间、大小、类型等。

（4）排列图标：选择"排列图标"，出现级联菜单，选项有：名称、类型、大小、可用空间、备注、按组排列、自动排列和对齐到网格，可以根据需要选择某种方式排列图标。

三、文件和文件夹的基本操作

文件和文件夹的管理是 Windows XP 的主要功能之一，文件和文件夹的基本操作包括：创建文件或文件夹；选择操作对象；移动、复制、删除、重命名文件或文件夹等。

1. 创建新文件或文件夹　可以在桌面或任何文件夹中创建新文件或文件夹 。创建新的文件和文件夹之前，需确定其所要存放的位置。

（1）在"我的电脑"窗口中，利用窗口菜单和快捷菜单都可以创建文件和文件夹。这样创建的文件和文件夹都是空白的。新建的文件夹可以存放文件和其子文件夹，新建的空白文件打开后可以进行编辑。

在"我的电脑"窗口中，要创建新的文件或文件夹，应先打开要创建文件的驱动器或文件夹窗口，再单击"文件"菜单中的"新建"命令。或打开窗口后，右键单击窗口的空白处，弹出快捷菜单，选择"新建"命令。在"新建"命令中，包含多个子命令，利用它们可以建立文件夹、快捷方式、文本文件、Word 文档、Excel 工作表等。

（2）在"资源管理器"窗口中，首先在左子窗口下，选择要创建文件夹或文件的驱动器或文件夹图标，则在右边子窗口中就显示该对象的内容，然后选择"文件"菜单中的"新建"命令，弹出它的级联菜单，其他操作同上。

2. 文件或文件夹的选择　在 Windows XP 系统中进行文件管理操作时，首先需要选择一个或多个文件作为操作对象，称为选定操作。也就是说，在进行文件和文件夹的操作前，先要选择操作对象，然后再进行其他操作。被选定的文件或文件夹均会反像（反白）显示，表明已被选定。选择操作对象的方法见表 2-5。

表 2-5　选择文件与文件夹的操作

操　　作	操 作 方 法
选定单个操作对象	单击目标
放弃被选中的操作对象	单击窗口空白处
选择多个连续操作对象	选中第一个目标后，按住"Shift"键，单击连续目标的最后一个目标
选择包含在一个矩形区域内的多个操作对象	把鼠标指针指向目标外的一角，向对角方向拖曳鼠标。当矩形虚线框罩住所有的要选目标时，松开鼠标左键
选择多个不连续操作对象	选中第一个目标后，按住"Ctrl"键，再单击其余各分散目标
放弃已经被选中的个别操作对象	按住"Ctrl"键，单击各个欲放弃的目标
反向选择	首先用上面的方法在窗口上选择不准备选的对象，然后单击"编辑"菜单中的"反向选择"命令
选择全部操作对象	方法一：单击"编辑"菜单中的"全部选定"命令 方法二：按"Ctrl＋A"组合键

3. 文件或文件夹的移动 在文件管理过程中，移动文件或文件夹是经常进行的操作。通常可以使用菜单、工具栏、快捷菜单、快捷键移动文件或文件夹，方法如下：

方法一：利用菜单命令。

步骤一：选定要移动的文件或文件夹。

步骤二：选择窗口的"编辑"菜单中的"剪切"命令，将要移动的对象放入"剪贴板"。

步骤三：选择目标驱动器或文件夹，在该窗口选择"编辑"菜单中的"粘贴"命令；即可完成文件或文件夹的移动。

方法二：利用"我的电脑"窗口信息区的选项。

步骤一：在源驱动器或文件夹窗口中选定要移动的文件或文件夹。

步骤二：单击"信息区"的"移动这个文件（文件夹）"，弹出"移动项目"对话框，在对话框中选择目标文件夹，单击"移动"按钮。

方法三：利用工具栏命令。

步骤一：选择要移动的文件或文件夹。

步骤二：单击工具栏中的"剪切"图标，将要移动的文件或文件夹放入"剪贴板"。

步骤三：确定目标驱动器或文件夹，单击工具栏中的"粘贴"图标，即可完成文件或文件夹的移动。

方法四：利用快捷菜单命令。

步骤一：选择要移动的文件或文件夹。

步骤二：单击鼠标右键，在弹出的快捷菜单中，选择"剪切"命令，将要移动的文件或文件夹放入"剪贴板"。

步骤三：确定目标驱动器或文件夹，右键单击窗口空白处，在弹出的快捷菜单中选择"粘贴"命令，即可完成文件或文件夹的移动。

方法五：利用快捷键操作。

步骤一：选择要移动的文件或文件夹。

步骤二：使用快捷键"Ctrl＋X"将要移动的文件或文件夹放入"剪贴板"。

步骤三：确定目标驱动器或文件夹，用鼠标单击窗口空白处，使用快捷键"Ctrl＋V"即可将文件或文件夹移动到当前窗口。

此外，还可以使用鼠标拖曳的方法方便地实现文件或文件夹的移动操作。

4. 文件和文件夹的复制 文件和文件夹的复制操作，可以使用菜单、工具栏、快捷菜单、快捷键命令等方法，也可以用鼠标拖曳进行操作。

在使用菜单、工具栏和快捷菜单中的命令进行复制操作时，与移动操作的方法基本相同，区别只需在步骤二中将"剪切"改成"复制"即可。

在使用快捷键命令进行复制操作时，首先使用"Ctrl＋C"进行"复制"操作，然后再使用"Ctrl＋V"或者粘贴命令。

此外，还可以使用鼠标拖曳的方法方便地实现文件或文件夹的复制操作。

5. 更改文件或文件夹名字 通常使用"重命名"命令来更改文件或文件夹的名字。

方法一：选定要重命名的文件或文件夹，选择"文件"菜单中的"重命名"命令。

方法二：在要重命名的文件或文件夹上单击右键，弹出快捷菜单，单击"重命名"命令。

方法三：在要重命名的文件或文件夹上单击左键，使其处于选中状态，再单击其名称。

方法四：在"我的电脑"窗口中，单击"信息区"的"重命名这个文件（文件夹）"。

　　进行了以上操作后,文件或文件夹的名称出现在矩形框架内且呈反像显示,并出现插入光标,可以直接输入新的名称,然后按回车键完成操作。

　　6. 删除文件或文件夹　当一些存盘的文件不再需要时,要及时清理以节省磁盘空间,提高工作效率,但需要注意的是,当删除一个文件夹时,该文件夹中的所有文件和子文件夹都将被删除,因此在执行此操作时应该确认是否要删除文件夹中的所有内容。

　　(1)删除文件或文件夹的方法有:

　　方法一:选定要删除的文件或文件夹,选择"文件"菜单下的"删除"命令。

　　方法二:选定要删除的文件或文件夹,直接按"Delete"键。

　　方法三:右键单击要删除的文件或文件夹图标,在弹出的快捷菜单中选择"删除"命令。

　　方法四:选定要删除的文件或文件夹,单击工具栏上的"删除"按钮。

　　方法五:选定要删除的文件或文件夹,单击"我的电脑"信息区"删除这个文件(文件夹)"按钮。

　　执行以上操作后,都会出现确认文件或文件夹删除的对话框,单击"是"按钮,指定的文件将放入回收站;选择"否",则放弃本次删除操作。另外,用鼠标直接拖曳选中的文件或文件夹到"回收站",也可以实现删除操作。这些删除操作将待删除的文件或文件夹放到"回收站",以后还可能从回收站恢复。若要彻底删除不再需要的文件,按住"Shift"键的同时进行以上操作,要删除的文件或文件夹将不进入"回收站",而是直接被彻底删除。

　　(2)回收站:回收站是安装系统时系统预留的磁盘空间,默认大小为硬盘空间的 10%。回收站一般放置在桌面上。被删除的文件或文件夹存放到这个特殊的地方,但这些文件没有真正从计算机硬盘上删除,只是暂时移到回收站中,还可以再还原到原来的位置,这样可避免因为误操作而造成损失。用户既可以将其恢复,也可以将其彻底删除。回收站中的内容将保留直到清空回收站。当回收站充满后,Windows XP 系统将自动腾出空间来存放最近删除的文件或文件夹。如图 2-11 所示。

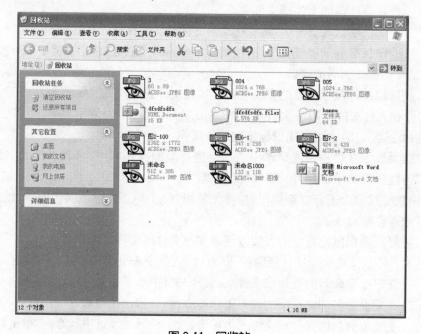

图 2-11　回收站

1）回收站中项目的还原。

方法一：选定要恢复的项目，选择"文件"菜单中的"还原"命令。

方法二：直接右键单击要恢复的项目，在弹出的快捷菜单中选择"还原"命令。

方法三：在窗口中选定要恢复的项目，单击信息区的"还原此项目"。

方法四：如果要将回收站中全部对象还原，单击信息区的"还原所有项目"。

2）回收站中项目的删除。

方法一：选中要删除的一个项目或多个项目，在"文件"菜单中选择"删除"命令。

方法二：右键单击要删除的项目，在弹出的快捷菜单中选择"删除"命令。

方法三：选中要删除的项目后，单击窗口工具栏上的"删除"按钮，弹出确认删除文件对话框，单击"是"按钮，即可删除选中的对象。

3）回收站的清空：如果整个回收站中的对象都没有存在的必要，就可以将"回收站"清空。方法如下：

方法一：在"回收站"窗口，选择"文件" 菜单中的"清空回收站"命令。

方法二：在"回收站"窗口，单击信息区的"清空回收站"。

方法三：右键单击"回收站"窗口的空白处，在弹出的快捷菜单中选择"清空回收站"。

方法四：在桌面上右键单击"回收站"图标，在弹出的快捷菜单中选择"清空回收站"。

执行以上操作后，都会出现确认删除文件对话框，单击"是"按钮，可以将"回收站"清空。

注意： 在回收站中删除和清空的文件是永久性删除，是不可恢复的。

7. 改变文件和文件夹的属性　文件和文件夹都有某些属性，包括只读、隐藏等属性，具有只读属性的文件或文件夹，只能被访问，不能进行修改；具有隐藏属性的文件，通过"文件夹选项"对话框的设置，可以隐藏起来。设置文件属性的方法有：

方法一：选中要查看或修改属性的文件或文件夹，选择"文件"菜单中的"属性"命令。

方法二：右键单击该文件或文件夹图标，在弹出的快捷菜单中，选择"属性"命令。

两种方法中，都会弹出文件或文件夹"属性"对话框，但文件和文件夹属性的选项卡内容略有不同。在文件"属性"对话框中常出现的选项卡有："常规"、"自定义"和"摘要"；在文件夹"属性"对话框中常出现的选项卡有："常规"、"共享"和"摘要"。如图 2-12a 和图 2-12b 所示。

（1）"常规"选项卡：从这张选项卡中可以知道文件和文件夹的名称、类型、打开方式、位置、大小、占用空间、创建时间、修改时间、访问时间，查看和修改文件和文件夹的属性，包括只读、隐藏。

（2）"自定义"选项卡：在属性对话框中单击"自定义"标签，切换到"自定义"选项卡，利用它可以自定义文件的特征属性。

（3）"共享"选项卡：在属性对话框单击"共享"标签，切换到"共享"选项卡，利用它可以设置文件夹的共享属性。利用该选项卡可以完成本地共享和安全、网络共享和安全。这是文件夹特有的属性选项卡。

（4）"摘要"选项卡：在文件属性对话框中单击"摘要"选项卡的标签，显示"摘要"选项卡。在"摘要"选项卡中包含了文档的标题、主题、作者、类别、关键字、备注等信息。

8. 文件或文件夹的搜索　要搜索文件或文件夹所在的位置，可以利用窗口的查找功能。

方法一：打开"我的电脑"窗口后，首先选定驱动器，然后选择"文件" 菜单中的"搜索"命令。

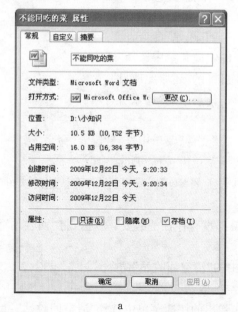
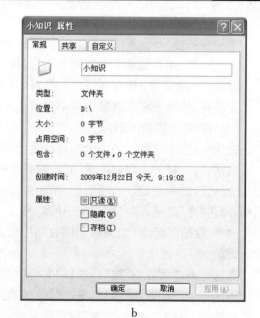

a　　　　　　　　　　　　　　　b

图 2-12　"文件"和"文件夹"属性对话框

方法二：右键单击驱动器或文件夹，在弹出的快捷菜单中选择"搜索"命令。

方法三：在"我的电脑"窗口，单击工具栏的"搜索"按钮，即出现"搜索助理"窗口。

在弹出的搜索结果窗口的"搜索助理"栏中有以下选项："全部或部分文件名"文本框中输入要查找的文件或文件夹名称（可以使用通配符）；"文件中的一个字或词组"文本框中输入文件中包括的字或词组；"在这里寻找"下拉式列表框中选择磁盘或文件夹。"什么时候修改的？"可以设置搜索的时间范围。"大小是？"可以设置"搜索助理"窗口搜索文件的大小。"更多高级选项"可以进一步设置搜索隐藏文件及文件夹等。搜索条件输入完毕，单击"搜索"按钮，查找就开始进行，并把搜索结果显示在窗口中。

9. 屏幕图像拷贝

（1）拷贝当前屏幕图像：在屏幕上显示要拷贝的图像信息，按"Print Screen"键，屏幕信息便放到了剪贴板，可用粘贴操作在指定位置获取该图像信息。

（2）拷贝当前窗口图像：在屏幕上显示要拷贝的窗口图像，按"Alt＋Print Screen"键，窗口信息便放到了剪贴板，可用粘贴操作在指定位置获取该图像信息。

10. 快捷方式的创建　快捷方式是一种特殊的文件类型，代表快捷方式的图标称为快捷图标，在其左下角有一个小箭头，用户可以通过双击快捷图标来执行程序或打开窗口。快捷方式提供了一种快速访问常用文件和应用程序的手段。用户可以自己创建快捷方式，将常用的应用程序的一个快捷图标放到桌面的任何地方。下面介绍创建快捷方式的几种方法：

（1）运用程序菜单：打开"开始"菜单中的"所有程序"子菜单，右键单击程序命令选项，出现一个快捷菜单，选择"发送到"菜单中的"桌面快捷方式"命令。

（2）运用窗口：在"我的电脑"或"资源管理器"窗口中，选择需要设置快捷方式的文件或文件夹，右键单击，出现快捷菜单，选择"发送到"菜单中的"桌面快捷方式"命令。

（3）利用鼠标：用鼠标右键把该对象拖动到要创建快捷方式的地方，然后释放右键，在弹出的快捷菜单中，选择"在当前位置创建快捷方式"。

（4）使用文件菜单：在"我的电脑"或"资源管理器"窗口中，单击"文件"菜单中的"发送到"子菜单中的"桌面快捷方式"命令。

四、磁盘管理

磁盘管理是日常系统维护的一项重要的工作。Windows XP 的磁盘管理操作可以实现对磁盘的格式化、空间管理、碎片处理、磁盘扫描和查看磁盘属性等功能。

（一）格式化磁盘

磁盘是存储信息的介质,格式化磁盘就是给磁盘划分存储区域,建立文件分配表等。新磁盘只有进行格式化后才可以有序地存放信息。格式化将删除原有磁盘上的所有信息,因此,在进行格式化前必须对有用的信息进行备份,格式化硬盘时要格外小心。

格式化又分为"全面"格式化和"快速"格式化。方法如下:

1. 选择要进行格式化的磁盘。

2. 打开"我的电脑"或者"资源管理器"窗口,右击要进行格式的磁盘驱动器,在弹出的快捷菜单中选择"格式化"命令,也可以在"文件"菜单中选择"格式化"命令。

（二）磁盘属性

通过查看属性,可以了解磁盘的总容量、已用空间和可用空间的大小等,还可以为磁盘在局域网上设置共享和进行磁盘维护等。

1. 查看磁盘属性　在"我的电脑"或"资源管理器"窗口中右击要查看属性的磁盘驱动器,在弹出的快捷菜单中选择"属性"命令,打开磁盘"属性"对话框,如图 2-13 所示。在常规选项卡中可以查看磁盘的属性,进行磁盘清理。

2. 磁盘维护　单击"工具"选项卡,可以进行查错、磁盘碎片整理和进行磁盘备份。

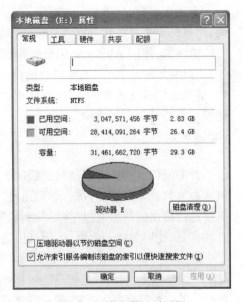

图 2-13　磁盘属性对话框

3. 在"硬件"选项卡和"共享"选项卡中,可以查看硬件的属性、设置驱动器共享;"配额"选项卡通常由系统对磁盘配额进行默认设置。

第五节　程序管理与操作

在 Windows XP 中,可以使用"我的电脑"和"资源管理器"管理程序和文件。

一、启动与退出程序

1. 自动启动应用程序　常用以下几种方法:

方法一:使用"开始"菜单中的"程序"子菜单,单击要启动的应用程序名。

方法二:在"我的电脑"或"资源管理器"窗口中,找到使用应用程序建立的文件,双击该文件名,或单击右键,在打开的快捷菜单中选择"打开"命令。

方法三:在"开始"菜单中,单击"运行"命令,在"运行"对话框中输入要启动的应用程序的路径和程序名。

此外,还可以在"开始"菜单中的"我最近的文档"子菜单中,找到最近使用过的文件,也可以打开相应的应用程序。如果在桌面上建立了应用程序的快捷方式,可以通过双击快速打开应用程序。

2. 退出应用程序　常用以下几种方法:

方法一:单击应用程序窗口的"关闭"按钮。

方法二:单击控制菜单图标,或右击标题栏,在弹出的快捷菜单中选择"关闭"命令。

方法三:双击窗口上的控制图标,可以快速关闭 Windows XP 窗口。

方法四:使用快捷键"Alt+F4"退出。

二、不同程序之间的切换

在 Windows XP 中,可以使用几种方法在打开的多个应用程序之间进行切换。

方法一:使用任务栏,正在运行的应用程序在任务栏上的应用程序区会出现相应的按钮,用鼠标单击某按钮,就会将这个应用程序的窗口转入活动状态,出现在屏幕的最前面。

方法二:使用 Alt+Esc 组合键,可以在打开的应用程序窗口之间进行循环切换。

方法三:使用 Alt+Tab 组合键,弹出包括正在前台运行的应用程序图标在内的临时窗口,活动窗口被蓝色方框罩着,循环按动组合键,当切换到需要的应用程序时,松开按键即可切换到需要的应用程序窗口。

三、任务间信息的传递

任务间信息的传递通过剪贴板进行。剪贴板是内存中一块临时空间,其功能是暂时存放通过复制或者剪切的数据,然后通过"粘贴"操作从剪贴板取出数据。即先将某一程序中需要进行传递的信息通过"剪切"或者"复制"命令送到剪贴板上,在另一程序中确定需要信息的位置,使用"粘贴"命令,将信息传递到目标位置。

通过剪贴板移动信息时,"剪切"和"复制"操作所不同的是:进行"剪切"操作后,源信息移动到了剪贴板上,实现的是信息的转移;进行"复制"操作后,是将信息的拷贝放到了剪贴板上,源文件的位置没有发生变化,通过"粘贴"操作,将同样信息的拷贝放到了需要信息的位置上。

注意:剪贴板一次只能存放一个信息对象,只要该信息对象不被其他信息覆盖,将独占剪贴板且可以实现多次粘贴操作,直到退出 Windows XP 系统。

第六节　Windows XP 的控制面板

Windows XP 的"控制面板"集中了用来配置系统的全部应用程序,可以用于查看或改变系统设置,完成个性化设置操作。如通过"控制面板"可以更改 Windows XP 的显示属性、设置系统时间和日期、添加和删除程序或硬件设备等。

一、设置"显示属性"

1. 设置桌面背景

(1)单击"开始"菜单,选择"设置"选项中的"控制面板"命令,在弹出的"控制面板"对话框中双击"显示"图标,或右击桌面任意空白处,在弹出的快捷菜单中选择"属性"命令,打开"显示属性"对话框,选择"桌面"选项卡,如图 2-14 所示。

(2)在"背景"列表框中可选择一幅喜欢的背景图片,在"桌面"选项卡的显示器中将显示该图片作为背景图片的效果,也可以单击"浏览"按钮,在本地磁盘或网络中选择其他图片作为桌面背景。在"位置"下拉列表中有居中、平铺和拉伸三个选项,可调整背景图片在桌面上的位置。若想用纯色作为桌面背景颜色,可在"背景"列表中选择"无"选项,在"颜色"下拉列表中选择喜欢的颜色,单击"应用"按钮即可。

2. 设置屏幕保护 屏幕保护程序是指当用户在一定时间内不操作键盘和鼠标时,屏幕上出现的位图或图像。在实际使用中,若在一段时间内不用计算机,可设置自动启动的屏幕保护程序,以动态的画面显示屏幕,既可以保护计算机的监视器,又可以增强趣味性。

(1)单击"开始"按钮,在弹出的开始菜单中选择"设置"选项下的"控制面板"命令,在"控制

图 2-14 显示属性对话框"桌面"选项卡

面板"对话框中双击"显示"图标,或右击桌面任意空白处,在弹出的快捷菜单中选择"属性"命令。打开"显示属性"对话框,选择"屏幕保护程序"选项卡,如图 2-15 所示。

(2)在"屏幕保护程序"下拉列表中选择一种屏幕保护程序,在选项卡窗口的显示器中即可看到该屏幕保护程序的显示效果。单击"预览"按钮,可预览该屏幕保护程序的效果,移动鼠标或操作键盘即可结束屏幕保护程序;单击"设置"按钮,可对该屏幕保护程序进行一些设置(如对象的样式、颜色等);在"等待"文本框中可输入数据或调节数字按钮确定计算机多长时间无操作而启动该屏幕保护程序。

3. 更改显示外观 即更改桌面、消息框、活动窗口和非活动窗口的颜色、大小、字体等。在默认状态下,系统使用的是"Windows 标准"的颜色、大小、字体等设置。

(1)在"显示属性"对话框中选择"外观"选项卡,如图 2-16 所示。

图 2-15 显示属性对话框"屏幕保护程序"选项卡   图 2-16 显示属性对话框"外观"选项卡

（2）在该选项卡中的"窗口和按钮"下拉列表中有"Windows XP 样式"和"Windows 经典"两种样式选项。若选择"Windows XP 样式"选项,则"色彩方案"和"字体大小"只可使用系统默认方案;若选择"Windows 经典"选项,则"色彩方案"和"字体大小"下拉列表中提供多种选项供用户选择。单击"高级"按钮,将弹出"高级外观"对话框,如图 2-17 所示。

在该对话框中的"项目"下拉列表中提供了所有可进行更改设置的选项,可以从列表中进行选择,然后更改其"大小"和"颜色"等内容。若所选项目中包含字体,则"字体"下拉列表变为可用状态,此时可对其进行设置。

（3）设置完毕后,单击"确定"按钮回到"外观"选项卡中。

（4）单击"效果"按钮,打开"效果"对话框,可在该对话框中进行显示效果的设置(如使用大图标、在菜单下显示阴影、拖动时显示窗口内容等),单击"确定"按钮回到"外观"选项卡中。

图 2-17 "高级外观"对话框

（5）单击"应用"或"确定"按钮即可应用所选设置。

二、打印机设置

打印机是常用的输出设备,要使用打印机首先要根据打印机的型号安装打印机,并进行相应的设置。

1. 添加打印机

（1）单击"开始"按钮,选择"打印机和传真"选项,或者在"控制面板"中打开"打印机和传真"对话框,如图 2-18 所示。

（2）双击"添加打印机"图标,或在左侧信息栏中单击"添加打印机"命令,打开"添加打印机向导"对话框。

（3）单击"下一步"按钮,出现"添加打印机向导"对话框,如果安装的是已经连接到计算机上的本地打印机,则选择"连接到计算机上的本地打印机",同时在"自动检测并安装即插即用打印机"项前打"√"。如果要安装网络上的打印机,则选择"网络打印机"或"连接到其他计算机上的打印机"。

（4）单击"下一步"按钮,系统开始自动检测打印机,如果连接到计算机的打印机是 Windows XP 所支持的打印机,则系统可以检测到驱动程序并自动安装。

（5）单击"下一步"按钮,按打印机型号要求选择打印机所使用的端口。

（6）选择"LPT1:"端口,单击"下一步"按钮,按照提示选择打印机生产厂商及型号,以便于系统安装打印机驱动程序。列表所显示的打印机驱动程序都是系统自带的。

（7）如果列表中没有所安装的打印机的型号,可单击"从磁盘安装"按钮。选择好打印机,给打印机指定名称,单击"下一步"按钮,系统会提示是否要打印测试页,选择"是",或"否",单击"下一步"按钮,然后单击"完成"按钮,系统会将打印机驱动程序复制到相应的目录下,打印机安装结束。

图 2-18　打印机和传真窗口

2. 删除打印机　在"控制面板"中打开"打印机和传真"窗口,选择要删除的打印机,在左侧信息栏里选择"删除此打印机",或右键单击要删除的打印机从弹出的快捷菜单里选择"删除",出现"删除打印机"对话框。在对话框中选择"是"按钮,系统将删除打印机。

三、输入法设置

Windows XP 中提供了全拼输入法、微软拼音输入法、智能 ABC 输入法等输入法,用户还可以添加自己习惯使用的其他输入法。

打开"控制面板"窗口,双击"区域和语言选项"图标,出现"区域和语言选项"对话框,选择"语言"选项卡,单击"详细信息"按钮,出现"文字服务和输入语言"对话框,用户可以进行输入法的添加、删除等操作,如图 2-19a 所示。

(1) 添加输入语言、输入法:如果要添加输入法,在图 2-19b 中单击"添加"按钮,在显示的"添加输入语言"对话框中选择要添加的"输入语言"及"键盘布局/输入法",按"确定"按钮完成。

(2) 删除输入法:选择要删除的输入法,单击"删除"按钮即可删除不需要的输入法。

(3) 设置语言栏显示:在"文字服务与输入语言"对话框里,单击"语言栏"按钮,出现"语言栏设置"对话框,选择适合自己要求的设置(如"在桌面上显示语言栏"),单击"确定"按钮。

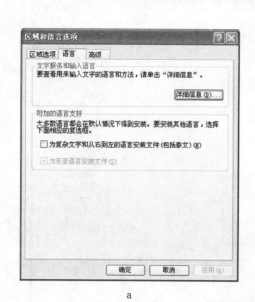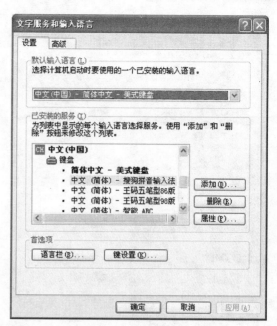

a   b

图 2-19 输入法设置

四、"添加/删除"应用程序

通过"控制面板"中的"添加/删除程序"选项,用户可以安装或卸载应用程序、安装或删除 Windows 系统组件。

1. 应用程序的安装 多数应用程序在光盘上能够自动运行安装程序,光盘放入光驱之后,只要按照提示一步一步点击下去就可以完成安装。用户还可以通过控制面板安装应用程序。

(1)打开"控制面板",在弹出的"控制面板"对话框中双击"添加或删除程序"。出现"添加或删除程序"对话框,选择"添加新程序",如图 2-20 所示。点击"CD 或软盘"选项,系统将

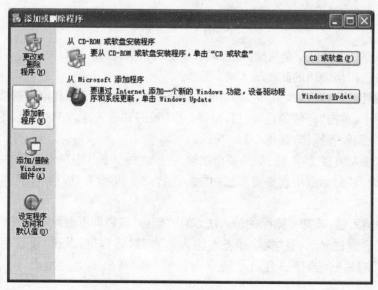

图 2-20 "添加或删除程序"对话框

从 CD 或软盘上搜寻安装程序。如果找到了安装程序,系统会提示确认。如果找不到,可以点击"浏览"手动查找安装程序所在的位置,然后进行应用程序的安装。

(2) 确认安装程序后,点击"完成",进行应用程序的安装。

2. 删除应用程序

(1) 使用程序组命令:有些应用程序带有自卸载程序,在"开始"菜单中选择"程序",出现的应用程序组中有相应的命令。点击卸载程序的命令,就可以卸载不需要的应用程序,如图 2-21 所示。

图 2-21　从程序组卸载应用程序

(2) 使用"控制面板"中的"添加或删除程序"命令:打开"控制面板",在弹出的"控制面板"对话框中双击"添加或删除程序"。出现"添加或删除程序"的窗口,选择"更改或删除程序"项。如图 2-22 所示。

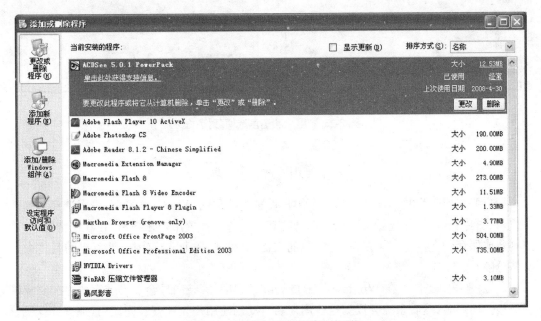

图 2-22　"添加或删除程序"对话框

（3）选择要删除的程序，点击"更改/删除"按钮。出现"应用程序删除"对话框，选择"是"，即完成应用程序的删除操作。

五、电 源 管 理

使用电源管理可以降低系统中某一设备或整个系统的能源消耗。要设置计算机的电源管理，可以在"控制面板"中，打开"电源选项"对话框进行设置。也可以在设置"屏幕保护程序"的窗口中，选择"电源…"命令，打开"电源选项"对话框进行设置。

六、区 域 设 置

区域设置用于不同语言区域的用户，在某些程序使用中，可以设置不同的语言、数字、货币、日间、日期显示格式等内容。要进行区域设置，可在"控制面板"窗口中双击"区域和语言选项"命令，打开"区域和语言选项"对话框，出现"区域选项"窗口，如图 2-23a 所示。

在"区域选项"窗口的中部，是当前程序中使用的格式示例。单击"自定义…"命令，打开"自定义区域选项"子窗口，用户可以选择自己的需要格式，如图 2-23b 所示。

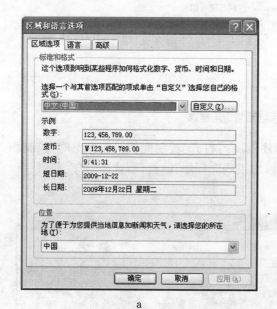
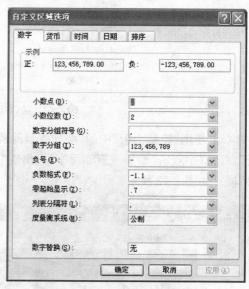

a   b

图 2-23　"区域和语言选项"对话框

七、用 户 管 理

用户账户用于为共享计算机的每个用户设置个性化的 Windows 桌面，可以选择自己的账户名、图片和密码，并选择只适用于自己的其他设置。设置用户账户后，在默认情况下，用户创建或保存的文档将存储在自己的"我的文档"文件夹中，而与使用该计算机的其他人的文档分隔开。

1. 创建用户账户　在 Windows XP 的安装过程中，安装向导会在安装完成之前要求管理员指派用户名，然后系统会根据这些用户名自动创建用户。在安装完成后，拥有计算机管理员身份的账户，可以创建新的账户。创建新账户的操作步骤如下：

步骤一：在"控制面板"中双击"用户账户"图标，打开"用户账户"对话框；

步骤二：在"挑选一项任务"选项组中，选择"创建一个新用户"超链接；

步骤三：在向导的提示下，输入用户的名称，根据提示信息选择一个用户的账户类型；

步骤四：单击"创建用户"按钮，完成操作。

这样在下次启动 Windows XP 时，在欢迎界面的用户列表中就会出现新创建的用户账户。

2. 更改账户密码　当用户与他人共享计算机时，使用密码可以增加计算机的安全性。用户可以修改自己所拥有账户的密码，而系统管理员可以对所有用户账户的登录密码进行修改。更改账户密码的方法如下：

步骤一：在"控制面板"中双击"用户账户"图标，打开"用户账户"对话框；

步骤二：在"挑选一个用户作更改"选项组中，单击要更改的用户图标；

步骤三：选择"更改密码"超链接，在向导的提示下分别输入新密码和确认密码；

步骤四：单击"更改密码"按钮，完成操作。

3. 切换用户　Windows XP 中新增的用户切换功能可以使计算机在不同用户之间进行快速切换，而不必关闭用户各自运行的程序。操作方法如下：

步骤一：在"控制面板"中双击"用户账户"图标，打开"用户账户"对话框；

步骤二：在"挑选五项原则任务"选项组中，单击"更改用户登录或注销的方式"超链接；

步骤三：选定"使用快速用户切换"复选框；此时其他用户程序仍然在运行。

步骤四：单击"应用选项"按钮，完成设置。

没有用户账户的用户，可以使用来宾账户登录计算机。来宾账户没有密码，他们可以快速登录，以检查电子邮件或者浏览 Internet。

第七节　Windows XP 的附件

Windows XP 的"附件"程序提供了许多使用方便而且功能强大的实用程序。使用这些程序可以给用户带来许多方便。"计算器"不仅可以进行基本的算术运算，还可以选择"科学型"进行许多复杂运算；"写字板"可以进行文本文档的创建和编辑工作；"画图"程序可以创建和编辑图画，并可显示和编辑扫描获得的图片。使用附件中的实用程序可以满足许多办公自动化的需求，节省很多的时间和系统资源，提高工作效率。

一、画　　图

"画图"程序是一个位图编辑器，可以对各种位图格式的图画进行编辑，也可以自己绘制图画。位图文件的扩展名是 .bmp。

1. "画图"界面　单击"开始"按钮，选择"所有程序"菜单中的"附件"子菜单中的"画图"命令，进入"画图"界面，如图 2-24 所示。画图界面由标题栏、菜单栏、工具箱、颜料盒、状态栏、绘图区等几部分构成。

2. 页面设置　使用画图程序之前，首先要根据自己的实际需要进行画布的选择，也就是要进行页面设置，确定所要绘制的图画大小以及各种具体的格式。可以通过选择"文件"菜单中的"页面设置"命令来实现。

3. 工具箱　"画图"程序窗口左侧是工具箱，里面是一些常用的画图工具。

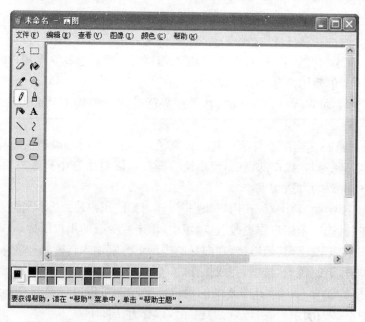

图 2-24 "画图"程序窗口

（1）裁剪工具 ⟁：用于对图片进行任意形状的裁切。单击此按钮，按下左键对所要剪裁的对象进行圈选后再松开，此时出现虚框选区，拖动选区，可将选取部分拖到需要的位置。

（2）选定工具 ▢：用于选中对象。单击此按钮，按下左键拉出一个矩形选区对所要操作的对象选择后松开，可对选中范围内的对象进行复制、移动、剪切等操作。

（3）橡皮工具 ⌫：用于擦除绘图中不需要的部分。可根据要擦除的对象范围大小来选择合适的橡皮擦，橡皮工具根据背景而变化，改变其背景色时，橡皮会转换为绘图工具，类似于刷子的功能。

（4）填充工具 ▨：用于对一个选区内进行颜色的填充。从颜料盒中进行颜色的选择，选定某种颜色后，单击改变前景色，右击改变背景色。在填充时，一定要在封闭的范围内进行，否则整个画布的颜色会发生改变，在填充对象上单击填充前景色，右击填充背景色。

（5）取色工具 ✐：用于在颜料盒中进行颜色的选择。单击该按钮，在要选择其颜色的对象上单击，颜料盒中的前景色随之改变，而对其右击，则背景色会发生相应的改变。

（6）放大镜工具 🔍：用于放大某一区域进行详细观察。选择此工具按钮，绘图区会出现一个矩形选区，选好所要观察的对象，单击即可放大，再次单击回到原来的状态。

（7）铅笔工具 ✎：用于不规则线条的绘制。直接选择该工具按钮即可使用，线条的颜色依前景色而改变。

（8）刷子工具 🖌：用于绘制不规则的图形。单击该按钮，在绘图区按下左键拖动即可绘制显示前景色的图画，按下右键拖动可绘制显示背景色图画。可以根据需要选择不同粗细及形状的"笔刷"。

（9）喷枪工具 ▨：用于产生喷绘的效果。选择好颜色后，单击此按钮，即可进行喷绘，在喷绘点上停留的时间越久，其浓度越大。

（10）文字工具 A ：用于在图画中加入文字。

（11）直线工具 ＼ ：用于直线线条的绘制。先选择所需要的颜色以及在辅助选择框中选择合适的宽度，单击该按钮，按下左键拖动鼠标至所需要的位置再松开，即可得到直线，在拖动的过程中同时按"Shift"键，可以画出水平线、垂直线或与水平线成45°的线条。

（12）曲线工具 ？ ：用于曲线线条的绘制。先选择好线条的颜色及宽度，然后单击曲线按钮，按下左键拖动鼠标至所需要的位置再松开，然后在线条上选择一点，移动鼠标则线条会随之变化，调整至合适的弧度即可。

（13）矩形工具 ▢ 、椭圆工具 ◯ 、圆角矩形工具 ▢ ：用于绘制三种相应的图形。在其辅助选择框中有三种选项，包括以前景色为边框的图形、以前景色为边框背景色填充的图形、以前景色填充没有边框的图形，在拉动鼠标的同时按住"Shift"键，可以分别得到正方形、正圆形、正圆角矩形。

（14）多边形工具 ▨ ：用于绘制多边形。选定颜色后，单击工具按钮，在绘图区拖动鼠标左键，当需要弯曲时松开手，如此反复，到最后时双击鼠标，可得到相应的多边形。

4. 图像及颜色编辑　在画图工具栏的"图像"菜单中，可对图像进行简单的编辑。

（1）在"翻转和旋转"对话框内，有三个复选框："水平翻转"、"垂直翻转"及"按一定角度旋转"，可以根据自己的需要进行选择。

（2）在"拉伸和扭曲"对话框内，有拉伸和扭曲两个选项组，可以选择水平和垂直方向拉伸的比例和扭曲的角度。

（3）选择"图像"下的"反色"命令，图形即可呈反色显示。

用"画图"程序设计好的文件可以保存在本地，也可以设置为墙纸，还可以直接发送邮件到自己的邮箱中。

二、写字板与记事本

1. 写字板　写字板是 Windows 系统附件中的文字处理工具，利用它可以进行一般的文字编辑与排版，还可以进行文本数据处理。单击"开始"按钮，在弹出的"开始"菜单中选择"所有程序"下的"附件"子菜单中的"写字板"命令，打开"写字板"窗口。

在"写字板"窗口中可以创建、编辑、格式化、保存和打印简单的文档。保存文档时，默认的文件名为"文档.rtf"，是一种多文本格式。

2. 记事本　记事本是 Windows 系统附件另外一个文本编辑工具，它比"写字板"程序更小，功能更简单，只能完成纯文本文件的编辑，无法进行排版操作。默认情况下，文件存盘后的扩展名为".txt"。同样，在"附件"子菜单中可以打开"记事板"窗口。

用写字板编辑的文档可以在记事本中查看到程序源代码；用记事本编辑的文本可以在写字板中打开和编辑。

三、计　算　器

计算器是 Windows 附件中的又一常用工具。用户可以用"计算器"的"标准"视图进行执行简单计算，也可以用"科学型"视图执行高级的科学计算和统计计算，如三角函数、阶乘、各种数制之间的转换以及统计计算等。

在计算器窗口的"查看"菜单中选择"标准型"或"科学型"，可以将标准型计算器转换为科学型计算器。如图 2-25、图 2-26 所示。

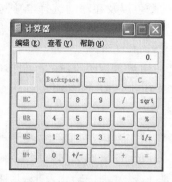

图 2-25 "标准型"计算器

图 2-26 "科学型"计算器

四、多 媒 体

Windows XP 为用户提供了较为简单的多媒体应用程序。这些程序可以通过"附件"子菜单中的"娱乐"级联菜单中的命令打开。

1. Windows Media Player 使用这个程序,用户可以播放和组织计算机及 Internet 上的数字文件,还可以全世界电台的广播、播放和复制 CD 等。

2. 录音机 录音机的功能是记录、播放和编辑音频文件,它可以实时地将用户通过音频输入接口输入的音频信息记录下来,也可以将一个音频媒体的某一段内容通过剪辑保存起来。

3. 音量控制 如果计算机配置了多媒体装置,就可以通过"音量控制"程序调整计算机或者其他多媒体应用程序所播放的音量、平衡和高低音等。在任务栏系统通知区上,通过双击"音量"图标也可以打开"音量控制"对话框。

第八节 系 统 工 具

Windows XP 所提供的"系统工具"由安全中心、备份、磁盘清理、磁盘碎片整理、计划任务、系统还原等几部分组成。如图 2-27 所示。

1. 备份 选择"备份"命令后,可以在出现的"备份和还原向导"对话框中,按照提示内容将计算机上的重要内容进行有选择的备份,以备将来系统出现问题或硬盘出错时,重新恢复系统,避免重要文件丢失而造成损失。

2. 磁盘清理 使用磁盘清理程序可以释放硬盘空间,删除临时文件、Internet 缓存文件和不需要的文件,腾出它们占用的系统资源,提高系统性能。

3. 磁盘碎片整理程序 计算机在使用过程中要经常进行保存或删除文件的操作,再存入文件时,可能一个文件常被分成几块不连续的碎片,这样会影响磁盘的读写速度,可以通过"磁盘碎片整理程序"重新调整

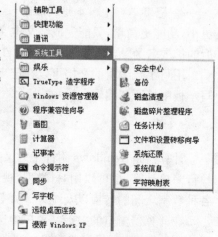

图 2-27 "系统工具"组成

文件的位置,将同一个文件连续存储,以提高计算机存取的效率。

4. 任务计划　"任务计划"功能可以预定一些软件在规定的时间来运行。利用"任务计划",可以将任何脚本、程序或文档安排在某个最方便的时间运行。"任务计划"在每次启动 Windows 的时候开始启动并在后台运行。使用"任务计划"可以完成以下任务:

(1) 计划让任务在每天、每星期、每月或某些时刻运行。

(2) 更改任务的计划。

(3) 停止计划的任务。

(4) 自定义任务的运行方式。

5. 系统还原　在使用计算机的过程中,如果对计算机系统做了错误的更改,影响了其运行速度,或者出现严重的故障,可以使用中文版 Windows XP 中新增的"系统还原"功能,应用系统还原可以将做过改动的计算机返回到一个较早的时间设置,而不会丢失用户最近进行的工作,如保存的文档,电子邮件等。

计算机会自动创建还原点,用户自己也可以通过手动的方式即使用"系统还原向导"创建自己的还原点,如果已对系统进行了很大的更改,例如安装了新的程序或更改注册表,使用"系统还原"可以方便而且快捷地使系统恢复到原来的状态。

第九节　Windows Vista 简介

Vista 是微软下一代操作系统,以前叫做 Longhorn(微软当初内部的代号)。2007 年 4 月 22 日微软对外宣布正式名称是 Windows Vista。作为微软的最新操作系统,Windows Vista 第一次在操作系统中引入了"Life Immersion"概念,即在系统中集成许多人性的因素,一切以人为本,使得操作系统尽最大可能贴近用户,了解用户的感受,从而方便用户使用。

一、桌面新功能

Windows Vista 桌面图标采用 3D 图形设计,美观大方。如图 2-28 所示。

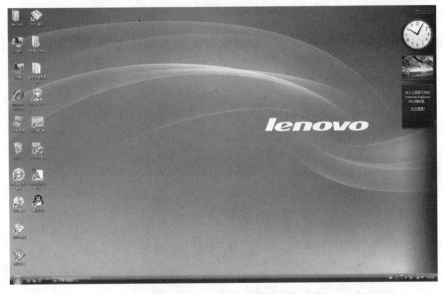

图 2-28　Windows Vista 桌面

桌面右侧有一条垂直的 Windows 边栏,边栏包含称为"小工具"的小程序,这些小程序提供即时信息和常用工具的轻松访问途径。小程序包括时钟、日历、源标题以及注释等。可以在边栏上重新排列小工具,将小工具删除或拖动到桌面上。可以随时移动或隐藏边栏。如图 2-29 所示。

图 2-29　Windows 边栏

Windows Vista 里面有个新技术,叫做全新的整合桌面搜索功能,不管要找的文件存放在硬盘的哪个地方,这个功能都可以让你简单快捷的找到。微软最近为 Windows XP 推出的 Windows 桌面搜索软件,它使用了与 Windows Vista 同样的搜索技术与索引引擎。因此,只要在 Windows XP 平台上下载安装 Windows 桌面搜索 3.0,就拥有了 Windows Vista 新搜索技术的功能,然而它的用户界面还是跟 Windows 桌面搜索之前的版本一样。

二、"快速用户切换"新功能

快速用户切换是 Windows 中的一种功能,利用该功能,用户无须首先关闭程序和文件就可切换到其他计算机用户账户。该功能使得与他人共享一台计算机变得更加容易。默认情况下,快速用户切换功能处于启用状态。

三、浏览 Internet 的新功能

Windows Vista 中的 Internet Explorer 7 具有可在同一个浏览器窗口中查看多个网站的选项卡式浏览功能,更好地防止在线欺诈的仿冒网站筛选功能,以及可自动获取更新的网站内容的 RSS(也叫聚合内容,Really Simple Syndication,是在线共享内容的一种简易方式)源。如图 2-30 所示。

四、数字媒体的新功能

现在有越来越多的人开始使用计算机看电视和电影,随着大屏幕显示器的降价和宽屏显示器的普及,将计算机,尤其是高端台式机,作为家庭媒体中心使用越来越受到欢迎。

图 2-30　Internet Explorer 7 窗口

在 Windows Vista 发布之前,Windows XP Media Center Edition 2005(MCE 2005)是微软在家庭领域的解决方案。但是直到现在,该系统都只预装在媒体中心计算机上,或者只有一些热衷于 DIY(Do it yourself 的缩写,译为自己动手做)的人使用 OEM 版(厂商预装系统用的版本)的软件构建不受支持的媒体中心系统。

基于 Windows Vista 的媒体中心和基于 Windows XP 的相比,提供了很多重要的改进。因为包含了很多视觉上和易用性方面的改进,包括对宽屏显示器的优化,通过使用 Vista 全新的硬件加速图形界面,我们可以更好、更容易地进行浏览。缩略图的大量使用也使得浏览变得更加容易,有些以前只能通过第三方加载项实现的功能现在也被直接支持了。其中最值得注意的一个改进就是,Media Center 现在自带 MPEG2 编解码器,这是用于播放 DVD 的,在以前的版本中必须自己购买和安装。

一个简单的“指向-点击”DVD 刻录系统使得你在媒体中心的界面中直接就可以将电影或者录制的节目刻录成 DVD,刻录的格式可以是数据或者视频 DVD 光盘。

同样重要的还有 64 位 Windows Vista,这是第一个支持媒体中心的 64 位系统,这让拥有最新处理器的用户多了一个选择。

最后,大量在线资源现在被自动整合到了 Vista 的媒体中心中,你可以通过安装免费的应用程序,例如 TVTonic 来使用这些资源,该程序可以让你从媒体中心的界面中直接访问基于 RSS 的视频播客。

（武　莉）

第 三 章

文字处理软件 Word 2003

中文文字处理软件 Word 2003 是美国微软公司推出的现代化办公软件包中的组件之一。微软公司的现代化办公软件包(Microsoft Office 2003)是应用越来越广的办公系列软件,它包括八个应用程序组件。Word 2003 文档处理软件是其中之一,文字处理是现代办公中的最基本技能,学习掌握好 Word 2003 是学习其他 Office 2003 办公自动化软件组件的基础。Word 2003 文字处理软件功能强大,深受广大用户欢迎,可以进行字、图、表等对象的输入、编辑、排版和打印。因此,使用 Word 2003 可以方便的制作报告、论文、信函、通知等各种专业文件,设计规范复杂的表格和图文并茂的文档等。

Word 2003 图文并茂、高度智能、赏心悦目的操作界面,充分体现了其界面操作设计人性化的特点。

第一节 概　述

一、Word 2003 启动与退出

(一) 启动 Word 2003

方法一:单击"开始"按钮,鼠标指向"程序"下的"Microsoft Office",然后再单击"Microsoft Office Word 2003"。

方法二:双击桌面上"Word 2003"快捷图标。

方法三:直接打开已有 Word 文档也可以启动 Word 2003。

(二) 退出 Word 2003

方法一:单击"文件"菜单中的"退出"命令。

方法二:单击窗口标题栏中的"关闭"按钮。

方法三:双击窗口标题栏中的"控制菜单"图标。

方法四:按下"Alt+F4"键。

方法五:右击标题栏空白处,然后单击"控制菜单"中的"关闭"命令。

二、Word 2003 窗口的组成

启动 Word 2003 程序后,显示如图 3-1 所示的 Word 2003 应用程序窗口,该窗口的界面由标题栏、菜单栏、工具栏、状态栏及工作区等组成。

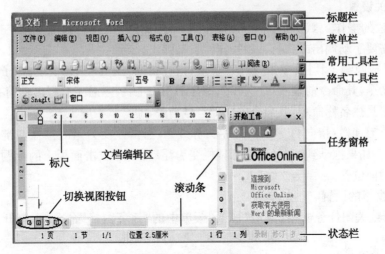

图 3-1　工作界面

(一) 界面组成

1. 标题栏　标题栏位于窗口的顶部,自左向右分别为:"控制菜单"按钮▦、文档名称、程序名称"Microsoft Word"、"最小化"按钮▬、"最大化"按钮▢或"向下还原"按钮▯、"关闭"按钮✕。

2. 菜单栏　菜单栏包括九个一级菜单:文件、编辑、视图、插入、格式、工具、表格、窗口和帮助。菜单栏将 Word 2003 程序中的操作命令分门别类地收集于各菜单中,单击菜单项打开菜单,单击"展开"按钮✨,将显示完整的菜单。

3. 工具栏　工具栏是以按钮形式显示的一些常用命令,默认位于菜单栏下方,使用非常方便。鼠标指针指向按钮则显示其名称。

4. 任务窗格　任务窗格是 Office 程序中提供常用命令的子窗口,默认位于程序窗口右侧,方便用户操作。任务窗格可根据用户的操作自动显示或手动显示和隐藏。

5. 标尺　标尺是位于编辑区上方和左边的量尺,用于缩进段落、调整页边距、改变栏宽和设置制表位等。水平标尺可出现在普通视图、Web 视图和页面视图中,只有在页面视图才出现垂直标尺。标尺可自定义显示与隐藏。

6. 编辑区　编辑区是窗口中的空白区域,是创建、编辑文档的主要场所。

7. 滚动条　滚动条是用来上下、左右翻卷页面的工具,垂直滚动条位于编辑区的右边,水平滚动条位于编辑区的下边。垂直滚动条下方有三个按钮,"前一页"按钮▲、"下一页"按钮▼、"选择浏览对象"按钮◉。

8. 状态栏　状态栏位于窗口最底端,显示当前页码、节、光标位置、编辑状态等信息。状态栏是窗口组件而不是桌面组件,通过"工具"菜单的"选项"命令设置状态栏的显示与隐藏。

9. 视图按钮　在编辑区左下角有五个视图按钮,用于方便的切换视图。从左至右依次是:"普通视图"按钮▤、"Web 版式视图"按钮⬚、"页面视图"按钮▤、"大纲视图"按钮▤、"阅读版式"按钮▨。当前视图模式的按钮处于高亮显示,用鼠标单击其他视图按钮,可在不同视图模式之间切换。

（二）相关设置

1. **工具栏的操作**　默认情况下，窗口中只显示"常用"工具栏和"格式"工具栏，其他工具栏可根据需要手动调出或执行某项操作时自动弹出。

（1）显示或隐藏工具栏：单击"视图"菜单，指针指向"工具栏"命令项，在子菜单中单击工具栏名称命令，其命令前显示"√"符号，即显示相应工具栏，若工具栏名称前有"√"，在子菜单中单击工具栏名称命令，其命令前"√"符号消失，即隐藏相应工具栏。

（2）移动工具栏：指向目标工具栏左边界线，当指针变为时按住左键拖至目标位置，释放左键。如果拖动到编辑区，则工具栏变为浮动面板，双击面板上的标题栏可还原该工具栏到移动前位置。

2. **任务窗格的设置**

（1）打开或关闭任务窗格：单击"视图"菜单中的"任务窗格"命令，可打开或关闭任务窗格。

（2）切换任务窗格：在 Office 各程序中，都内置了若干个任务窗格，可用下列方法在不同窗格之间切换：

方法一：执行菜单中的某项命令，可以打开相应的任务窗格。

方法二：单击当前任务窗格顶部的下拉按钮▼，在下拉列表中，选择目标任务窗格选项，打开选定的任务窗格。

（3）移动任务窗格：指向任务窗格左上角的边界线，按住左键拖至目标位置释放左键。

3. **Word 2003 中度量单位的设置**　在 Word 2003 中度量单位有英寸、厘米、磅等，可根据需要进行设置，设置后的单位将用于水平标尺以及对话框中所键入的度量值。操作步骤如下：

步骤一：单击"工具"菜单，再单击"选项"命令，打开"选项"对话框。

步骤二：在"常规"选项卡中，单击"度量单位"下拉按钮，在下拉列表中，选择需要的度量单位。

步骤三：单击"确定"按钮，则文档使用新设置的度量单位。

如果在"常规"选项卡中，选择"使用字符单位"复选项，则在对文本进行编辑时，将以字符为度量单位。

三、文 档 视 图

文档是计算机用语，一般将 Word、Excel 等编辑软件产生的文件叫做文档。

在 Word 2003 中可根据需要选择不同的视图模式进行编辑和查看文档。单击视图按钮，或单击视图菜单下的相应命令，可在各个视图间切换。各种视图的特点如下：

1. **普通视图**　普通视图可显示文本格式，简化了页面布局。该视图不能显示如页眉和页脚、首字下沉、分栏等格式，也不能显示页边距和图片的实际位置，页面中的虚线表示实际分页位置。普通视图常用于录入和编辑文本，而不适合文档的排版。

2. **Web 版式视图**　Web 版式视图用于创作 Web 页，它能够仿 Web 浏览器来显示文档。在该视图模式下，系统自动拆行显示文本以适应窗口，无垂直标尺，不显示页眉、页脚及分页信息等。

3. **页面视图**　页面视图是 Word 2003 的默认视图，可以显示与实际打印效果相一致的文档，显示分栏版面、页眉、页脚、脚注、尾注和图文框等信息。通常在该视图模式下对文档进行编辑和排版。

4. 大纲视图　大纲视图简化了文本格式的设置，以便将精力集中在文档结构上。Word 文档中的标题按大纲级别分为九级，大纲视图以大纲级别显示文档的结构，通过大纲工具栏，可以隐藏正文或子标题下的内容，仅显示文档的各级标题。大纲视图常用于长文档的编辑，方便移动、复制文本或更改标题级别。

5. 阅读版式　阅读版式是 Word 2003 中新增加的一种视图模式。在阅读版式下可以多页面显示，就像阅览书本一样，在排版时可以用这种模式来查看结果。阅读版式的优点就是，隐藏了不必要的工具栏，可对文档进行简单的编辑和审阅标记。在窗口左侧可显示文档结构图和缩略图窗格，文档结构图中只显示文档标题的大纲，单击大纲标题，在右侧窗口将显示相应标题下的内容。缩略图就是每个页面的缩小图示。

四、使 用 帮 助

帮助是 Office 软件包的使用说明书，在后续的第四章、第五章、第六章和第七章等章节也会用到帮助，用户在使用 Office 程序遇到问题时，可以通过帮助来获取帮助信息。获得 Office 的帮助有以下几种方法：

方法一：使用"帮助"文本框，在文本框内输入需要帮助的问题之后击"Enter"键，弹出"搜索结果"任务窗格。从结果列表中单击相关主题，则打开了"Microsoft Office Word 帮助"窗口，其中即显示帮助信息。

方法二：使用 Office 助手，它是系统提供的一种动态帮助手段，以卡通形象做导航，生动活泼，使用方便。

方法三：使用任务窗格，单击"帮助"菜单中的"Microsoft Office Word 帮助"命令，弹出"Word 帮助"任务窗格，在此窗格中，从以下两种主要途径获取帮助信息。

1. 使用关键字搜索　在"搜索"文本框中输入关键字，单击"开始搜索"按钮，弹出"搜索结果"任务窗格，在结果列表中单击相关主题，则显示相应帮助信息。

2. 使用目录查找　单击"目录"，打开了"目录"列表，在列表中选取相关主题，即可查看帮助信息。

方法四：使用在线帮助，单击"帮助"菜单"Microsoft Office Online"命令，可获取在线帮助，在线帮助指通过 Internet 进入 Office 帮助主页，获取帮助信息。

第二节　创建中文 Word 2003 文档

一、新 建 文 档

(一) 新建空白文档

启动 Word 2003 后，系统自动创建一个名为"文档 1"的空白文档，如果还需新建空白文档，通过如下几种方法：

方法一：单击"文件"菜单中的"新建"命令，在打开的"新建文档"任务窗格中，单击"空白文档"命令项。

方法二：单击"常用"工具栏中的"新建空白文档"按钮。

方法二：按"Ctrl＋N"组合键。

（二）基于模板新建文档

如果要制作报告、备忘录、信函、传真等专业型的文档，可以使用 Word 2003 提供的专业模板快速创建。在这些模板中已经预置了相应的内容和格式，用户只需补充或更改部分内容即可完成文档的创建。步骤如下：

步骤一：单击"文件"菜单中的"新建"命令，打开"新建文档"任务窗格，在"模板"栏中单击 本机上的模板... 命令。

步骤二：在弹出的"模板"对话框中，选取目标模板选项卡，如图 3-2 所示。

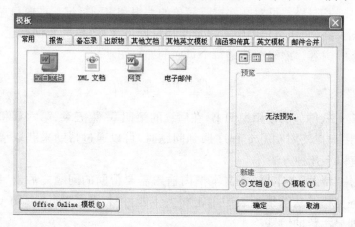

图 3-2 "模板"对话框

步骤三：单击所需模板。

步骤四：单击"确定"按钮。

二、保存文档

文档创建并编辑完成后，要将其保存在存储器中，以备再次使用或编辑。保存文档分为"保存"和"另存为"两种方式。

（一）保存新建文档

步骤一：单击"文件"菜单中的"保存"命令，弹出"另存为"对话框，如图 3-3 所示。

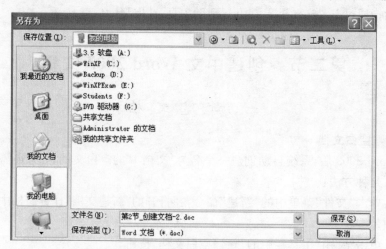

图 3-3 "另存为"对话框

步骤二:在"保存位置"下拉列表中,选择存放的驱动器或文件夹。

步骤三:在"文件名"下拉列表框中,输入文件名称。

步骤四:在"保存类型"下拉列表中,选择文件类型。系统默认的文件类型为"Word 文档",扩展名为". doc"。

步骤五:单击"保存"按钮,完成文档的保存,在标题栏将显示保存后的文件名。

(二) 保存已有文档

对已经保存过的文档编辑后再原名原址保存时,不会出现"另存为"对话框,该文档将以原来的名称保存在原位置,并覆盖原有文档。保存方法如下:

方法一:单击"文件"菜单中的"保存"命令。

方法二:单击"常用"工具栏上的"保存"按钮。

方法三:按"Ctrl+S"组合键。

(三) 另存为新文档

如果欲将修改后的文档以新的名称、新的类型或新位置保存而不覆盖原有文档,则需使用"另存为"命令。

步骤一:单击"文件"菜单中的"另存为"命令,弹出"另存为"对话框,如图 3-3 所示。

步骤二:如前面"保存新建文档"所述,选择保存位置、保存类型,输入文件名,单击"确定"按钮,则另存为新文档。

(四) 自动保存

1. 自动保存的作用　Word 2003 提供在指定时间间隔自动保存文档的功能,该功能可以在遇到死机或突然断电等意外情况时最大限度地减小用户的工作损失。重新启动 Word 后出现自动恢复文件,需重新保存恢复文件,否则恢复文件被删除,未保存的编辑内容将丢失。

2. 设置自动保存文档的步骤

步骤一:单击"工具"菜单中的"选项"命令,弹出了"选项"对话框,单击"保存"选项卡。

步骤二:在"保存选项"区,选中"自动保存时间间隔"复选项,在"分钟"文本框中输入或使用微调按钮设置时间间隔。间隔时间太长没意义,太短系统自动执行保存的频率太高影响工作,最好在 5～10 分钟之间设置。

步骤三:单击"确定"按钮,设置生效。每间隔一次设定的时间,Word 都将自动保存一次所作的修改。

(五) 快速保存

快速保存与完全保存的区别是,前者节省时间,因快速保存只保存文档修改过的部分,用时短。在完全保存中,Word 将保存修改后的全部文档,完全保存比快速保存节省磁盘空间。使用 Word 2003 过程中会发现,保存同样大小的一篇文档所花费的时间并不一样,而两篇字符数相同的文档所占用的磁盘空间也可能有大有小,这些差别在某些情况下还非常明显,原因即为如上所述。要使快速保存发挥作用,要进行快速保存设置。步骤如下:

步骤一:单击"工具"菜单中的"选项"命令,弹出了"选项"对话框,单击"保存"选项卡。

步骤二:在"保存选项"区,选中"允许快速保存"复选项。

步骤三:单击"确定"按钮。

步骤四:如果取消"允许快速保存"复选项,保存即为完全保存。

在编辑即将结束时,最好取消快速保存选项,进行完全保存一次。

三、关 闭 文 档

退出 Word 2003 可关闭所有打开的 Word 文档,如果只关闭文档而不退出 Word 2003 程序,方法如下:

(一) 关闭当前文档

方法一:单击"文件"菜单中的"关闭"命令。

方法二:单击菜单栏右边的"关闭窗口"按钮 ✕。

方法三:按"Ctrl＋F4"组合键。

(二) 同时关闭多个文档

按住"Shift"键不放,单击"文件"菜单中的"全部关闭"命令。

关闭 Word 文档时,若对文档的修改尚未保存,系统将弹出如图 3-4 所示的提示对话框询问是否对其进行保存。单击"是"按钮保存修改,单击"否"按钮不保存所作的修改,单击"取消"按钮返回到 Word 编辑窗口。

图 3-4 Word 系统弹出"是否保存对文档的更改"的提示

四、打 开 文 档

如果要使用或编辑以前保存过的 Word 文档,必须先将其打开。打开 Word 文档的方法有多种,可以在"我的电脑"窗口中双击 Word 文档图标直接打开,也可在 Word 2003 中通过"打开"对话框打开,如果是最近刚打开过的文档还可以通过"文件"菜单下的文件列表或"开始"菜单中的"我最近的文档"子菜单来打开。

1. 启动"打开"对话框 在程序窗口中执行下述操作:

方法一:单击"文件"菜单中的"打开"命令。

方法二:单击"常用"工具栏中的"打开"按钮。

方法三:按"Ctrl＋O"组合键。

使用上述任一方法,将弹出"打开"对话框,如图 3-5 所示。

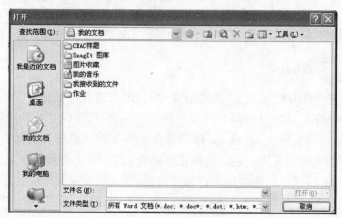

图 3-5 "打开"对话框

2. 打开文档 通过"打开"对话框打开文档的步骤如下:

步骤一:在"查找范围"下拉列表框中,选择文档所在的位置。

步骤二：在"文件类型"下拉列表中，选择文件类型。

步骤三：选择目标文档。

步骤四：单击"打开"按钮，则打开文档。

3. 打开方式　因文档属性不同，Word 文档有三种打开方式，在"打开"对话框中，选定目标文档后，单击"打开"按钮右侧的下拉箭头，在下拉菜单中可选择打开方式。各方式的功能如下：

打开：直接打开文档，对文档的修改可保存到原文档中。文档属性设为"只读"时除外。

以只读方式打开：对文档的修改不能保存到原文档中，保存时系统自动弹出"另存为"对话框，只能将修改后的文档保存为新文档。

以副本方式打开：系统自动为原文档创建一个副本文档，并打开副本文档，所作的修改将保存到副本文档中，不会对原文档产生影响。

五、保 护 文 档

为防止他人打开或修改比较重要或机密的文档，可以将文档保护起来，为其设置打开或修改密码。设置文档保护密码的步骤为：

步骤一：单击"工具"菜单中的"选项"命令，弹出"选项"对话框。

步骤二：单击"安全性"选项卡，如图 3-6 所示。

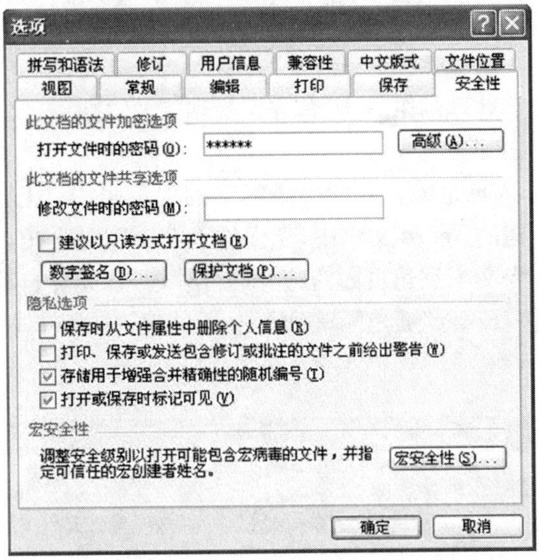

图 3-6　"选项"对话框的"安全性"选项卡

步骤三：在"打开文件时的密码"和"修改文件时的密码"文本框中输入打开密码和修改密码。

步骤四：单击"确定"按钮，弹出"确认密码"对话框。

步骤五：再次输入打开文件时的密码，单击"确定"按钮，弹出"确认密码"对话框。

步骤六：再次输入修改文件时的密码，单击"确定"按钮，设置生效。

注意：密码在文本框中显示为"＊"号，密码最长为 15 个字符，可由字母（区分大小写）、数字、符号、空格等组成。如果忘记密码，则不能打开文档。

例1：创建一个新文档，文件名为"文档处理报告"，保存在自己的文件夹中备用，关闭该文档。

操作步骤：

步骤一：单击"开始"菜单按钮，指向"所有程序"，再指向"Microsoft Office"，单击"Microsoft Office Word 2003"快捷菜单，启动 Word 2003 并创建了文件名为"文档1"的空白文档。

步骤二：单击"文件"菜单中的"保存"命令，弹出"另存为"对话框。

步骤三：在"保存位置"下拉列表中，选择目标文件夹。

步骤四：在"文件名"输入框中，输入"文档处理报告"。

步骤五：在"保存类型"下拉列表中，选择"Word 文档"。

步骤六：单击"保存"按钮，保存文档。

步骤七：单击"文件"菜单中的"关闭"命令，关闭该文档。

第三节　中文 Word 2003 文档基本编辑

Word 最强大的功能是对文字的加工处理，主要包括输入文本、选择文本、移动文本、复制文本和删除文本等操作。

一、输入和编辑文本

（一）输入文本

输入文本是进行文字处理的第一步，首先选择输入法，之后在文档编辑区确定插入点并输入文本。

1. 默认插入点　插入点是编辑区中一条闪烁的黑色竖线，即光标所在位置，输入的内容显示在插入点处。新建的 Word 文档中，光标位于编辑区左上角，如图 3-7 所示。在光标处输入文本，光标右移，当文本到达页面右边界后继续输入，光标自动换行移到下一行行首，一段文字输入完成后，按"Enter"键光标跳到下一行另起一段，同时在上一段结尾处显示段落标记"↵"。

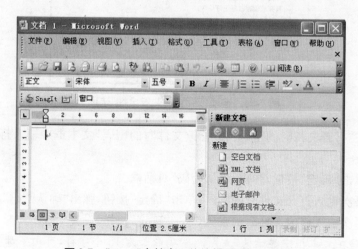

图 3-7 "Word"文档窗口的编辑区"输入文本"

2. 自定义插入点　在文档的任意空白位置单击,光标即定位到此,光标所在位置为插入点。

(二) 选定文本

选定编辑对象是编辑文档过程中最常用的步骤,要进行文本编辑,首先要选定文本。选定文本最常用的方法是使用鼠标和键盘。

1. 选定连续文本

方法一:当需要选择的目标文本不多时,可以用拖动鼠标的方法来选取。指针指向目标文本开始处,按住鼠标左键不放并拖动鼠标至结尾处,释放鼠标左键,默认情况下选定的文本反白显示(黑底白字)。

方法二:如果文本较长或跨页,在目标文本开始处单击左键,将光标定位在这里,指针移到目标文本结尾处,按下"Shift"键同时单击左键,则选定了该区域文本。

2. 选定词组　用鼠标在文本中双击,可以选定双击处的单词或词组。

3. 选定行　将指针指向页面左边距空白区域(以下称"选定区"),指针变为向右的箭头,单击左键即可选中指针所指的一行文本。如果选定单行文本时不释放左键,然后向上或向下拖动鼠标可选定多行文本。

4. 选定段落

方法一:指针指向"选定区"双击左键,则选定指针所指向的段落。如果选定一段文本时不释放鼠标左键,然后向上或向下拖动可选定多段文本。

方法二:将指针指向目标段落,然后连续单击鼠标三次,选定该段落。

5. 选定整篇文档

方法一:按住"Ctrl"键不放,在"选定区"单击。

方法二:按"Ctrl＋A"组合键。

方法三:指针指向"选定栏"三击左键。

方法四:单击"编辑"菜单中的"全选"命令。

6. 选定不连续的文本　使用鼠标可以选定不同区域的文本,步骤如下:

步骤一:用鼠标选定某一目标文本。

步骤二:按住"Ctrl"键不放,在其他区域单击或拖动选取其他目标文本。

步骤三:释放"Ctrl"键,即选取不连续的文本。

7. 选定一矩形块文本　按住"Alt"键再拖动鼠标,即选定以拖动起点和终点为对角线的矩形域内的文本。

8. 扩展选定　扩展选定可以准确选定,且选定的文本可以任意长。使用扩展选定文本的步骤如下:

步骤一:在目标文本开始处单击。

步骤二:按"F8"键或双击状态栏的灰色"扩展"按钮,启动扩展选定功能。

步骤三:如果按键盘上的左、右方向键一次,可向左或向右选定一个文字。

步骤四:如果按"Ctrl"键同时按左、右方向键一次,可向左或向右选定一个词。

步骤五:如果按上、下方向键一次,可向上或向下选取其他行文本。

步骤六:如果在目标文本结尾处单击,可选定从开始至结尾处的连续文本。

步骤七:选定文本后,如果在开始处单击,则取消选定的文本。

步骤八:按"Esc"键或在状态栏中双击呈黑色的"扩展"按钮,取消扩展选定功能。

（三）修改文本

使用插入或改写功能可以修改文本。插入功能主要用于添加文字，改写功能主要用于修改输入错误的文字。双击状态栏的"改写"按钮或按"Insert"键可在插入和改写状态间切换，"改写"按钮为灰色，表示此时处于插入状态；"改写"按钮呈黑色，表示此时处于改写状态。

1. 插入文本　默认情况下 Word 2003 处于插入状态。将光标定位到文本中，输入要插入的文本，光标右侧的文本伴随着插入文本的输入自动向右移动。

2. 改写文本　切换到改写状态后，将光标定位到要改写的文本前，输入正确的文本，光标右侧的文本逐个被输入的文本替换掉。

3. 删除文本　删除多余或错误的文本，通常有以下几种方法：

方法一：按"Delete"键，删除光标右侧的文本，按一次删除一个文字。

方法二：按"BackSpace"键，删除光标左侧的文本，按一次删除一个文字。

方法三：选定文本，再按"Delete"键或"BackSpace"键，则删除选定的文本。

方法四：选定文本，再单击"编辑"菜单，指向"清除"命令，单击"内容"子命令，则删除选定的文本。

（四）撤消、恢复和重复

撤消和恢复是非常实用的功能，可以撤消和恢复误操作回到操作前的状态。通过重复功能，可实现重复多次执行同一操作结果。给文档的编辑工作带来了极大的方便。

1. 撤消　在输入和编辑文本时，Word 2003 会按顺序自动地记录执行过的操作，所以当不小心执行了误操作时，可以使用撤消命令予以纠正。

方法一：菜单操作法，单击"编辑"菜单中的"撤消"命令，撤消上一次操作。

方法二：工具栏法，单击"常用"工具栏中的"撤消"按钮，撤消上一次操作。连续单击该按钮可连续撤消最近执行过的多次操作。

方法三：组合键（或快捷键）法，按"Ctrl＋Z"组合键。

2. 恢复　如果发现撤消操作有误，可以通过恢复操作回到撤消前的状态。恢复操作与撤消操作功能相反，只有在进行了撤消操作之后，才能使用恢复操作。

方法一：菜单法，单击"编辑"菜单中的"恢复"命令，恢复上一次操作。

方法二：工具栏法，单击"常用"工具栏中的"恢复"按钮，恢复上一次操作。连续单击该按钮可连续恢复最近执行过的多次操作。

3. 重复　重复操作是指重复上一次的命令或操作。步骤如下：

步骤一：执行上一次命令或操作后，根据需要定位光标或选定文本。

步骤二：按"F4"键，或按"Ctrl＋Y"组合键，重复执行上一次的命令或操作。

例如：要重复输入相同的文本，执行输入文本操作后，将光标定位到目标处，按"F4"键即在目标处输入同一文本。

（五）特殊符号与特殊字符的录入

文档录入时，经常会有些键盘上没有的特殊符号或特殊字符需录入，例如，数字序号"①"或希腊字母"δ"、章节标题中的节代表符"§"等，可以利用软键盘来实现这些录入；也可用"插入"菜单来实现录入。

方法一：利用软键盘插入特殊符号与特殊字符。

1. "软键盘"按钮位于输入法状态栏上，它是显示或隐藏当前键盘输入方式和键位表示的开关按钮,单击该按钮,屏幕上将出现一个虚拟的软键盘,用鼠标单击软键盘上的键位即可输入所需的特殊符号或特殊字符。取消该软键盘时,只需再次单击"软键盘"按钮即可。

2. Windows XP 系统提供了 13 种软键盘布局,如图 3-8 所示。用鼠标右键单击"软键盘"按钮,即可弹出"软键盘菜单"列表框,选择一种软键盘后,相应的软键盘将显示在屏幕上,然后用鼠标或从键盘输入相应的字符。

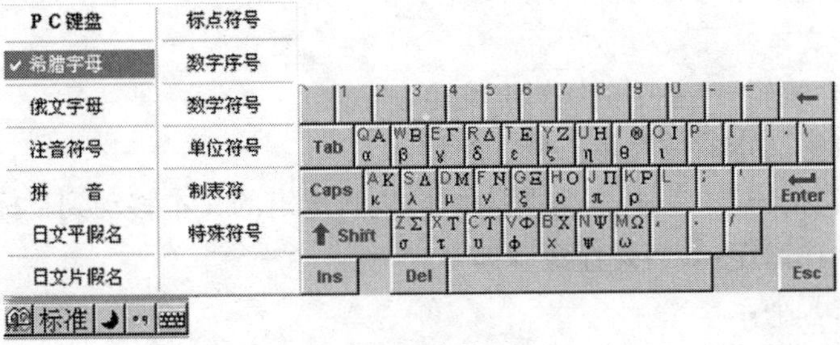

图 3-8　"软键盘菜单"列表

方法二:利用"插入"菜单插入符号与特殊字符。

步骤一:确定插入点后,单击"插入"菜单,选择"符号"命令项,如图 3-9 所示,在"符号"对话框中单击"符号"选项卡(或特殊字符选项卡)。

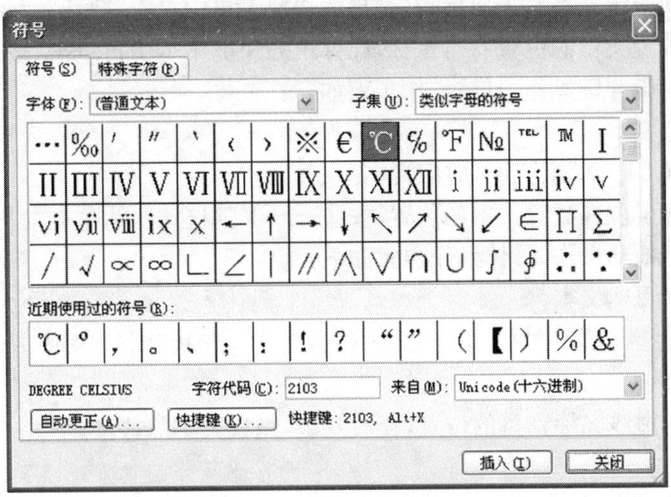

图 3-9　"符号"对话框

步骤二:选择"字体"子集(或特殊字符类型选项卡),并选择其中要插入的符号,如℃,单击"插入"按钮即可。

方法三:在智能 ABC 输入法中,单击"V"键再单击相应的数字键,会弹出相应的特殊符号或特殊字符的列表供用户选择;可通过"+"或"-"键翻页,并单击所选符号或字符的对应数字键,即可输入相应的特殊符号或特殊字符。

例 2:请在某文件中输入拼音"ǎ"。

单击"V"键再单击"8"键;进入拼音字母列表,单击数字键"3"即可输入三声的拼音字母"ǎ"。

二、移动和复制文本

移动和复制是在文档编辑过程中常用到的操作,可将目标对象从一个位置移动或复制到另一个位置,也可将同一内容复制到两份或多份的其他文档,节省了输入时间,提高了工作效率。

(一) 移动文本

方法一:菜单栏操作,具体操作步骤如下:

步骤一:选定文本。

步骤二:单击"编辑"菜单中的"剪切"命令。

步骤三:在放置文本的位置单击鼠标左键。

步骤四:单击"编辑"菜单中的"粘贴"命令,则将选定的文本移动到目标处。

方法二:工具栏操作,具体操作步骤如下:

步骤一:选定文本。

步骤二:单击"常用"工具栏中的"剪切"按钮 。

步骤三:在放置文本的位置单击鼠标左键。

步骤四:单击"常用"工具栏中的"粘贴"按钮 。

方法三:快捷菜单操作,具体操作步骤如下:

步骤一:选定文本。

步骤二:指向选定文本右击鼠标,在弹出的快捷菜单中单击"剪切"命令 。

步骤三:在放置文本的位置右击鼠标,在弹出的快捷菜单中再单击"粘贴"命令。

方法四:键盘组合键操作,具体操作步骤如下:

步骤一:选定文本。

步骤二:按"Ctrl+X"组合键,剪切文本。

步骤三:光标定位在放置文本的位置,按"Ctrl+V"组合键,粘贴文本。

方法五:鼠标拖动操作,具体操作步骤如下:

步骤一:选定目标文本。

步骤二:指针指向选定文本,按下左键,指针变为 形状,同时出现一个虚线光标,拖动鼠标。

步骤三:移动虚线光标到目的位置,释放左键,完成文本的移动。

(二) 复制文本

方法一:菜单操作,具体操作步骤如下:

步骤一:选定文本。

步骤二:单击"编辑"菜单中的"复制"命令。

步骤三:在放置文本的位置单击鼠标。

步骤四:单击"编辑"菜单中的"粘贴"命令,将选定的文本复制到目标处。

方法二:工具栏操作,具体操作步骤如下:

步骤一:选定目标文本。

步骤二:单击"常用"工具栏中的"复制"按钮 。

步骤三:在放置文本的位置单击鼠标左键。

步骤四:单击"常用"工具栏中的"粘贴"按钮 。

方法三:快捷菜单操作,具体操作步骤如下:

步骤一:选定文本。

步骤二:指向选定文本右击鼠标,在弹出的菜单中单击"复制"命令。

步骤三:在放置文本的位置右击鼠标,在弹出的快捷菜单中单击"粘贴"命令。

方法四:键盘组合键操作,具体操作步骤如下:

步骤一:选定文本。

步骤二:按"Ctrl+C"组合键,复制文本。

步骤三:光标定位在放置文本的位置,按"Ctrl+V"组合键,粘贴文本。

方法五:鼠标拖动操作,具体操作步骤如下:

步骤一:选定文本。

步骤二:指针指向选定区,按下"Ctrl"键同时按下左键拖动鼠标,指针变为 形状,同时出现一个虚线光标。

步骤三:将虚线光标移动到目的位置,释放左键,完成文本的复制。

例3:文本的基本编辑。

打开"文档处理报告"文档,在该文档中输入"教材的第三章的第一页"。将文档标题"第三章"复制到文档最后一行。将第一段文本移动到第二段结尾处,然后撤消该操作。将输入的这页文字内的"文件"两字查找替换成"文本"两字保存修改结果存盘。

操作步骤:

步骤一:打开"文档处理报告"文档,输入题目给出的文本内容。

步骤二:选定标题"剪贴板、自动图文集"。

步骤三:单击"编辑"菜单中的"复制"命令。

步骤四:在文档最后一行单击,将光标定位在那里,单击"编辑"菜单中的"粘贴"命令,则将标题"剪贴板等"复制到了目的位置。

步骤五:指向文章第一段左侧"选定栏"双击,选定了第一段。

步骤六:指向被选定的文本,按住左键拖动鼠标到第二段结尾处释放鼠标,则将第一段文本移动到了第二段之后。

步骤七:单击"常用"工具栏中的"撤消"按钮,撤消移动文本操作。

步骤八:指向原文最后一行左侧"选定栏"单击,选定最后一行文本。

步骤九:按键盘上的"Delete"键,删除最后一行文本。

步骤十:单击"常用"工具栏上的"保存"按钮,保存对该文档的修改。

三、使用 Office 剪贴板

Office 剪贴板是执行了复制或剪切命令的对象的中转站,这些对象首先置于剪贴板上,而后根据用户进一步给出的粘贴指令再从剪贴板复制到目的位置。剪贴板最多可以存放 24 个粘贴对象,超过 24 个时,最早的对象被新对象替代。剪贴板上的对象可反复多次使用,并且在 Office 各组件之间可实现共享,快捷方便。

(一) 打开"剪贴板"任务窗格

方法一:单击"编辑"菜单中的"Office 剪贴板…"命令,打开"剪贴板"任务窗格。

方法二:选定复制的内容后,双击"常用"工具栏中的"复制"按钮 ,打开"剪贴板"任务窗格。

方法三：连续按"Ctrl＋C"组合键两次，打开"剪贴板"任务窗格。

（二）使用 Office 剪贴板

进行复制或剪切操作后，在打开的"剪贴板"任务窗格中将显示保存着等待粘贴的对象列表，对这些粘贴对象可进行如下操作：

粘贴单一对象：光标定在目的位置，单击剪贴板任务窗格中目标对象，则粘贴完成。

粘贴全部对象：光标定在目的位置，单击剪贴板任务窗格中"全部粘贴"按钮，则将"剪贴板"中的所有对象都粘贴到目的位置。

删除对象：指针指向剪贴板上的粘贴对象，单击其右侧的下拉箭头，在下拉列表中单击"删除"命令，则该对象被删除。

全部清空：单击剪贴板上的"全部清空"按钮，则删除剪贴板中所有粘贴对象。

四、查找和替换文本

在一篇文档中，如果有多处相同文本内容需要查找，可以使用查找功能；如果有多处相同文本内容需要修改成相同内容，则可以使用查找与替换功能。

（一）查找文本

查找相同文本，操作步骤如下：

步骤一：单击"编辑"菜单中的"查找"命令，弹出"查找和替换"对话框中的"查找"选项卡，如图 3-10 所示。

图 3-10 "查找和替换"对话框

步骤二：在"查找内容"文本框中输入要查找的文字，例如"电脑"。

步骤三：单击"查找下一处"按钮，突出显示找到的第一查找对象"电脑"。

步骤四：再次单击"查找下一处"按钮，继续查找。

步骤五：查找完成，弹出"Word 已完成对文档的搜索"提示信息对话框，单击"确定"按钮，完成查找工作。

步骤六：如果选择"突出显示所有在该范围找到的项目"复选项，"查找下一处"按钮变为"查找全部"按钮，单击"查找全部"按钮，找到文档中所有要查找的内容并突出显示，即将这些文本全部选定。

步骤七：单击"取消"按钮或按 Esc 键，则关闭"查找和替换"对话框。

（二）替换文本

替换文本时，可以一处处查找并由用户决定是否替换，也可单击"全部替换"按钮进行全部替换。操作步骤如下：

步骤一：单击"编辑"菜单中的"替换"命令，弹出"查找和替换"对话框，如图 3-11 所示。

步骤二：在"查找内容"下拉列表框中输入要查找的内容，在"替换为"下拉列表框中输入

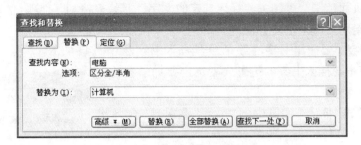

图 3-11　"查找和替换"对话框

替换内容。

步骤三：单击"查找下一处"按钮，找到下一位置上的查找内容。

步骤四：如果单击"替换"按钮，则将当前找到的内容替换为预替换的内容。再次单击"查找下一处"按钮，则继续查找。

如果单击"全部替换"按钮，则将文档中所有的查找内容一次性全部替换为预替换的内容。

步骤五：查找与替换全部结束后，弹出本次替换操作的结果对话框，单击"确定"按钮关闭信息对话框。

步骤六：单击"关闭"按钮，关闭"查找和替换"对话框。

例 4：将"文档处理报告"文档中的"自动"替换为"人工"，保存修改结果。

操作步骤如下：

步骤一：打开"文档处理报告"文档。

步骤二：单击"编辑"菜单中的"替换"命令，弹出"查找和替换"对话框。

步骤三：在"查找内容"下拉列表框中输入"自动"，在"替换为"下拉列表框中输入"人工"。

步骤四：单击"全部替换"按钮，替换文本并弹出替换操作信息对话框。

步骤五：单击"确定"按钮，关闭信息对话框。

步骤六：单击"关闭"按钮，关闭"查找和替换"对话框。

步骤七：按"Ctrl＋S"组合键，保存对该文档的修改。

（三）查找和替换的高级设置

在查找和替换对话框中单击"高级"按钮（"常规"与"高级"按钮可互相转换），能对带有格式的文本及一些特定格式进行查找和替换。具体操作步骤如下：

步骤一：单击"编辑"菜单中的"查找"命令，弹出"查找和替换"对话框。

步骤二：在"查找内容"文本框中输入文字，单击"高级"按钮，在展开的高级设置部分单击"格式"按钮，进行所需要的格式设置。

步骤三：如果是查找特定格式的文字，单击"查找"按钮就行了，如果要替换成特殊格式的文字，则在替换为文本框中输入替换的文字并选定该文字，单击"格式"按钮，进行所需要的格式设置，单击"替换"按钮，即把查找的文字替换为具有格式要求的文字。

五、使 用 书 签

书签又称标签，用于在文档中跳转到特定的位置、标记将在交叉引用中引用的项，或者为索引项生成页面范围。可用书签标记选定的文字、图形、表格和其他项,总之,书签在定位文档位置时会给用户带来很多方便。

1. 插入书签　要使用书签,首先在文档插入书签,操作步骤如下:

步骤一:单击要插入书签的位置或者选定要加书签的一段文字。

步骤二:单击"插入"菜单中的"书签"菜单项,会弹出如图 3-12 所示的对话框。

步骤三:在"书签名"下面,输入或选择书签名。

步骤四:单击"添加"按钮,便为文档添加了一个书签。

步骤五:如果要使用 Word 内置的隐藏书签,可以选中"隐藏书签"按钮,将列出一系列用字母和数字标识的书签,用户可以从中选择一个书签作为在新位置插入的书签。如果已有的书签较多,还可以选择书签排序的依据是名称还是位置。

图 3-12　"书签"对话框

注意:选择已存在的书签,单击"添加"按钮后,原来位置的书签将不存在,而在新位置插入原有的书签。

2. 利用书签定位　要利用书签转到指定的位置,只需打开如图 3-12 所示的"书签"对话框,然后选择一个书签名,单击"定位"按钮即可转到这个书签的所在位置。用户还可以利用"查找和替换"对话框的"定位"选项卡来定位。具体步骤如下:

步骤一:单击"编辑"菜单中的"定位"菜单项,弹出如图 3-11 所示的"查找和替换"对话框,并自动选中了"定位"选项卡。

步骤二:在"定位目标"列表框中选择"书签"项,在"请输入书签名"下面的下拉列表框中选择存在的书签名,也可以直接输入已有的书签名。

步骤三:单击"定位"按钮,即可转到这个书签的所在位置。

3. 显示书签　书签可以显示在屏幕上,也可以隐藏起来不显示,这根据用户的喜好。

要显示文档中的书签,首先单击"工具"菜单中的"选项"命令,然后单击"视图"标签,如图 3-12 所示。

在"显示"选项组中,选中"书签"复选框,书签就会显示在屏幕上,书签在屏幕上显示一个方括号,在打印时,代表书签的方括号不会被打印出来,如果在插入书签时没有选中文字,那么书签标记就在一个位置,方括号的两边会合在一起,成为一个"I"形。

4. 删除书签　如果不再需要一个书签了,可以很容易地删除它,步骤如下:

步骤一:单击"插入"菜单中的"书签"菜单项,弹出如图 3-12 所示的"书签"对话框。

步骤二:单击要删除的书签名,然后单击"删除"按钮。这样,书签就会被删除,而书签有关的所有文本或其他项目不会有任何变化。

六、使用自动图文集

自动图文集是创建、存储和调用需要重复使用的文字或图形的工具。可以搜集常用的词汇、句子、符号和图形等,将其录制为一个个自动图文集词条,并分别指定一个单独的名称。需要时从自动图文集中调出,插入到文档中。

自动图文集的功能与自动更正相似,不同的是自动更正一般是在键入文本时自动替换;自动图文集需要用户确认后才可替换,大大提高了替换的准确性。

(一) 创建自动图文集词条

方法一:利用"工具"菜单创建新词条。

步骤一:单击"工具"菜单中的"自动更正选项"命令,弹出了"自动更正"对话框。

步骤二:单击"自动图文集"选项卡,如图 3-13 所示。

步骤三:在"请在此处键入'自动图文集'词条"文本框中输入目标词条,如图 3-13 所示,输入"病理诊断"之后单击"添加"按钮,再单击"确定",则该词条被保存备用。

方法二:利用"插入"菜单创建新的词条,如图 3-14 所示。

图 3-13　"自动更正"对话框的"自动图文集"选项卡　　图 3-14　"自动更正"对话框的"添加新词条"

步骤一:选定要做图文集的对象,单击"插入"菜单,指向"自动图文集"命令,单击"新建"子命令,弹出"创建'自动图文集'"对话框。

步骤二:在"请命名您的'自动图文集'词条"文本框中输入目标词条的名称,单击"确定"按钮,则选定的对象被保存到自动图文集中备用。

(二) 使用自动图文集词条

将光标定在目的位置,通过下列任一方法插入词条。

方法一:通过工具菜单,步骤如下:

步骤一:单击"工具"菜单中的"自动更正"命令,弹出"自动更正选项"对话框。

步骤二:在"自动更正"对话框中,单击"自动图文集"选项卡。

步骤三:选择要插入的词条或词条名称,单击"插入"按钮,单击"确定"。则目的对象插入完毕。

方法二:通过插入菜单,步骤如下:

步骤一:单击"插入"菜单,指向"自动图文集"命令,单击"自动图文集"子命令,弹出"自动更正"对话框。

步骤二:在"自动更正"对话框中,单击"自动图文集"选项卡。

步骤三：选择要插入的词条或词条名称，单击"插入"按钮，单击"确定"。则目的对象插入完毕。

方法三：通过快捷键，步骤如下：

步骤一：光标定位在目标位置，输入词条名称。

步骤二：按"F3"功能键，则词条内容被插入到目的位置，词条名称被取代。按"Enter"键可完成同样的操作。

（三）删除自动图文集词条

步骤一：弹出"自动更正"对话框，单击"自动图文集"选项卡。

步骤二：在词条列表框中选择目标词条或名称，单击"删除"按钮，再单击"确定"。

七、合 并 文 档

在文档中可以插入保存好的其他文件，实现多文档的合并。操作步骤如下：

步骤一：光标定位在目的位置，单击"插入"菜单中的"文件"命令，弹出"插入文件"对话框。

步骤二：在"插入文件"对话框中按路径找到目标文件并选定。

步骤三：单击"插入"按钮，文件内容被插入到指定位置。

第四节　中文 Word 2003 文档格式

格式是 Word 2003 的核心，格式化的过程就是对文档的字符、段落和版面进行逻辑处理和艺术加工的过程，是实现文档科学规范、清晰美观必不可少的步骤。文档格式包括字符格式、段落格式及版面格式等。

一、字 符 格 式

字符格式化是对字符的外观、效果、间距和动态效果等进行修饰。字符格式化操作的关键是弹出"字体"格式对话框，在该对话框中以上的修饰目的就都能实现。

（一）设置字符外观和效果

步骤一：选定目标文本，单击"格式"菜单中的"字体"命令，弹出"字体"对话框，如图3-15 所示。

步骤二：单击字体选项卡，可以设置字体的格式。

若要设置"中文字体"、"西文字体"、"字体颜色"、"下划线线型"和"下划线颜色"以及给文字加"着重号"，可以从各个选项的下拉列表中选择；

若要设置"字形"、"字号"，可以从其列表框中选择；

若要设置文字的"效果"，可以选择所需的复选项，如"双删除线"效果。

步骤三：单击"确定"按钮，设置生效。也

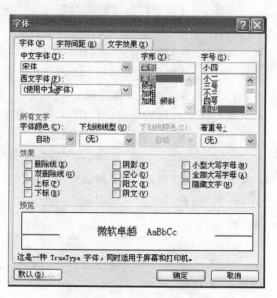

图 3-15　"字体"对话框

可使用"格式"工具栏中相应的字符格式命令按钮进行设置,如图 3-16 所示。

(二) 字符的上标与下标

字符上标与下标的设置有两种方法,菜单法和
快捷键盘操作法。

图 3-16 字符格式按钮

方法一:菜单法,操作步骤如下:

步骤一:选择要格式成"上标"或"下标"的字符。

步骤二:单击"格式"菜单中的"字体"命令,弹出"字体"对话框,如图 3-15 所示。

步骤三:在"字体"对话框的复选框内,勾选"上标"或"下标"复选项,单击"确定"按钮
即可。

方法二:键盘操作法,操作步骤如下:

步骤一:选择要格式成"上标"或"下标"的字符。

步骤二:单击"Ctrl + Shift +=" 键,所选的字符即成上标;如要格式成下标的,单击
"Ctrl +=" 键,所选字符即成下标。

(三) 设置字符间距

步骤一:选定文本,单击"格式"菜单中的"字体"命令,弹出"字体"对话框。

步骤二:单击"字符间距"选项卡,设置字符的"缩放"、"间距"和"位置"。

步骤三:单击"确定"按钮,设置生效。

"字符间距"选项卡中各选项功能如下:

缩放:设置字符缩放百分比,直接输入或从下拉列表中选择缩放百分比。

间距:设置字符之间的距离,在下拉列表中选择"标准"、"加宽"或"紧缩",也可以直接在
"磅值"微调框中输入合适的字符间距值。

位置:设置字符上下位置,在下拉列表中选择"标准"、"提升"或"降低",也可以直接在
"磅值"微调框中输入合适的字符位置值。

(四) 设置动态效果

步骤一:选定文本,单击"格式"菜单中的"字体"命令,弹出"字体"对话框。

步骤二:单击"文字效果"选项卡,"动态效果"列表中选择所需的文字效果。

步骤三:单击"确定"按钮,设置生效。

文字的动态效果只能在屏幕上显示,打印出来的文档不具有动态效果。

例 5: 设置字符格式。

打开"文档处理报告"文档,第一,将标题设置为黑体、三号、加粗、红色。第二,标题文本
缩放 150%,字符间距为加宽 15 磅。第三,标题文字效果设置为"礼花绽放"。

操作步骤:

步骤一:打开"文档处理报告"文档,选定文档标题。

步骤二:单击"格式"菜单中的"字体"命令,弹出"字体"对话框。

步骤三:单击"字体"选项卡中的"中文字体"下拉列表,选"黑体","字形"列表框中选"加
粗","字号"列表框中选"三号","字体颜色"下拉列表中选"红色"。

步骤四:单击"字符间距"选项卡,在"缩放"下拉列表框中选 150%,"间距"下拉列表框
中选"加宽",磅值选 15。

步骤五:在"动态效果"列表中选"礼花绽放"。

步骤六:单击"确定"按钮,完成设置。

步骤七:保存对该文档的修改。

二、段落格式

段落格式化包括段落对齐、段落缩进、行间距、段前和段后间距,以及项目符号和编号、边框和底纹等等。段落的对齐、缩进和间距等是段落的基本格式,项目符号和编号可使文档内容层次分明、清晰,边框和底纹可活跃版式。

(一) 基本格式

1. 使用"段落"对话框　选定目标段落文本后,执行下列操作:

步骤一:单击"格式"菜单中的"段落"命令,弹出"段落"对话框,如图 3-17 所示。或在选定的段落文本上单击鼠标右键,选择"段落"命令,弹出"段落"对话框。

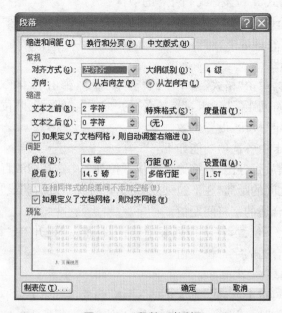

图 3-17　"段落"对话框

步骤二:设置段落对齐方式。在"段落"对话框中,单击"缩进和间距"选项卡。在"对齐方式"下拉列表的五种对齐方式中,选择所需的对齐方式。单击"确定"按钮,设置生效。

步骤三:设置段落间距和行间距。段间距指的是段落与段落之间的距离,而行间距指的是段落中行与行之间的距离。

具体操作为:在"段落"对话框中,单击"缩进和间距"选项卡。在"间距"选项组中,设置"段前"或"段后"数值。在"行距"下拉列表中,选择所需的行距。并可在其右侧的"设置值"框中设置"多倍行距"、"最小值"、"固定值"行距的具体数值。单击"确定"按钮,设置生效。

步骤四:设置段落缩进。段落缩进是指正文与页边距之间的距离,包括四种缩进:左缩进、右缩进、首行缩进和悬挂缩进。

具体操作为:选定段落文本,在"段落"对话框中,单击"缩进和间距"选项卡。在"缩进"选项区域的"左"和"右"两个数据框中,确定左缩进或右缩进的缩进量。在"特殊格式"下拉列表中,选择"首行缩进"或"悬挂缩进",在其右侧的"度量值"数据框中确定缩进量。单击

"确定"按钮,完成设置。

2. 使用"格式"工具栏　使用"格式"工具栏中的命令按钮,可快速设置段落的对齐方式、行间距、缩进方式等,如图 3-18 所示。选定段落文本,单击"格式"工具栏上的相应按钮即可实现段落格式化。各按钮的含义如下:

两端对齐 ▤:最后一行靠左对齐,段落中的其他行文本均匀分布在左右页边距之间。

居中对齐 ▤:段落中每一行文本左右两端距页面左右页边距的距离相等。

图 3-18　"段落"格式工具栏按钮

右对齐 ▤:段落中所有行都按页的右边距对齐。

分散对齐 ▤:使段落中每行文本的两侧具有整齐的边缘。任意一行文本都均匀分布在左右页边距之间。

此外,也可以通过标尺来设置段落缩进,但不能精确控制缩进量。

行距 ▤:单击该按钮右侧的下拉箭头,在弹出的下拉列表中选择段落中各行文本的间距;或单击"其他"按钮,在弹出的"段落"对话框中设置行距。

减少缩进量 ▤:减少段落的缩进量。

增加缩进量 ▤:增加段落的缩进量。

3. 使用水平标尺　设置段落缩进还有一种更为简捷的方法,选定段落文本后,拖动水平标尺上的段落缩进按钮调整段落的缩进。水平标尺上各按钮的含义如下:

首行缩进 ▽:标尺左侧上端的按钮,设置段落中第一行的左缩进量。

悬挂缩进 △:标尺左侧中间的按钮,设置段落中除首行外的其他行的左缩进量。

左缩进 ▢:标尺左侧底端的按钮,设置段落中所有行的左缩进量。

右缩进 △:标尺右侧底端的按钮,设置段落中所有行的右缩进量。

例 6:设置段落格式。打开"文档处理报告"文档,第一,将标题设置为居中对齐,段前间距 3 行,段后间距 2 行。第二,设置正文段落首行缩进 2 个字符。第三,设置正文文本行距为 1.5 倍行距。

操作步骤如下:

(1) 打开"文档处理报告"文档,选取文档标题。

(2) 单击"格式"菜单中的"段落"命令,弹出"段落"对话框。

(3) 在"缩进和间距"选项卡中的"对齐方式"下拉列表中选"居中"对齐,在"段前"文本框中选"3 行","段后"文本框中选"2 行",单击"确定"按钮。

(4) 选取正文文本,单击"格式"菜单中的"段落"命令,弹出"段落"对话框。

(5) 在"缩进和间距"选项卡,"行距"下拉列表中选"1.5 倍行距",在"特殊格式"下拉列表中选"首行缩进","度量值"选"2 字符",单击"确定"按钮。

(6) 完成所有设置,保存对该文档的修改。

(二) 项目符号和编号

项目符号和编号就是段落标志和段落序号,能使文档层次分明、条理清晰,易于浏览和阅读。

1. 添加编号

步骤一:选定目标段落。

步骤二：单击"格式"菜单中的"项目符号和编号"命令，弹出了"项目符号和编号"对话框。

步骤三：单击"编号"选项卡，选择一种编号样式。

步骤四：单击"确定"按钮，完成设置。则段落起始位置显示号码。

如果没有满意的编号，可以进行自定义设置，在"编号"选项卡中单击"自定义"按钮，弹出"自定义编号列表"对话框，在该对话框中可设置编号格式与字体、编号样式和起始编号、编号位置和文字位置等。

2. 添加项目符号　项目符号可以是字符，也可以是图片等。

步骤一：选定目标段落，单击"格式"菜单中的"项目符号和编号"命令，弹出了"项目符号和编号"对话框。

步骤二：在"项目符号和编号"对话框中，单击"项目符号"选项卡。

步骤三：选择一种项目符号样式。

步骤四：单击"确定"按钮，完成设置。

如果单击"项目符号"选项卡中的"自定义"按钮，弹出"自定义项目符号列表"对话框，可在该对话框中设置用作项目符号的字符及其格式等内容。

（三）边框和底纹

对文档进行边框和底纹设置可以起到强调和活跃的效果。可为文字、段落、页面及表格等对象添加边框和底纹。为文字或段落添加边框和底纹的方法如下。

1. 添加边框

步骤一：选择目标文字或段落，单击"格式"菜单中的"边框和底纹"命令，弹出了"边框和底纹"对话框，如图 3-19 所示。

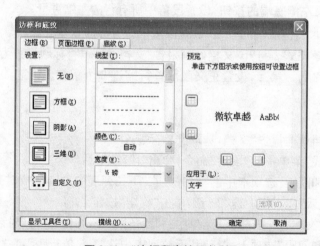

图 3-19　"边框和底纹"对话框

步骤二：单击"边框"选项卡，在"设置"选项中选择一种边框样式。

步骤三：在"线型"列表中，选择需要的线型。

步骤四：在"颜色"下拉列表中，选择边框线的颜色。

步骤五：在"宽度"下拉列表中，选择边框的宽度。

步骤六：在"应用于"下拉列表中，选择应用于"文字"还是"段落"。

步骤七：在"预览"窗口可看到设置效果，单击"确定"按钮，完成设置。

2. 添加底纹

步骤一：选定目标文本，在"边框和底纹"对话框中，单击"底纹"选项卡，如图 3-20 所示。

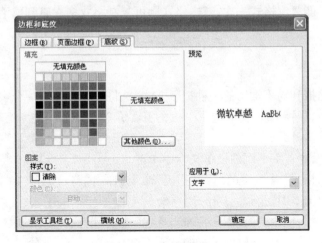

图 3-20　"底纹"选项卡

步骤二：在"填充"选项区的颜色列表中，选择底纹的常用颜色。或单击"其他颜色"按钮，在弹出的"颜色"对话框中选择所需的颜色。

步骤三：在"样式"下拉列表中，选择颜色的纯度或图案。当选择"清除"选项时，其下方的"颜色"下拉列表框不可操作。

步骤四：在"颜色"下拉列表框被激活时，选择底纹的颜色。

步骤五：在"应用于"下拉列表中，选择应用于"文字"或是"段落"。

步骤六：在"预览"窗口看设置后的效果，单击"确定"按钮，完成设置。

例 7： 设置边框和底纹

打开"文档处理报告"文档，第一，将第一段文本设置为双线型、宽度为 2.5 磅的方框边框。第二，将第三段设置为"灰色-15％"的底纹。

操作步骤：

（1）打开"文档处理报告"文档，选定第一段。

（2）单击"格式"菜单中的"边框和底纹"命令，弹出"边框和底纹"对话框。

（3）单击"边框"选项卡，在"设置"栏中选择"方框"选项，在"线型"列表框中选择"双线型"，在"宽度"下拉列表中选择"2.5 磅"，在"应用于"下拉列表中选"段落"。

（4）单击"底纹"选项卡，在"填充"调色板的"无填充颜色"下一行中，选择左数第 5 个颜色块，即"灰色-15％"。

（5）单击"确定"按钮，完成设置。

（6）保存对该文档的修改。

（四）格式刷

用格式刷可将目标段落格式和字符格式原样快速复制给一处或多处文本。操作步骤如下：

步骤一：选择已设置格式的目标文本，若复制段落格式，只需将光标定位在该段中即可。

步骤二：双击"常用"工具栏中的"格式刷"按钮，指针变为形状，该格式刷可多次使用。

步骤三：刷选目的文本或段落，则将格式复制到选定的文本或段落上。

步骤四：按"Esc"键或单击"格式刷"按钮，退出格式刷状态。

单击格式刷只能复制格式一次，双击格式刷可复制格式多次直到取消格式刷状态。

三、版 面 格 式

（一）首字下沉

首字下沉是书报刊物等常用的一种排版方式，是将段落中的第一个字符下沉若干行，并可设置不同的字体，以醒目的表示这是一段的开始。设置首字下沉的步骤如下：

步骤一：在要设置首字下沉的段落文本中单击。

步骤二：单击"格式"菜单中的"首字下沉"命令，弹出"首字下沉"对话框，如图 3-21 所示。

步骤三：在该对话框中，单击"下沉"或"悬挂"选项，设置下沉的样式。如果单击"无"则取消设置的首字下沉。

步骤四：在"字体"下拉列表中，选择下沉文字的字体。

步骤五：在"下沉行数"文本框中，输入下沉的行数。最多可下沉 10 行。

图 3-21　"首字下沉"对话框

步骤六：在"距正文"文本框中输入下沉文字与正文文本的距离。

步骤七：单击"确定"按钮，完成设置。

例 8：在"文档处理报告"中，设置第二段文本首字下沉。

操作步骤如下：

打开"文档处理报告"文档。

步骤一：光标定位在第二段文本中的任意位置。

步骤二：单击"格式"菜单中的"首字下沉"命令，弹出了"首字下沉"对话框。

步骤三：样式选"下沉"，字体选"隶书"，下沉行数选"3"。

步骤四：单击"确定"按钮。则本段首字"人"按条件下沉了 3 行。

（二）分栏

分栏是将文档页面由一栏显示分成两栏或多纵栏。使用分栏排版功能可以制作出别具特色的文档版面，达到节省版面、便于阅读的作用，并使整个页面更具可观赏性。设置分栏的方法如下。

方法一：使用"分栏"对话框，操作步骤如下：

步骤一：选择目标文本。

步骤二：单击"格式"菜单中的"分栏"命令，弹出"分栏"对话框，如图 3-22 所示。

步骤三：在"预设"栏中，选择系统预设好的分栏样式；或者在"栏数"数值框中输入拟定的分栏数。

步骤四：在"栏宽"、"间距"数值框中分别输入栏的宽度和相邻栏间的间距值。

步骤五：如果选中"分隔线"复选项，则在栏间添加分栏线。

步骤六：在"应用范围"列表框中，选择当前分栏设置的应用范围是"所选文字"还是"整篇文档"。

步骤七：单击"确定"按钮，完成设置。

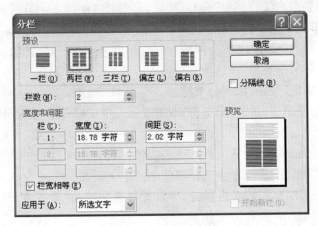

图 3-22 "分栏"对话框

方法二：使用"分栏"按钮，操作步骤如下：

步骤一：选定目标文本。

步骤二：单击"常用"中的"分栏"按钮。

步骤三：在弹出的下拉列表中选择要分栏的栏数，单击左键。完成设置。

如果要取消分栏，重复上述设置，将栏数设置为一栏即可。

例 9：在"文档处理报告"中，将第三段文本分为两栏，有分隔线，栏宽相等。

操作步骤如下：

步骤一：选取第三段文本。

步骤二：单击"格式"菜单中的"分栏"命令，弹出了"分栏"对话框。

步骤三：在"预设"中选"两栏"，在"应用于"列表中选"所选文字"，在"栏宽相等"和"分隔线"两个选项前打上对钩。

步骤四：单击"确定"按钮。则第三段文本被分成两栏显示。

(三) 分页

分页有两种方式：自动分页和人工分页。

1. 自动分页 当用户录入文本时，Word 会按已设定的纸张大小、页边距等信息自动进行分页。

2. 人工分页 据需要可自定义分页位置，如要使某个章、节的标题处在页面的顶部时，需在目的位置插入一个人工分页符。人工分页符在普通视图下，显示为含有"分页符"字样的一条虚线。操作步骤如下：

步骤一：在分页文本前单击鼠标。

步骤二：单击"插入"菜单中的"分隔符"命令，弹出"分隔符"对话框。

步骤三：选择"分页符"单选项。

步骤四：单击"确定"按钮，插入人工分页符。

步骤五：在普通视图下，单击"分页符"虚线后按"Delete"键，删除人工分页符。

(四) 分节

节是文档的一个重要概念，默认整篇文档为一节，将文档分节后，可在不同的节中设置不同的页面格式，如页眉页脚、页边框和页码等。

分节符，是表示节的结束标记，保存该节的页面格式。在普通视图下，分节符显示为包含有"分节符"字样的双虚线。删除"分节符"后,上一节将使用下一节的页面格式。

步骤一:在分节文本前单击鼠标。

步骤二:单击"插入"菜单中的"分隔符"命令,弹出"分隔符"对话框。

步骤三:选择"分节符类型"单选项。

步骤四:单击"确定"按钮,插入分节符。

步骤五:在普通视图下,单击"分节符"双虚线后按"Delete"键,删除分节符。

(五) 中文版式

针对中文用户的编辑需求,Word 2003 还提供了具有中文特色的中文版式功能。单击"格式"菜单,在"中文版式"子菜单中选择要使用的中文版式。

1. 拼音指南　为汉字添加汉语拼音,可设置拼音字符的"对齐方式"、"字体"、"字号",拼音与文字的"偏移量"等,操作方法如下:

选取目标文字,单击"格式"菜单,指向"中文版式"命令,再单击"拼音指南…"子菜单,在弹出的"拼音指南"对话框中,输入汉字的拼音,并进行上述各项设置后,单击"确定"按钮,设置完成。

2. 带圈字符　常用于表示强调或具有特殊用途的文字,有 4 种不同的圈号。带圈字符的操作方法如下:

选取目标文字,单击"格式"菜单,指向"中文版式"命令,再单击"带圈字符…"子命令,弹出了"带圈字符"对话框,选择字号及圈号,进行上述各项设置后,单击"确定"按钮,设置完成。

3. 纵横混排　可在横排的文字中插入竖排的文本。操作方法如下:

选取要纵排的目标文字,单击"格式"菜单,指向"中文版式"命令,再单击"纵横混排…"子命令,弹出了"纵横混排"对话框,进行相应设置后,单击"确定"按钮,设置完成。

4. 合并字符　可将最多 6 个字符合并只占 1 个字符的宽度,可设置合并文字的"字体"和"字号"。操作方法如下:

选取要合并的字符,单击"格式"菜单,指向"中文版式"命令,再单击"合并字符…"子命令,弹出了"合并字符"对话框,进行字体、字号设置后,单击"确定"按钮,设置完成。

5. 双行合一　是将两行文字显示在一行文字的空间中,常用于对文本的注释,可在合并文字外加不同样式的括号。操作方法如下:

选取要合并的字符,单击"格式"菜单,指向"中文版式"命令,再单击"双行合一…"子命令,弹出了"双行合一"对话框,在"带括号"选项前打上对号,选取需要的对号样式,单击"确定"按钮,设置完成。

(六) 页眉页脚

页眉页脚是指页面顶端和底边的位置,可在此添加一些信息。通常在页眉插入章节的标题;页脚插入页码;这样做可以提高检索书目的速度。也可插入图片等用户需要的对象。

1. 插入页码　页码是用来标识文档的页面序号,插入页码的操作步骤如下:

步骤一:单击"插入"菜单中的"页码"命令,弹出"页码"对话框,如图 3-23 所示。

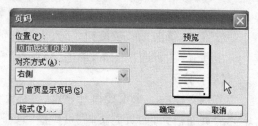

图 3-23　"页码"对话框

步骤二：在"位置"下拉列表中，选择页码的显示位置。

步骤三：在"对齐方式"下拉列表中，选择页码在水平方向上的对齐方式。

步骤四：如果在文档的第一页就显示页码，要选中"首页显示页码"复选项。

步骤五：如果单击"格式"按钮，在弹出的"页码格式"对话框中，可进行页码的格式设置。

步骤六：单击"确定"按钮，关闭"页码"对话框，完成设置。

2. 插入页眉页脚　页眉和页脚是打印在文档中每页的顶部或底部的文字或图形信息。可以在页眉和页脚中插入自动图文集、页码、页数、日期和时间、公司徽标图片、文档标题、文件名、作者名等信息。在页面视图中页眉和页脚内容显示为灰色，但不影响打印效果。操作步骤如下：

步骤一：单击"视图"菜单中的"页眉和页脚"命令，弹出"页眉和页脚"工具栏并进入页眉和页脚的编辑状态，如图 3-24 所示。

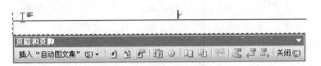

图 3-24　"页眉和页脚"工具栏(一)

步骤二：如果要创建页眉，在页眉区域中输入文本或插入图片等内容。

步骤三：如果要创建页脚，单击"页眉和页脚"工具栏中的"在页眉和页脚间切换"按钮，切换到页脚区域，然后输入文本或插入页码、图片等内容。

步骤四：输入完成后，如图 3-25 所示，单击"页眉和页脚"工具栏中"关闭"按钮。

图 3-25　"页眉和页脚"工具栏(二)

如果要修改已设置的页眉和页脚，指向页眉或页脚区域双击左键，可进入页眉和页脚的编辑状态，进行修改。

（七）页面背景

页面背景设置是为页面添加单一颜色、渐变、纹理、图案、图片以及文字水印等背景内容。页面背景不能在普通视图和大纲视图中显示，除水印背景外其他背景不能打印到纸上。

1. 设置背景颜色

步骤一：单击"格式"菜单，指向"背景"命令，展开子菜单，单击"其他颜色…"子命令，弹出"颜色"对话框 。

步骤二：在"颜色"对话框中，单击"标准"选项卡，选择需要的颜色。或在"自定义"选项卡中自定义一种颜色。

步骤三：单击"确定"按钮，则为页面设置了背景颜色。

如果选择"无填充颜色"，将删除已设置的页面背景色和填充效果。

2. 添加背景效果

步骤一:单击"格式"菜单,指向"背景"命令,展开子菜单,单击"填充效果"命令,弹出了"填充效果"对话框。

步骤二:单击"图片"选项卡,单击"选择图片"按钮,弹出了"选择图片"对话框。

步骤三:找到图片所在位置并选择图片,单击"插入"按钮,返回到"填充效果"对话框。

步骤四:单击"确定"按钮,则为页面添加了图片背景。

在"填充效果"对话框中,共有 4 张选项卡:"渐变"选项卡,可为页面添加单一、双色及系统预设的渐变色背景;"纹理"选项卡,为页面添加纹理背景;"图案"选项卡,可为页面添加图案背景;"图片"选项卡,可为页面添加图片背景。

3. 添加水印背景

步骤一:单击"格式"菜单,指向"背景"命令,单击"水印"子命令,弹出了"水印"对话框。

步骤二:选择"文字水印"单选项。

步骤三:在"文字"下拉列表框中输入文字或选择系统预置的文字。

步骤四:设置作为水印文字的字体、尺寸、颜色和版式等属性。

步骤五:单击"确定"按钮,则为页面添加了文字水印背景。

在"水印"对话框中,还可为页面添加图片水印,设置图片的缩放比例和冲蚀效果。如果选择"无水印",将删除已添加的水印背景。

四、样式和模板

(一) 样式

样式是指已经命名并保存的一组字符格式或段落格式,可在文档的编辑过程中反复调用,快速格式化文本。在 Word 中,样式分为字符样式和段落样式,系统内置样式和用户自定义样式。

1. 应用样式

步骤一:选定目标文字或段落。

步骤二:单击"格式"菜单中的"样式和格式"命令,弹出了"样式和格式"任务窗格。

步骤三:在"请选择要应用的格式"列表中,单击需要的样式名称,则该样式被应用于所选的字符或段落上。

2. 自定义样式

步骤一:在"样式和格式"任务窗格中,单击"新样式"按钮,弹出了"新建样式"对话框。

步骤二:在"名称"文本框中输入新建样式的名称。

步骤三:在"样式类型"下拉列表框中选择"字符"或"段落"。

步骤四:在"格式"栏中可进行简单的字符和段落设置。要进行更完全的设置,则要按"步骤五"去做。

步骤五:单击"格式"按钮,在弹出的菜单中单击"字体"命令,弹出"字体"对话框,进行字体格式设置。在弹出的菜单中单击"段落"命令,进行段落格式设置。

步骤六:选中"添加到模板"和"自动更新"复选项。

步骤七:单击"确定"按钮,将新建的样式保存到样式列表库中备用。

3. 修改样式　修改样式后,所有使用过该样式的文本格式都会随之改变。修改样式的操作如下:

步骤一：在"样式和格式"任务窗格中，将指针指向需要修改的样式名称右侧的下拉按钮单击左键，在弹出的快捷菜单中选择"修改"命令，弹出了"修改样式"对话框。

步骤二：在"修改样式"对话框中，重新修改样式中字体和段落的各种属性，操作与新建样式相同。

步骤三：单击"确定"按钮，则设置生效。在文档中使用过该样式的文本格式随之改变。

4. 删除样式　内置的样式不能删除，用户自定义的样式可以删除。删除样式的操作如下：

步骤一：在"样式和格式"任务窗格中，将指针指向列表中的目标样式，单击下拉按钮。

步骤二：在下拉菜单中单击"删除"命令。

步骤三：在弹出的消息框中单击"是"按钮，则删除了样式。文档中应用该样式的文本自动应用正文样式。

例 10：创建样式。在"文档处理报告"文档中，输入文本框中的"长歌行"，在该段文本中，创建主标题、副标题、2 级标题样式。

操作步骤如下：

步骤一：新建"主标题"样式：光标定位在"长歌行"文档中，单击"格式"菜单中的"样式和格式"命令，打开了"样式和格式"任务窗格，单击"新样式"按钮，弹出了"新样式"对话框。

在"名称"文本框中输入"主标题"，在"格式"下拉列表框中选择"黑体"、"二号"选项，单击"加粗"、"居中"按钮。

单击"确定"按钮，完成了"主标题"样式的设置。此时在"请选择要应用的格式"列表框中出现了"主标题"选项。

步骤二：新建"次标题"样式：在"样式和格式"任务窗格中，单击"新样式"按钮，弹出了"新样式"对话框。

在"名称"文本框中输入"次标题"，在"格式"下拉列表框中选择"宋体"、"四号"、"居中"。

单击"确定"按钮，完成"次标题"样式设置，此时在"请选择要应用的格式"列表框中也出现了"次标题"选项。

步骤三：新建"2 级标题"样式：在"样式和格式"任务窗格中，单击"新样式"按钮，弹出"新样式"对话框。

在"名称"文本框中输入"2 级标题"，在"样式类型"下拉列表框中选择"段落"，在"样式基于"列表框中选"正文"，在"格式"下拉列表框中选择"黑体"、"四号"、"居中"。

单击"确定"按钮，完成"2 级标题"样式设置，此时在"请选择要应用的格式"列表框中又出现了"2 级标题"选项。

例 11：应用样式。使用"例 1"中创建的样式，格式化"长歌行"。

操作步骤如下：

步骤一：在"文档处理报告"中，选定标题"长歌行"文本，在"样式和格式"任务窗格的"请选择要应用的格式"列表中，单击"主标题"样式，则标题被设置为该样式。

步骤二：选定副标题"——（北朝）乐府民歌"，单击"次标题"样式，则为选定的文本应用了"次标题"样式。

步骤三：选定正文文本，单击"2 级标题"样式，为正文应用了"2 级标题"样式。

步骤四：保存对该文档的修改。

（二）创建模板

模板是一种特殊的文档，模板决定文档的基本结构和文档设置。例如，自动图文集词条、字体、页面设置、特殊格式和样式等的集合。任何 Word 文档都是以模板为基础建立的，默认情况下 Word 使用"Normal. dot（共用模板）"新建空白文档。使用 Word 自带的其他模板创建特殊文档，已在本章第三节中介绍过。

将文档中经常重复使用的文本样式以模板的形式保存起来，可供快速的再创建同类文档使用。创建模板的步骤如下：

步骤一：将所需的文档内容和文档格式编辑完成。

步骤二：单击"文件"菜单中的"另存为"命令，弹出"另存为"对话框。

步骤三：在"保存类型"下拉列表中，选择"文档模板"，则"保存位置"自动切换到"Templates"文件夹中。

步骤四：在"文件名"处输入模板文件的名称，例如"用户模板"。

步骤五：单击"确定"按钮，则模板文件创建成功。

步骤六：在"新建文档"任务窗格中，单击"本机上的模板"，在弹出的"模板"对话框的"常用"选项卡上，可以看到刚保存的模板文件。用户即可调用来创建同类文档。

例 12：使用模板向导制作名片。

操作步骤如下：

步骤一：单击"文件"菜单中的"新建"命令，弹出"新建文档"任务窗格。

步骤二：单击"本机上的模板"命令，弹出"模板"对话框。

步骤三：单击"其他文档"选项卡，在列表框中，单击"名片制作向导"图标，单击"确定"按钮。

步骤四：在弹出的"名片制作向导"对话框中，单击"下一步"按钮。

步骤五：在弹出的"请选择名片样式"对话框的"名片样式"下拉列表框中，选择"样式 3"选项，单击"下一步"按钮。

步骤六：在弹出的"您想创建哪种类型的名片?"对话框中，单击"下一步"按钮。

步骤七：在弹出的"怎样生成这个名片?"对话框中，单击"下一步"按钮。

步骤八：在弹出的"名片中一般包括下列内容"对话框中，填写个人信息，单击"下一步"按钮。

步骤九：在弹出的"您的名片背面中一般包括下列内容?"对话框中，选中"用户自定义内容"复选框，在出现的文本框中输入自己的特长，单击"下一步"按钮。

步骤十：在弹出的对话框中，单击"完成"按钮，则完成了名片文档的制作。用抓图技术将做好的名片抓下来粘贴到"文档处理报告"中，保存对"文档处理报告"的修改。

第五节　表　格　制　作

Word 2003 的表格处理功能非常强大。其功能包括：制作表格，处理简单的数据资源，并可进行排序和计算，创建统计表，对表格、文字混合排版等。

一、创 建 表 格

方法一：使用"插入表格"按钮创建表格。

步骤一：将光标定位在目标位置。

步骤二：单击"表格"菜单,指向"插入",再单击"表格"子命令,弹出"插入表格"对话框。

步骤三：在"插入表格"对话框中输入表格的列数和行数。

步骤四：如果要套用格式,单击"自动套用格式"按钮,弹出"表格自动套用格式"对话框。

步骤五：在"表格样式"列表框中选择需要的自动格式。

步骤六：单击"确定"按钮。则在文档中插入一个设置好格式的空表格。

方法二：使用插入表格命令创建表格。

步骤一：光标定位在目标位置。

步骤二：单击"常用"工具栏上的"插入表格"按钮🔳,弹出一个行列数为 4×5 的表格选项表。

步骤三：在弹出的选项表中拖动鼠标,选定需要的行数和列数后释放左键,则在插入点处插入了选定的表格。如果需要的表格超过 4 行 5 列,则在选择行列数时按住鼠标左键向右或向下拖动,直到选定所需的行、列数为止。

方法三：使用鼠标绘制表格。

步骤一：在"常用"工具栏上单击"表格和边框"按钮🔳,显示"表格与边框"工具栏。如图 3-26 所示。

步骤二：单击"表格和边框"工具栏中的"绘制表格"按钮,此时鼠标指针形状变为铅笔形状 🖊。

步骤三：首先用鼠标在绘制表格位置从左上角拖到右下角绘制出表格的边框,然后分别在边框中水平拖动鼠标绘制表格横线,在边框中垂直拖动鼠标绘制出表格纵线。在单元格斜向拖动鼠标可绘制出斜线。

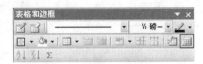

图 3-26   "表格和边框"工具栏

步骤四：如果要删除表格线,单击"表格和边框"工具栏上的"擦除"按钮,可以擦除不需要的表格线。

步骤五：完成所有绘制后,单击"表格和边框"工具栏上的"关闭"按钮,即可关闭绘制表格功能。

二、编辑修改表格

表格中的基本单位是单元格,是表格中存放数据的重要场所,而单元格区域是指连续的若干个单元格、若干行或若干列等。

(一) 单元格的选定

1. 选定单一单元格：将鼠标指针定位到某一单元格,拖动鼠标,使该单元格反白显示。

2. 选定连续单元格区域：按住鼠标左键在要选定的区域上拖动,释放鼠标后,选定的区域反白显示。

3. 选定一行：将鼠标指针移到表格边框某行左边,此时鼠标指针形状变成空心箭头 ⇗,单击鼠标,则此行被选定,为反白显示。

4. 选定一列：将鼠标指针移到表格边框某列上边,此时鼠标指针形状变成向下箭头 ↓,单击鼠标,则此列被选定,为反白显示。

5. 选定全表：单击"表格"菜单,指向"选择"命令,再单击"表格"子命令,则表格被全选。也可单击表格的"移动"按钮或"缩放"按钮实现表格全选。

(二) 表格的移动和缩放

1. 移动表格　单击表格,使表格处于编辑状态。将指针指向表格左上角的"移动"按钮⊞,当指针前出现十字箭头时,按住左键拖动鼠标可将表格移动到文档中的适当位置。

2. 缩放表格　单击表格,使表格处于编辑状态。将指针指向表格右下角的"缩放"按钮,当鼠标指针变成斜向双箭头时,拖动鼠标即可将表格放大或缩小到指定的大小。

(三) 插入行或列

在已有的表格中可以插入行或列,将插入点定位到某个单元格中,单击"表格"菜单,指向"插入"命令,在子菜单中选择需要的选项,如图 3-27 所示,即可将行或列插入到表格的指定位置上。

(四) 拆分单元格

拆分单元格是指将表格中一个或多个单元格拆分成多个或更多个单元格的操作。操作方法如下:

步骤一:选取要拆分的单元格。

步骤二:单击"表格和边框"工具栏中的"拆分单元格"按钮▦,或单击"表格"菜单中的"拆分单元格"命令。

步骤三:在弹出的"拆分单元格"对话框中,选择需拆分成的列数和行数,单击"确定"按钮,设置成功,如图 3-28 所示。

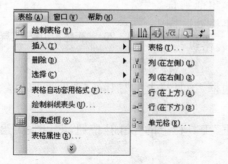

图 3-27　菜单示"插入行或列"

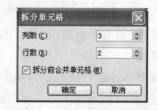

图 3-28　"拆分单元格"对话框

(五) 合并单元格

合并单元格是指将多个相邻的单元格合并为一个单元格,操作方法如下:

步骤一:选定需要合并的单元格区域。

步骤二:单击"表格和边框"工具栏中的"合并单元格"按钮▤,或单击"表格"菜单中"合并单元格"命令,即可将所选定的单元格区域合并为一个单元格。

(六) 拆分与合并表格

要将一个表格拆分成两个或多个表格,先单击第二个表格的首行;再单击"表格"菜单下的"拆分表格"命令项即可。

合并表格,只要将两个表格间的段落标记删除,就可将表格合并。

(七) 改变表格的行高和列宽

方法一:用标尺调整。

将光标定在表格中,水平标尺上显示"移动表格列"游标▨,垂直标尺上显示"调整表格行"游标 ，将光标移到游标上，当鼠标变为左右双箭头时按住左键拖动鼠标即可改变行高或列宽。

方法二：使用表格框线调整。

将光标移到表格的行或列的边线上，当光标变为上下方向双箭头 或左右方向的双箭头 时，按住左键拖动鼠标，即可改变行高或列宽。

方法三：使用"表格属性"对话框调整。

选定需要改变行高的一行或多行，单击"表格"菜单中的"表格属性···"命令，弹出"表格属性"对话框，在"表格属性"对话框中单击"行"选项卡。在"行"选项卡中，选中"指定高度"复选框，输入行高值，单击"确定"按钮，则定量地调整了行高。同理可定量调整列宽。

（八）单元格对齐方式

表格中的单元格对齐方式是指单元格中的字符与单元格上下左右框线的相对关系。共有九种对齐方式：靠上两端对齐、靠上居中对齐、靠上右对齐、中部两端对齐、中部居中对齐、中部右对齐、靠下两端对齐、靠下居中对齐、靠下右对齐。选定单元格或区域，在所选范围上单击鼠标右键，在弹出的快捷菜单中，指向"单元格对齐方式"命令，在子菜单中单击需要设置的对齐方式即可。

（九）设置边框和底纹

在 Word 文档中，可以对表格添加边框、底纹，使表格效果更加突出。其操作步骤是：

选定需要添加边框的表格或单元格区域，单击"格式"菜单中的"边框和底纹"命令，弹出"边框和底纹"对话框，在其中设置边框和底纹。

三、表格与文本转换

在日常办公中，经常会对同一内容，既需用文本表示，又需用表格表示。在 Word 2003 中，提供了文本和表格之间的相互转换功能，只要建立了文本文档或表格，用其转换功能就可以对文本或表格表示的数据进行相互转换。

（一）文本转换成表格

操作步骤如下：

步骤一：将目标文本数据按需要插入特定的英文、半角分隔符（如空格、逗号、制表符、段落标记或其他自定义的符号），以指明文本的行和列。

步骤二：选取目标文本。

步骤三：单击"表格"菜单，指向"转换"命令，单击"文本转换成表格"子命令，弹出"将文字转换成表格"对话框。如图 3-29 所示。

步骤四：在"文字分隔位置"选项区选择所设置的分隔符类型。

步骤五：如果需要为表格自动套用格式，可单击"自动套用格式"按钮，在弹出的对话框中选择表格格式。

步骤六：单击"确定"按钮，将所选文本转换成表格。

（二）表格转换成文本

步骤一：选中整个表格。

步骤二：单击"表格"菜单，指向"转换"命令，单击"表格转换成文本"命令，弹出"表格转换成文本"对话框。如图 3-30 所示。

图 3-29　"将文字转换成表格"对话框　　　图 3-30　"表格转换成文本"对话框

步骤三：在"文字分隔符"选项区，选择所需分隔符单选项。

步骤四：单击"确定"按钮，将表格转换成文本。

第六节　图文混排

一、图形与文本混排

（一）插入自选图形

在 Word 2003 中，可手工绘制出直线、箭头、长方形、星形和旗帜等多种图形，这些图形统称为自选图形。

图形的用途很多，例如绘制示意图、流程图等。图形不仅能够美化文档，更重要的是图形可以将文字无法表达的内容直观地表达出来。

1. 绘图工具栏　在开始绘图工作之前，需要首先设置"绘图"工具栏。单击"视图"菜单，鼠标指向"工具栏"，单击"绘图"命令，设置了"绘图"工具栏，如图 3-31 所示。或单击"常用"工具栏中的"绘图"按钮，也能设置"绘图"工具栏。该工具栏上的各个按钮功能如图 3-31 所示。

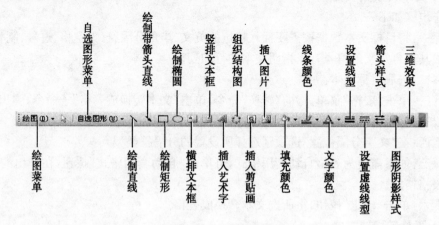

图 3-31　"绘图"工具栏

2. 绘制自选图形

在文档中插入自选图形的步骤为：

步骤一：光标定位在目标位置。

步骤二:单击"绘图"工具栏中的"自选图形"按钮。

步骤三:在弹出的菜单中选择需要的样式,如图 3-32 所示。

步骤四:屏幕出现"绘制画布"工具栏和画布框,按"Esc"键可将其关闭。

步骤五:将指针移动到文档中指针变成十形状时,拖动鼠标绘制出该自选图形。

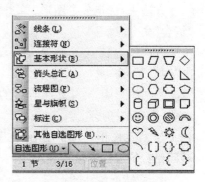

步骤六:绘图画布的功能是可将多个图形对象保存在一块画布上,方便整体移动。

(二) 编辑自选图形

1. 选定图形　将光标移动到图形上,单击即可选定该图形,被选定的图形四周会出现 8 个尺寸控制点。要想同时选中多个图形,则在选中第一个图形之后按住"Ctrl"键或"Shift"键再单击其他的图形。

图 3-32 "自选图形"菜单

2. 调整图形大小　调整图形大小是最常用的图形编辑操作,选中图形后,用鼠标拖动尺寸控制点就可以改变图形的大小。

3. 设置自选图形格式　在图形上单击鼠标右键,在弹出的快捷菜单中选择"设置自选图形格式"命令,弹出"设置自选图形格式"对话框,可对图形进行颜色与线条、大小、版式等多项设置,如图 3-33 所示。

4. 设置图形的颜色　使用"绘图"工具栏中的"填充颜色"按钮 和"线条颜色"按钮 可设置图形或线条的颜色。

步骤一:单击"填充颜色"右侧下拉按钮,弹出"填充颜色"快捷菜单。

步骤二:从中选择所需的颜色,或单击"其他颜色"按钮,从弹出的"颜色"对话框中选择。

步骤三:如果单击"填充效果"命令,弹出"填充效果"对话框,如图 3-34 所示。在该对话框中有"渐变"、"纹理"、"图案"和"图片"四个选项卡,可以根据需要设置特殊的填充效果。

图 3-33 "设置自选图形格式"对话框

图 3-34 "填充效果"对话框

5. 线型的编辑

步骤一:选定图形,单击"绘图"工具栏中的"线型"按钮 。

步骤二：在弹出的菜单中，选择所需的线型。

6. 组合图形　如果要将多个图形同时移动，并保持相对位置不变，可以把多个图形组合在一起，对它们进行统一的操作和设置。

方法一：选定多个图形，单击"绘图"工具栏中的"绘图"按钮，在弹出的子菜单中，单击"组合"命令。

方法二：选定多个图形，在选定区点击鼠标右键，在弹出的菜单中，指向"组合"命令，单击"组合"子命令。

取消图形组合：选定组合后的图形，单击"绘图"按钮，在弹出的菜单中，单击"取消组合"命令，则取消图形组合。

7. 移动图形　选中图形，在图形上移动鼠标指针，当其变为 形状，按住左键拖动图形到目标位置后释放左键。

8. 旋转或翻转图形

步骤一：选中图形。

步骤二：单击"绘图"工具栏中"绘图"按钮，在弹出的菜单中单击"旋转或翻转"命令，如图 3-35 所示。

步骤三：在子菜单中选择所需的命令。

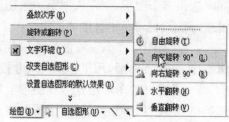

图 3-35　"旋转或翻转"菜单

如果选择"自由旋转"命令，所选图形和四周会出现四个绿色的圆形控制点，将指针移动到控制点上，指针变为 形状，按住鼠标左键，此时鼠标指针变为 形状，拖动鼠标旋转图形，当图形旋转到预定位置时释放左键，按"Esc"键退出旋转功能。如果不退出旋转功能，那么单击其他图形，可继续执行旋转操作。

9. 文字环绕　文字环绕是指插入的图形对象与文本之间的版式关系。设置文字环绕的方法如下：

方法一：双击图形对象，弹出了"设置自选图形格式"对话框，单击"版式"选项卡，在"环绕方式"选项区，单击所需选项，再单击"确定"按钮，完成设置，如图 3-36 所示。如果单击"高级"按钮，在弹出的"高级版式"对话框中可选择其他文字环绕方式。

方法二：选中图形对象，单击"绘图"按钮，在弹出菜单中，指向"文字环绕"命令，在其子

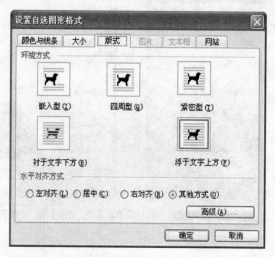

图 3-36　"设置自选图形格式对话框"的版式选项卡

菜单中单击所需的环绕方式,如图 3-37 所示。

10. 设置图形效果　自选图形的效果设置包括阴影设置和三维效果设置。

(1) 添加阴影:选定图形对象,单击"绘图"工具栏中的"阴影样式"按钮 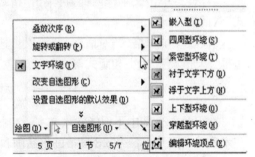,从弹出的阴影样式列表中,选择所需的阴影样式。则阴影添加完毕。

(2) 编辑阴影:为图形添加阴影效果后,还可以对阴影的颜色、方向等进行编辑,具体操作如下:

图 3-37　"文字环绕"菜单

选定已添加阴影的图形对象,单击"绘图"工具栏中的"阴影样式"按钮,在弹出的菜单中,再单击"阴影设置"按钮,设置"阴影设置"工具栏,如图 3-38 所示。使用"阴影设置"工具栏中的按钮,设置图形对象的阴影颜色和偏移方向等。

(3)添加三维效果:选定二维图形对象,单击"绘图"工具栏中的"三维效果样式"按钮,在弹出的菜单中选择所需的三维效果样式。设置完毕。

(4)编辑三维效果:选定设置了三维效果的图形对象,单击"绘图"工具栏中的"三维效果样式"按钮,在弹出的菜单中,单击"三维设置"命令,设置"三维设置"工具栏,如图 3-39 所示,据需要使用"三维设置"工具栏中的按钮,对图形的三维效果进行调整。

图 3-38　"阴影设置"工具栏

图 3-39　"三维设置"工具栏

(三) 文本框

文本框和图示都属于图形范畴,插入和编辑方法与自选图形相同。文本框专门用来承载独立存在的、可作为一个整体任意移动的文本对象,它可被置于页面中的任何位置。图示是系统据特殊用途而绘制的、可直接调用的自选图形,如组织结构图、维恩图、棱锥图等。下面介绍文本框的使用和编辑。

1. 插入文本框

方法一:使用绘图工具栏。

步骤一:单击"绘图"工具栏中的"文本框"按钮或"竖排文本框"按钮。

步骤二:设置"绘制画布"工具栏和画布框(一般不使用画布,按"Esc"键或单击撤消按钮可将其关闭)。

步骤三:将指针移动到文档中的目标位置,当指针变成十形状时,拖动鼠标绘制出所需大小的文本框,释放鼠标左键。

步骤四:在文本框中的光标处输入文本。

方法二:使用插入菜单。

单击"插入"菜单,指向"文本框"命令,单击"横排"或"竖排"命令,拖动鼠标可在文档中绘制出横排文本框或竖排文本框。

2. 修饰文本框　文本框的格式,可在"设置文本框格式"对话框中全面设置,操作方法如下:

方法一:指针指向文本框的边界双击,则弹出了"设置文本框格式"对话框。

方法二：单击文本框内部，再单击"格式"菜单中的"文本框"命令，弹出了"设置文本框格式"对话框。

"设置文本框格式"对话框与"设置自选图形格式"对话框的操作相同，可设置文本框的边框、填充颜色、大小和版式等。

二、图 文 混 排

在 Word 2003 中不但能输入文本、绘制表格，还可插入图片来修饰文档，生成图文并茂的艺术效果。图片包括 Word 自带的剪贴画和来自文件的图片。

图文混排是指设置图片与文本的相对关系，通过对图片版式设置来安排与相邻文本的相对位置。

（一）插入图片

1. 插入剪贴画

步骤一：将插入点定位在需要插入剪贴画的位置。

步骤二：单击"插入"菜单，鼠标指向"图片"命令，再单击"剪贴画"子命令，弹出"剪贴画"任务窗格。

步骤三：在该任务窗格中的"搜索文字"文本框中输入图片的关键字，如"人物"，单击"搜索"按钮，搜索到的剪贴画显示在窗格中间的列表框中，如图 3-40 所示。

步骤四：单击所需的剪贴画，将其插入到光标所在位置。

2. 插入来自文件的图片　在 Word 中不但可插入剪贴画，还可以将本地磁盘、Internet、网络驱动器及数码相机等系统之外的图片插入到文档中，其操作步骤为：

步骤一：将插入点定位到目的位置。

步骤二：单击"插入"菜单，鼠标指向"图片"命令，再单击"来自文件…"子命令，弹出"插入图片"对话框。

图 3-40　"剪贴画"任务窗格

步骤三：在"查找范围"下拉列表框中，选择图片的位置，选定目标图片，单击"插入"按钮，将其插入到文档中。如图 3-41 所示。

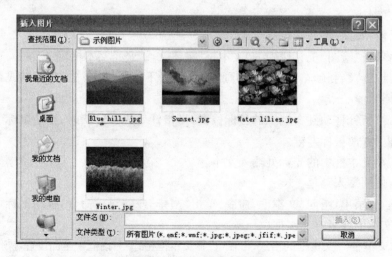

图 3-41　"插入图片"对话框

(二) 编辑图片

插入到 Word 中的图片,可以进行缩放、移动、复制以及调整色调、亮度和对比度、裁剪图片及版式等操作。

1. 图片工具栏　选定一张图片后,默认会自动弹出"图片"工具栏,如图 3-42 所示。

如果"图片"工具栏没有显示,在图片上点击鼠标右键,再单击"显示'图片'工具栏"命令,则可显示该工具栏,"图片"工具栏中各项命令按钮从左至右如图 3-42 所示。

2. 图片与文字混合排版　在文档中插入图片可使文档更生动活泼,但图与文的关系如果安排不合理会适得其反,对图文位置关系的编辑称为图文混排。设置图文混排的操作步骤如下:

步骤一:选定目标图片。

步骤二:单击鼠标右键,在弹出的菜单中选择"设置图片格式"命令,弹出"设置图片格式"对话框,选择"版式"选项卡。

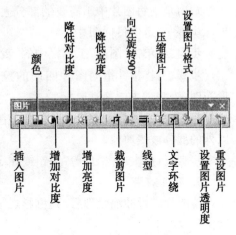

图 3-42　"图片"工具栏

步骤三:在"环绕方式"栏中,选择一种环绕方式。

步骤四:如果环绕方式非"嵌入型"时,在"水平对齐方式"栏中可选择图片的水平对齐方式。

步骤五:单击"高级"按钮,弹出"高级版式"对话框,如图 3-43 所示,在该对话框中,可进一步设置图片被环绕的方式和文字环绕效果。

图 3-43　"高级版式"对话框

步骤六:单击"确定"按钮,完成设置。

插入到文档中的图片,默认为"嵌入型"环绕方式,只有设置为其他环绕方式才能为图片添加边框。要想方便地移动图片最好将其设置为"浮于文字上方"。

3. 设置透明

设置透明色是指将图片中的某种颜色设置为透明效果,操作步骤如下:

步骤一:选中目标图片。

步骤二:单击"图片"工具栏中的"设置透明色"按钮 。

步骤三:在图片中,单击要设为透明的颜色区域。则目标区域透明显示。

4. 图片裁剪

裁剪是指将图片中不需要的部分去掉,只保留需要的部分。具体方法如下:

步骤一:选中目标图片。

步骤二:单击"图片"工具栏中的"裁剪"按钮 。

步骤三:将指针指向图片四周的控制点,按下鼠标左键,指针变为 T 字形 或直角形 时,沿裁剪方向拖动鼠标。

步骤四:呈现的虚框线表示裁剪范围,当虚框线到达需要的范围时,释放左键。虚框线以外的部分被裁剪掉。

步骤五:再次单击"裁剪"按钮或在图片外部单击左键,退出裁剪状态。

5. 冲蚀效果

将图片进行冲蚀处理后,其色彩之间的对比度会降低,效果会变得柔和,有"旧"的效果。操作步骤如下:

步骤一:单击目标图片。

步骤二:在图片上单击鼠标右键,在弹出的菜单中单击"设置图片格式"命令,弹出"设置图片格式"对话框。如图 3-44 所示。

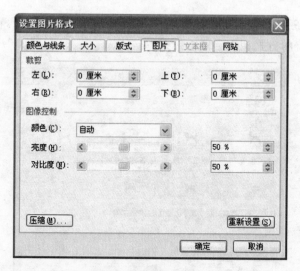

图 3-44 "设置图片格式"对话框

步骤三:单击"图片"选项卡,在"图像控制"设置区的"颜色"下拉列表中,选择"冲蚀"选项。

步骤四:单击"确定"按钮,则图片被设置为冲蚀效果。

三、艺术字和公式编辑器

(一) 艺术字

在报刊、杂志中经常能够看到各种各样的艺术字,这些艺术字给版面增添了强烈的视觉效果。对艺术字的操作有插入和编辑。

1. 插入艺术字

步骤一：在文档中定位插入点。

步骤二：单击"插入"菜单，鼠标指向"图片"命令，再单击"艺术字"子命令。或单击"绘图"工具栏中的"插入艺术字"按钮。

步骤三：在弹出的"艺术字库"对话框中，选择艺术字样式，如图3-45所示。

图 3-45 "艺术字库"对话框

步骤四：单击"确定"按钮，弹出"编辑'艺术字'文字"对话框，如图3-46所示。

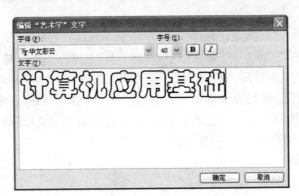

图 3-46 "编辑'艺术字'文字"对话框

步骤五：在"文字"文本框中，输入文字、设置文字的字体、字号和字形。

步骤六：单击"确定"按钮，则艺术字插入成功。

2. 编辑艺术字

方法一：使用"艺术字"工具栏。

单击插入的艺术字，默认会弹出"艺术字"工具栏，各命令按钮从左至右，如图3-47所示。使用该工具栏，可对艺术字样式、格式等进行编辑，编辑后的艺术字也更具有个性化。

方法二：使用绘图工具栏按钮。

在文档中插入艺术字后，使用"绘图"工具栏上命令按钮，可对艺术字的填充颜色、线条颜色、阴影样式、三维效果等进行设置。

（1）修改艺术字的填充颜色

步骤一：选定艺术字，单击"绘图"工具栏中的"填充颜色"下拉按钮 。

步骤二：在弹出的菜单中，选择常用颜色；如果单击"其他填充颜色"，则弹出"颜色"对话框，其中有更多颜色供选择。

步骤三：单击"填充效果"命令，在弹出的"填充效果"对话框中，提供了"渐变"、"纹理"、"图案"、"图片"等填充效果，可将艺术字修饰出不同的质感。

（2）修改艺术字的线条颜色

步骤一：选定艺术字，单击"绘图"工具栏中的"线条颜色"下拉按钮 ，从菜单中设置某种颜色。

步骤二：如果选择"无线条颜色"，则删除艺术字的线条颜色。

（3）设置艺术字的阴影效果　选定艺术字，单击"绘图"工具栏中的"阴影样式"按钮 ，从列表中选择所需的阴影样式。

（4）设置艺术字的三维效果　选定艺术字，单击"绘图"工具栏中的"三维效果样式"按钮 ，从列表中选择所需的三维效果样式。

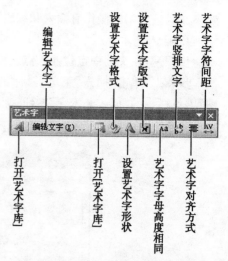

图 3-47　"艺术字"工具栏

例 13：添加艺术字"计算机应用基础"，字体为"华文彩云"，字号为"40"。

操作步骤如下：

步骤一：单击"插入"菜单，鼠标指向"图片"命令，再单击"艺术字"子命令。

步骤二：在弹出的"艺术字库"对话框中，选择一种"艺术字"样式，单击"确定"按钮，弹出了"编辑'艺术字'文字"对话框，输入"计算机应用基础"。

步骤三：在"字体"下拉列表中选择"华文彩云"，在"字号"下拉列表中，选择"40"选项，单击"确定"按钮，则在该段文本上方用艺术字插入了"计算机应用基础"的艺术字。

步骤四：选择艺术字，拖至相应的位置。

（二）公式编辑器

1. 启动公式编辑器

方法一：使用菜单。

步骤一：单击"插入"菜单中的"对象"命令，弹出"对象"对话框，如图 3-48 所示。

步骤二：在"对象类型"列表框中，选择"Microsoft 公式 3.0"，单击"确定"按钮，弹出"公式"工具栏，进入公式编辑状态，如图 3-49 所示。

方法二：使用添加命令按钮。

步骤一：单击"工具"菜单中的"自定义"命令，弹出"自定义"对话框，如图 3-50 所示。

步骤二：单击"命令"选项卡，在左侧的"类别"列表框中选择"插入"选项 。接着在右侧的"命令"列表框中找到，指向并按住左键将其拖动至工具栏中的任意位置后释放左键，则其显示在工具栏上。

步骤三：单击工具栏中的"公式编辑器"按钮 ，弹出"公式"工具栏，则进入公式编辑状态。

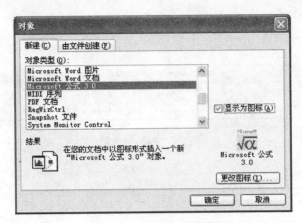

图 3-48　"对象"对话框

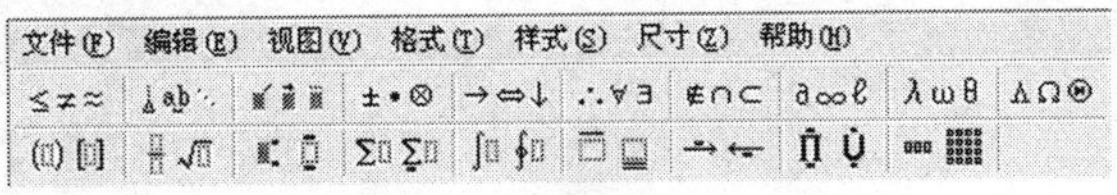

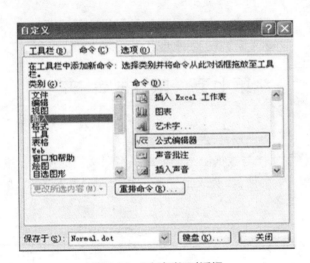

图 3-49　"公式编辑器"工具栏

图 3-50　"自定义"对话框

2. 编辑数学公式　以图 3-51 中的公式为例说明公式编辑的操作步骤:

步骤一:打开"文档处理报告"文档。

步骤二:将光标定位到插入公式的位置。

$$x = \frac{-b \pm \sqrt{b^2 - 4ac}}{2a}$$

图 3-51　数学公式

步骤三:启动公式编辑器,进入公式编辑状态,如图 3-52 所示,输入 "$x = -b \pm$"。

步骤四:点击"公式编辑器的根式模板"插入根式,输入 "$b2 - 4ac$"。

步骤五:选中 "2" 后,点击"上标和下标模板",点击"上标","$b2$" 中的 "2" 为上标,如图 3-53 所示。

步骤六:输入分母 "$2a$",单击公式编辑器的"关闭"按钮。

步骤七:在文档其他位置单击,调整公式的大小,则完成了上述所给数学公式的插入。

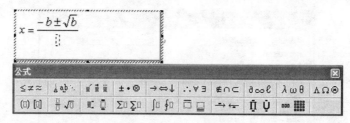

图 3-52 公式编辑器

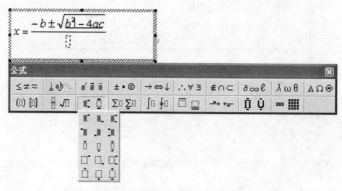

图 3-53 公式编辑器的"下标"和"上标"模板

第七节 邮 件 合 并

一、邮件合并的概念

邮件合并就是将主文档与数据源结合生成一系列文档的过程。主文档是指要发给一些人的、内容相同的一个文件,如会议通知等。数据源是指所有收件人的通讯信息列表(表 3-1)。

表 3-1 计算机编委通讯录

姓名	性别	单 位	地 址	邮编	职称	E-mail
梁由	男	江水学院	江水市城都路 101 号	133000	教授	cw@sohu.com
谭丽	女	加里学校	卡尔加里路 111 号	163000	教授	xu@163.com
王莉莉	女	市卫生学校	沈阳市学院路 214 号	117000	副教授	wll@126.com
沈志同	男	医学高等学校	江油市南田路 123 号	433001	讲师	szt@sina.com

邮件合并主要用以生成批量的邀请函、批量的信封、批量的标签以及批量的工资条等,简化了制作过程,提高了工作效率。

邮件合并常用数据源类型:Microsoft Word 文档,其中要求只包含一个表格,表格第一行必须是字段名,其余各行是通讯信息记录见表 3-1,标题不能出现在数据源中;HTML 文件,使用只包含一个表格的 HTML 文件,表格的第一行必须用于存放标题,其他行必须包含邮件合并所需要的数据;Microsoft Office 地址列表;Microsoft Excel 工作表;Microsoft

Outlook 联系人列表；Microsoft Access 数据库等。

二、批量生成会议通知

以"《计算机应用基础》定稿会会议通知"制作过程为例，来说明邮件合并功能的操作方法。

（一）创建主文档——"会议通知"

步骤一：在适当位置创建新文件夹，命名为"邮件合并"。

步骤二：编辑定稿会会议通知，如图 3-54 所示，文件名为"会议通知"，保存到"邮件合并"文件夹中。

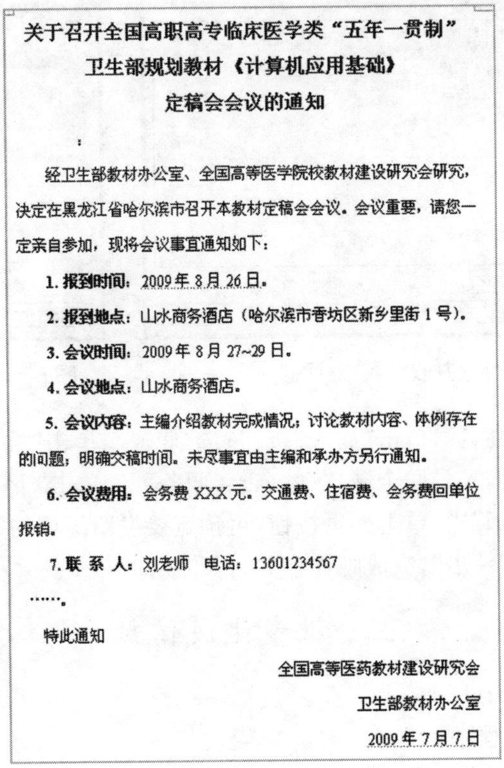

关于召开全国高职高专临床医学类"五年一贯制"
卫生部规划教材《计算机应用基础》
定稿会会议的通知

经卫生部教材办公室、全国高等医学院校教材建设研究会研究，决定在黑龙江省哈尔滨市召开本教材定稿会会议。会议重要，请您一定亲自参加，现将会议事宜通知如下：

1. **报到时间**：2009 年 8 月 26 日。

2. **报到地点**：山水商务酒店（哈尔滨市香坊区新乡里街 1 号）。

3. **会议时间**：2009 年 8 月 27~29 日。

4. **会议地点**：山水商务酒店。

5. **会议内容**：主编介绍教材完成情况，讨论教材内容、体例存在的问题，明确交稿时间。未尽事宜由主编和承办方另行通知。

6. **会议费用**：会务费 XXX 元。交通费、住宿费、会务费回单位报销。

7. **联 系 人**：刘老师　电话：13601234567

……，

特此通知

全国高等医药教材建设研究会

卫生部教材办公室

2009 年 7 月 7 日

图 3-54　主文档

（二）编辑数据源——"计算机编委通讯录"

"计算机编委通讯录"，只能包括一个表，且表的第一行只能是字段名，其余各行是各位编委的通讯信息记录，不能有表题（表 3-1）。保存在"邮件合并"文件夹中。

（三）邮件合并

步骤一：打开主文档——"会议通知"。

步骤二：单击"工具"菜单，指向"信函与邮件"命令，再单击"邮件合并"子命令，调出"邮件合并"任务窗格。

步骤三：在"选择文档类型"栏，选"信函"单击"下一步"按钮。

步骤四：在"选择开始文档"栏，选"使用当前文档"，单击"下一步"按钮。

步骤五：在"选择收件人"栏，选"使用现有列表"。在"使用现有列表"栏单击"浏览"，弹出"选取数据源"对话框。

步骤六：在"选取数据源"对话框中，按路径打开"邮件合并"文件夹，选定"计算机编委通讯录"文件，单击"打开"按钮，弹出"邮件合并收件人"对话框，如图 3-55 所示。

步骤七：在如图 3-55 所示的对话框中，单击"全选"按钮，再单击"确定"按钮。单击"下一步"。

步骤八：光标定位在主文档的称呼位置，在任务窗格的"撰写信函"栏选"其他项目"，弹出"插入合并域"对话框，如图 3-56 所示。

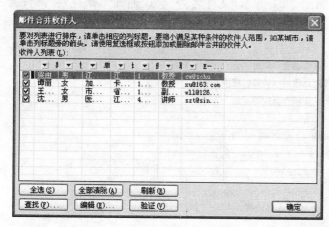

图 3-55　"邮件合并收件人"对话框

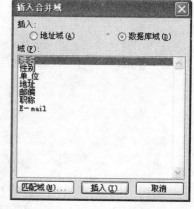

图 3-56　"插入合并域"对话框

选"数据库域"，选"姓名"，单击"插入"按钮；选"职务"，单击"插入"按钮；再单击"关闭"按钮。此时在光标位置插入了两个域："《姓名》《职务》"。单击"下一步"。

步骤九：在"预览信函"栏，单击翻页按钮，可预览要发给编委的每份通知中，称谓是否正确，如果无误，则单击"下一步"，完成邮件合并，打印通知。

三、批量生成信封

创建信封模板的方法：

步骤一：启动 Word 程序。

步骤二：单击"工具"菜单，指向"信函与邮件"命令，再单击"邮件合并"命令，弹出"邮件合并"任务窗格，文档类型选"信封"，单击"下一步"。

步骤三：在任务窗格的"选择开始文档"栏选"更改文档版式"；在"更改文档版式"栏，单击"信封选项"，弹出"信封选项"对话框。

步骤四：在"信封选项"选项卡中选信封样式：航空 5(110×220 毫米)，单击"确定"按钮，回到页面。

步骤五：此时页面为信封样式，有两个图文框，依次单击选定后，按"Delete"键删除。单击"下一步"。

步骤六：在"选择收件人"栏选"使用现有列表"，单击"浏览"，弹出"选取数据源"对话框，按路径打开"邮件合并"文件夹，选"计算机编委通讯录"文件，单击"打开"按钮，弹出"邮件合并收件人"对话框，如图 3-55 所示，单击"全选"按钮，再单击"确定"按钮。

步骤七：在任务窗格中，单击"下一步"，进入"选取信封"操作。光标定在信封左上角收件人邮编处,设置字体为"宋体、小三、左对齐",单击任务窗格中的"其他项目"选项,弹出"插入合并域"对话框,如图 3-56 所示,在"数据库域"状态下,选"邮编",单击"插入"按钮,再单击"关闭"按钮。"《邮编》"域被插入到目的位置。

步骤八:光标定在收件人地址位置,设置字体为"黑体、二号、左对齐",弹出"插入合并域"对话框,如图 3-56 所示,在"数据库域"状态下,选"地址",单击"插入"按钮;再选"单位",单击"插入"按钮;再单击"关闭"按钮。"《地址》"和"《单位》"域被插入到目的位置。

步骤九:光标定位在收件人位置,设置字体为"黑体、一号、居中对齐",弹出"插入合并域"对话框,在"数据库域"状态下,选"姓名",单击"插入"按钮;再选"职务",单击"插入"按钮;再单击"关闭"按钮。"《姓名》"和"《职务》"域被插入到目的位置。

步骤十:光标定位在寄件人位置,设置字体为"黑体、三号、右对齐",输入寄件人"地址、邮编"等信息,如:"全国高等医药教材建设研究会 100000"。单击"下一步"。如图 3-57 所示。

预览信封,检查各收件人信息是否准确无误,如图 3-58 所示,单击"下一步",完成合并。打印信封,装入会议通知,发信。

图 3-57 信封模板

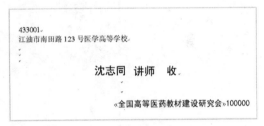

图 3-58 信封实例

四、邮件合并的其他用途

利用邮件合并功能还可批量生成标签、批量生成工资条等。工资条的生成与"批量生成会议通知"操作相似。生成批量标签的操作关键是弹出"信封和标签"对话框:单击"工具"菜单,指向"信函与邮件"对话框,再单击"信封和标签…"子命令,弹出"信封和标签"对话框,如图 3-59 所示。此时可设计生成批量标签。

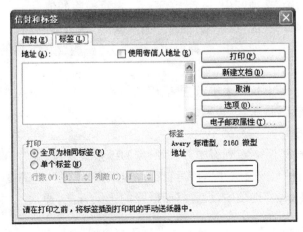

图 3-59 "信封和标签"对话框

第八节　页面设置和打印

一、设置页面格式

页面格式是指文档页面布局,包括纸张大小、页边距大小、每页文字行数及每行字符个数等设置。页面格式设置的关键在于对"页面设置"对话框的使用。

单击"文件"菜单中的"页面设置"命令,弹出"页面设置"对话框,如图 3-60 所示,单击不同的选项卡,可进行相应设置。

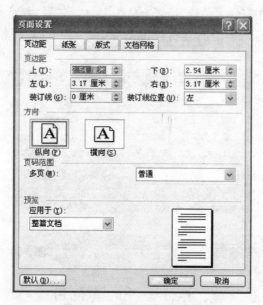

图 3-60　"页面设置"对话框

(一)页边距选项卡

页边距是指页面的正文区域与纸张边缘之间的空白距离,页眉、页脚和页码都设置在页边距的范围内。

步骤一:在"页边距"选项区中,设置上、下、左、右页边距的值。

步骤二:在"方向"选项区,选择纸张的方向,默认为"纵向"。

步骤三:在"多页"下拉列表中,选择模式。常用为"普通"模式,如果选择其他模式,"装订线"选项不可用。

步骤四:在"应用于"下拉列表中,选择应用范围是"整篇文档"还是"插入点之后"。

步骤五:单击"确定"按钮,设置生效。

(二)纸张选项卡

步骤一:在"纸张大小"下拉列表中,选择所需的纸张型号,默认为 A4 纸。

步骤二:如果选择"自定义大小",则可自行设置纸张"宽度"和"高度"值。

步骤三:在"纸张来源"选项中,设置打印纸张的进纸方式,通常使用默认设置,即"默认纸盒"。

步骤四:单击"确定"按钮,设置生效。

（三）版式选项卡

步骤一：在"节"选项区的下拉列表中，选择"节的起始位置"和"节的方向"。

步骤二：在"页眉和页脚"选项区，设置"首页"及"奇偶页"的页眉和页脚是否相同，"页眉"和"页脚"距边界的距离。

步骤三：在"垂直对齐方式"下拉列表中，选择文本在页面垂直方向上的对齐方式。

步骤四：单击"确定"按钮，设置生效。

（四）文档网格选项卡

步骤一：设置文字排列"方向"和"栏数"。

步骤二：在"网格"选项区，选择"指定行和字符网格"，可设置每页行数和每行字符个数。

步骤三：单击"确定"按钮，设置生效。

如果是在上述多个选项卡中进行设置，可在全部设置完成后再单击"确定"按钮，使设置生效。

二、文档的打印

一篇文档经过编辑、排版、页面设置完成后，就可以打印到纸张上了。在打印之前，最好先预览一下打印效果，在确定要打印的文档满意后，就可以打印文档。

（一）打印预览

方法一：单击"文件"菜单中的"打印预览"命令，切换到打印预览窗口。

方法二：单击"常用"工具栏上的"打印预览"按钮，切换到打印预览窗口。

在"打印预览"窗口的工具栏中，可进行放大缩小、全屏显示、单页或多页预览等功能，预览无误后单击"打印"按钮，打印文档。单击工具栏中的"关闭"按钮，退出打印预览窗口返回到预览前的视图。

（二）打印文档

步骤一：单击"文件"菜单中的"打印"命令，弹出"打印"对话框，如图 3-61 所示。

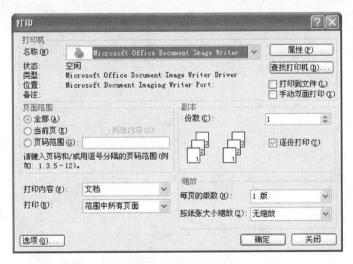

图 3-61　"打印"对话框

步骤二：在"名称"下拉列表中，选择需要使用的打印机。

步骤三：在"页码范围"栏中选择打印范围，四个选项的含义如下：

全部：打印整篇文档。

当前页：打印光标所在页。

页码范围：打印指定的页，在其文本框中指定打印的页码范围。

所选的内容：要先在文档中选定内容，此项可打印选定的内容。

步骤四：在"份数"数值框中，输入要打印的份数。

步骤五：如果需双面打印，可在"打印"下拉列表中选择"奇数页"或"偶数页"。

步骤六：在"缩放"选项区，设置缩放打印，即按"每页的版数"及"按纸张大小缩放"。

步骤七：设置完成，单击"确定"按钮，开始打印文档。

如果单击"打印"对话框左下角的"选项"按钮，弹出"打印"对话框，可进行打印的其他选项设置。

（刘艳梅）

第 四 章

电子表格软件 Excel 2003

Microsoft Office Excel 2003 是微软公司出品的 Office 2003 系列办公软件中的套件之一,它是一种电子表格程序,可提供对于 XML 的支持以及可使分析和共享信息更加方便的新功能。它可以将电子表格的一部分定义为列表,并将其导出到 Microsoft Windows SharePoint Services 网站。Excel 2003 中的智能标记相对于 Microsoft Office XP 中更加灵活,并且对统计函数的改进允许更加有效地分析信息。

第一节　Excel 2003 概述

一、Excel 2003 的特点

Microsoft Office Excel 2003 相对于以前的版本,主要有如下特点:

(一) 扩展工作簿

1. XML 支持　Excel 中行业标准的 XML 支持简化了在 PC 和后端系统之间访问和捕获信息、取消对信息的锁定以及允许在组织中和业务合作伙伴之间创建集成的商务解决方案的进程。

2. 智能文档　智能文档设计用于通过动态响应操作的上下文来扩展工作簿的功能。有多种类型的工作簿都以智能文档形式很好地工作着,尤其是在进程中使用的工作簿,例如窗体和模板。智能文档可以重新使用现有内容,并且可以使共享信息更加容易。智能文档可以与各种数据库交互并将 BizTalk 用于跟踪工作流。甚至,智能文档可以与其他 Office 程序(如 Microsoft Outlook)交互,而完全不需要离开工作簿或启动 Outlook。

3. "人名智能标记"菜单　使用"人名智能标记"菜单可以快速查找联系人信息(如人员的电话号码)并完成任务(如排定会议日程)。可在 Excel 中任何出现人名的地方使用该菜单。

(二) 分析数据

1. 增强的列表功能　在工作表中创建列表以根据相关数据进行分组和执行操作。既可以根据现有数据创建列表,也可以从空的范围创建列表。当指定一个范围为列表时,可以独立于列表外部的其他数据轻松地管理和分析数据。

2. 与 Windows SharePoint Services 中列表的编辑　通过使用 Windows SharePoint Services,共享包含在 Excel 列表中的信息。可以通过发布列表来创建 Windows SharePoint Services 列表(根据 Windows SharePoint Services 网站上的 Excel 列表)。如果选择将列表链接到 Windows SharePoint Services 网站,则在 Excel 中对列表所做的任何更改都将在同步列表后反映在 Windows SharePoint Services 网站上。也可以使用 Excel 编辑现有

Windows SharePoint Services 列表;还可以脱机修改列表,然后再同步所做的更改以便更新 Windows SharePoint Services 列表。

3. 增强的统计函数　在工作簿中使用增强的统计函数(包括对四舍五入结果和精度的改进)。

(三) 共享信息

1. 文档工作区　创建文档工作区以简化在实时模式下与其他人共同写入、编辑和审阅文档的进程。文档工作区网站是一个 Windows SharePoint Services 网站,该网站围绕一个或多个文档,并且通常在使用电子邮件以共享的附件形式发送文档时完成创建。

2. 信息权限管理　使用"信息权限管理(IRM)"创建或查看具有受限权限的内容。IRM 允许单独的作者指定谁可以访问和使用文档或电子邮件,并且有助于防止未经授权的用户打印、转发或复制敏感信息。

(四) 增强用户体验

1. 并排比较工作簿　使用新方法来比较工作簿——并排比较工作簿。并排比较工作簿(使用"窗口"菜单上的"并排比较"命令)可以更加方便地查看两个工作簿之间的差异,而无须将所有更改都合并到一个工作簿中。也可以同时滚动浏览两个工作簿,以识别这两个工作簿之间的差异。

2. "信息检索"任务窗格　新的"信息检索"任务窗格提供了各种信息检索信息和扩展的资源(如果具有 Internet 连接)。可以使用百科全书、Web 搜索或通过访问第三方内容来根据主题执行搜索。

3. 支持墨迹输入设备(如 Tablet PC)　通过将自己的手写文字添加到 Tablet PC 上的 Office 文档来进行快速输入,就像在使用笔和打印输出一样。另外,水平查看任务窗格也可以在 Tablet PC 上进行工作。

二、Excel 2003 启动与退出

Excel 的启动和退出与其他应用程序的启动和退出基本相同,方法有多种。

(一) 启动 Excel

方法一:单击"开始"菜单按钮,鼠标指向"程序"和"Microsoft office",然后单击"Microsoft office Excel 2003"。

方法二:双击桌面上的"Excel"快捷方式图标。

方法三:单击快捷启动栏中的"Excel"图标。

(二) 退出 Excel

方法一:单击窗口标题栏中的"关闭"按钮。

方法二:双击窗口标题栏中的"控制菜单"图标。

方法三:通过菜单操作,单击"文件"菜单中的"退出"命令。

方法四:通过键盘操作,同时按下"Alt＋F4"键。

方法五:右击标题栏空白处,然后单击"控制菜单"中的"关闭"命令。

三、Excel 2003 窗口的基本组成

Excel 2003 正常启动后,就会在桌面上打开一个如图 4-1 所示的工作窗口,窗口的形式与其他应用程序窗口的形式类似,主要由以下几个部分组成:

图 4-1　"Excel 2003 窗口"组成

(一) 标题栏

1. 控制菜单　包括"还原"、"移动"、"大小"、"最小化"、"最大化"、"关闭"等操作。

2. 窗口名称　Excel 窗口的名称为"Microsoft Excel"。

3. 工作簿名称　Excel 默认的工作簿名为："Book1,Book2,Book3,…"。

4. 最小化按钮　单击它可将窗口缩小成任务栏中的一个"图标",放在任务栏上。

5. 最大化或还原按钮　单击"最大化"按钮可使窗口充满整个屏幕;再单击"还原"可将窗口恢复到最大化前的状态。

6. 关闭按钮　单击它可退出 Excel 2003。

(二) 菜单栏

Excel 的主菜单有"文件"、"编辑"、"视图"、"插入"、"格式"、"工具"、"数据"、"窗口"、"帮助",其中每个菜单都有一个"下拉菜单",用户可根据操作要求进行选择性操作。同时,在其右边也有三个按钮:最小化,还原/最大化和关闭按钮,它的功能与上面的相同,但操作对象不同,上面的操作对象是针对 Excel 窗口,下面的操作对象是针对当前工作簿窗口。

(三) 常用工具栏

工具栏操作是对 Excel 工作簿或工作表操作的另一种方式,操作时将鼠标指针指向某个工具图标将提示其功能,如图 4-2 所示。

图 4-2　常用工具栏

(四) 格式工具栏

与 Word 2003 的操作基本类似,主要用于对工作表中的数据进行编辑与排版操作,包括"字体"、"字号"、"单元格合并"、"数据格式"和"字体颜色"等设置。如图 4-3 所示。

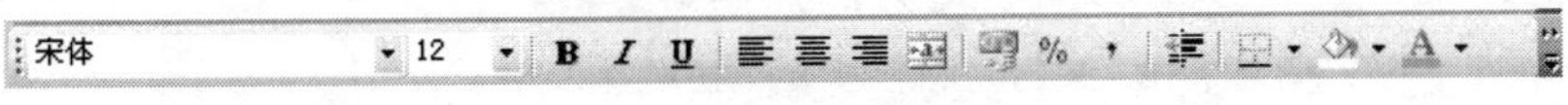

图 4-3　格式工具栏

（五）公式编辑区

主要用于对 Excel 工作表进行数据运算时公式或函数的输入与编辑。

（六）工作表编辑区

主要用于对工作表的建立、编辑、修改与排版等操作，它是 Excel 窗口最主要的部分。

1. 单元格　工作表中的每一个小方块，称为"单元格（Cell）"，在描述时，可用其对应用的坐标位置来表示。第 4 行第 3 列的单元格可标记为 C4、R4C3 或 Cells（4，3）。如图 4-1 所示。

2. 列标与行标　工作表中每一列的标识称为列标，每一行的标识称为行标。列标用英文字母表示，从左到右依次为"A，B，C，…，Z，AA，AB，AC，…，AZ，BA，BB，BC，…，BZ，…，IA，IB，IC，…，IV"，共 256 列（26×9＋22＝256）；行标用数字表示，从上到下依次为"1，2，3，…，65536"，共 65 536 行。

3. 活动单元格　Excel 在工作表建立时某个时刻只能操作其中的一个单元格，当前正在操作的单元格称为活动单元格。活动单元格的四周有一个黑色方框，如图 4-1 所示的 C4 单元格即为活动单元格。

4. 填充柄　活动单元格右下角的实心细黑十字形称为填充柄，拖动它即可复制该单元格的内容至其他单元格。

5. 工作表与工作簿　在 Excel 工作簿中处理的电子表格称为工作表，其默认的名称为"Sheet1，Sheet2，Sheet3"。一张或若干张工作表构成工作簿（一个工作簿保存成一个文件，也就是保存为一个 Excel 文档文件），默认的工作簿名称为"Book1，Book2，Book3，…"，扩展名为". xls"。

（七）工作表标签

主要用来标识工作表的名称，默认的工作表名称 Sheet1，Sheet2，Sheet3，…，Sheet$n$（一个为工作簿最多有 255 个工作表）。

（八）滚动条与拆分块

滚动条分为垂直滚动条和水平滚动条。垂直滚动条是位于工作表编辑区右边，拖动它可上下浏览工作表编辑区中的内容；水平滚动条是位于工作表编辑区右下方，拖动它可左右浏览工作表编辑区中的内容。拆分块分为垂直拆分块和水平拆分块。垂直拆分块是位于垂直滚动条顶端的小方块，拖动它可对工作表进行横向分割；水平拆分块是位于水平滚动条右端的小方块，拖动它可对工作表进行纵向分割。

（九）状态栏

主要用来显示当前工作表或工作簿的状态。

第二节　工作簿操作

一、创建工作簿

在启动 Excel 时系统会自动建立一个名为"Book1"的工作簿，若再建立其他新的工作簿，还可以通过菜单栏、工具栏或键盘等方法操作。

方法一：菜单栏操作，单击"文件"菜单中的"新建"命令。

方法二：工具栏操作，单击工具栏中的"新建"按钮。

方法三：键盘操作，同时按下"Ctrl＋N"组合键。

二、工作表中输入数据

在 Word 表格中填入的数据均视为"字符"，而 Excel 则根据填入内容的不同采用不同的数据格式，从而，Excel 根据不同的格式将数据分为不同的数据类型，常见有：常规、数值、货币、会计专用、日期、时间、百分比、分数、科学记数、文本、特殊等。如图 4-4 所示。

一般情况下，汉字、英文、符号及编号等视为"文本型"；描述日期的视为"日期型"；描述或表示时间的视为时间型；由阿拉伯数字、小数点和正负符号构成并参与算术运算的数据视为"数值型"，数值型数据如果表示金额可视为"货币型"，如果用在财务上可使用"会计专用"，如果数值特别大或特别小可采用"科学记数"，如果单元格中需要显示为分数时可使用"分数"，如果需要用比率显示时可使用"百分比"。如图 4-4 所示。

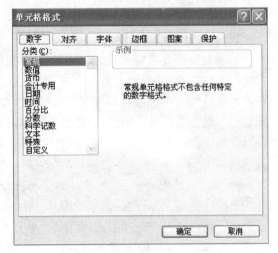

图 4-4 "单元格格式"对话框

(一) 文本型数据的输入

如图 4-5 所示的"科室、姓名、性别、政治面貌、学历、专业、职称"填入的内容均为文本型数据，其输入的方法是：只要把活动单元格定位到对应的位置直接键入对应的内容即可，至于标点符号及其他一些特殊符号的输入与 Word 中编辑操作相同。图 4-5 中的"编号、基本工资"等其外部形式都是阿拉伯数字，Excel 在常规格式下将把它们当作数值或日期来处理，如果其格式与用户的要求不同，则需进行"单元格格式"的设置。

	A	B	C	D	E	F	G	H	I	J
1	编号	科室	姓名	性别	政治面貌	出生日期	专业	学历	职称	基本工资
2	01-001	办公室	李志强	男	其他	1973-4-14	文秘	专科	中级	540
3	01-002	办公室	杨娟	女	党员	1970-3-15	基础医学	本科	副教授	900.25
4	02-001	护理系	叶小玲	女	其他	1974-5-15	护理学	本科	副教授	900.25
5	02-002	护理系	陈娟	女	党员	1963-6-14	护理学	专科	副教授	1000
6	03-001	教务处	刘尉	男	党员	1967-8-24	临床医学	研究生	副教授	1000
7	03-002	教务处	杨凯	男	其他	1975-7-14	中医学	本科	高级	950
8	04-001	附属医院	周项	男	党员	1964-11-13	临床医学	本科	主任医师	1100
9	04-002	附属医院	谢志	男	其他	1975-12-1	临床医学	本科	主治医师	825
10										

图 4-5 "职工情况"数据

例 1： 在图 4-5 中，将"职工情况"工作表中的"F"列设置为"文本"型。

操作步骤：选定"F"列，单击"格式"菜单中的"单元格"命令，在弹出的"单元格格式"对话框中，单击"数字"选项卡，选中"文本"选项后单击"确定"按钮。

（二）日期和时间型数据的输入

在 Excel 中，表示日期和时间的格式有多种，如图 4-4 所示，可以在"单元格格式"对话框中查阅，但为了符合人们的习惯，最好在控制面板的"区域设置"中设置为中国风格，即"yyyy-mm-dd"；也可输入完后在"单元格格式"对话框中改变其格式。

如果要求同时输入日期和时间，需在日期与时间之间至少留一空格，如"1967-5-12 8：30 AM"，其中 AM 表示上午，PM 表示下午，它们与时间之间也要至少留一空格。

如果输入当天的日期与时间，可用快捷键操作。按"Ctrl＋；"组合键，输入当天日期；按"Ctrl＋Shift＋："组合键，输入当前时间。

（三）数值型数据的输入

整型数据可直接输入，如果为了规范数据格式需保留小数位数，待数据输入完后再设置"单元格格式"；小数的输入也可直接输入，Excel 默认的小数位数是 2 位，如果有特殊要求需要增加或减少小数位数，可在"工具栏"或"单元格格式"对话框的"数字选项卡"中设置，如果要把小数改变成其他形式（如百分比），也可在"单元格格式"对话框的数字选项卡中设置；分数的输入，如五分之三（3/5），由于与 Excel 中的某一种日期格式相同，为便于区分，须在其前面加上"0"和至少一个空格，即"0 3/5"；对于长度超过 11 位的数据，系统将自动设置为"科学记数"法的方式显示，如："1234567891234"将显示为"1.23457E＋11"，只是从第 6 位开始进行四舍五入，后面的数字变为 0。解决这一问题的方法是：输入数字前加单引号"'"，或选中一列（或行），单击"格式"菜单的"单元格"命令，弹出"单元格格式"对话框，在"数字"选项卡中选择文本，单击"确定"按钮。

（四）数据输入的技巧

1. 活动单元格的快速移动　对于活动单元格的移动，可用光标控制键、移动键或鼠标移动，但因离打字键区较远，操作起来速度较慢，为提高操作速度，可设置回车键的移动方向来快速移动活动单元格。

操作步骤：单击"工具"菜单中的"选项"命令，在弹出的对话框中，单击"编辑"选项卡，设置 Enter 的移动方向为"向右"或"向下"（默认"向下"），然后单击"确定"按钮。

2. 同一单元格中输入多行文本

方法一：自动换行。右击选定的单元格，在弹出的快捷菜单中，单击"设置单元格格式"命令，单击"对齐"选项卡，选中"自动换行"选项后单击"确定"按钮。如图 4-4 所示。

方法二：强制换行。在需要换行的位置按"Alt＋Enter"组合键。

3. 多个单元格中输入相同数据

方法一：复制操作。先选定要复制的单元格，按"Ctrl＋C"组合键，然后确定要输入数据的目标位置，按"Ctrl＋V"组合键。

方法二：单击待输入的单元格（选定单元格见后述），再在选定区域的左上角输入数据后按"Ctrl＋Enter"组合键。

4. 同列单元格中输入相同数据　如图 4-5 中，在输入职工的"科室、性别、学历、专业、职称"时，由于其重复率很高，除可用上述方法输入外，还可用下面三种方法输入：

方法一：快捷输入。当输入的内容在前面的单元格已经输入过，再次输入时只要输入头一个汉字就会自动显示以这个汉字开头的第一个数据，直接按回车即可输入。

方法二：填充柄输入。如在输入"科室"时，当输完第一个职工的"科室"后拖动其填充柄至其下面的单元格即可。

方法三:有效数据的输入。对于特定数据序列的输入,设置单元格出现下拉列表,利用菜单选择的方法填充数据。

例 2: 在"职工情况"工作表中利用"有效数据"的输入办法输入"科室"所在列的数据。如图 4-6 所示。操作步骤如下:

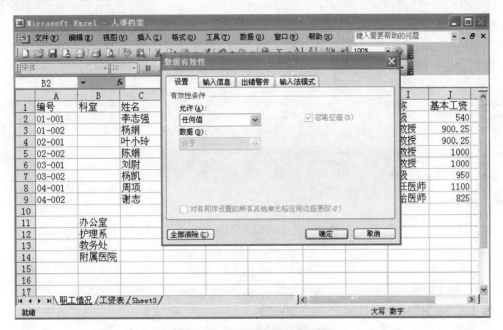

图 4-6 "数据有效性"对话框

步骤一:打开"职工情况"所在的工作簿,选定"职工情况"工作表。

步骤二:清除"科室"所在列(即 B 列)的内容(清除内容的方法将在第三节详细介绍)。

步骤三:在工作表的其他位置输入可能输入到 B 列的数据,如在 B11～B14 中依次输入"办公室、护理系、教务处、附属医院"。

步骤四:选定"有效数据"输入的起始位置 B2 单元格。

步骤五:单击"数据"菜单中"有效性"命令,弹出如图 4-6 所示的对话框。

步骤六:在"设置"选项卡中确定有效性条件:单击"允许"下拉列表按钮,选取"序列",如图 4-7 所示;单击"来源"中的折叠按钮,选定数据来源 B11～B14 所在的单元格,如图4-8所示。所有有效性条件设置完后单击"确定",如图 4-9 所示。

步骤七:单击"确定"按钮,B2 单元格的右边将出现下拉列表按钮,如图 4-10 所示。

步骤八:拖动 B2 单元格的填充柄至 B9 单元格,然后单击每个单元格右边的下拉列表按钮进行选择输入。

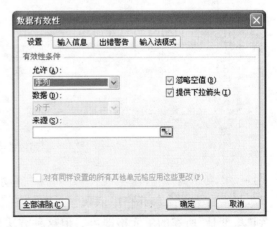

图 4-7 "有效性条件"的设置(一)

5. 规律数据的自动填充 当在连续的单元格中输入的数据具有一定的规律时,除采

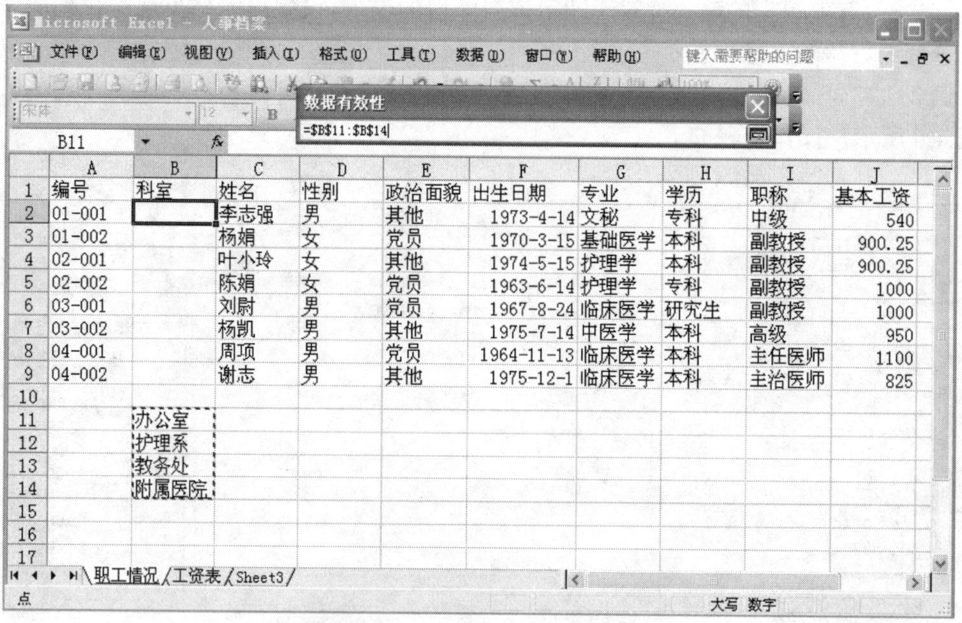

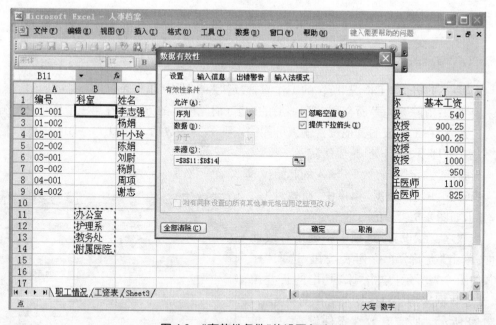

图 4-8　"数据来源"的选定

图 4-9　"有效性条件"的设置(二)

用拖动"填充柄"的办法实现外,还可用"自动填充"的办法。如在 Excel 中创建"课程表"时,只须在头两个单元格中依次输入"星期一、星期二",然后拖动这两个单元格的填充柄到"星期日"所在的单元格即可。但这种方法只适合 Excel 中已知的序列。如果用户要输入更多的序列须自己定义。其操作方法是:单击"工具"菜单中"选项"命令,单击"自定义序列"选项卡,在编辑区中定义序列后单击"添加"按钮,然后单击"确定"按钮。如图 4-11 所示。

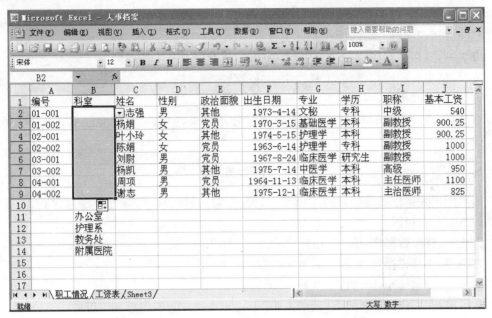

图 4-10　"数据有效性"结果

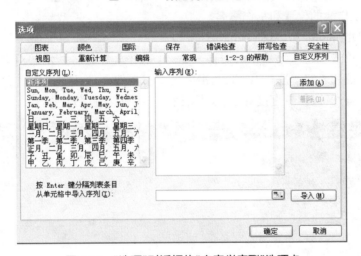

图 4-11　"选项"对话框的"自定义序列"选项卡

另一种方法,如在某个工作表中输入编号"1、2、3、4,…"时,还可用"序列生成器"来填充,其操作方法是:在起始单元格中输入初值"1"并选定该单元格,单击"编辑"菜单,将鼠标指针指向"填充",然后单击"序列"命令,弹出如图 4-12 所示的对话框,根据要求确定其序列产生的位置、类型、步长值和终止值,单击"确定"按钮。

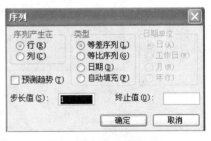

图 4-12　"序列"对话框

三、保存工作簿

启动 Excel 后新建的工作簿第一次保存时,会弹出"另存为"的对话框,要求用户根据具体情况确定工作簿保存的位置和名称。如果不指明,Excel 默认的位置是"我的文档",默认的名称为"Book1,Book2,Book3,…"。在编辑过程中,为了避免死机或意外断电造成数据丢失,应随时进行"保存"操作,操作的方法有:

方法一:菜单栏操作,单击"文件"菜单中的"保存"命令。

方法二:工具栏操作,单击工具栏中的"保存"按钮。

方法三:键盘操作,同时按下"Ctrl+S"键。

方法四:关闭工作簿时,如果工作簿中的数据尚未存盘,可根据系统提示保存。单击"是"按钮。

四、打开工作簿

如果用户要操作已经存在的工作簿,只要将其打开即可。打开的方法与 Word 中打开文档的方法基本相同。

方法一:菜单栏操作,单击"文件"菜单中的"打开"命令。

方法二:工具栏操作,单击工具栏中的"打开"按钮。

方法三:键盘操作,同时按下"Ctrl+O"键。

方法四:在"资源管理器"或"我的电脑"中找到要打开的工作簿名后双击。

由于前三种方法在操作时未指明操作对象,所以在打开时会弹出"打开"对话框,提示用户指明要打开工作簿的位置和工作簿名。

例 3:将"D:\jiaping\人事档案 . xls"打开。

操作步骤:单击"文件"菜单中的"打开"命令,弹出如图 4-13 所示的对话框,单击"查找范围"右边的下拉列表按钮选取"D:",双击"jiaping"文件夹,选定"人事档案"工作簿(文件名),然后单击"打开"按钮或直接双击"人事档案"工作簿(文件名)。

图 4-13 "打开"工作簿对话框

第三节　工作表操作

一、修改、插入、删除数据

(一) 单元格的选定

当对工作表进行编辑操作时,操作前必须选定操作对象,选定单元格的方法与 Word 中选定文本的方法类似。

1. 选定工作表中某一单元格　选定某一单元格的方法非常简单，只要单击待选定的单元格即可选定。

2. 选定工作表中某一行或某一列的单元格　选定工作表中某一行或某一列的部分单元格，可采用鼠标拖动法；如果要选定工作表中的整行或整列的单元格，只要单击工作表中的行号或列标即可。

3. 选定工作表中某一矩形区域内的单元格　要选定工作表中某一矩形区域内的单元格，除采用鼠标拖动法外，还可先单击要选定区域左上角的单元格，然后按 Shift 键的同时，再单击要选定区域右下角的单元格。如图 4-14 所示，选定 C3～F7 所在的单元格。

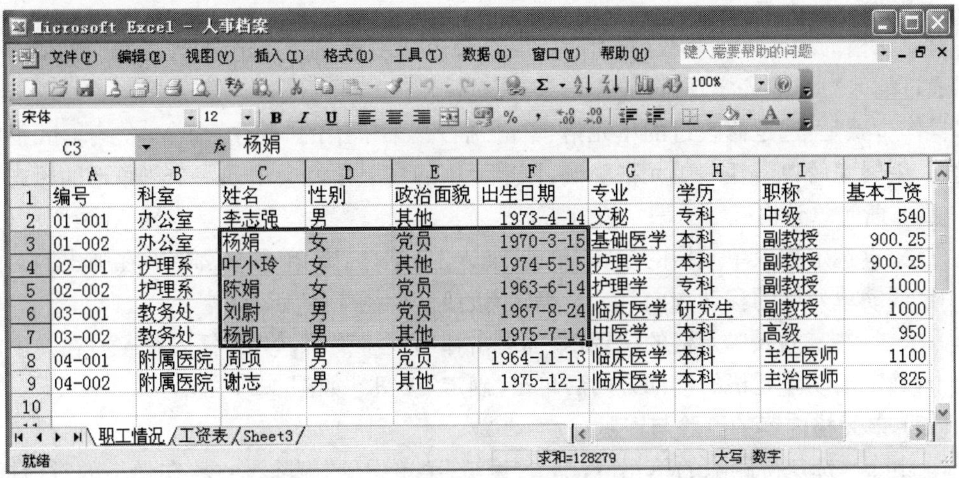

图 4-14　矩形区域单元格的选定

4. 选定工作表中不连续的单元格　要选定工作表中不连续的单元格，只要按"Ctrl"键的同时，再单击要选定的单元格即可。如图 4-15 所示，选定 E3、F5、F7 和 H4 单元格。

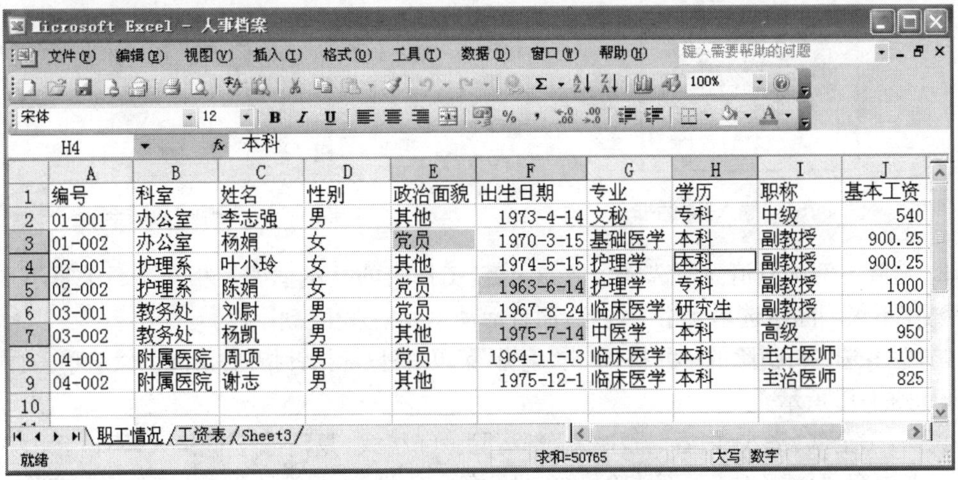

图 4-15　不连续单元格的选定

5. 全部选定单元格　选定工作表中的所有单元格可单击工作表左上角的"⬚行和列交叉处"或按"Ctrl+A"组合键。

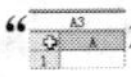

（二）单元格内容的修改

方法一：单元格内容的修改类似 Word 中文本的编辑操作，只要双击要修改的单元格，使插入点出现该单元格内，修改完后击"Enter"键确认，或单击工作表中的其他单元格确认。如果要取消已确认的修改，则可单击工具栏中的"撤消"按钮。

方法二：针对单元格内容的修改，Excel 还可以在其"公式编辑区"中进行修改，首先单击待修改的单元格，该单元格的内容就会出现在"公式编辑区"中，修改完后再点击"Enter"键确认，或单击工作表中的其他单元格确认。

说明：如果单击"工具"菜单中的"选项"命令，选择"编辑"选项卡，去掉"单元格内部直接编辑"前面的"√"后，单击"确定"按钮，则只能采用第二种方法修改。

（三）插入批注

对单元格的内容进行修改后，有时需要在旁边做注释，注明修改的理由和时间等，Excel 可以通过插入"批注"来实现。

操作步骤是：选定修改过的单元格，单击"插入"菜单中的"批注"命令，在编辑区中编辑"批注"，编辑完后单击任一单元格确认，该单元格的右上角就会出现一个三角形的标志。

（四）插入单元格

方法一：选定插入单元格的位置，单击"插入"菜单，选择"单元格"命令，在弹出的对话框中，确定活动单元格的移动方向，单击"确定"按钮。如图 4-16 所示。

方法二：选定插入单元格的位置，鼠标右击弹出快捷菜单，单击"插入"命令，在弹出的对话框中，确定活动单元格的移动方向后单击"确定"按钮。如图 4-16 所示。

（五）单元格内容的删除与清除

1. 删除　选定待删除的单元格，单击"编辑"菜单中的"删除"命令，在弹出的对话框中，选择活动单元格的移动方向后单击"确定"按钮，如图 4-17 所示。也可以利用鼠标右击，在弹出的快捷菜单中选择"删除"命令来删除单元格。

图 4-16　"插入"对话框

图 4-17　"删除"对话框

2. 清除　清除只清除所选单元格的内容，工作表的基本框架及相互逻辑关系不变，而删除操作不仅删除所选单元格的内容，而且活动单元格发生变化。

方法一：选定待清除的单元格，单击"编辑"菜单，将鼠标指针指向"清除"，然后单击"内容"命令，如图 4-18 所示。

说明：①全部：格式、内容、批注等全部清除。②格式：只清除字符格式，不清除内容、批注等。③内容：只清除内容，不清除格式、批注等。④批注：只清除批注，其余都不清除。

方法二：右击待清除的单元格，在弹出的快捷菜单中选择"清除内容"命令。

（六）插入行与列

1. 选定行与列　指选定整行或整列。

1) 选定行:①选定某一行:单击所在行的行号;②选定连续的多行:单击起始行号,拖动鼠标至要选定区域的最末一行;或单击起始行号,按住"Shift"键的同时,再单击要选定区域的最末一行;③选定不连续的多行:按住"Ctrl"键的同时,再单击要选的行号;④选定工作表中的所有行:同时按下"Ctrl+A"组合键。

2) 选定列:可参照选定行的方法进行操作选定。

2. 插入行　插入整行。

方法一:选定某一行或某行中的一个单元格,在"插入"菜单中,选择"行"命令,在指定的行前插入一个空行。

方法二:选定某一行,右击弹出快捷菜单,单击"插入"命令,将在选定行的前面插入一空行,如图 4-19 所示。

图 4-18　清除对象

图 4-19　"插入"快捷菜单

方法三:选定某一行的某一单元格,右击弹出快捷菜单,单击"插入"命令,在弹出的对话框中选择"整行"。将在选定的单元格所在行的前面插入一空行。如图 4-16 所示。

3. 插入列　插入整列

方法一:选定某一列或某列中的一个单元格,在"插入"菜单中,选择"列"命令,在指定的列前插入一个空列。

方法二:选定某一列,右击弹出快捷菜单,单击"插入"命令,将在选定列的前面插入一空列。如图 4-19 所示。

方法三:选定某一列的某一单元格,右击弹出快捷菜单,单击"插入"命令,在弹出的对话框中选择"整列",将在选定单元格的左侧插入一空列。如图 4-16 所示。

(七) 删除行与列

1. 删除行　当工作表中某些行不需要时,可以将其删除,但在作删除操作时要慎重,如果不小心进行了误操作,就立即单击工具栏中的"撤消"按钮。删除行的操作方法有:

方法一:菜单栏操作,单击待删除行的行号,单击"编辑"菜单中的"删除"命令;或者单击待删除行中的某一单元格,单击"编辑"菜单中的"删除"命令,弹出的"删除"对话框中选择"整行"单击"确定"按钮。

方法二:快捷菜单操作,右击待删除行的行号,单击快捷菜单中的"删除"命令;或者右击待删除行中的某一单元格,单击快捷菜单中的"删除"命令,弹出的"删除"对话框中选择"整列"单击"确定"按钮。如图 4-17 所示。

　　以上两种方法是删除一行的操作,如果要删除工作表中的多行,先选定待删除的行后按照上述方法进行。

　　2. 删除列　删除列的方法与删除行的方法类似,先选定待删除的列后仿照删除行的方法进行。

二、数据的移动与复制

(一) 移动或复制单元格

　　移动前先要执行"剪切"操作,将选定内容移动到"剪贴板"上,然后选定目标单元格后执行"粘贴"操作,原选定的内容将被删除;复制操作是将选定的内容复制到"剪贴板"上,然后选定目标单元格后执行"粘贴"操作,原选定的内容仍然存在。

　　1. 移动单元格内容　其操作方法有四种。

　　方法一:菜单操作法,操作步骤如下:

　　步骤一:选定要移动的单元格;

　　步骤二:单击"编辑"菜单下的"剪切"命令,选定的内容被移动到"剪贴板"上;

　　步骤三:定位到目标单元格;

　　步骤四:单击"编辑"菜单下的"粘贴"命令,选定的内容经"剪贴板"被移动到目标单元格。

　　方法二:常用工具栏的按钮操作法,操作步骤如下:

　　步骤一:选定要移动的单元格;

　　步骤二:单击工具栏中的"剪切" ✂ 按钮,选定的内容被移动到"剪贴板"上;

　　步骤三:定位目标单元格;

　　步骤四:单击工具栏中的"粘贴" 📋 按钮,选定的内容经"剪贴板"被移动到目标单元格。

　　方法三:快捷菜单操作法,操作步骤如下:

　　步骤一:选定要移动的单元格;

　　步骤二:鼠标右击,在弹出快捷菜单中,单击"剪切"命令,选定的内容被移动到"剪贴板"上;

　　步骤三:定位目标单元格;

　　步骤四:鼠示右击,在弹出的快捷菜单中,单击"粘贴",选定的内容经"剪贴板"被移动到目标单元格。

　　方法四:键盘操作法,操作步骤如下:

　　步骤一:选定要移动的单元格;

　　步骤二:击下"Ctrl＋X"键,选定的内容被移动到"剪贴板"上;

　　步骤三:定位目标单元格;

　　步骤四:击下"Ctrl＋V"键;选定的内容经"剪贴板"被移动到目标单元格。

　　2. 复制单元格内容　其操作方法也有四种。

　　方法一:菜单操作法,操作步骤如下:

　　步骤一:选定要复制的单元格;

　　步骤二:单击"编辑"菜单中的"复制"命令,选定的内容被复制到"剪贴板"上;

　　步骤三:定位到目标单元格;

　　步骤四:单击"编辑"菜单中的"粘贴"命令,选定的内容经"剪贴板"复制到目标单元格。

　　方法二:常用工具栏的按钮操作法,操作步骤如下:

　　步骤一:选定要复制的单元格;

步骤二：单击工具栏中的"复制" 按钮，选定的内容复制到"剪贴板"上；

步骤三：定位目标单元格；

步骤四：单击工具栏中的"粘贴" 按钮，选定的内容经"剪贴板"被复制到目标单元格。

方法三：快捷菜单操作法，操作步骤如下：

步骤一：选定要复制的单元格；

步骤二：鼠标右击，在弹出快捷菜单中，单击"复制"命令，选定的内容被复制到"剪贴板"上；

步骤三：定位目标单元格；

步骤四：鼠标右击，在弹出的快捷菜单中，单击"粘贴"命令，选定的内容经"剪贴板"被复制到目标单元格。

方法四：键盘操作法，操作步骤如下：

步骤一：选定要复制的单元格；

步骤二：击下"Ctrl＋C"键，选定的内容被复制到"剪贴板"上；

步骤三：定位目标单元格；

步骤四：击下"Ctrl＋V"键；选定的内容经"剪贴板"被复制到目标单元格。

（二）移动或复制行

1. 移动行　将一行移动到其他位置（包括工作表和工作簿）。

方法一：先选定待移动的行，单击"编辑"菜单中的"剪切"命令，然后定位目标行，单击"编辑"菜单中的"粘贴"命令，或鼠标右击弹出快捷菜单，单击"插入已剪切的单元格"命令。

方法二：先选定待移动的行，单击常用工具栏上的"剪切" 按钮，然后选定目标行行号或其起始单元格，单击工具栏中的"粘贴" 按钮。

方法三：选定待移动的行，鼠标右击弹出快捷菜单，单击"剪切"命令，然后定位目标行，鼠标右击，弹出快捷菜单，单击"粘贴"命令。

2. 复制行　将一行复制到其他位置（包括工作表和工作簿）。

方法一：先选定待复制的行，单击"编辑"菜单中的"复制"命令，然后定位目标行，单击"编辑"菜单中的"粘贴"命令，或鼠标右击弹出快捷菜单，单击"插入复制单元格"命令，弹出"插入粘贴"对话框，根据需要进行操作，最后单击"确定"按钮。

方法二：在目标位置插入一空行，选定待复制的行，单击工具栏中的"复制" 按钮，然后选定目标行行号或其起始单元格，再单击工具栏中的"粘贴" 按钮。

方法三：先选定待复制的行，鼠标右击，弹出快捷菜单，单击"复制"命令，然后在目标位置右击弹出快捷菜单，单击"粘贴"命令，或单击"插入复制单元格"命令，弹出"插入粘贴"对话框，选择操作，最后单击"确定"按钮。

（三）移动或复制列

1. 移动列　将一列移动到其他位置（包括工作表和工作簿）。

方法一：先选定待移动的列，单击"编辑"菜单中的"剪切"命令，然后定位目标列号，单击"编辑"菜单中的"粘贴"命令，或鼠标右击目标列号，弹出快捷菜单，单击"插入已剪切的单元格"命令。

方法二：先选定待移动的列，单击常用工具栏上的"剪切" 按钮，然后选定目标列号，单击工具栏中的"粘贴" 按钮。

方法三：选定待移动的列，鼠标右击弹出快捷菜单，单击"剪切"命令，然后定位目标列，右击鼠标，弹出快捷菜单，单击"粘贴"命令。

2. 复制列　将一列复制到其他位置（包括工作表和工作簿）。

方法一：先选定待复制的列，单击"编辑"菜单的"复制"命令，然后定位目标列号，单击"编辑"菜单的"粘贴"命令。或右击目标列号，弹出快捷菜单，"插入复制的单元格"命令。

方法二：选定待复制的列，单击工具栏中的"复制" 🖿 按钮，然后选定目标列列号，再单击工具栏中的"粘贴" 🖳 按钮。

方法三：选定待复制的列，鼠标右击，弹出快捷菜单，单击"复制"命令，然后定位目标列号，右击鼠标，弹出快捷菜单，单击"粘贴"命令。

三、数据的查找与替换

前面介绍工作表的编辑操作，必须首先选定目标单元格，然后进行编辑修改，操作起来速度较慢，如果对工作表中数据进行修改时，待修改的数据具有一定的规律，可以采用"编辑"中的"查找与替换"操作。

操作步骤：单击"编辑"菜单中的"查找"命令，弹出如图 4-20 所示的对话框，在"查找内容"框中输入要查找的特征值，选择查找方式与范围，单击"替换"按钮，在"替换值"框中输入替换内容后单击"全部替换"或"替换"按钮。也可直接单击"编辑"菜单中的"替换"命令，进行操作。如图 4-21 所示。

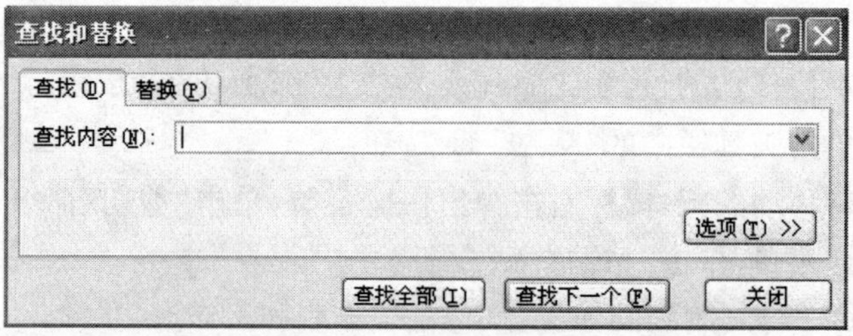

图 4-20　"查找"对话框

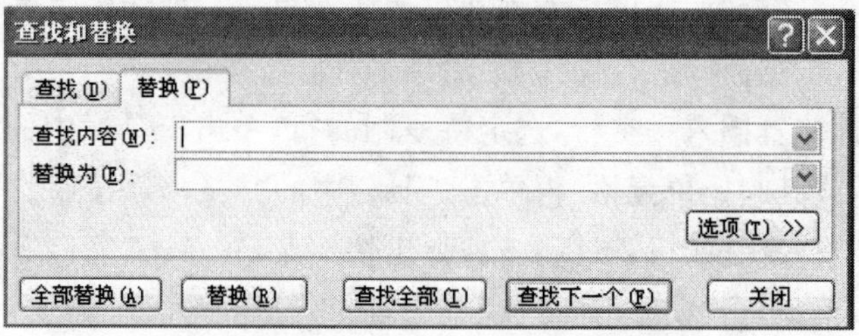

图 4-21　"替换"对话框

四、工作表的操作

（一）工作表选定

一个工作簿中可以含有一个或多个工作表，在某一时刻只能处理其中的一个工作表，当前正在处理的工作表称为当前工作表或活动工作表。假设当前工作簿的活动工作表为Sheet1，单击"Sheet2"则 Sheet2 即成为新的活动工作表，当工作簿中的工作表个数较多时，通过单击"工作表标签"左右两边的滚动按钮来滚动显示所要选定的工作表。

(二) 工作表标签修改

Excel 默认的工作表名称为"Sheet1,Sheet2,Sheet3",操作起来很不直观,当工作表建立后习惯上将默认工作表名改成与其内容相关联的工作表名称,图 4-5 中的"职工情况"工作表,修改工作表标签的方法有:

方法一:双击待修改的工作表标签,其背景变成黑色,进入编辑状态,然后输入新工作表标签名,最后单击窗口的空白处或按回车键确认。

方法二:右击待修改的工作表标签,弹出快捷菜单,单击"重命名"命令,然后编辑修改成新的工作表名,最后单击窗口的空白处或按回车键确认。如图 4-22 所示。

(三) 工作表的插入

新建工作簿,缺省的工作表为 3 个,如果需要增加新的工作表,选定某工作表,单击"插入"菜单中的"工作表"命令,可插入一张新的工作表,或者右击鼠标某工作表标签,弹出快捷菜单,单击"插入"命令,即在其前面插入一张新工作表,如图 4-22 所示。

(四) 工作表的删除

如果要删除工作簿中多余的工作表,先选定待删除的工作表标签,单击"编辑"菜单中的"删除工作表"命令,可删除工作表;或者右击鼠标待删除的工作表标签,弹出快捷菜单,单击"删除"命令,也可删除工作表,如图 4-22 所示。

(五) 工作表的复制与移动

鼠标指针定位到标签条中的某个工作表名上,直接拖动鼠标即可移动工作表;如按"Ctrl"键的同时拖动鼠标,则可复制一张工作表。

若在两个工作簿之间移动工作表,先打开原始工作簿,右击待移动的工作表名,单击快捷菜单中的"移动或复制工作表"命令,如图 4-23 所示,再在其中选定接收工作簿及其在目标工作簿中的位置后单击"确定"按钮;如果选中"建立副本",则在目标工作簿中建立原工作表的副本,即为复制。

图 4-22　"标签"快捷菜单

图 4-23　移动或复制工作表

(六) 工作表背景的设置

单击"格式"菜单,指向"工作表",单击"背景"命令,在"工作表背景"窗口中选取一幅图片,即可进行工作表背景的设置。若要删除工作表背景,则再单击"格式"菜单,将鼠标指向"工作表"后单击"删除背景"命令。

(七) 工作表中表格线的设置

当在工作表中插入一幅图片或建立某些对象后,如果需暂时将其中的表格线去掉,就单击"工具"菜单中的"选项"命令,在弹出的"选项"对话框,选择"视图"选项卡的"窗口选项"中单击去掉"网格线"前面的"√",去掉"网格线"重复上述步骤即可恢复"网格线"。在"颜色"下拉列表中选取颜色可改变网格线的颜色。

(八) 隐藏与再现工作表

选定工作表,单击"格式"菜单,指向"工作表",单击"隐藏"命令,即可隐藏工作表;再重复上述步骤,单击"取消隐藏"命令,选择欲重新显示的工作表,即可再现工作表。

第四节 公式和函数

Excel 是一个功能强大的表格处理软件,它最主要的优点在于能够对表格中的数据进行复杂的数据运算,如图 4-24 所示,在"成绩表"工作表中的"平时平均"、"总评"等数据在工作表建立时还无法填写,这些数据可以在以后通过计算产生。Excel 提供的数据运算主要有两种方式:公式运算和函数运算。

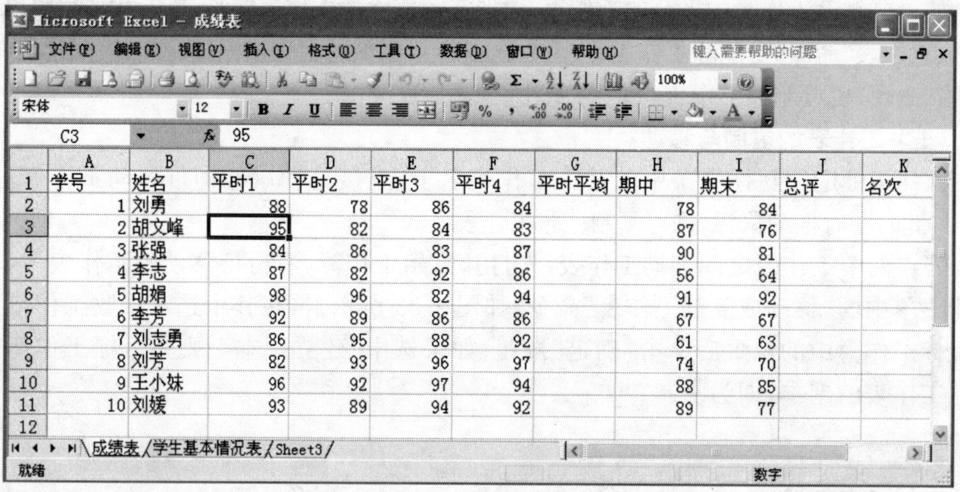

图 4-24 "成绩表"数据

一、运 算 符 号

运算符的作用是对公式中的元素进行特定类型的运算。Excel 包含四种类型的运算符:算术运算符、比较运算符、文本运算符和引用运算符。

(一) 文本联结符

使用和号(&)加入或连接一个或更多字符串以产生一连续文本(表 4-1)。

表 4-1 文本联结符

文本运算符	含 义	示 例
& (ampersand)	将两个文本值连接或串起来产生一个连续的文本值	"North" & "wind" 产生"Northwind"

(二) 算术运算符

要完成基本的算术运算,如加法、减法和乘法等,可使用以下算术运算符(表 4-2)。

表 4-2　算术运算符

算术运算符	含　义	示　　例
＋（加号）	加	3＋2
－（减号）	减	3－2
＊（星号）	乘	3＊2
／（斜杠）	除	4/4
％（百分号）	百分比	10％
＾（脱字符）	乘方	4^2（与 4^2 相同）

（三）比较操作符

可以使用下列操作符比较两个值。当用操作符比较两个值时,结果是一个逻辑值,不是 TRUE 就是 FALSE(表 4-3)。

表 4-3　比较运算符

比较运算符	含　义	示　　例
＝（等号）	等于	A2＝B2
＞（大于号）	大于	A2＞B2
＜（小于号）	小于	A2＜B2
＞＝（大于等于号）	大于等于	A2＞＝B2
＜＝（小于等于号）	小于等于	A2＜＝B2
＜＞（不等于）	不等于	A2＜＞B2

（四）引用运算符

引用以下运算符可以将单元格区域合并计算(表 4-4,表 4-5)。

表 4-4　引用运算符

引用运算符	含　义	示　　例
：(colon)	区域运算符,对两个引用之间,包括两个引用在内的所有单元格进行引用	A2：E12
,（逗号）	联合操作符将多个引用合并为一个引用	SUM(A6：A16,E6：E16)

表 4-5　运算符的优先级

运算符号（从高到低）	说　明
：，空格	引用运算符
－	负号
％	百分号
＾	指数
＊ ／	乘、除法
＋ －	加、减法
＆	联结字符串
＝ ＜ ＞ ＜＝ ＞＝ ＜＞	比较运算符

二、公　式

(一) 概念

公式是对工作表数据进行运算的方程式。公式可以进行算术运算,例如:加法和乘法,还可以比较工作表数据或合并文本,公式可以引用同一工作表中的其他单元格、同一工作簿不同工作表中的单元格,凡是要用到公式,或后面叙述到的函数,在单元格内都以"＝"(等号)开始,否则显示的是输入的具体的内容,不含有公式。

(二) 公式的表示方法

例 4:将单元格 B4 中的数值加上 25,再除以单元格 D5 至 D15,F5 至 F15 中数值的和,如图 4-25 所示。

(三) 公式的编辑与输入

首先根据操作要求找出计算方法,然后运用 Excel 中的运算符转化为表达式,再在活动单元格或公式编辑区中输入、编辑公式。

注:表达式中的符号必须是英文状态下的半角符号。

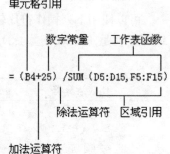

图 4-25　"公式"结构图

(四) 应用举例

例 5:在学生成绩表中,计算所有学生的"平时平均"和"总评"成绩。如图 4-24 所示。

操作如下:

步骤一:打开"成绩表"所在的工作簿,选定"成绩表";

步骤二:选定"G2"单元格;

步骤三:输入公式"＝(C2＋D2＋E2＋F2)/4"后击回车键;

步骤四:拖动"G2"单元格的填充柄至 G11 即可计算出每个学生的平时平均成绩;

同样,在"J2"单元格中输入公式"＝(G2＋H2＋I2)/3",计算第一个学生的总评成绩,拖动其填充柄至最后一个学生所在的单元格即可计算每个学生的总评成绩。

例 6:在一个工作表中的某列,增加数值,使另一个工作表的数值也随着增加,其操作方法如以下的例子。在"工资表"中,每个职工基本工资增加 50 元,同时"职工情况"工作表中每个职工基本工资也随着增加。

操作如下:

步骤一:选定"工资表";

步骤二:在基本工资所在的第一个单元格中,输入公式"＝D2＋50"计算第一职工的基本工资;

步骤三:拖动其填充柄至最后一个职工所在的单元格;

步骤四:选定"职工情况"工作表;

步骤五:选定"基本工资"所在的单元格"J2";

步骤六:输入"＝工资表!D2"后回车,然后拖动其填充柄至最后一个职工所在的单元格。

三、单元格引用

引用的作用在于标识工作表中的单元格或单元格区域,并指明公式中所使用的数据的位置。通过引用，可以在公式中使用工作表不同部分的数据，或者在多个公式中使用同一单元格的数值；还可以引用同一工作簿不同工作表的单元格、不同工作簿中的单元格、甚至其他应用程序中的数据。引用不同工作簿中的单元格称为外部引用，引用其他程序中的数据称为远程引用。

（一）单元格与区域引用

在默认状态下，Excel 使用 A1 引用类型，这种类型引用字母标志列（从 A～IV，共 256 列）和数字标志行（从 1～65 536），这些字母和数字分别被称为列和行标题。如果要引用单元格，应顺序输入列字母和行数字。例如：D50 引用了 D 列和 50 行交叉处的单元格，如果要引用某一区域的单元格，则输入区域左上角单元格的引用、冒号（:）和区域右下角单元格的引用（表 4-6）。

表 4-6　单元格引用

引用单元格	示　例
引用 B 列 12 行的单元格	B12
引用 B10 到 B20 的单元格	B10:B20
引用 A15 到 F15 的单元格	A15:F15
引用第 6 行的所有单元格	6:6
引用第 I 列的所有单元格	I:I
引用 E 列到 F 列的所有单元格	E:F
引用 B10 到 F20 的所有单元格	B10:F20

（二）相对引用和绝对引用

1. 相对引用　在创建公式时，单元格或单元格区域的引用通常是相对于包含公式的单元格的相对位置，如果将公式复制到另一单元格中，则 Excel 将调整公式中的两个引用，这种引用称相对引用。如图 4-24 所示，如果在 G2 单元格中输入公式"=（C2+D2+E2+F2)/4"后击回车，然后拖动 G2 的填充柄至最后一条记录，就会自动计算每个学生的平时平均成绩。

2. 绝对引用　如果在公式中引用了某个单元格或某一区域的单元格，将该单元格的公式复制到其他单元格时其值不发生变化，这种引用称为绝对相用。在引用时须在列标和行号前加上"$"符号。

例 7：（1）D2　　&& 绝对列与绝对行
　　　（2）D$2　　&& 相对列与绝对行
　　　（3）$D2　　&& 绝对列与相对行
　　　（4）D2　　&& 相对列与相对行

3. 相对引用与绝对引用之间的切换　如果创建了一个公式并希望将其中一部分更改引用方式，应先选定包含该公式的单元格，然后在编辑栏中选择要更改的引用并击"F4"键一次或多次，找到需要的引用方式即可。

（三）三维引用

如果要分析同一工作簿中多个工作表上的相同单元格或单元格区域中的数据，应使用三维引用。三维引用包含单元格或区域引用，前面加上工作表名称的范围。Excel 使用的是存储在引用开始名和结束名之间的任何工作表。例如,利用公式"＝SUM(Sheet2：Sheet13!B5)"将计算包含在 B5 单元格内所有值的和,单元格取值范围是从工作表 2~工作表 13。

三维引用的操作步骤是:①单击需要输入公式的单元格;②键入"＝"(等号),再输入函数名称,接着再键入左圆括号;③单击需要引用的第一个工作表标签;④按住 Shift 键,单击需要引用的最后一个工作表标签;⑤选定需要引用的单元格或单元格区域;⑥完成公式,击回车键,或鼠标单击"√"确认。

四、函　　数

在 Excel 中,对于一些简单的运算用公式运算比较方便直观,但有些运算如果参与运算的对象太多用公式表示很麻烦,这时就需要使用 Excel 中的另一个工具"函数"。

(一) 函数的概念

函数是 Excel 中一些预定义的公式,它们使用一些称为参数的特定数值按特定的顺序或结构进行计算。例如,SUM 函数对单元格或单元格区域进行加法运算。

(二) 函数的结构

函数的结构以函数名称开始,后面是左圆括号、以逗号分隔的参数和右圆括号。如果函数以公式的形式出现,须在函数名称前面输入等号(＝)。

例 8：＝SUM(A10,B5：B10,50,37)

(三) Excel 中的常用函数

1. 求和函数——SUM()

格式:SUM(参数列表/单元格引用)

功能:计算参数表或单元格引用中所有数字之和。

例 9：求 SUM(1,2,3)的和。

SUM(1,2,3)＝6　　&& 直接求和,各参数之间用","隔开。

例 10：求 SUM("6",2,True)的和。

SUM("6",2,True)＝9　　&& 数字文本值转换成数字,逻辑值"True"转换成数"1","False"转换成"0"。

例 11：求 SUM(B3：B12,D3：D12,F3)的和。

SUM(B3：B12,D3：D12,F3)　　&& 对单元格求和,区域引用用":"隔开。

2. 条件求和函数——SUMIF()

格式:SUMIF(条件单元格列表,条件,求和单元格列表)

功能:计算指定范围满足一定条件的数据之和。

例 12：计算"职工情况"工作表中所有"办公室"职工基本工资之和,并填入"G10"单元格中。

操作步骤:①选定"职工情况"工作表;②在 G10 单元格中输入"＝sumif(B2：B9,"办公室",G2：G9)"后击回车键。

3. 求平均值函数——AVERAGE()

格式:AVERAGE(参数列表/单元格引用)

功能:计算参数表单元格引用中所有数字的平均值。

例 13：计算 AVERAGE(1,2,3)的平均值。

AVERAGE(1,2,3)＝2　　&& 直接计算具体数据的平均值,数据个数最多不超过 30 个。

例 14：计算 AVERAGE(g2:g10)的平均值。

AVERAGE(g2:g10)　　&& 计算数值型单元格中数据的平均值,其中"单元格地址列表"与"求和"函数中用法完全一致。

4. 求最大值函数——MAX()

格式：MAX(参数列表/单元格引用)

功能：求给定数值或指定单元格中的最大数。

例 15：求 MAX(1,2,3)的最大值。

MAX(1,2,3)＝3

说明：与求平均值函数类似,给定数值个数最多不超过 30 个,所不同的是给定的数值参数可以是数字、空白单元格、逻辑值或数字表达式。

5. 求最小值函数——MIN()

格式：MIN(参数列表/单元格引用)

功能：求给定数值或指定单元格中的最小值。其用法与求最大值函数完全相同。

6. 计数函数——COUNT()

格式：COUNT(参数列表/单元格引用)

功能：统计数值型数据或可转换为数值型数据的个数。

说明：指定单元格的数据可以是数字、空白单元格、逻辑值、日期和文字,但不统计无法转换成数字的文字、有错误的日期或逻辑值等。

例 16：求 COUNT(1,2,3)的值。

COUNT(1,2,3)＝3

例 17：求 COUNT("2",True,"GH")的值。

COUNT("2",True,"GH")＝2　　&& "GH"无法转换成数字

7. 条件计数函数——COUNTIF()

格式：COUNTIF(单元格列表,特征值)

功能：统计单元格列表中满足一定条件的数据个数。

说明：其用法与求和函数相同,当指定单元格中的数据为数值型时,特征值可以是"关系表达式",但必须用引号。

例 18：如图 4-5 所示,统计"办公室"职工人数。

COUNTIF(B2:B9,"办公室")＝3

例 19：如图 4-24 所示,统计期中考试不及格学生人数。

COUNTIF(H2:H11,"<60")＝1

8. 假设函数——IF()

格式：IF(条件表达式,值 1,值 2)

功能：当"条件表达式"的值为"真"时,该函数的函数值为"值 1",否则为"值 2"。

例 20：如"工资表"中,如果基本工资低于 800 元,每人每月扣款为 50 元,否则每人每月扣款另加超过部分的 10%。

＝IF(D2<800,50,50+(D2－800)＊10%)　　&& 其中"D2"为第一个职工基本工资所在的单元格。

9. 四舍五入函数——ROUND()

格式：ROUND(m,n)

功能：对数字 m 中的第 n+1 位小数进行四舍五入，数字 m 可以是某个具体的数字，也可以是单元格地址。

例 21：ROUND(123.667,2)＝123.67

例 22：ROUND(123.667,0)＝124

例 23：ROUND(123.667,−2)＝100

10. 取整函数——INT()

格式：INT(m)

功能：截取数字 m 的整数部分但不能四舍五入，数字 m 可以是某个具体的数字，也可以是单元格地址。

例 24：INT(123.667)＝123

11. 日历、时间函数

NOW()：返回系统的日期与时间；TODAY()：返回系统日期；YEAR()：返回日期中的年份；MONTH()：返回日期中的月份；WEEKDAY()：返回日期中的周次；HOUR()：返回时间中的小时；MINUTE()：返回时间中的分钟。

(四) 嵌套函数

在某些情况下如果需要将某函数作为另一函数的参数使用就可以使用嵌套函数。例如下面的函数中就嵌套了 AVERAGE 函数和 SUM 函数。

＝IF(AVERAGE(F2:F5)＞50,SUM(G2:G5),0)

说明：①当嵌套函数作为参数使用时，它返回的数值类型必须与参数使用的数值类型相同。例如：参数返回一个 TRUE 或 FALSE 值，那么嵌套函数也必须返回一个 TRUE 或 FALSE 值，否则 Microsoft Excel 将显示 ♯VALUE! 错误值。②公式中最多可以包含七级嵌套函数。当函数 B 作为函数 A 的参数时，函数 B 称为第二级函数。例如上面的函数中 AVERAGE 和 SUM 函数都是第二级函数，因为它们是 IF 函数的参数，而嵌套在 AVERAGE 内部的函数就是第三级函数，以此类推。

五、出错信息及处理方法

Excel 在利用公式或函数进行数据运算时，如果公式不能正确计算出结果，Excel 将显示一个错误值。例如，在需要数字的公式中使用文本、删除了被公式引用的单元格，或者使用了其宽度不足以显示结果的单元格时，将产生错误值。错误值可能不是由公式本身引起的。例如，如果公式产生 ♯VALUE! 错误，则说明公式所引用的单元格可能含有错误，可以通过使用审核工具来找到向其他公式提供了错误值的单元格。

例 25：如图 4-26 所示，在 E10 中输入公式"＝E6−E9"并回车将产生错误值。

Excel 输入公式或函数运算错误，常见信息出错及处理方法。

(一)"♯♯♯♯♯"错误

1. 产生原因　如果单元格所含的数字、日期或时间的宽度超过单元格宽或者单元格的日期、时间公式产生了一个负值时，就会产生"♯♯♯♯♯"错误值。

例 26：如图 4-26 所示，在 E10 中输入公式"＝E6−E9"并回车将产生错误值。

2. 处理方法　①增加列宽：可以通过拖动列标之间的边界来修改列宽。②应用不同的数字格式：在某种情况下，可以通过改变单元格格式使数字适合单元格的宽度。

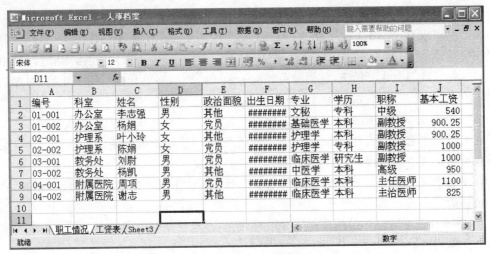

图 4-26　"职工情况"数据中错误信息

(二)"♯VALUE!"错误

1. 产生原因　在需要数字或逻辑值时输入了文本,或者当 Excel"公式自动更正功能"不能更正公式时,将产生错误值"♯VALUE!"。

2. 处理方法　检查公式或函数中单元格数据是否符合运算符运算要求,然后采取以下办法处理:①将 A2 单元格转化为"文本"型,然后输入"＝A2&A3";②将公式运算改为函数运算,因为 SUM 函数忽略文本,在 A4 中输入"＝SUM(A2:A3)"。

(三)"♯NAME?"错误

1. 产生原因　①删除了公式中使用的名称,或者使用了不存在的名称。②在公式中使用标志。③函数名的拼写错误。④在公式中输入文本时没有使用双引号。Excel 将其解释为名称,而不解释为文本。⑤在区域引用中缺少冒号。

2. 处理方法　①确认使用的名称确实存在。在"插入"菜单中指向"名称",再单击"定义"命令。如果所需名称没有被列出,就使用"定义"命令添加相应的名称。②修改拼写错误。如果要在公式中插入正确的名称,可以在编辑栏中选定名称:指向"插入"菜单中的"名称",再单击"粘贴"命令。在"粘贴名称"对话框中,单击需要使用的名称,再单击"确定"按钮。③单击"工具"菜单上的"选项",然后单击"重新计算"选项卡,在"工作簿选项"下,选中"接受公式标志"复选框。④修改拼写错误。使用公式选项板将正确的函数名称插入到公式中。⑤将公式中的文本括在双引号中。⑥确认公式中使用的所有区域引用都使用了冒号(:)。例如,SUM(A1:C10)。

(四)"♯NUM!"错误

1. 产生原因　当公式或函数中某个数字有问题时将产生错误值"♯NUM!"。如在需要数字参数的函数中使用了不能接受的参数,或者由公式产生的数字太大或太小,Excel 不能表示。

2. 处理方法　确定函数使用的参数是否正确或修改公式使其结果在$-1*10^{307} \sim 1*10^{307}$之间。

(五)"♯NULL!"错误

1. 产生原因　当试图为两个并不相交的区域指定交叉点时将产生错误值"♯NULL!"。如使用了不正确的区域运算符或不正确的单元格引用。

2. 处理方法　如果要引用两个不相交的区域,可使用联合运算符逗号(,)。例如公式要对两个区域求和,须确认在引用这两个区域时使用了逗号(SUM(A1:A10,C1:C10))。如果没有使用逗号,Microsoft Excel 将试图对同时属于两个区域的单元格求和,但是由于 A1:A10 和 C1:C10 并不相交,它们没有共同的单元格。如果单元格引用不正确,对照前面介绍的有关"单元格引用"检查是否键入错误。

(六) 有关公式与函数中的其他错误信息

向工作表中输入公式时,Microsoft Excel 会纠正一些最常见的错误。如果公式自动更正不能更正公式中的错误,可执行下列操作之一:

1. 匹配所有左括号和右括号　确保所有括号都成对出现。创建公式时,输入的括号将用彩色显示。

2. 用冒号表示区域　引用单元格区域时,使用冒号分隔引用区域中的第一个单元格和最后一个单元格。

3. 输入全部所需参数　有些函数要求输入参数,同时还要确保没有输入过多的参数。

4. 函数的嵌套不要超过七级　可以在函数中输入(或称嵌套)函数,但不要超过七级。

5. 将其他工作表名称包含在单引号中　如果公式中引用了其他工作表或工作簿中的值或单元格,且那些工作簿或工作表的名字中包含非字母字符,那么必须用单引号(')将这个字符括起来。

6. 包含外部工作簿的路径　确保每个外部引用都包含工作簿的名称和工作簿的路径。

7. 输入无格式的数字　向公式中输入数字时,一定不要为数字设置格式。例如,即使需要输入$1 000,也应在公式中输入 1 000。

第五节　工作表的格式化

一、改变行高和列宽

Excel 默认行高为 14.25 磅,列宽为 8.38 磅,当某一单元格中输入的数据超过其默认范围时会自动显示在下一个单元格,或出现错误提示:"＃＃＃＃＃",这时须调整单元格的行高或列宽。

(一) 调整行高

方法一:目测调整,将鼠标指针移到行号之间的交界处,当其形状变成"⇕"时,拖动鼠标指针到合适的高度然后松开。

方法二:精确调整,选定待调整的行,单击"格式"菜单中的"行"子菜单中的"行高"命令,或右击弹出快捷菜单,单击"行高"命令,在行高对话框中输入磅值,然后单击"确定"按钮,调整行高度。

(二) 调整列宽

方法一:目测调整,将鼠标指针移到列标之间的交界处,当其形状变成"✛"时,拖动鼠标指针到合适的宽度然后松开。

方法二:精确调整,选定待调整的列,单击"格式"菜单中的"列"子菜单中的"列宽"命令,右击弹出快捷菜单,单击"列宽"命令,输入磅值调整宽度,然后单击"确定"按钮。

例 27:在"成绩表"中,将 3~7 行的行高调整为 20 磅,第 D 列的列宽调整为 10 磅。

分两步操作：

第一步有两种方法：

方法一：①打开"成绩表"所在的工作簿，选定"成绩表"；②选定 3～7 行；③单击"格式"菜单中的"行"子菜单中的"行高"命令，弹出"行高"对话框，输入 20 磅，④单击"确定"按钮；

方法二：①右击选定区域弹出快捷菜单；②单击"行高"命令，弹出"行高"对话框；③输入行高 20 磅；④单击"确定"按钮。

第二步也有两种方法：

方法一：①选定 D 列，单击"格式"菜单中的"列"子菜单中的"列宽"命令，弹出"列宽"对话框，输入 10 磅，②单击"确定"按钮。

方法二：①右击 D 列弹出快捷菜单，单击"列宽"命令，弹出"列宽"对话框；②输入 10 磅；③单击"确定"按钮。

二、设置数据格式

数据格式的设置是指单元格格式的设置，包括数据类型的设置、字体设置、对齐方式的设置、边框与底纹的设置等。如图 4-27 所示。

（一）数据类型的设置

先选定待修改的单元格，单击"格式"菜单中的"单元格"命令，或右击弹出快捷菜单，单击"设置单元格格式"命令，如图 4-4 所示，在弹出"单元格格式"对话框，单击"数字"选项卡，选择数据类型，确定其小数位数或数据形式，然后单击"确定"按钮。

例 28：如图 4-27 所示，将"职工情况"工作表中的"出生日期"格式改为"××××年××月××日"。

操作如下：

步骤一：打开"职工情况"所在的工作簿，选定"职工情况"工作表。

步骤二：选定"出生日期"所在的单元格。

步骤三：单击"格式"菜单中的"单元格"命令，或右击选定区域弹出快捷菜单，单击"设置单元格格式"命令，弹出"单元格格式"对话框，单击"数字"选项卡，选择"日期"，选取对应的日期格式："2001 年 3 月 14 日"后单击"确定"按钮。

（二）字体设置

先选定待修改的单元格，单击"格式"菜单中的"单元格"命令，或右击弹出快捷菜单，单击"设置单元格格式"命令，在弹出的菜单中单击"字体"选项卡，根据要求改变其字体、字形、字号及颜色等，然后单击"确定"按钮。

例 29：如图 4-27 所示，在工作表表头的前面插入一空行，然后在 A1 单元格中输入工作表标题："※※单位基本情况表"，再将第一行标题设置为"黑体、加粗、蓝色、16 号字"，调整到合适的宽度。

操作如下：

步骤一：打开"职工情况"所在的工作簿，选定"职工情况"工作表。

步骤二：单击"插入"菜单的"行"命令，或右击第 1 行，单击快捷菜单中的"插入"命令。

步骤三：单击"A1"单元格，输入"※※单位职工基本情况表"。

步骤四：将"A1"单元格的行高与列宽调整到合适的宽度。

	A	B	C	D	E	F	G	H	I	J	
1					※※单位职工基本情况表						
2	编号	科室	姓名	性别	政治面貌	出生日期	专业	学历	职称	基本工资	
3	01-001	办公室	李志强	男	其他	1973年4月14日	文秘	专科	中级	540	
4	01-002	办公室	杨娟	女	党员	1970年3月15日	基础医学	本科	副教授	900.25	
5	02-001	护理系	叶小玲	女	其他	1974年5月15日	护理学	本科	副教授	900.25	
6	02-002	护理系	陈娟	女	党员	1963年6月14日	护理学	专科	副教授	1000	
7	03-001	教务处	刘尉	男	党员	1967年8月24日	临床医学	研究生	副教授	1000	
8	03-002	教务处	杨凯	男	其他	1975年7月14日	中医学	本科	高级	950	
9	04-001	附属医院	周项	男	党员	1964年11月13日	临床医学	本科	主任医师	1100	
10	04-002	附属医院	谢志	男	其他	1975年12月1日	临床医学	本科	主治医师	825	

职工情况 / 工资表 / Sheet3 /

图 4-27　单元格格式设置

步骤五：选中标题，单击"格式"菜单中的"单元格"命令，在弹出的"单元格格式"对话框，选择"字体"选项卡，将标题格式设置为"黑体、16 号字、加粗、蓝色"。单击"确定"按钮。

（三）对齐方式的设置

先选定待修改的单元格，单击"格式"菜单中的"单元格"命令，或右击弹出快捷菜单，单击"设置单元格格式"命令，在弹出的"单元格格式"对话框中单击"对齐"选项卡，根据要求改变对齐方式和倾斜方向后单击"确定"按钮。如图 4-28 所示。

说明：①对齐分为水平对齐、垂直对齐和倾斜三种方式，水平对齐又包括常规、靠左、居中、靠右、填充、两端对齐和跨列居中七种方式，可在其下拉列表中改变；垂直对齐也包括靠上、居中、靠下和两端对齐四种方式，可在其下拉列表中改变。②如果单元格中的字符过多时，在"对齐"选项卡中有三种处理办法：自动换行、缩小字体填充和合并单元格。

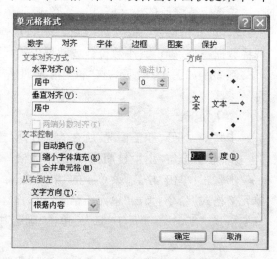

图 4-28　"单元格格式"对齐选项卡

例 30：将第一行标题从 A1～J1 的单元格合并并居中；将表格从 A2～J10 的单元格设置为居中显示（水平居中和垂直居中）；将 I 列从 I2～I10 设置为自动换行并调整合适的行高；将 J 列从 J3～J10 单元格的字体缩小为"8"号后设置为如图 4-27 所示的倾斜方式显示。

操作如下：

步骤一：打开"职工情况"所在的工作簿，选定"职工情况"工作表。

步骤二：选定 A1～J1 所在的单元格。

步骤三：单击"格式"菜单中的"单元格"命令，或右击选定区域弹出快捷菜单，单击"设置单元格格式"命令，在弹出的"单元格格式"对话框中单击"对齐"选项卡，在"水平对齐"下拉列表中选取"跨列居中"，选择文本控制"合并居中"选项。或者直接单击格式工具栏中的"合并及居中"按钮,单击"确定"按钮。

步骤四:选定 A2～J10 所在的单元格。

步骤五:单击"格式"菜单中的"单元格"命令,或右击选定区域弹出快捷菜单,单击"设置单元格格式"命令,弹出"单元格格式"对话框,单击"对齐"选项卡,在"水平对齐"下拉列表中选取"居中",在"垂直对齐"下拉列表中选取"居中"后单击"确定"按钮。

步骤六:选定 I2～I10 所在的单元格。

步骤七:右击选定区域弹出快捷菜单,单击"设置单元格格式"命令,单击"对齐"选项卡,在"文本控制"复选框中单击选取"自动换行"、"合并居中"后单击"确定"按钮。

步骤八:将 I2～I10 调整为如图 4-27 所示的列宽与行高。

步骤九:选定 J2～J10 所在的单元格。

步骤十:在格式工具栏中的"字号"下拉列表中选取"8"。

步骤十一:单击"格式"菜单中的"单元格"命令,或右击选定区域弹出快捷菜单,单击"设置单元格格式"命令,弹出"单元格格式"对话框,单击"对齐"选项卡,将缩进置为 0 后,将度调整至 45°(或－45°)即旋转 45°后,单击"确定"按钮。

(四) 边框与底纹的设置

工作表打印时缺省的打印方式是不带表格线的,不符合习惯的表格形式,若要打印全部表格线,可在"页面设置"的"工作表"选项卡中设置(在第九节介绍);若要打印部分表格线,先选定单元格区域,单击"格式"菜单中的"单元格"命令,或右击弹出快捷菜单,单击"设置单元格格式"命令,在弹出的"单元格格式"对话框中选择"边框"选项卡,可进行"边框"的设置,选择"图案"选项卡,可进行"底纹"的设置。

例 31:如图 4-27 所示,将"职工情况"工作表中的第二行表头设置为"25％的灰色底纹"。

操作如下:

步骤一:打开"职工情况"所在的工作簿,选定"职工情况"工作表。

步骤二:选中表头从 A2～J2 所在的单元格。

步骤三:单击"格式"菜单中的"单元格"命令,或右击选定区域弹出快捷菜单,单击"设置单元格格式"命令,在弹出的"单元格格式"对话框中单击"图案"选项卡,如图 4-29 所示,在"图案"下拉列表中选取"灰色 25％"底纹后单击"确定"按钮。

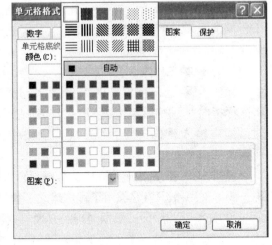

图 4-29　单元格底纹的设置

三、条 件 格 式

在处理工作表时,如果要将满足一定条件的数据用某种特殊形式显示出来的方法,称为"条件格式"。

例 32:在"成绩表"中,将每科成绩中不及格的成绩用"红色粗体"标识出来。如图 4-24 所示。

操作如下：

步骤一：打开"成绩表"所在的工作簿，选定"成绩表"。

步骤二：选定"成绩表"中的所有成绩单元格（即 C2～I11）。

步骤三：单击"格式"菜单中的"条件格式"命令，出现如图 4-30 所示的对话框。

图 4-30　条件格式设置

步骤四：在"条件格式"对话框中输入相应的条件及显示格式。

步骤五：单击"格式"按钮，选择"字体"选项卡，设置字体、颜色、粗体，单击"确定"按钮。

四、保护工作表

保存在工作表中数据如果非常重要，不希望被其他用户查看或使用，需要设置"工作表保护"，Excel 提供了两种保护手段：隐藏工作表和保护工作表。

（一）隐藏工作表

操作步骤：选定待隐藏的工作表，单击"格式"菜单，将鼠标指向"工作表"后单击"隐藏"命令。但要注意，如果要将非常重要的工作表隐藏起来，其所在的工作簿中至少要有一个工作表没有被隐藏；如果要取消隐藏，可重复上述步骤，然后单击"取消隐藏"命令。

（二）保护工作表

操作步骤：选定待保护的工作表，单击"工具"菜单，将鼠标指向"保护"后单击"保护工作表"命令，在弹出的对话框中输入密码，然后单击"确定"按钮。如图 4-31 所示。

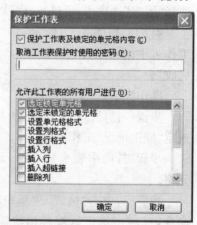

说明：①内容：是指工作表中的数据、公式、格式或批注等。②对象：一般只有在编写了程序建立了窗体后才有"对象"。③方案：是指 Excel 数据处理的方式，一般用不上。

图 4-31　保护工作表

一般情况下，被保护了的工作表其"内容"、"对象"、"方案"都不能改动。如果要改动，则要执行"撤消工作表保护"操作，其操作方法类似于"保护工作表"。

第六节　窗　口　操　作

一、排　列　窗　口

当在 Excel 工作窗口中操作多个工作簿时，为方便操作或浏览，可重新改变工作簿的显示方式，Excel 工作簿窗口的显示方式有"平铺"、"水平并排"、"垂直并排"、"层叠"四种方式，默认方式为“层叠”方式，重排窗口的操作方法是：单击“窗口”菜单中的“重排窗口”命令，选择一种排列方式后单击“确定”按钮。

二、分割窗口

当操作的工作表数据量较多，工作表较大时，可以将窗口分割成多个部分，当翻动或浏览其中的某一部分时，其他部分冻结不动，这样操作起来比较方便。分割的方法有两种：上下分割和左右分割。

(一) 上下分割

方法一：单击“窗口”菜单中的“拆分”命令，工作表窗口中出现一条分割线，把鼠标移到分割线上，当鼠标指针变成上下双向箭头后把鼠标向下拖到合适位置，可上下分割，将分割线拖到顶部可取消分割。

方法二：将鼠标指针移到工作表窗口右边的“行拆分块”上，当鼠标指针变成垂直方向的双向箭头后拖动鼠标到合适的位置也可实现上下分割，拖到原始位置即可取消分割。

(二) 左右分割

左右分割也有两种方法，可参照上下分割的方法进行。

三、冻结窗口

当工作表中的行数较多时，如果拖动滚动条向后浏览时，标明每列名称的标题行也将随之滚动，这样看起来不太方便，如果用户希望在滚动时标题行停在最前面不动，这时就需要对窗口进行冻结。

(一) 冻结行

选定某行，单击“窗口”菜单中的“冻结窗格”命令，那么在向后滚动时，选定行上方的行都停在窗口中不动。如图 4-32 所示。冻结第二行后，当向后翻动时，第一行将停在屏幕的原位置不动。

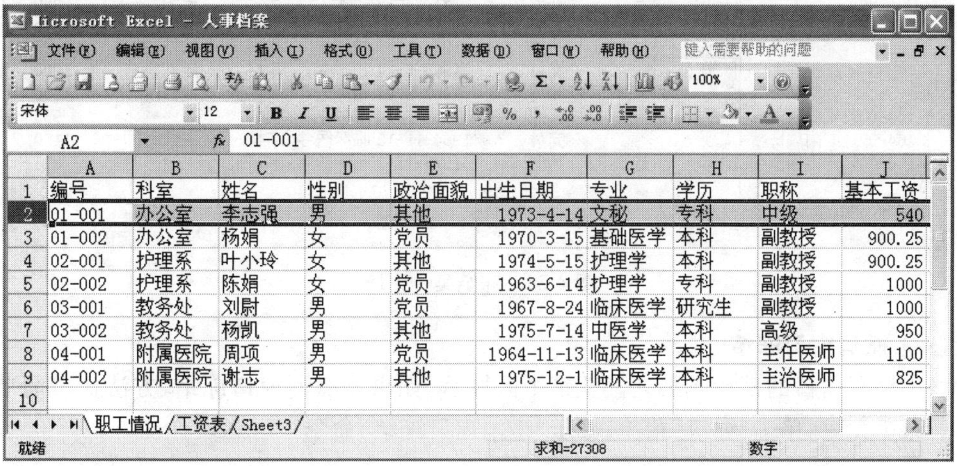

	A	B	C	D	E	F	G	H	I	J
1	编号	科室	姓名	性别	政治面貌	出生日期	专业	学历	职称	基本工资
2	01-001	办公室	李志强	男	其他	1973-4-14	文秘	专科	中级	540
3	01-002	办公室	杨娟	女	党员	1970-3-15	基础医学	本科	副教授	900.25
4	02-001	护理系	叶小玲	女	其他	1974-5-15	护理学	本科	副教授	900.25
5	02-002	护理系	陈娟	女	党员	1963-6-14	护理学	专科	副教授	1000
6	03-001	教务处	刘尉	男	党员	1967-8-24	临床医学	研究生	副教授	1000
7	03-002	教务处	杨凯	男	其他	1975-7-14	中医学	本科	高级	950
8	04-001	附属医院	周项	男	党员	1964-11-13	临床医学	本科	主任医师	1100
9	04-002	附属医院	谢志	男	其他	1975-12-1	临床医学	本科	主治医师	825
10										

图 4-32　冻结行

(二) 冻结列

选定第 D 列，单击“窗口”菜单中的“冻结窗格”命令，那么在向右边滚动时，被选定列左边的列都停在窗口中不动。冻结第 D(4)列后，当向右翻动时，前 3 列将冻结在屏幕的左边不动(图 4-33)。

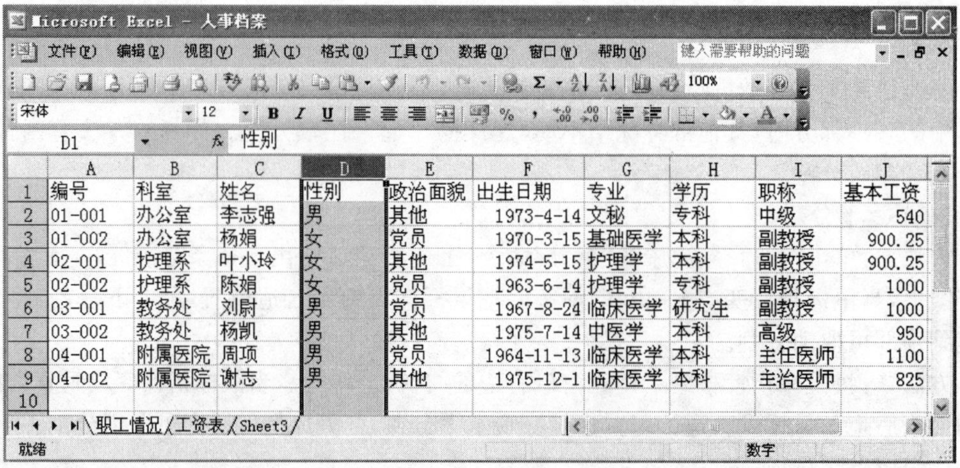

	A	B	C	D	E	F	G	H	I	J
1	编号	科室	姓名	性别	政治面貌	出生日期	专业	学历	职称	基本工资
2	01-001	办公室	李志强	男	其他	1973-4-14	文秘	专科	中级	540
3	01-002	办公室	杨娟	女	党员	1970-3-15	基础医学	本科	副教授	900.25
4	02-001	护理系	叶小玲	女	其他	1974-5-15	护理学	本科	副教授	900.25
5	02-002	护理系	陈娟	女	党员	1963-6-14	护理学	专科	副教授	1000
6	03-001	教务处	刘尉	男	党员	1967-8-24	临床医学	研究生	副教授	1000
7	03-002	教务处	杨凯	男	其他	1975-7-14	中医学	本科	高级	950
8	04-001	附属医院	周项	男	党员	1964-11-13	临床医学	本科	主任医师	1100
9	04-002	附属医院	谢志	男	其他	1975-12-1	临床医学	本科	主治医师	825
10										

图 4-33 冻结列

(三) 冻结某个区域

选定待冻结区域右下角的单元格，单击“窗口”菜单中的“冻结窗格”命令，那么在浏览时，被选定单元格左上角的区域将停在窗口中不动。如图 4-34 所示，选定 C4 单元格后执行“冻结窗格”操作，在进行浏览时，从 A1～C3 单元格将停在屏幕的原位置不动。

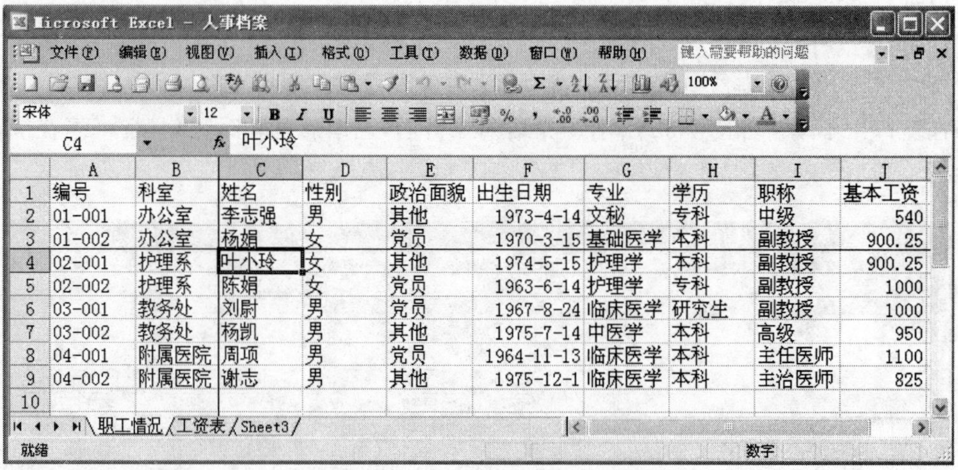

	A	B	C	D	E	F	G	H	I	J
1	编号	科室	姓名	性别	政治面貌	出生日期	专业	学历	职称	基本工资
2	01-001	办公室	李志强	男	其他	1973-4-14	文秘	专科	中级	540
3	01-002	办公室	杨娟	女	党员	1970-3-15	基础医学	本科	副教授	900.25
4	02-001	护理系	叶小玲	女	其他	1974-5-15	护理学	本科	副教授	900.25
5	02-002	护理系	陈娟	女	党员	1963-6-14	护理学	专科	副教授	1000
6	03-001	教务处	刘尉	男	党员	1967-8-24	临床医学	研究生	副教授	1000
7	03-002	教务处	杨凯	男	其他	1975-7-14	中医学	本科	高级	950
8	04-001	附属医院	周项	男	党员	1964-11-13	临床医学	本科	主任医师	1100
9	04-002	附属医院	谢志	男	其他	1975-12-1	临床医学	本科	主治医师	825
10										

图 4-34 冻结某一区域

(四) 撤消窗口冻结

当冻结了窗口的某行或某列甚至某个区域后，如果要撤消窗口冻结，方法比较简单，只要执行菜单命令:单击“窗口”菜单，单击“撤消窗口冻结”命令。

四、缩 放 窗 口

为了方便操作，用户可以通过扩大或缩小工作表的显示比例来实现窗口的缩放，Excel 默认的显示比例为 100%，如果要改变其显示比例，就在工具栏中的“显示比例”下拉列表框中单击所要显示的比例,或键入 10～400 之间的数字;如果要将选定区域扩大到充满整个窗口进行显示,就单击"选定区域"。

第七节　数据库管理

Excel 不仅可以利用公式或函数进行简单的数据运算,而且在数据管理的数据分析方面具有一定的数据库功能,可利用数据列表对工作表中数据进行排序、筛选、分类汇总、建立数据透视表等操作。

一、数据库与数据清单的基本概念

(一) 数据库

数据库是指长期存储在计算机系统中的一组相关信息的集合,形象地说是指存放数据的"仓库"。为便于组织与管理,一般采用一定的结构形式,在数据库管理系统中称为数据模型,常用的数据模型有:层次模型、网状模型和关系模型。目前流行的数据管理系统(如 Foxpro)均采用关系模型,用一张二维表格来描述客观世界实体及其联系,表中的每一列称为一个字段,表中的每一行称为一条记录,表中的表头称为字段名。

(二) 数据清单

Excel 工作表是一张二维表格,表中包含相关数据的单元格区域称为数据列表,也称为工作表数据库。数据清单是指包含相关数据的一系列工作表数据行,例如"职工情况"工作表。数据清单可以像数据库一样使用,其中工作表中的列相当于数据库中的字段,行相当于数据库中的记录,数据清单的第一行中含有列标。

二、建立数据清单

(一) 在工作表中建立数据清单的规则

Microsoft Excel 提供了一系列功能,可以很方便地管理和分析数据清单中的数据。在运用这些功能时,可根据下述准则在数据清单中输入数据。

1. 每张工作表仅使用一个数据清单　避免在一张工作表上建立多个数据清单。某些清单管理功能如筛选等,一次只能在一个数据清单中使用。

2. 将相似项置于同一列　在设计数据清单时,应使同一列中的各行具有相似的数据项。

3. 使清单独立　在工作表的数据清单与其他数据间至少留出一个空列和一个空行。在执行排序、筛选或插入自动汇总等操作时,这将有利于 Excel 检测和选定数据清单。

4. 将关键数据置于清单的顶部或底部　避免将关键数据放到数据清单的左右两侧,因为这些数据在筛选数据清单时可能会被隐藏。

5. 显示行和列　在修改数据清单之前,须确保隐藏的行或列也被显示。如果清单中的行和列未被显示,那么数据有可能会被删除。

(二) 数据清单的基本格式

1. 使用带格式的列标　在清单的第一行中创建列标。Excel 将使用列标创建报告并查找和组织数据。对于列标可使用与清单中数据不同的字体、对齐方式、格式、图案、边框或大小写类型等。在键入列标之前,须将单元格设置为文本格式。

2. 使用单元格边框　如果要将标志和其他数据分开,可使用单元格边框(而不是空格或短划线)在标志行下插入直线。如何为单元格添加边框,可参照第五节中的"边框与底纹的设置"。

3. 避免空行和空列　避免在数据清单中放置空行和空列,这将有利于 Excel 检测和选定数据清单。

4. 不要在前面或后面键入空格　单元格开头和末尾的多余空格会影响排序与搜索。可以缩进单元格内的文本来代替键入空格。

5. 扩展清单格式和公式　当向清单末尾添加新的数据行时,Excel 会使用一致的格式和公式。上述清单的单元格中有五分之三必定运用相同的格式和公式。

(三) 使用记录单编辑数据

数据记录单是一种对话框,利用它可以很方便地在数据清单中一次输入或显示一行完整的信息或记录,也可以利用数据记录单查找和删除记录;在使用数据记录单向新的数据清单中添加记录时,数据清单每一列的顶部必须具有列标,Microsoft Excel 使用这些列标创建记录单上的字段,而且数据记录单一次最多只能显示 32 个字段。

1. 使用数据记录单为数据清单添加记录　操作方法比较简单、直观,与数据库中添加记录操作基本类似,其操作如下:

步骤一:选定工作表,单击需要向其中添加记录数据的数据清单中的单元格。

步骤二:单击"数据"菜单,单击"记录单"命令,弹出如图 4-35 所示的记录单编辑对话框。

步骤三:单击"新建"按钮。

步骤四:输入新记录所包含的信息,输入完毕,单击回车键添加记录。

步骤五:完成记录添加后,单击"关闭"按钮关闭记录单。

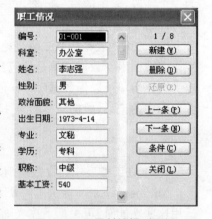

说明:①在记录编辑时,如果要移到下一个字段,按"Tab"键,上移一个字段,按"Shift+Tab"键。②如果含有公式的字段将公式的结果显示为标志,这种标志不能在记录单中修改。③如果添加了含有公式的记录,只有按下回车键或单击了"关闭"按钮后公式才被计算。④在

图 4-35　记录单编辑对话框

添加记录时,如果要撤消所做的修改,应立即单击"还原"按钮。

2. 使用数据记录单在数据清单中查找记录

(1) 如果要每次移动一条记录,可单击对话框中的滚动条箭头,如果要每次移动 10 条记录,须单击箭头之间的滚动条。

(2) 如果要移动到数据清单的下一条记录,就单击"下一条"按钮,如果移到上一条记录,就单击"上一条"按钮。

(3) 如果要查找满足条件的记录,就单击"条件"按钮,如果要查找与指定条件相匹配的记录,可单击"下一条"或"上一条"按钮。

3. 数据记录单从清单中删除记录　其操作方法是:在"记录单编辑对话框"找到要删除的记录后单击"删除"按钮。

三、记 录 排 序

工作表中数据一般按照数据输入时的自然顺序排列,即先输入的排在前面,后输入的

排在后面。在操作过程中,为方便查找,需要对工作表中的数据按某个特征值进行重新排列,这个过程称为"排序"。排序后,特征值相同或相近的数据会排在一起,故排序也称为"分类"。

(一) 排序的规律

数据型数据按数值的大小进行排序;字符型数据按 ASCII 码值的大小进行排列,其中汉字按拼音字母顺序或笔画顺序排列;日期型数据按日期的先后进行排序,即后面的日期大于前面的日期;逻辑型数据中逻辑真大于逻辑假。

(二) 排序的方式

在 Excel 中,数据的排序方式有两种:升序和降序。默认的方式为升序,用户可根据自己的要求进行选择。

(三) 排序的种类

根据排序时参照的关键字个数,排序可分为简单排序和多重排序两种类型。

1. 简单排序　根据某一列的数据即单一关键字进行排序,称为简单排序。这种排序的操作方法比较简单,首先单击待排序列或该列中的某一单元格,然后再单击工具栏中的"升序"或"降序"按钮。

2. 多重排序　根据某一列的数据排序时,往往出现数据相同的情况,如果相同数据要重新确定其顺序,可参照多个关键字进行排序,这种排序称为多重排序。Excel 最多可按三个关键字进行多重排序,即主关键字、次关键字及第三关键字。

例 33:在"职工情况"工作表,先按"科室"进行排序,如果科室相同,再按职工"姓名"和"基本工资"进行降序排序。

操作如下:

步骤一:打开"职工情况"所在的工作簿,选定"职工情况"工作表。

步骤二:单击"职工情况"工作表中的任一单元格。

步骤三:单击"数据"菜单中的"排序"命令,弹出如图 4-36 所示的对话框。

图 4-36　"排序"对话框

步骤四:根据操作要求确定排序关键字及排序方式后单击"确定"按钮。

四、记录筛选

筛选是指从工作表中挑选出满足条件的记录,把不需要的数据暂时隐藏起来,这样更加方便对数据的阅读。根据提供条件的不同可将筛选分为自动筛选和高级筛选两种方式。

(一) 自动筛选

自动筛选是指对工作表中一列数据最多可以应用两个条件的筛选。其操作方法是:选定工作表,单击"数据"菜单,将鼠标指向"筛选",再单击"自动筛选"命令,将在工作表中建立一个查询器,如图 4-37 所示。用户可根据查询条件或自定义条件在查询器查找满足条件的数据,重复上述步骤,去掉"自动筛选"前面的"√"即可取消自动筛选。

例 34:从"职工情况"工作表,筛选出"人事科"的所有职工记录。

操作步骤:①打开"人事档案"工作簿,选定"职工情况"工作表;②执行菜单命令"数据→筛选→自动筛选";③单击"科室"下拉列表按钮,选取"人事科"。

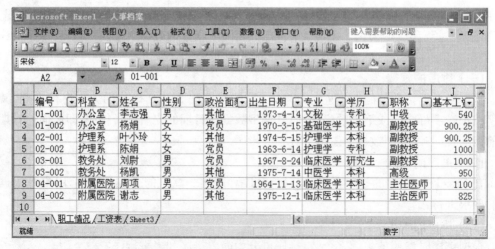

图 4-37 自动筛选查询器

例 35：从"职工情况"工作表，筛选出基本工资在 800～1 000 元的所有职工记录。

操作步骤：①单击"基本工资"下拉列表按钮，选取"自定义"；②根据操作要求定义条件，如图 4-38 所示；③单击"确定"按钮。

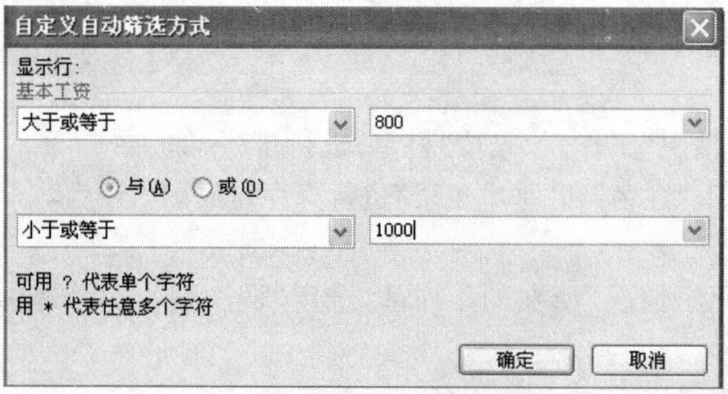

图 4-38 自定义自动筛选方式

例 36：从"职工情况"工作表，筛选出姓"杨"的所有职工记录。

操作步骤：①单击"姓名"下拉列表按钮，选取"自定义"；②定义条件：选取比较运算符"等于"，定义条件"杨＊"；③单击"确定"按钮。

（二）高级筛选

为了进一步缩小查询范围，如果提供的条件比较复杂，并且想把查询条件保存起来时，就可以使用"高级筛选"。

例 37：在"职工情况"工作表中，显示出"教务处"或"财务处"基本工资在 800～1 000 元的所有职工记录。

操作如下：

步骤一：打开"人事档案"工作簿，选定"职工情况"工作表。

步骤二：复制工作表表头至第 13 行，如图 4-39 所示，在对应的字段下面输入对应的条件。

步骤三：单击"数据"菜单，指向"筛选"，单击"高级筛选"命令，弹出如图 4-40 所示的对话框。

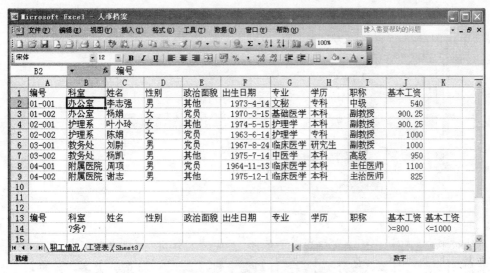

图 4-39　定义高级筛选条件

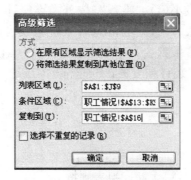

图 4-40　"高级筛选"对话框

步骤四：在"高级筛选"对话框中选择筛选方式、确定数据区域、条件区域和筛选结果的显示位置后单击"确定"按钮。

五、分　类　汇　总

分类汇总是 Excel 中一种常用的计算小计或合计的方法，首先根据工作表中的某一关键字进行分类，然后再按同类字段中数据进行汇总。

例 38：利用"分类汇总"的方法，统计"职工情况"工作表中每个科室基本工资的合计数，并将汇总结果显示在数据下方。

操作如下：

步骤一：打开"职工情况"所在的工作簿，选定"职工情况"工作表。

步骤二：对"科室"进行升序或降序排序。

步骤三：单击"数据"菜单，单击"分类汇总"命令，弹出如图 4-41 的对话框。

步骤四：在"分类汇总"对话框中确定分类字段、汇总方式、汇总项及汇总结果的显示位置。

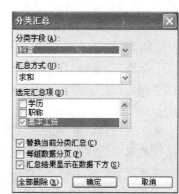

图 4-41　分类汇总

步骤五：单击“确定”后出现如图 4-42 的分类汇总结果。

	A	B	C	D	E	F	G	H	I	J
1	编号	科室	姓名	性别	政治面貌	出生日期	专业	学历	职称	基本工资
2	01-001	办公室	李志强	男	其他	1973-4-14	文秘	专科	中级	540
3	01-002	办公室	杨娟	女	党员	1970-3-15	基础医学	本科	副教授	900.25
4		**办公室 汇总**								1440.25
5	02-001	护理系	叶小玲	女	其他	1974-5-15	护理学	本科	副教授	900.25
6	02-002	护理系	陈娟	女	党员	1963-6-14	护理学	专科	副教授	1000
7		**护理系 汇总**								1900.25
8	03-001	教务处	刘尉	男	党员	1967-8-24	临床医学	研究生	副教授	1000
9	03-002	教务处	杨凯	男	其他	1975-7-14	中医学	本科	高级	950
10		**教务处 汇总**								1950
11	04-001	附属医院	周项	男	党员	1964-11-13	临床医学	本科	主任医师	1100
12	04-002	附属医院	谢志	男	其他	1975-12-1	临床医学	本科	主治医师	825
13		**附属医院 汇总**								1925
14		**总计**								7215.5

职工情况 / 工资表 / Sheet3

就绪　　数字

图 4-42　分类汇总结果

说明：①根据用户操作要求确定分类字段，首先要对其进行“排序”操作。②汇总方式，除“求和”外，还有“计算”(按分类字段统计数据个数)、“求均值”(按分类字段计算每个选定汇总项的平均值)、“最大值”(按分类字段统计每个选定汇总项的最大值)、“最小值”(按分类字段统计每个选定汇总项的最小值)、“乘积”(按分类字段计算每个选定汇总项的乘积)。③替换当前分类汇总，每汇总一次，新的汇总结果将替换当前分类汇总，否则，如果进行多次分类汇总，每次的汇总结果都会显示在该工作表中。④每组数据分页，在打印时如果对每组数据分页打印，便于装订和发放。⑤全部删除，是将汇总结果全部清除，恢复到汇总前状态。

六、数据透视表

数据透视表在其他数据库管理系统中也称为交叉列表，其效果与分类汇总很相似，分类汇总是按一个关键字分类并汇总，数据透视表则按主次两个关键字进行分类汇总并以特殊格式显示其结果。

例 39：在如图 4-43 所示的“药品销售情况”工作表中，以“药店”为分页项，按“药品名称”与“销售方式”统计各药店销售金额的合计数。操作如下：

步骤一：打开“药品销售表”所在的工作簿，选定“药品销售表”工作表。

步骤二：以“药品名称”为主关键字，“销售方式”为次关键字进行排序。

步骤三：单击“数据”菜单，单击“数据透视表和图表报告”命令，弹出如图 4-44 所示的“数据透视表向导一”。

步骤四：将“数据来源”选定为“Microsoft Excel 数据清单或数据库”，“所需创建报表类型”为“数据透视表”后单击“下一步”按钮。

	A	B	C	D	E	F
1	药品销售表（月表）					
2	药店	药品名称	数量（盒）	单价（元	金额（元	销售方式
3	桥南药店	金马贴膏	150	9.5	1425	批发
4	桥南药店	金马贴膏	200	11.5	2300	零售
5	桥南药店	脑心舒	300	2.8	840	零售
6	桥南药店	脑心舒	200	2.4	480	批发
7	桥南药店	罗红霉素	400	2.7	1080	批发
8	桥南药店	罗红霉素	500	3.5	1750	零售
9	马良药店	金马贴膏	180	9.5	1710	批发
10	马良药店	金马贴膏	240	11.5	2760	零售
11	马良药店	脑心舒	400	2.8	1120	零售
12	马良药店	脑心舒	300	2.4	720	批发
13	马良药店	罗红霉素	160	2.7	432	批发
14	马良药店	罗红霉素	200	3.5	700	零售
15	赫山药店	金马贴膏	340	9.5	3230	批发
16	赫山药店	金马贴膏	480	11.5	5520	零售
17	赫山药店	脑心舒	290	2.8	812	零售
18	赫山药店	脑心舒	120	2.4	288	批发
19	赫山药店	罗红霉素	380	2.7	1026	批发
20	赫山药店	罗红霉素	490	3.5	1715	零售
21	朝阳药店	金马贴膏	160	9.5	1520	批发
22	朝阳药店	金马贴膏	480	11.5	5520	零售
23	朝阳药店	脑心舒	460	2.8	1288	零售
24	朝阳药店	脑心舒	320	2.4	768	批发
25	朝阳药店	罗红霉素	270	2.7	729	批发
26	朝阳药店	罗红霉素	410	3.5	1435	零售

药品销售情况 / Sheet2 / Sheet3

就绪　　数字

图 4-43　药品销售情况

步骤五：选定数据区域，如果选定工作表时活动单元格处于工作表数据区域中可直接单击“下一步”按钮，如图 4-45 所示。

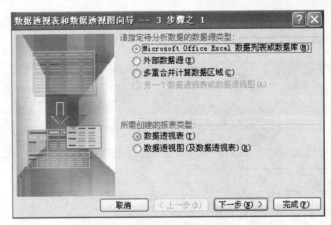

图 4-44　数据透视表向导(一)

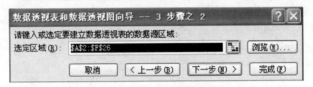

图 4-45　数据透视表向导(二)

步骤六:单击"版式",进行版式设置,如图 4-46 所示。

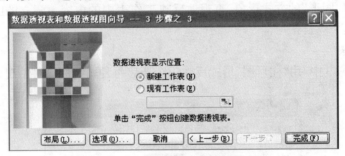

图 4-46　数据透视表向导(三)

步骤七:如图 4-47 所示,将"药店"拖到"页"的位置,将"药品名称"拖到"列"的位置,将"销售方式"拖到"行"的位置,将"金额"拖到"数据区"后单击"确定"按钮。

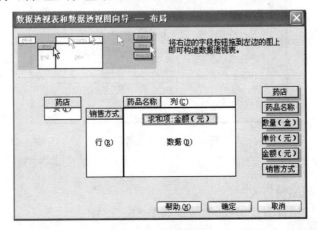

图 4-47　版式设置

步骤八：在图 4-46 所示的对话框中确定数据透视表的显示位置后单击"完成"按钮，就会出现如图 4-48 所示的数据透视表结果。

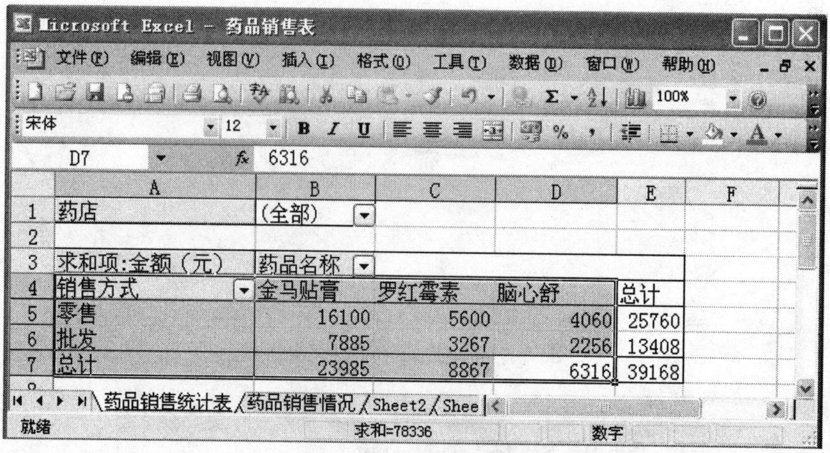

图 4-48　透视表结果

第八节　图表的建立

"图表"是以"图形"的方式形象、直观地反映工作表中的内容。建立的图表的具体操作如下：

（一）一步法

例 40：图 4-49 中，用"柱形图"形式反映每个药店每种药品的销售情况。

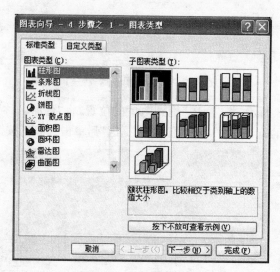

图 4-49　图表向导(一)

操作步骤如下：

步骤一：选定"药品销售表"。

步骤二：复制从"销售方式"开始的数据区至 Sheet2 中。

步骤三：单击工具栏中的"图表向导"按钮。

步骤四：单击"完成"按钮。如果要选择不同的图表类型，单击工具箱中的"图表类型"下拉列表按钮进行选择，如图 4-49 所示。一步法作图的效果如图 4-50 所示，如果要调整初始效果图的位置、布局等属性，可参考"图形编辑"。

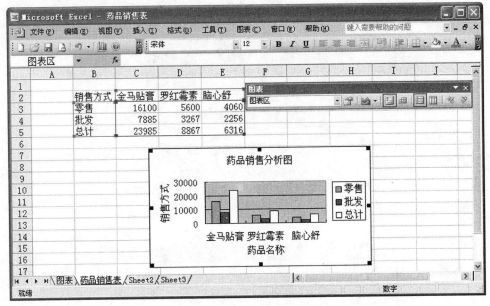

图 4-50　一步法作图效果

说明："一步法"作图比较方便、快捷，除可以选择"图表类型"外，其他均为缺省值，如果要在建立图表的过程中改变其标题、坐标轴、图例等，必须采用"向导法"。

(二) 向导法

例 41：用"向导法"重做"药品销售分析图"，要求在图中输入图表标题"药品销售分析图"，坐标轴标题，并去掉图中网格线。操作如下：

步骤一：打开"药品销售表"所在的工作簿，选定"药品销售表"。

步骤二：复制"药品销售表"B2～E5 单元格中的数据至新工作表中（Sheet2）。

步骤三：单击工具栏中的"图表向导"按钮。

步骤四：从"图表向导一"中选择图表类型，如柱形图，然后单击"下一步"按钮，如图 4-49 所示。

步骤五：在"图表向导二"中确定数据区域和系列产生的位置后单击"下一步"按钮，如图 4-51 所示。

步骤六：在"图表向导三"中根据要求确定图表的"标题、坐标轴、网格线、图例"等，如图 4-52 所示。

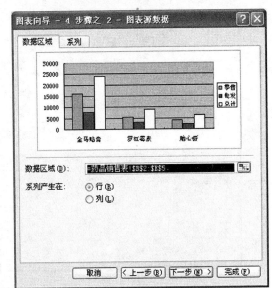

图 4-51　图表向导(二)4

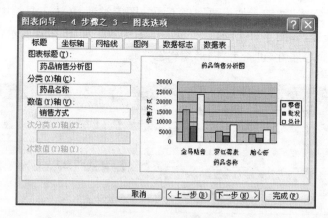

图 4-52　图表向导(三)

步骤七:单击"下一步"按钮,弹出如图 4-53 所示的对话框,确定图表的位置。

步骤八:单击"完成"按钮后,就会出现如图 4-54 所示的图表效果。

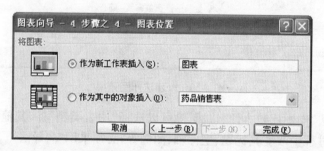

图 4-53　图表向导(四)

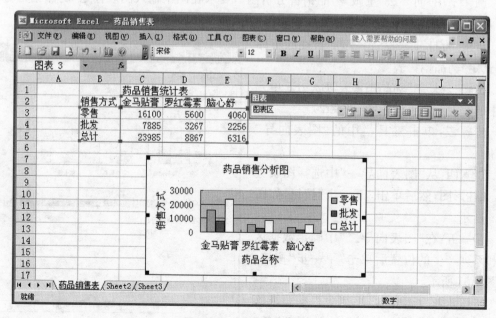

图 4-54　向导法作图效果

第九节 打印工作表

Excel 的打印与 Word 中打印文档的方法基本类似,可单击工具栏中的"打印"按钮,或单击"文件"菜单中"打印"或按"Ctrl＋P"组合键,但这时打印出来的数据不带表格线,如果需打开印表格线,要在打印前进行页面设置或打印区域的选择。为了避免纸张浪费,最好通过"打印预览"观察其打印效果后再打印。

一、页 面 设 置

Excel 中的页面设置比较简单,单击"文件"菜单,然后单击"页面设置"命令,在打开的"页面设置"对话框中利用其中的四个选项卡按要求进行设置,如图 4-55 所示。

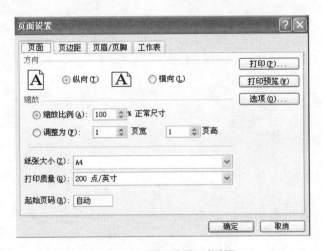

图 4-55 "页面设置"对话框

说明:①"页面"选项卡,包括打印方向的设置,缩放比例的调整,纸张大小的选择,打印质量的选择和起始页码的确定等设置。②"页边距"选项卡,包括上下左右边距及页眉/页脚边距的设定,居中方式的选择等操作。③"页眉/页脚"选项卡,可选择 Excel 预设的页眉与页脚,也可根据工作表的内容自定义页眉与页脚。④"工作表"选项卡,包括打印区域的选定,打印标题行的选定,是否打网格线、行号列标、色彩及打印顺序的选择等操作。

二、打 印 区 域

如果在打印时只须打印工作表中的部分内容,需进行打印区域的选定。第一种方法:在"页面设置"对话框中的"工作表"选项卡中选定,用编辑框右边折叠对话框选择,或直接输入区域的绝对引用或区域名称;第二种方法:先在编辑的工作表中选定待打印的区域,然后单击"文件"菜单,再单击"打印区域"下的"设置打印区域"命令。

三、打 印 预 览

通过页面设置和打印区域的选定后,为了观察打印的整体效果,可通过"打印预览"来浏览是否达到理想的打印效果。操作步骤是：单击"文件"菜单的"打印预览"命令或直接单击常用工具栏中的"打印预览" 按钮，窗口下方状态栏显示总页数和当前页码，至于其中选项卡的操作与 Word 打印选项相似，这里不再赘述。

（贾　平）

第 五 章

演示文稿软件 PowerPoint 2003

Microsoft PowerPoint 2003 是集文字编辑、图片、声音、动画及视频剪辑为一体的演示文稿制作软件。用其制作的演示文稿,图文并茂、形象生动、主次分明。该软件主要用于产品介绍、学术讲座、公司介绍、多媒体教学课件等。本章主要介绍 Microsoft PowerPoint 2003 中文版(以下简称 PowerPoint)演示文稿的制作。

第一节 PowerPoint 概述

PowerPoint 是 Microsoft Office 2003 家族中的成员之一,自 1987 年首次问世以来,随着操作系统平台的变化而不断升级,版本由 PowerPoint 1.0～4.0、PowerPoint 95、PowerPoint 97、PowerPoint 2000、PowerPoint XP、PowerPoint 2003,发展到现今的最新 PowerPoint 2007 版本。随着 PowerPoint 版本的不断更新,其功能也变得越来越强大。本节主要介绍 PowerPoint 的功能、启动、新建、保存及退出演示文稿的方法。

一、PowerPoint 的功能

PowerPoint 是一款优秀的制作演示文稿软件,它可以为用户提供制作和创建以下五类演示文稿。

(一) Web 演示文稿

创建、设计的电子演示文稿可以在 Internet 上发布,其文稿可以与 Web 兼容的格式,如 HTML 格式,上传至网站,在互联网上以 Web 演示文稿传播。

(二) 演讲者备注、观众讲义和文件大纲

在放映演示文稿时,为了向观众提供讲义,可以将演示文稿 1、2、4 或 6 张幻灯片打印在一张 A4 纸上,或者通过将"演讲者备注"打印输出给观众,也可以打印"文稿大纲",包括幻灯片的"标题"给观众,让观众既可以观看屏幕,也可以阅读演示文稿书面材料。

(三) 35mm 幻灯片

可以为服务机构将演示文稿转换成 35mm 的幻灯片。

(四) 投影幻灯片

利用专用的设备,可以将电子演示文稿制作成黑白或彩色的胶片,制成可以利用投影机放映的投影幻灯片。

(五) 电子演示文稿

PowerPoint 默认创建的演示文稿称为电子演示文稿,是最常用的演示文稿,也是 PowerPoint

产生的主要文件,其扩展名为. ppt。一份精美电子演示文稿是由若干张电子幻灯片组成的。电子演示文稿是文本、图表、图形、剪贴画、声音、视频剪辑信息和其他艺术对象的集合。制作的电子演示文稿可以在屏幕上演示,也可通过打印机把文稿内容以黑白或彩色打印输出。

二、PowerPoint 的启动及窗口组成

(一) PowerPoint 的启动

启动 PowerPoint,常用以下两种方法:

方法一:单击"开始"按钮,鼠标指向开始菜单中"程序"选项下的"Microsoft Office",然后单击"Microsoft Office PowerPoint 2003",即可启动 PowerPoint,同时系统默认创建了一份名为"演示文稿 1"的空演示文稿,如图 5-1 所示。

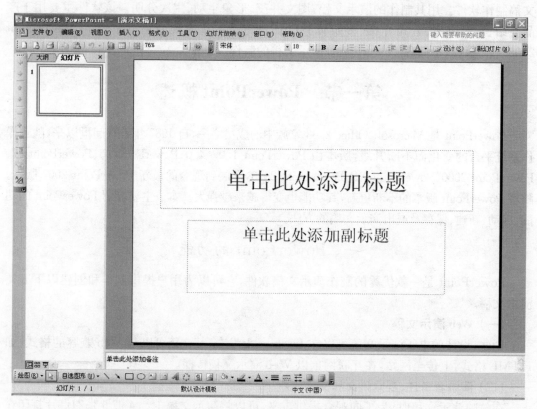

图 5-1 PowerPoint 2003 启动时的界面

方法二:双击桌面的"Microsoft Office PowerPoint 2003"的快捷方式图标,或右击桌面上"Microsoft Office PowerPoint 2003"的快捷方式图标,也可启动 PowerPoint 2003。

(二) PowerPoint 窗口的组成

启动 PowerPoint 后出现 PowerPoint 编辑窗口,如图 5-2 所示。由于 PowerPoint 是 Office 的一个组件,其窗口组成、功能按钮及命令与 Word 2003、Excel 2003 软件的功能基本相同。

1. 标题栏 位于窗口的最上方,其左侧依次为控制菜单图标 ▣,应用程序名 Microsoft PowerPoint,窗口最大化时,演示文稿的标题栏显示"演示文稿 1"(如果是打开现有的演示

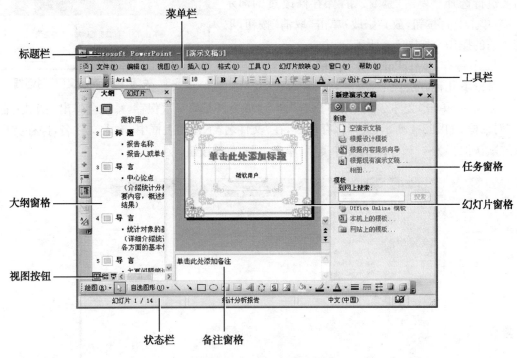

图 5-2　PowerPoint 窗口组成

文稿,则标题栏显示当前打开的演示文稿的"文件名");右边有三个按钮:最小化、最大化/还原和关闭按钮。

2. 菜单栏　PowerPoint 菜单栏包含"文件"、"编辑"、"视图"、"插入"、"格式"、"工具"、"幻灯片放映"、"窗口"、"帮助"九项菜单。

3. 工具栏　常用工具栏和格式工具栏与 Word 2003、Excel 2003 的工具栏基本相同。

4. 演示文稿编辑窗口　演示文稿编辑窗口分为三部分:①大纲窗格,可以在大纲窗格内进行文本输入;②幻灯片窗格,在此窗格内可输入文本、插入对象等;③幻灯片备注窗格,单击此处可输入幻灯片备注信息。

在"普通视图(幻灯片视图)"下,可以在三个窗格进行编辑,而在"大纲视图"下只能对大纲窗格进行编辑,同样在"普通视图(幻灯片视图)"下只能对幻灯片窗格进行编辑。

5. 状态栏　显示当前演示文稿中幻灯片总数及当前幻灯片的位置等。

三、退出及保存 PowerPoint 演示文稿

(一) 退出 PowerPoint

可使用以下几种方法:

方法一:单击窗口右上角的"关闭"按钮,可退出 PowerPoint。

方法二:单击"文件"菜单下的"退出"命令。

方法三:按"Alt＋F4"组合键。

方法四:双击"PowerPoint"控制菜单图标。

方法五:单击"PowerPoint 控制图标"的下拉式菜单,选择"关闭"命令;可退出当前演示文稿,如果修改了演示文稿,系统会提示:"是否保存对×××××的更改?",用户根据实际

需要进行选择。单击"是"按钮,保存修改过的演示文稿;单击"否"按钮,放弃修改;单击"取消"按钮,取消当前的操作。如图 5-3 所示。

(二) 保存 PowerPoint 演示文稿

图 5-3　关闭"修改演示文稿"对话框

有以下几种方法:

方法一:单击"文件"菜单下的"保存"命令,如文件是第一次保存,系统会弹出一个"另存为"对话框,如图 5-4 所示,选择保存位置,在"文件名"下拉列表框中,输入文件名,保存类型系统默认保存为一个 .ppt 的文件类型,单击"保存" 按钮。

图 5-4　"另存为"对话框

方法二:单击常用工具栏上的 保存按钮,也会弹出如图 5-4 所示的对话框。

方法三:键盘操作,按"Ctrl＋S"快捷键保存演示文稿,同样会弹出如图 5-4 所示的对话框。

如果文件为已经保存过的文件,系统默认每间隔 10 分钟自动保存文件,以免造成数据文件丢失。

第二节　PowerPoint 2003 的基本操作

一、创建带模板的演示文稿

在图 5-1 的演示文稿窗口下,单击"文件"菜单下的"新建"命令,"任务窗格"中即出现供用户选择的"空演示文稿"、"根据设计模板"、"根据内容提示向导"和"根据现有演示文稿…"等选项。用户可以利用以下几种方法创建演示文稿。

(一) 使用"根据内容提示向导"创建演示文稿

第一次创建演示文稿,如果尚未考虑好要演示的内容,或不知道如何组织演示文稿,选择"根据内容提示向导"。"根据内容提示向导"不仅可以创建一个具有标题幻灯片和若干附加主题幻灯片的演示文稿,还能为演示文稿提供建议内容和组织方式(策略、销售、培训或者报告等)。按照向导中的提示逐步进行操作,可以快速建立各种文稿类型,此时 PowerPoint

将为文稿建立大纲、选择建议的文本，并用所需内容替换此建议的文本。根据内容提示向导创建演示文稿的操作步骤如下：

步骤一：在"PowerPoint"启动后的界面图 5-5 中，单击"根据内容提示向导"选项，弹出如图 5-6 所示的对话框。

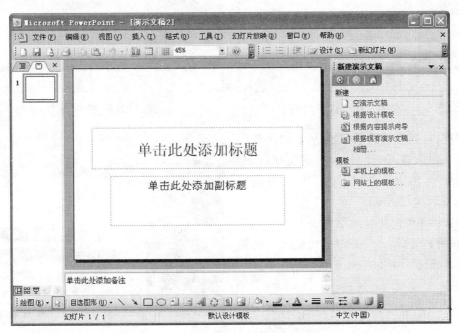

图 5-5　显示"任务窗格"的演示文稿窗口

步骤二：在内容提示向导对话框中，单击"下一步"按钮，弹出如图 5-7 所示的对话框。同时可见到对话框左边的"内容提示向导"从"开始"跳至下一项的"演示文稿类型"。在"选定将使用的演示文稿类型"栏选择所需的类型，如选定"常规"、"全部"或其他选项，单击"下一步"按钮。弹出如图 5-8 所示的"演示文稿样式"对话框。

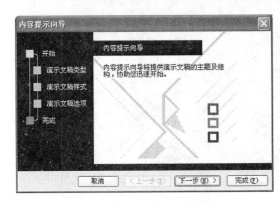

图 5-6　"内容提示向导"对话框

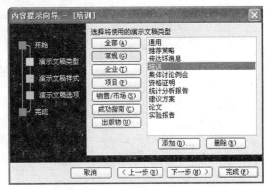

图 5-7　"演示文稿类型"对话框

步骤三：演示文稿样式为用户提供可以使用的输出类型，这里有五种供用户选择创建不同的演示文稿类型。一般选择"屏幕演示文稿"选项，确定文稿的用途，然后单击"下一步"按钮，弹出如图 5-9 所示的对话框。

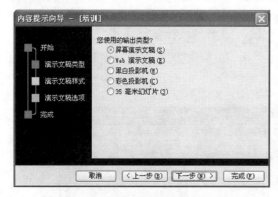

图 5-8　"演示文稿样式"对话框

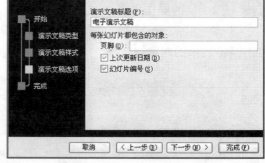

图 5-9　"演示文稿选项"对话框

步骤四：根据对话框中的提示，输入演示文稿标题，以及要在文稿每一张幻灯片上显示的任何其他信息，如页脚，上次更新日期，幻灯片编号等，然后单击"下一步"按钮，弹出如图 5-10 所示的对话框。

注意：每个向导对话框都含有"上一步"按钮，供用户返回上一对话框，以便改变选择或者编辑正文。要返回上一画面，单击"上一步"按钮或者按"Alt＋B"键。

步骤五：单击"完成"按钮，内容提示向导为用户建立一份演示文稿，并在普通视图（幻灯片视图）中显示该文稿，如图 5-11 所示。

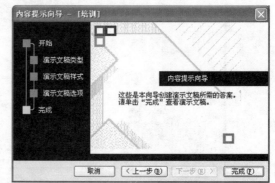

图 5-10　"完成"对话框

图 5-11　利用"根据内容提示向导"创建的演示文稿

步骤六：单击"文件"菜单下的"保存"命令（或单击常用工具栏上的"保存"🖫按钮，或按

"Ctrl＋S"键），如果文件是第一次保存，则系统弹出一个"另存为"对话框，如图 5-4 所示，选择保存位置，在"文件名"下拉列表框中，输入文件名，保存类型为系统默认（.ppt）的文件类型，单击"保存" 按钮。

（二）利用"根据设计模板"创建演示文稿

在 PowerPoint"新建演示文稿"的任务窗格中，选择"根据设计模板"选项，即可利用设计模板创建带模板的演示文稿，如图 5-5 所示。操作步骤如下：

步骤一：选择图 5-5 的第二项，单击"根据设计模板"，弹出如图 5-12 所示的选择"应用设计模板"选项，PowerPoint 为用户提供了 60 种模板供用户选择。除此之外，微软还不断在网上免费提供内容新颖的不同模板供用户下载使用。

图 5-12　利用"根据设计模板"创建的演示文稿窗口

步骤二：如选择"Blends"模板，可拖动垂直滚动条，找到"Blends"模板后，单击"Blends"选项，幻灯片窗格的幻灯片按 Blends 模板创建了演示文稿。如图 5-12 所示。

步骤三：单击"文件"菜单下的"保存"命令，如文件是第一次保存，系统同样会弹出一个"另存为"对话框，如图 5-4 所示，选择文件的保存位置、输入文件名、选择文件类型后，单击"保存" 按钮。

二、幻灯片版式的设计

演示文稿中的每张幻灯片版式可以各不相同，用户根据实际需要，可选择不同的版式设计不同幻灯片，以增加演示文稿版式的多样性，如文字标题，位置，竖排还是横排，插入图、表等，PowerPoint 2003 提供了 31 种默认的版式供用户选用。要选择幻灯片的版式，可按如下步骤操作：

步骤一：单击"格式"菜单下"幻灯片版式…"命令，在任务窗格中弹出如图 5-13 所示的多种应用幻灯片版式，单击即可选择某一种版式。

步骤二：选择最能表现幻灯片上信息的"版式"。弹出如图 5-13 所示的 PowerPoint 编辑文稿窗口。按照屏幕上的提示，单击幻灯片上的占位符，并向其中输入文本，或插入图片等。

图 5-13 显示"幻灯片版式"窗格

三、打开原有的"演示文稿"

(一) 利用"打开已有的演示文稿"打开演示文稿

演示文稿存盘后，可以随时将它打开继续进行编辑。启动 PowerPoint，如图 5-1 所示，单击"文件"菜单，在"文件"菜单下面列出了系统默认保留的最近使用过的四个文件清单。要打开其中的文件，只需单击文件名即可打开最近使用过的演示文稿。如图 5-14 所示。

(二) 使用"打开"命令打开演示文稿

要打开已有的演示文稿，除使用上述方法外，还可以使用以下两种方法，操作步骤如下：

方法一：鼠标及键盘操作打开

步骤一：启动 PowerPoint 后，单击"文件"菜单下的"打开"命令，或者按"Ctrl＋O"组合键；也可以单击常用工具栏上的"打开" 按钮，弹出如图 5-15 所示的"打开"对话框，选择 PowerPoint 文件，单击"打开"按钮。

步骤二：查找范围打开在"查找范围"框内指定要打开演示文稿的路径，查找演示文稿所在的驱动器及文件夹，选定 PowerPoint 文件。单击"打开"按钮，也可打开。

方法二：打开多个演示文稿 可以从"打开"对话框的

图 5-14 "文件"菜单下显示最近
打开过的 4 个演示文稿

文件列表中,按住 Ctrl 或 Shift 键,选定多个文件,单击"打开"按钮。可同时打开多个演示文稿。

图 5-15　"打开"对话框

(三) 其他方式打开演示文稿

在"打开"对话框内选择要打开的演示文稿,单击"打开"按钮右侧向下的"小箭头",弹出如图 5-16所示的对话框,可选择打开演示文稿的方式为:"以只读方式打开"或"以副本方式打开"。

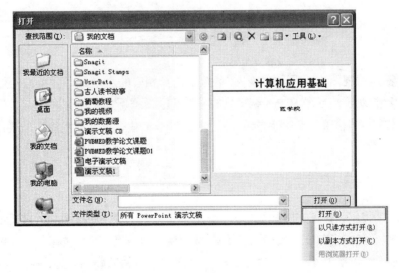

图 5-16　只读或副本方式打开

第三节　PowerPoint 窗口视图

PowerPoint 演示文稿有几种不同的视图方式,每一种视图方式适用于不同的操作目的。例如,大纲视图便于查看文稿的整体组织结构,而幻灯片浏览视图可以对幻灯片进行快速排序,普通视图(幻灯片视图)可以对每一张幻灯片进行编辑。

一、普 通 视 图

新创建的演示文稿，PowerPoint 默认为普通视图（幻灯片视图）。在幻灯片窗格内，用户可以用简单的方法来编辑幻灯片上的所有对象，其中包括文本、图片、背景、颜色和艺术字等对象。可以通过单击或双击某目标来进行编辑。对于一个正文对象，单击该对象完成选择，然后单击用户要插入之处，可进行编辑。如图 5-17 所示。

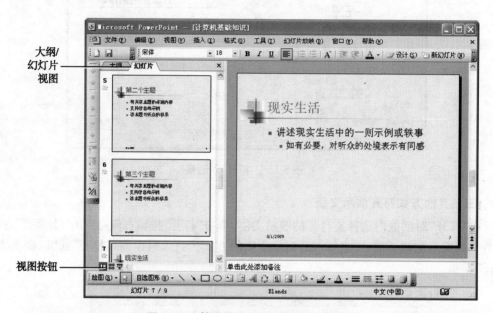

图 5-17 "普通视图（幻灯片视图）"窗口

要切换不同的视图方式，可在"视图"菜单中选择相应的命令（如幻灯片、幻灯片浏览、备注页和幻灯片放映等），或者单击大纲窗格的 ⎍⎍⎍ 大纲 幻灯片 ⎍⎍⎍ "大纲"、"幻灯片"和底部的视图切换按钮 ▦▦▥ ，"普通"、"幻灯片浏览"和"幻灯片放映"快速地切换到所需的视图方式，如图 5-17 所示。

二、大 纲 视 图

大纲视图是提供编辑正文的最简单方法。在普通视图（幻灯片视图）下，只要单击"大纲视图"按钮，或在"大纲窗格"点击"大纲" ⎍⎍⎍ 大纲 幻灯片 ⎍⎍⎍ 按钮，即可快速显示大纲视图，如图 5-18 所示。在大纲窗格内，用户只能输入文字，对文字进行格式设置，但不能对其他对象进行编辑。

三、幻灯片浏览视图

幻灯片浏览视图方式可显示演示文稿中所有幻灯片的缩略图。用户可以从中选择一张或多张幻灯片，并可通过拖放将其放置到合适的位置以重新排列这些幻灯片，还可对幻灯片进行删除操作。在幻灯片浏览视图方式下，不显示绘图工具栏。如图 5-19 所示。操作方法是单击"视图"菜单下的"幻灯片浏览"命令，或单击"幻灯片浏览视图"按钮。

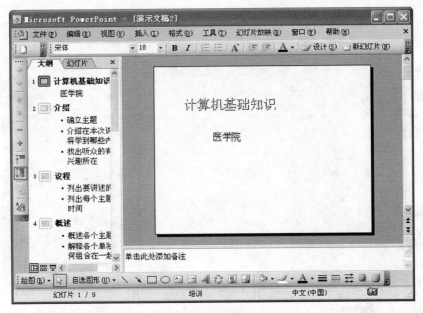

图 5-18　"大纲视图"窗口

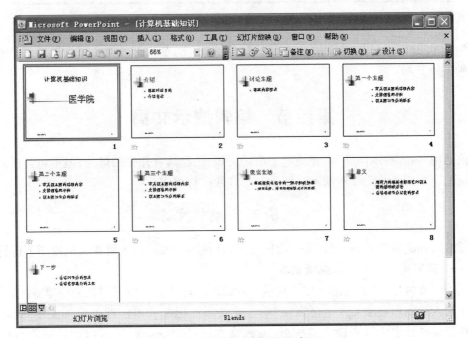

图 5-19　"幻灯片浏览视图"窗口

四、备注页视图

PowerPoint 允许用户对当前幻灯片添加注释,可以是文字或图片的说明。单击"视图"菜单下的"备注页"命令。弹出如图 5-20 所示的"备注页"视图窗格。

五、幻灯片放映视图

单击"视图"菜单下的"幻灯片放映"命令,或者单击演示文稿窗口底部的"幻灯片

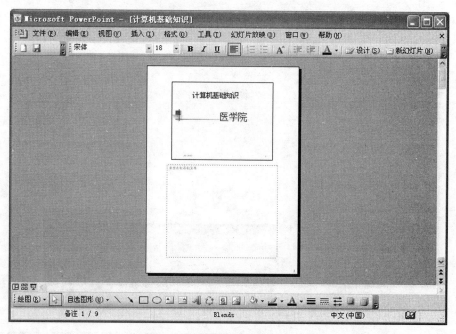

图 5-20 "幻灯片备注页视图"窗口

放映"按钮,即可进行幻灯片放映,此时可以方便地浏览演示文稿(详见第五节,演示文稿放映)。

第四节 编辑演示文稿

前面用"内容提示向导"创建的电子演示文稿,已经具有几张幻灯片,但不包含任何用户要使用的正文。为此需要对演示文稿上的幻灯片进行编辑。

一、输入和编辑文本

要输入和编辑文本,即可在普通视图(幻灯片视图)下进行,也可在大纲视图下进行。

(一) 普通视图下输入和编辑文本

在幻灯片窗格,普通视图为用户提供一种编辑幻灯片上的所有对象的简单方法,其中包括文本输入和图形对象插入。可以在"单击此处添加标题和单击此处添加文本"处输入文本。将鼠标指针定位到要插入点之处,输入文本;使用"Delete"键可以删除插入点("I"光标)右边的字符;用"BackSpace"键(退格键)可以删除插入点("I"光标)左边的字符;选择文本击"Delete"键,可删除选择的文本;选择文本,单击"格式"菜单中的"字体"命令,在弹出的对话框中对文本进行格式化。如图 5-21 所示。

(二)"查找"与"替换"

与 Word 文档的查找与替换操作基本相同。

(三) 分行与行距

单击"格式"菜单下的"换行…"命令项,弹出"亚洲换行符"对话框,选择复选框。单击"确定"按钮;单击"格式"菜单下的"行距…"命令项,弹出"行距"对话框,可设置行距。

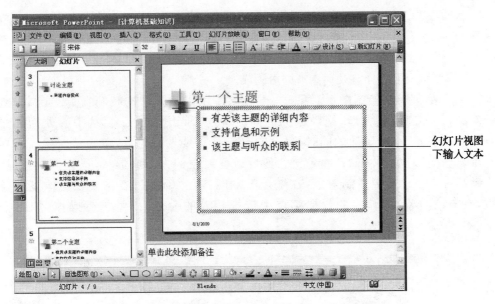

图 5-21　普通视图(幻灯片视图)下输入文本

二、绘 制 图 形

利用 PowerPoint 的绘图工具在幻灯片上既可绘制图形对象,也可以在幻灯片中添加图片。在绘图工具栏上,单击"自选图形"下拉菜单,选择相应的菜单选项,单击某个图形,在幻灯片中适当的位置拖拽鼠标即可进行图形绘制。如图 5-22 所示。

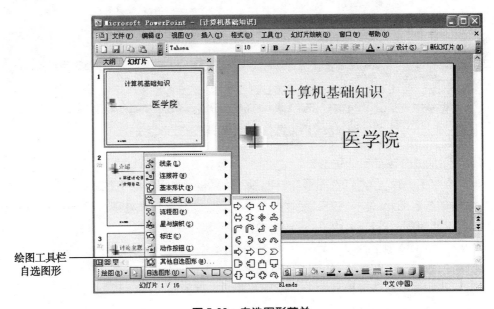

图 5-22　自选图形菜单

(一) 绘制图形对象

PowerPoint 提供多种供用户在幻灯片上绘制图形对象的工具,以下略举一二例。

1. 画直线和几何图形 无论绘制哪种图形对象,其处理过程基本上是相同的。操作步骤如下:①从绘图工具栏中选择用于画线或者几何图形的工具;②移动鼠标指针,使之指向线段的一个端点或对象的固定角;③按住鼠标左键,拖动鼠标至线的另一端点或对象的对角;④释放鼠标按钮,线条或几何图形即可画成。

2. 对象处理 在绘制图形对象时,还可以使用以下附加的技巧:①要绘制中心对称的对象,例如圆或正方形,拖动鼠标的同时按住"Shift"键。②要从中心处而不是边角点处绘制对象,拖动鼠标的同时按住"Ctrl"键。③要选择对象,单击该对象。④要删除对象,选择该对象,并击"Delete"键。⑤要改变对象的大小或形状,选择该对象,用鼠标拖动某一句柄。⑥要复制对象,在拖动的同时按住"Ctrl"键。⑦要快速改变对象的外观,右击该对象,从弹出的快捷菜单中选择相应的命令,即可进行操作,如图5-23所示。

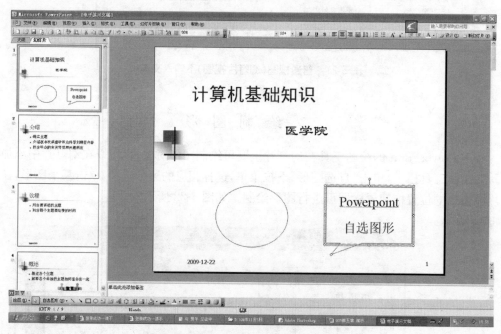

图 5-23 添加到幻灯片中的圆形和方形标注

(二)添加或者改变自选图形

单击绘图工具栏上的"自选图形"按钮,弹出如图5-22所示的下拉菜单,其中包含有许多类图形,如基本形状、箭头、流程图、星与旗帜、标注以及动作按钮等。文档中可以直接使用这些现成的图形。也可在文档中添加自选图形。操作步骤如下:

步骤一:单击绘图工具栏上的"自选图形"按钮,弹出自选图形菜单。

步骤二:鼠标指向所需类型,然后选择要插入的图形。

步骤三:移动鼠标使其指针指向几何图形的中心或者顶点位置。

步骤四:插入自定义大小的图形,将图形拖到合适的大小,然后释放鼠标左键。如果要把绘制好的自选图形改变为另一种形状,则可选中该图形,然后单击绘图工具栏上"绘图"下拉菜单中的"改变自选图形"菜单下的子菜单,选择相应的图形。

注意:再拖拽鼠标时要保持图形的宽与高的比例。

（三）曲线和任意多边形

　　"自选图形"菜单的"线条"分为"曲线"、"自由曲线"和"任意多边形"，用于描绘线条和曲线以及由线条和曲线组合的图形。如图 5-24、图 5-25 所示。

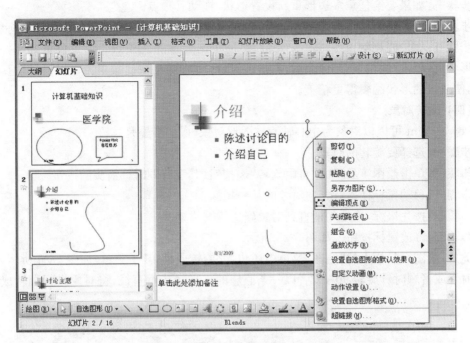

图 5-24　编辑曲线

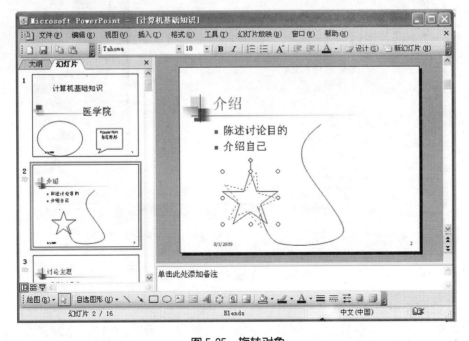

图 5-25　旋转对象

　　可以通过移动、删除和添加顶点的方法修改曲线或自由多边形的基本形状，如图 5-24

所示,操作步骤如下:

步骤一:选定要改变的任意多边形或曲线。

步骤二:右击鼠标,在弹出的快捷菜单中单击"编辑顶点"命令。

步骤三:如果要给任意多边形重新设置形状,拖动其顶点。

步骤四:如果要给任意多边形添加顶点,在要添加的地方单击鼠标,然后拖动鼠标。

步骤五:如果要删除顶点,按"Ctrl"键,然后单击要删除的顶点。如果要更好地控制曲线的形状,在单击"编辑顶点"命令后,右击顶点,此时将弹出快捷菜单。可以通过快捷菜单操作,使曲线的形状编辑得更精美。

(四)旋转对象

PowerPoint 可以以对象为中心轴旋转图形对象,操作步骤是:

步骤一:选择要旋转的对象。

步骤二:单击绘图工具栏的"自由旋转" 按钮(其上有顺时针箭头的按钮)。

步骤三:移动鼠标使指针指向对象的某一句柄。

步骤四:按住鼠标,拖动句柄直到对象到达所需位置。

步骤五:释放鼠标按钮。如图 5-25 所示。

此外,绘图工具栏上的"绘图"菜单中还包含"旋转或翻转"子菜单,如图 5-26 所示,可以向逆时针或者顺时针旋转 90°,或者以一条假想的水平线或垂直线,将对象进行翻转成镜像效果。

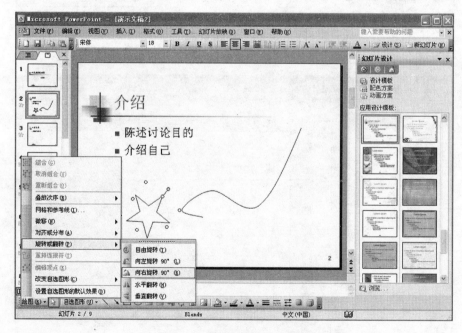

图 5-26 "旋转或翻转"子菜单

(五)在对象中添加文本

可以在三角形、椭圆或任意几何图形中添加文本,方法是:①单击要添加文本的对象。②插入文本框横排,输入文本(但不能在线条、曲线上添加文本),或右击图形,在弹出的快捷菜单中选择"添加文本"选项。如图 5-27 所示。

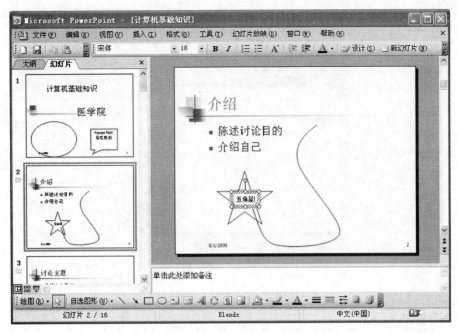

图 5-27　对象中添加文本

三、插 入 对 象

(一) 插入剪贴画

PowerPoint 的剪辑库中提供有数百种美术剪贴画,可以将这些预先生成的图像或者图片插入幻灯片中。在幻灯片中插入美术剪贴画,操作步骤如下:

步骤一:切换到普通视图(幻灯片视图),显示要插入美术剪贴画的幻灯片。

步骤二:单击"插入"菜单,选择"图片"子菜单下的"剪贴画…"命令,弹出如图 5-28 所示的"剪贴画"导航栏。

步骤三:在搜索文字文本框中,输入"牙刷"。

步骤四:选择"搜索范围"的"所有收藏集";"结果类型"下选择"所有媒体文件类型",单击"搜索"按钮。

步骤五:单击"牙刷"剪贴画,牙刷剪贴画就插入到当前幻灯片窗格内。

步骤六:移动鼠标指针,使其指向该美术剪贴画,按住鼠标左键,将剪贴画拖到合适位置。如图 5-28 所示,是在幻灯片上插入美术剪贴画后的效果。

(二) 插入图片

除了美术剪贴画以外,还可以插入在其他应用程序中生成的图片,操作步骤如下:

步骤一:单击"插入"菜单,指向"图片"子菜单下的"来自文件…"命令,弹出"插入图片"对话框。如图 5-29 所示。

步骤二:在"查找范围"列表框指定图片文件所在的文件夹。

步骤三:选择列表中的文件名,同时在预览框可显示该图片。

步骤四:单击"插入"按钮,图片被插入到当前幻灯片中。

步骤五:移动鼠标指向图片,选择该图片,按住鼠标左键将图片拖至合适位置。

图 5-28 插入剪贴画窗格

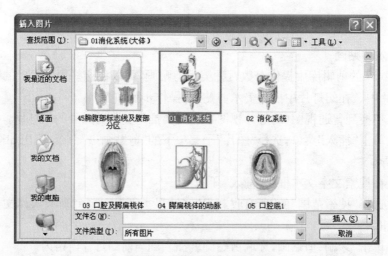

图 5-29 "插入图片"对话框

（三）插入图表

方法一：单击"插入"菜单下的"图表…"命令，或单击常用工具栏上的"图表" 按钮，弹出如图 5-30 对话框，然后使用现有的数据替换示例数据。单击"关闭"按钮。

方法二：首先选择具有图表的版式，双击图表占位符，可以创建图表，再使用现有的数据替换示例数据。然后单击幻灯片上图表的外部区域，返回到 PowerPoint。双击图表可再次编辑。

（四）插入艺术字

插入艺术字的方法是：单击"插入"菜单，鼠标指向"图片"子菜单下的"艺术字…"命令，其操作方法与 Word 中插入艺术字的方法基本相同。

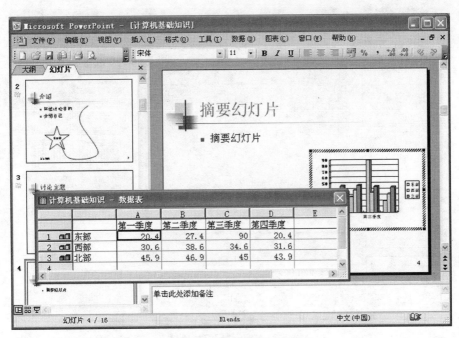

图 5-30 "插入图表"对话框

四、幻灯片的管理

幻灯片管理是指如何插入、复制、删除和移动演示文稿中的幻灯片。

(一) 选择幻灯片

对幻灯片进行插入、复制、删除和移动前,必须选择幻灯片。在"幻灯片浏览"视图下,主要方法是:

方法一:要选择一张幻灯片,鼠标单击某张幻灯片即可。

方法二:要选择两张或多张相邻的幻灯片,首先单击第一张幻灯片,然后按住 Shift 键,再单击最后一张幻灯片。

方法三:若要选择两张或多张非相邻幻灯片,按住"Ctrl"键并依次单击要选的每张幻灯片。

方法四:要选择全部幻灯片,单击"编辑"菜单下的"全选"命令,或按"Ctrl+A"组合键。

(二) 插入幻灯片

在一份演示文稿中,可以随时在文稿的任意位置插入一张新幻灯片,操作步骤如下:

步骤一:选定在其后要插入新幻灯片的幻灯片。

步骤二:单击"插入"菜单下的"新幻灯片"命令,或单击常用工具栏上的"新幻灯片" 按钮。则在任务窗格中会弹出如图 5-31 所示的"应用幻灯片版式"。

步骤三:直接选取"应用幻灯片版式"或移动滚动条到所需"版式"上,单击其中的一种版式,就在当前选定幻灯片后插入一张新的带版式的幻灯片了。

(三) 添加另一演示文稿中的幻灯片

如果要把另一演示文稿中的幻灯片添加到当前演示文稿中,其操作步骤如下:

步骤一:打开要进行添加的演示文稿。

图 5-31 应用"幻灯片版式"

步骤二：选择要在其后进行添加的幻灯片；

步骤三：单击"插入"菜单下的"幻灯片（从文件）"命令，弹出如图 5-32 所示的"幻灯片搜索器"对话框。

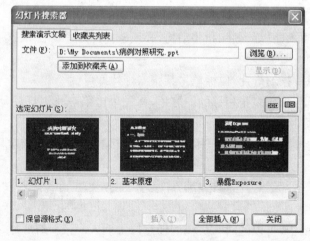

图 5-32 幻灯片搜索器

步骤四：单击"浏览"按钮，弹出浏览对话框，选择要插入幻灯片的文稿文件名。单击"打开"按钮。

步骤五：单击"全部插入"按钮，PowerPoint 即可在当前所选幻灯片后插入这份演示文稿中的全部幻灯片。新幻灯片呈现出当前文稿的外观设计。

（四）从文件中提取大纲

如果已经使用 Word 字处理软件建立了文本，并在其中设有标题，PowerPoint 可以从此正文中取出标题，并以此借助层次清单建立一系列幻灯片。要用正文为原稿建立幻灯片，操作步骤是：

步骤一：单击"插入"菜单下的"幻灯片（从大纲）"命令，弹出"插入大纲"对话框。

步骤二：从对话框中选择需要的正文文件，然后单击"插入"按钮，即可插入正文建立新幻灯片。

（五）复制幻灯片

在大纲视图或幻灯片浏览视图下，可以使用复制和粘贴功能对幻灯片进行复制。

方法一：菜单操作法，操作步骤如下：

步骤一：选择需要复制的幻灯片。

步骤二：单击"编辑"菜单下的"复制"命令，将选择的幻灯片复制到剪贴板上。

步骤三：将光标定位至幻灯片插入点之后。

步骤四：单击"编辑"菜单下的"粘贴"命令。

方法二：工具栏操作法，操作步骤如下：

步骤一：选择需要复制的幻灯片。

步骤二：单击常用工具栏上的"复制"　按钮，将选择的幻灯片复制到剪贴板上。

步骤三：将光标定位至幻灯片插入点之后。

步骤四：单击常用工具栏上的"粘贴"　按钮。

方法三：键盘操作法，操作步骤如下：

步骤一：选择需要复制的幻灯片。

步骤二：按键盘"Ctrl＋C"组合键，将选择的幻灯片复制到剪贴板上。

步骤三：将光标定位至幻灯片插入点之后。

步骤四：按键盘"Ctrl＋V"组合键。

（六）移动幻灯片

在大纲视图或幻灯片浏览视图下，可以使用剪切和粘贴来移动幻灯片。

方法一：菜单操作法，操作步骤如下：

步骤一：选择需要移动的幻灯片。

步骤二：单击"编辑"菜单下的"剪切"命令；将选择的幻灯片剪切到剪贴板上。

步骤三：将光标定位至幻灯片插入点之后。

步骤四：单击"编辑"菜单下的"粘贴"命令。

方法二：工具栏操作法，操作步骤如下：

步骤一：选择需要移动的幻灯片。

步骤二：单击常用工具栏上的"剪切"　按钮，将选择的幻灯片剪切到剪贴板上。

步骤三：将光标定位至幻灯片插入点之后。

步骤四：单击常用工具栏上的"粘贴"　按钮。

方法三：键盘操作法，操作步骤如下：

步骤一：选择需要移动的幻灯片。

步骤二：按键盘"Ctrl＋X"组合键，将选择的幻灯片剪切到剪贴板上。

步骤三：将光标定位至幻灯片插入点之后。

步骤四：按键盘"Ctrl＋V"组合键。

（七）删除幻灯片

方法一：①显示出要删除的幻灯片（在幻灯片或备注页视图中），或选择这些幻灯片（在大纲视图或幻灯片浏览视图中);②单击"编辑"菜单下的"删除幻灯片"命令。

方法二:选择要删除的幻灯片,击键盘上的"Delete"键,被选定幻灯片即被删除。

(八) 恢复删除的幻灯片

如果误删除了一张幻灯片,找回它有三种方法(以下任一方法,可进行多次恢复操作):

方法一:单击"编辑"菜单下的"撤消删除幻灯片"命令。

方法二:单击常用工具栏上的"撤消" 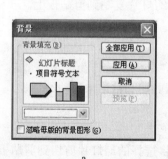 按钮。

方法三:按键盘"Ctrl+Z"组合键。

五、幻灯片外观设计

(一) 背景色设计

在"普通视图"或"幻灯片视图"中,单击"格式"菜单下的"背景"命令,弹出如图 5-33a 所示的对话框。单击背景填充下拉列表框按钮,弹出如图 5-33b 所示的下拉列表,单击"其他颜色",弹出如图 5-34 所示的对话框,若选择填充效果,弹出如图 5-35a、b 所示的对话框。根据需要设计背景色,每次操作完毕,单击"确定"按钮。选择相应的颜色设计后,单击"应用"按钮,将设计的背景色应用到当前幻灯片,若单击"全部应用"按钮,则将设计的背景色应用到整个(包含每张幻灯片)演示文稿。

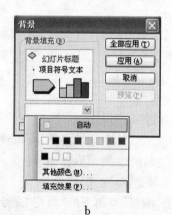

图 5-33 "背景"设计对话框

(二) 前景色设计

PowerPoint 可以改变文本的字体和格式,并加以修饰。

方法一:菜单操作法。选择文本,单击"格式"菜单的"字体"命令,弹出如图 5-36 所示的对话框,可以改变文本的字体、字形、字号和颜色等。还可以使用"字体"对话框修饰文本,方法是在相应的下拉列表中选择各项操作,完毕后单击"确定"按钮,完成设置。

方法二:格式工具栏操作法。格式工具栏包含有多个工具,用于改变文本的字体、尺寸和字形等。要使用这些工具,操作步骤如下:

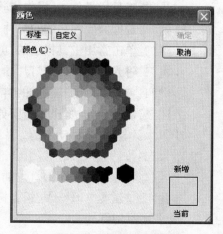

图 5-34 "颜色"对话框

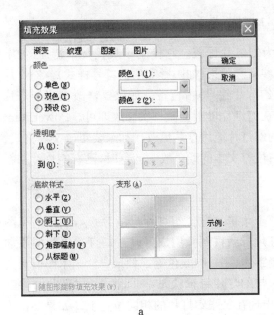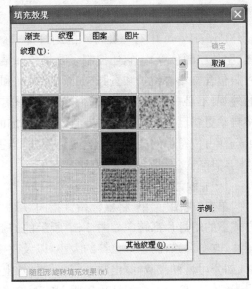

a   b

图 5-35 "填充效果"对话框的"渐变"和"纹理"选项卡

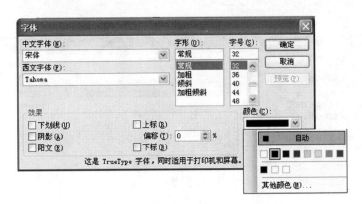

图 5-36 "字体"对话框

步骤一:选择要改变外观的文本。

步骤二:要改变字体,单击"字体"列表右侧的下拉箭头,然后选择所需字体。

步骤三:要改变字号大小,单击"字号"列表框并输入字号,或者单击右侧的下拉箭头来选择字号。

步骤四:要给文本增加一种字形或者效果(粗体、斜体、下划线或阴影),单击相应的按钮 **B** *I* U S 。其中,B 表示粗体,I 表示斜体,U 代表下划线,S 代表阴影。

方法三:格式刷操作。如果演示文稿中包含有当前要使用格式的文本,可以从已有文本中取出这种格式并应用于所选文本。要复制文本的格式,首先选中设置好格式的文本,单击常用工具栏上的"格式刷" 按钮,鼠标指针变即成了一个带"刷子"的工字形,此时移动鼠标至待复制格式的文本处拖动鼠标,当释放鼠标左键时,事先设置好的格式即应用于当前文本中。如果要多次使用格式刷,双击"格式刷"按钮即可。

六、设计幻灯片母版

PowerPoint 中有一类特殊的幻灯片，称为幻灯片母版。它控制了某些文本特征（如字体、字号和颜色等）。它还控制了背景色和某些特殊效果（如阴影和项目符号样式）。幻灯片母版包含文本占位符和页脚（如日期、时间和幻灯片编号）占位符。如果要修改多张幻灯片的外观，不必一张张幻灯片进行修改，而只需在幻灯片母版上做一次修改即可。PowerPoint将自动更新已有的幻灯片，并对以后新添加的幻灯片应用这些更改。如果要更改文本格式，可选择占位符中的文本并做更改。例如，当占位符文本的颜色改为蓝色时，已有幻灯片和新添幻灯片的文本将自动变为蓝色。

（一）设计幻灯片母版

单击"视图"菜单，将鼠标指针指向"母版"子菜单，单击"幻灯片母版"命令，则任何视图方式下的幻灯片都转向如图 5-37 所示的幻灯片母版视图。用户可以在幻灯片母版中添加图片，改变背景，调整占位符的大小，以及改变字体、字号和颜色等。如果要让艺术图形或文本（如公司名称或徽标）出现在每张幻灯片上，与幻灯片编辑状态一样，插入徽标图片，将其置于幻灯片母版上。幻灯片母版上的对象将出现在每张幻灯片的相同位置上。如果要在每张幻灯片上添加相同文本，在幻灯片母版上添加即可。操作方法是：单击"绘图"工具栏上的"文本框"按钮（不要在文本占位符内输入文本），通过"文本框"按钮添加的文本的外观不受母版支配。

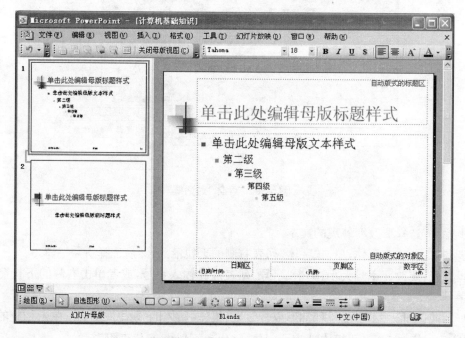

图 5-37　设计"幻灯片母版"

（二）设计幻灯片母版日期时间及页脚

在幻灯片母版编辑环境下，单击"视图"菜单下的"页眉和页脚"命令，弹出如图 5-38 的对话框，单击"幻灯片"选项卡，选择"日期和时间"选项，再选择"自动更新"选项，在列表框内选择日期和时间格式。选择"幻灯片编号"选项，再选择"页脚"选项，输入页脚内容。若单击"全部应用"按钮,则应用于当前演示文稿的所有母版;若单击"应用"按钮,只应用于当前一张母版。

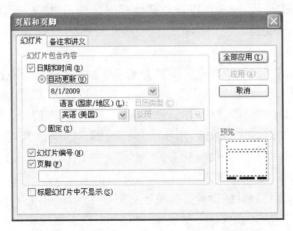

图 5-38　"幻灯片母版"的"页眉页脚"设计对话框

第五节　演示文稿放映

使用"幻灯片放映"视图可预览和排练演示文稿,并以电子演示方式向观众展示演示文稿。如果使用动画、声音及视频剪辑,可使图文、图表具有动画和声音效果。

由于 PowerPoint 的报告可以直接在屏幕上演示、讲解,本节讲述与屏幕报告演示有关的设置放映方式、动画设计、自定义动画设计、幻灯片切换方式和自定义放映。

一、设置放映方式

PowerPoint 为用户提供了三种类型的放映方式:一是在展台浏览(全屏幕),二是观众自行浏览(窗口),三是演讲者放映(全屏幕)。用户可根据需要选择放映方式,其操作方法是:启动 PowerPoint 打开已有的演示文稿,单击"幻灯片放映"菜单下的"设置放映方式…"命令,弹出如图 5-39 所示的设置放映方式对话框。

(一)在展台浏览

在展台浏览(全屏幕),设置了"在展台浏览(全屏幕)"放映方式,运行演示文稿后,会自动地一张张切换放映,无需人工管理放映。大多数的菜单命令都不可用,且在演示文稿放映完毕几秒钟后,PowerPoint 会自动选定"循环放映,按 Esc 键终止"放映。在展台浏览放映类型多用于展览会场或会议中心的产品宣传。

(二)观众自行浏览

观众自行浏览(窗口),多用于Web 网络进行浏览,采取这种放映方式时,演示文稿会出现在小型窗口内,

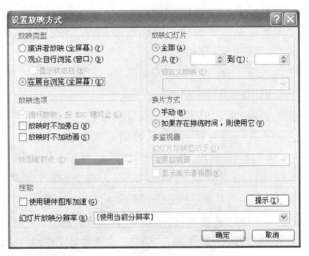

图 5-39　"设置放映方式"对话框

并提供相应的操作命令,在演示时移动、编辑、复制和打印幻灯片。还可通过滚动条从一张幻灯片移动到另一张幻灯片,同时可以打开其他程序。如通过"Web"工具栏浏览其他的演示文稿和其他的 Office 文档。

(三) 演讲者放映

这是一种最常用的演示放映方式。演讲者亲自播放演示文稿,有完全的控制权,人工控制幻灯片的文字、图片、动画、视频剪辑等。有四种放映操作方式:①演讲者可以利用"幻灯片放映"菜单上"排练计时"设置放映时间,录制旁白(录制演讲者自己的台词)。②演讲者通过鼠标或键盘操作控制幻灯片的放映,用于大屏幕投影。③演讲者可以暂停放映。④可通过按"Ctrl+P"组合键,鼠标进入书写状态,指针成为一支笔,在屏幕上书写,添加细节的解说和即席发挥演讲内容,按"Ctrl+A"组合键,鼠标退出书写状态。

在放映幻灯片时,系统默认的设置是放映所有幻灯片,用户也可以只放映其中的一部分幻灯片。如果要放映指定范围的幻灯片,在"幻灯片"区中,指定要放映的幻灯片范围,此区域有三个单选项,其功能是:①"全部",选择此选项,则从第一张幻灯片开始播放,直至最后一张幻灯片;②"从"和"到",选择此项,则"从"框指定的开始幻灯片编号,在"到"框中指定播放结束的幻灯片编号;③自定义放映,选择此项,则从下拉列表框中选择当前演示文稿中的某个自定义放映进行播放(如果演示文稿中没有自定义放映,此项功能不能使用);④设置完毕后,单击"确定"按钮。

二、动 画 设 计

PowerPoint 可以为演示文稿中幻灯片上的文本、形状、图片、声音和视频剪辑进行效果设置。最常见的就是设置幻灯片对象的动画效果,这样可以突出重点,控制信息流程,以提高演示文稿的趣味性。例如,可以让第一个对象单独出现,或让每个项目逐个出现,出现的形式可以是飞入、切入、移入、旋转、回旋等,还可以同时伴有声音。

动画效果是应用于幻灯片中对象的,使用 PowerPoint 2003 自带的动画方案进行动画设置,有以下两种方法:

1. 使用"动画方案"设置动画效果　在"大纲视图"模式或"普通视图(幻灯片视图)"模式下,选择要添加动画效果的幻灯片。选择"幻灯片放映"菜单下的"动画方案…"命令,弹出如图 5-40 所示的动画方案窗格,打开"幻灯片设计"任务窗格。任务窗格中将显示动画方案的所有设置项。不同的动画类型具有不同的动画展示效果。从中选择一个方案后,在幻灯片编辑区会立刻显示该动画效果,不过前提应选中"自动预览"复选框,否则用户选择动画的同时无法显示动画效果。

选择了合适的动画效果后,单击"应用于所有幻灯片"按钮,则该动画效果将应用于该演示文稿中的所有幻灯片。

如果"自动预览"复选框没有被选中,那么用户在选择了动画类型后单击"播放"按钮,可启动当前幻灯片中的动画,效果与系统自动播放一样。

2. 使用"自定义动画"设置动画效果　动画效果的添加一般是以一个对象为单位,如文本框、图片、表格等。在添加动画效果之前,首先需要选中对象,然后选择"幻灯片放映"菜单下的"自定义动画…"命令,打开"自定义动画"任务窗格。

在"自定义动画"任务窗格中,单击"添加效果"按钮,打开一个快捷菜单,其中有 4 个效果分类:"进入"、"强调"、"退出"、"动作路径",每一类都有一些可供选择的选项,选中其中一项,即可将其添加到幻灯片的动画片列表中。

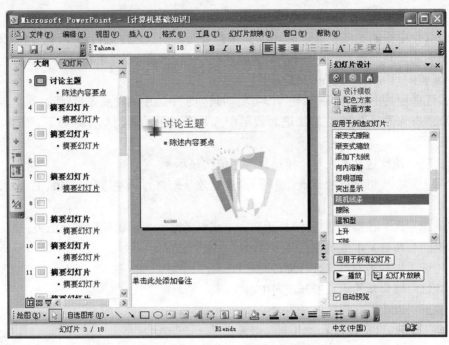

图 5-40　显示"动画方案"窗格

　　在"动作路径"分类中如果选择"绘制自定义路径"，这时供选择的类型有绘制"直线"、"曲线"、"任意多边形"、"自由曲线"。选择其中一种，将鼠标移至幻灯片编辑窗口中，此时鼠标指针呈十字形，拖动鼠标即可画出相应的图形，这样选中的幻灯片对象就会在幻灯片中按绘制的路径移动。

　　当幻灯片中的对象被添加了动画效果后，在该项目前会显示一个动画效果的编号，图 5-41 中预设动画效果，表示该动画在当前幻灯片中的播放次序，其顺序与任务窗格中动

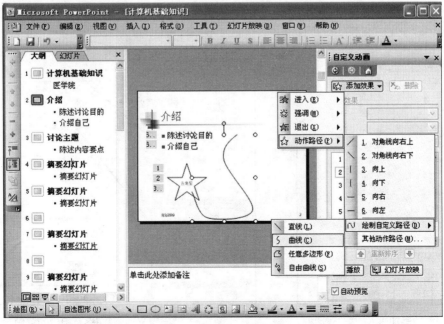

图 5-41　选择"绘制曲线"效果

画列表上的顺序一致。

当幻灯片中添加了多个动画效果后,如果需要对其播放顺序进行调整,在"自定义动画"任务窗格中的动画列表上,选中需要调整顺序的动画,然后单击"重新排序"两侧的上下箭头,即可调整幻灯片动画效果的播放顺序。

单击任务窗格中的"删除"按钮 ,即可将动画列表中选中的动画效果删除。

以添加进入效果为例,在添加进入效果中选几个效果功能简单介绍如下,图 5-42 为几种效果选项。

1. 出现　使所选文本或对象按动画顺序依次显示。

2. 飞入　在飞机飞行的背景音乐中,所选对象从幻灯片的左边(或右边、上部、底部)飞入屏幕。

3. 闪烁一次　在播放幻灯片时,所选文本或对象刚一显示就从屏幕上消失。

4. 擦除　所选文本或对象在演示窗口中从左到右显示。

5. 轮子　以轮子的形式进行旋转。

6. 盒状　以盒状的形式展开或向中心收缩。

7. 菱形　以菱形的形状展开或收缩。

8. 切入　从底部,或从右、左、上部切入。

9. 棋盘　棋盘式的效果。

自定义动画的其他设计,如图 5-43 所示。

图 5-42　"添加进入效果"对话框

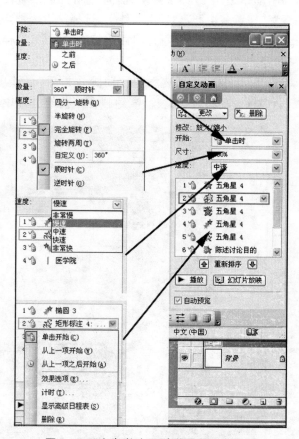

图 5-43　"自定义动画"窗格及相应的菜单

1. **鼠标事件**　是指鼠标点击开始之前还是之后。
2. **方向**　是指对象旋转的方向。
3. **速度**　有"非常慢"、"慢速"、"中速"、"快速"、"非常快"5 种选择。
4. **重新排序**　可以把设计的动画顺序重新调整。
5. **播放**　将设计的动画效果进行预览。

三、幻灯片切换

　　幻灯片切换是指演示文稿在放映时由一张幻灯片变换到另一张幻灯片时的过渡效果，也称为换页。PowerPoint 可以设置换页的方式，包括换页时的显示效果及伴音等换页效果。设置换页效果既可以在普通视图(幻灯片视图)中进行，也可以在幻灯片浏览视图中进行。在幻灯片浏览视图中，可为选择的一组幻灯片设置相同的切换效果，并可预览切换效果。

　　设置幻灯片切换效果的步骤如下：

　　步骤一：幻灯片切换设置。单击"幻灯片放映"菜单下的"幻灯片切换…"命令，弹出如图 5-44 所示的对话框。

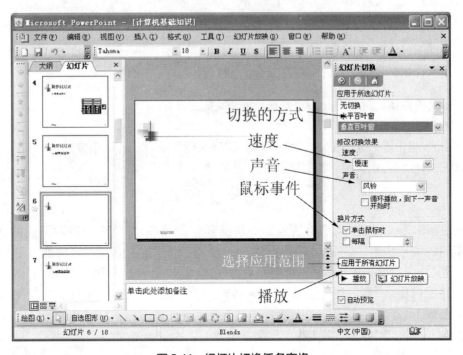

图 5-44　幻灯片切换任务窗格

　　步骤二：效果设置。有 57 种效果供用户选择，在窗口的上方是图片框，用来预演切换效果。单击图片框下拉式列表按钮，可显示出所有切换效果(如横向棋盘式、水平百叶窗、盒状收缩、向下收缩、随机等)列表，选择其中一种效果。

　　步骤三：速度设置。有慢速、中速和快速三种换页速度供用户选择。

　　步骤四：设置换页方式。换页方式有"单击鼠标换页"和"预定时间自动换页"两种。

　　(1) 单击鼠标换页：选定"单击鼠标换页"复选框，则演示时单击一次鼠标换一页。

（2）预定时间自动换页：选定"每隔"复选框，则可设定每张幻灯片或全部幻灯片的自动换页时间。

步骤五：声音设置。换页时伴随声音，供用户选择各种声音。选择声音效果，在切换幻灯片时，为了渲染气氛，还可增加一些声音（如打字机声、急刹车声、激光声、照相机快门声、锣鼓声、掌声等等），可通过单击声音下拉式列表按钮进行选择。

设置完毕后，单击"应用"按钮，应用于当前幻灯片，单击"全部应用"按钮，应用于整篇演示文稿。

四、放映幻灯片

使用"幻灯片放映"可预览和排练演示文稿，并以电子方式向观众展示演示文稿。演示文稿以全屏方式运行，并具有所有的动画和切换效果。使用鼠标单击可前进到下一张幻灯片，而使用键盘上下光标控制键，或用"PageUp"键、"PageDown"键，则可以向前一张或后一张移动幻灯片。放映演示文稿的方法如下：

方法一：单击"视图"菜单下的"幻灯片放映"命令。

方法二：单击文稿窗口底部的幻灯片放映按钮，可从当前幻灯片开始放映。

方法三：单击"幻灯片放映"菜单下的"观看放映"命令。

方法四：按"F5"键进行放映（无论定位在何处，按"F5"键都从演示文稿的第一张幻灯片开始放映）。

五、结 束 放 映

演示文稿在播放过程中是可以随时终止的，方法如下：

方法一：按"Esc"键。

方法二：单击屏幕左下方的"菜单"按钮，弹出快捷菜单，点击"结束放映"。

方法三：鼠标右击屏幕，弹出快捷菜单，单击"结束放映"。

六、自定义放映

在使用演示文稿时，经常会遇到以下情况：同一个演示文稿需要针对不同的观众来制定不同的演示内容。PowerPoint 提供了一个称为"自定义放映"的功能。可以通过这个功能，再针对不同的观众创建多个几乎完全相同的演示文稿，将不同的幻灯片组织起来并加以命名，然后在演示过程中跳转到这些幻灯片上进行放映。自定义放映的操作步骤如下：

步骤一：单击"幻灯片放映"菜单下的"自定义放映…"命令，弹出如图 5-45 所示的"自定义放映"对话框。

步骤二：单击"新建"按钮，弹出"定义自定义放映"对话框。

步骤三：在幻灯片放映名称栏中输入放映名称（默认"自定义放映 1"），在"在演示文稿中的幻灯片"列表框中选择一张幻灯片（如果要选择多张幻灯片，按"Ctrl"键的同时单击要选择的幻灯

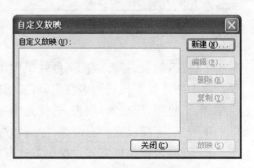

图 5-45 "自定义放映"对话框

片），单击"添加"按钮，此时出现在右边"在自定义放映中的幻灯片"列表框中的幻灯片就是自定义放映的幻灯片，如图 5-46 所示。

步骤四：播放次序，通过选择"在自定义放映中的幻灯片"列表框中的幻灯片，并单击其右边向上、向下箭头可调整幻灯片放映时的显示顺序，单击"确定"按钮。

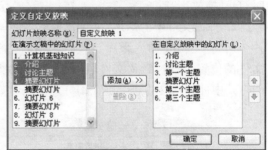

在 PowerPoint 中，除了利用自定义放映外，还可以通过设置按钮和超级链接跳转到演示文稿中特定的幻灯片，或与另一份演示文稿及某个 Word 文档，甚至 Internet 的地址实现超级链接，改变播放的顺序，详细内容将在第六节介绍。

图 5-46　添加"自定义放映的幻灯片"

第六节　PowerPoint 高级应用

前几节介绍了 PowerPoint 的基本操作，本节主要介绍 PowerPoint 的音频、视频、超级链接及打包功能。充分利用 PowerPoint 中的这些功能及其特点，结合用户自身丰富的想象力和创造力，即使是没有任何编程知识的用户也能开发出不亚于专业水平及高度的交互式多媒体电子演示文稿。

一、音频与视频的编辑

用中文 PowerPoint 编辑音频与视频剪辑十分方便。

1. 插入文件中的声音　单击"插入"菜单下的"影片和声音"子菜单下的"文件和声音…"命令，弹出"插入声音"对话框，如图 5-47 所示。在"查找范围"列表框的下拉列表中找到保存声音文件的位置，单击"声音文件名"，再单击"确定"按钮，该声音文件就插到当前幻灯片中，同时弹出"您希望在幻灯片放映时如何开始播放声音？"对话框，如图 5-49 所示。

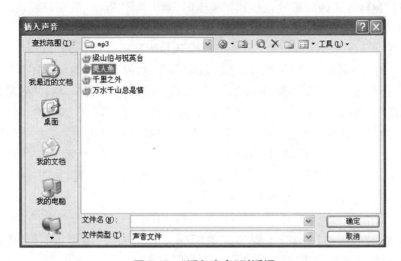

图 5-47　"插入声音"对话框

　　如果想用鼠标控制播放声音,点击"在单击时",如单击"自动"按钮,播放到当前幻灯片时,自动播放声音。

　　2. 插入文件中的影片　单击"插入"菜单下的"影片和声音"子菜单下的"文件中的影片…"命令,弹出"插入影片"对话框。在"查找范围"列表框的下拉列表中找到保存影片文件的位置,单击"影片文件名",如图 5-48 所示,单击"确定"按钮,该影片文件就插到当前幻灯片中,同时弹出"您希望在幻灯片放映时如何开始播放影片?"类似图 5-49。

图 5-48　"插入影片"对话框

图 5-49　播放声音或影片控制提示

　　如果想用鼠标控制播放影片,点击"在单击时",如单击"自动"按钮,播放到当前幻灯片时,自动播放影片。

　　3. 多媒体设置　"多媒体设置"主要是对声音和影片播放效果进行设置。单击"声音"图标,再单击"幻灯片放映"菜单下的"自定义动画"命令,切换到任务窗格如图 5-50 所示的"自定义动画"任务窗格,点击"美人鱼.mp3"下拉列表箭头,弹出下拉菜单,单击"效果选项…",弹出"播放 声音"对话框。"效果"选项卡的设计如其他对象的效果,不加叙述。现以声音文件的设置为例,"计时"选项卡下有"开始"选项,是指鼠标响应"单击时"、"之前"、"之后","延迟"鼠标事件后几秒播放;"重复"是指播放重复几次。如图 5-51 所示。"效果"选项卡是指设置为某种效果,如幻灯片放映时隐藏声音图标,提示源信息的位置,如图 5-52 所示。设置完毕,单击"确定"按钮。影片的设置与声音设置大同小异。

　　插入影片的设置与声音的编辑类似,这里不再详细介绍。

　　一般来说,最后编辑出来的多媒体文稿的视觉效果如何,动画设置是关键。但因为PowerPoint 是全中文界面和"所见即所得"的环境,操作难度不大,稍加练习后就可熟练掌握。编辑好每张幻灯片,是制作好多媒体演示文稿的基础。

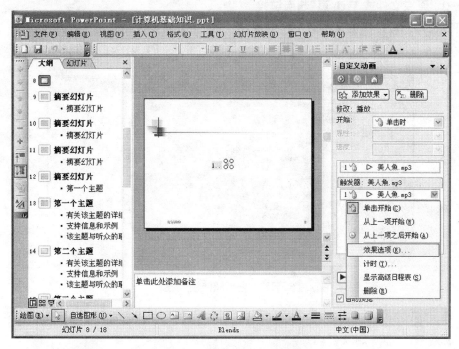

图 5-50　"插入剪辑库"中的声音

图 5-51　"播放 声音"对话框(一)

图 5-52　"播放 声音"对话框(二)

二、演示文稿的超级链接

在中文 PowerPoint 中,利用"超级链接"功能,可制作出交互使用功能的多媒体演示文稿,实现开发者完美的多媒体创作意图,如通过创建某些按钮,在幻灯片放映时单击它们,就可以跳转到特定幻灯片或运行另一个嵌入进来的演示文稿或激活与运行一个外部程序等。

演示文稿的"超级链接"分为四种:创建"原有文件或 Web 页"超级链接、"本文档中的位置"超级链接、"新建文档"超级链接、"电子邮件地址"和"动作按钮"超级链接。

(一)"原有文件或 Web 页"超级链接

首先选择幻灯片中的文本或一个对象,然后按照下列步骤建立超级链接:

步骤一:单击"插入"菜单下的"超链接…"命令,弹出如图 5-53 所示的对话框。

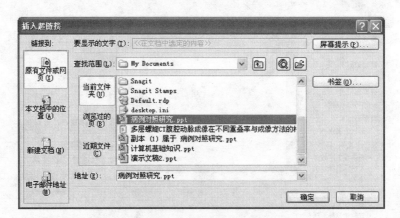

图 5-53 "插入超链接"设置

步骤二:在插入超级链接对话框的"链接到:"选项中单击"原有文件和网页"选项,在"地址栏名称后输入"框中输文件名。

步骤三:单击"确定"按钮,返回到原窗口。

步骤四:单击"确定"按钮,原文件就被超级链接到当前演示文稿的当前幻灯片内。这一步也可直接输入 Web 地址,如 http://www.163.com,单击"确定"按钮,网易的网站首页就被链接到当前演示文稿中,如图 5-54 所示。

图 5-54 插入 URL 超级链接设置

(二)"本文档中的位置"超级链接

选择幻灯片中的文本或一个对象,单击"插入"菜单下的"超链接…"命令,弹出如图 5-50 所示的对话框,单击"本文档中的位置"选项,弹出如图 5-55 所示的对话框。选择要链接的幻灯片名称,"幻灯片预览"框内显示出将要超级链接到当前幻灯片的这张幻灯片,然后单击"确定"按钮,选择的这张幻灯片就被链接到当前幻灯片所选择的文本或对象上。

除此之外,还有"新建文档"和"电子邮件地址的链接",在此不再一一介绍,读者自行操

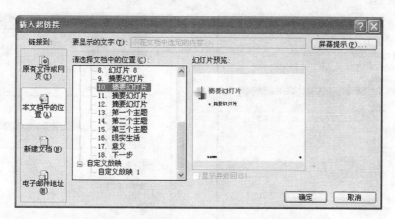

图 5-55 插入"本文档中的位置"的超级链接

作,看结果。

（三）"动作按钮"超级链接

演示文稿在"普通视图(幻灯片视图)"下,单击"幻灯片放映"菜单,鼠标指向"动作按钮"子菜单下并选择某一"按钮"项,此时鼠标变成细十字形,鼠标移向幻灯片窗格,在要制作动作按钮的位置,拖动鼠标左键即产生一个按钮,同时弹出如图 5-56 所示的"动作设置"对话框,供用户选择超级链接的编辑。在此对话框中,系统默认的是"单击鼠标"选项卡,如果所选的文档对象欲链接到其他对象或事件,应选中下面的"超级链接到"的选项,下面的几个设置选项被激活。在第一个下拉框中,可以选择所链接的对象。其中可供选用的选项相当丰富,如图 5-57a 和 b 所示。如第一张、上一张、下一张等,还可以进行其他编辑,如"运行程序"、"运行宏"、"对象动作"及"播放声音"等设计。

图 5-56 制作动作按钮同时弹出动作设置对话框

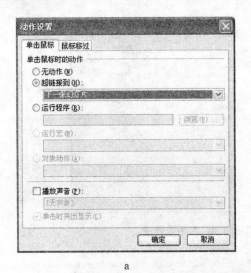 

a   b

图 5-57 超级链接及其动作设置

三、演示文稿中插入 flash 动画

演示文稿插入 Flash 动画有多种方法,下面介绍常用的两种方法:

方法一:控件工具箱法

步骤一:进入 PowerPoint 工作界面,单击"视图"菜单,鼠标指向"工具栏",单击"控件工具箱",打开"控件工具箱"面板,如图 5-58 所示。

图 5-58 控件工具箱面板

步骤二:在"控件工具箱"面板中用鼠标左键点击右下角的那个"其他控件",打开系统安装的 ActiveX 控件清单,从中选择"Shockwave Flash Object",此时光标变成十字形,用鼠标

在幻灯片上拖出一个任意大小的矩形区域,以后 Flash 动画就将在其中播放,如图 5-58 所示。

步骤三:在所拖出的矩形区域中,击鼠标右键打开快捷菜单,选择"属性",如图 5-59 所示。

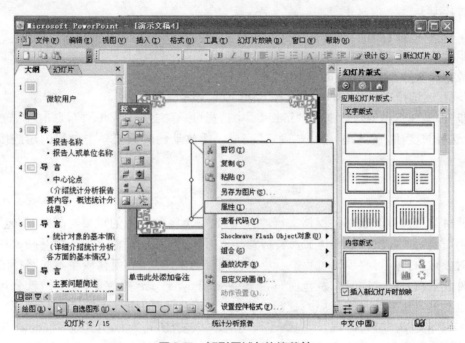

图 5-59　矩形区域与快捷菜单

步骤四:在 movie 后面输入 swf 文件的绝对路径,建议将 swf 文件拷入根目录,并将文件名改成简单的如:D:\a. swf 形式,如图 5-60 所示。

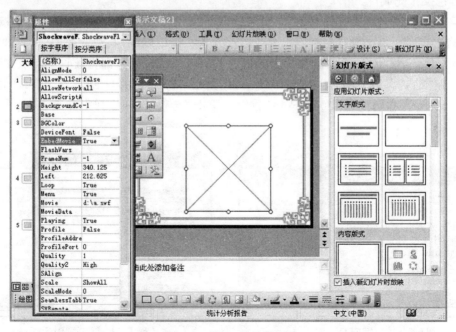

图 5-60　属性 VB 编辑窗口

步骤五:将 EmbedMoive 后面改为 True。

步骤六:保存并运行 powerpoint 文件,观看 flash 播放效果。

方法二:插入超链接法

这种方法的特点是简单,适合 PowerPoint 初学者,同时它还能将 EXE 类型的文件插入到幻灯片中去。

步骤一:运行 PowerPoint 程序,打开要插入动画的幻灯片。

步骤二:在其中插入任意一个对象,比如一段文字、一个图片等。目的是对它设置超链接。最好这个对象与链接到的动画的内容有关。

步骤三:选择这个对象,单击"插入"菜单下的"超级链接"命令。

步骤四:在弹出的对话框中,"链接到"中选择"原有文件或 Web 页",点击"浏览文件"按钮,选择想要插入的动画,点击"确定"完成。播放动画时只要单击设置的超链接对象即可。

四、演示文稿打包

使用 PowerPoint 创作多媒体文稿,"打包"是一个经常使用的重要功能。"打包"的作用是当需要将所开发的多媒体文档转移到其他机器上使用,或者将其作为商品软件包装发售时,通过打包,可将编辑过程中一个个被链接进来的对象,但存放在不同路径的其他源文件收集在一起。同时在打包时,可提供一个 PowerPoint 播放器(这是微软公司专门声明过的可以免费散发的程序),让没有安装 PowerPoint 的用户也能使用 PowerPoint 开发的多媒体文稿。打包时,还将提供 TTF 字形嵌入功能,可不依赖其他 Windows 用户系统中的字体而得到正确的演示结果。"打包"时,也对所有的文件,包括演示文稿本身、媒体文件,图像文件和链接对象的其他文件进行压缩,以实现商业性包装。执行"文件"菜单中的"打包"命令,屏幕会弹出"打包"向导,按照向导一步一步地操作,如图 5-61 所示,直到打包操作完成。

步骤一:选择打包的文件,指定打包的 PowerPoint 演示文稿。如果打包的文件有链接的外部文件,除了剪贴画本身和效果声音已被嵌入文稿中以外,其他的如影像、MID、WAV 等声音文件,AVI、FLC 等动画文件和其他的 OLE 对象文件等,都将被收集起来并打进包中。单击"文件"菜单下的"打包 CD"命令,弹出如图 5-61 所示的对话框,在"将 CD 命名为"处输入文件名,本例输入"PowerPoint 教程",单击"选项"按钮。弹出如图 5-62 所示的对话框。

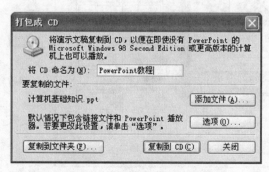

图 5-61　"打包成 CD"对话框

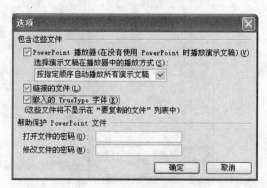

图 5-62　"选项"对话框

步骤二：勾选嵌入的 TrueType 字体，添加密码，如图 5-62 所示，就不能让别人使用你的作品。然后，单击"复制到 CD"，此时计算机要安装有刻录机，才能使用该项。

步骤三：选择"复制到文件夹"按钮，弹出如图 5-63 所示的对话框。单击"浏览"按钮，选择"一个文件夹"选项，单击"确定"按钮，打包成 CD 完成。

步骤四：单击图 5-61 的"关闭"按钮。

步骤五：打开刚才打包时保存的文件夹，可

图 5-63　"复制到文件夹"对话框

见其内有个 Play.bat 文件，双击或右键打开它，如图 5-64 所示，就能播放打包的 CD 文件。这样打包的文件，复制到其他计算机上，不管其他的计算机有没有安装 PowerPoint 软件，都能播放打包文件，进行演示文稿的使用。

图 5-64　打包的文件

第七节　演示文稿打印

制作完成的演示文稿，用户可以通过打印机打印输出。打印机输出的样式，有彩色、灰度或纯黑白方式打印幻灯片。

一、打印页面设置

演示文稿打印之前，应该检查一下幻灯片设置情况，并确定所设置的输出方式、尺寸和打印方向是否符合要求，操作步骤如下：

步骤一：单击"文件"菜单下的"页面设置"命令，弹出"页面设置"对话框，如图 5-65 所示。

1. 幻灯片大小　单击幻灯片大小框右侧的"下拉箭头"，弹出下拉列表，从中选择幻灯片的输出方式。例如，全屏显示、Letter 纸张（8.5×11 英寸）、A4 纸张（大小为 210×297 毫米)、35 毫米幻灯片等。

（1）自定义尺寸：如果要建立自定义的尺寸，在"宽度"和"高度"框中输入需要的尺寸即可。如果改变了"宽度"和"高度"框中的任一设置，系统将在"幻灯片大小"框中进行自动选择。还可以单击右侧的箭头来调整设置。单击向上的箭头，使设置增加 0.1cm，单击向下箭头，使设置减少 0.1cm。

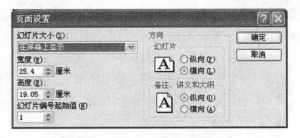

图 5-65　"页面设置"对话框

（2）幻灯片编号：在"幻灯片编号起始值"框输入要打印的起始幻灯片号码（常为 1）。

2. 方向　在"方向"组框中指明幻灯片、备注页、大纲等的打印方向。

步骤二：设置完成后，单击"确定"按钮。如果改变了方向设置，则必须等待片刻，PowerPoint 将对幻灯片进行重新定向。

二、设置打印参数

除前面叙述的页面设置外，对演示文稿的打印还要进行相关的参数设置，如打印输出的内容、打印范围、打印份数及一些特殊要求等。除了在幻灯片放映视图外，其他几种视图都可以进行打印输出。打印参数设置步骤如下：

步骤一：单击"文件"菜单下的"打印"命令，弹出如图 5-66 所示的对话框。

图 5-66　"打印"对话框

步骤二：参数设置，即打印范围设置。在"打印范围"区中指定演示文稿的打印范围，此区有五个选项，其功能如下：

1. 打印范围　打印幻灯片的范围。

（1）全部：选择此单选项，则打印演示文稿中的所有幻灯片。

（2）当前幻灯片：选择此单选项，则打印插入点所在的普通视图（幻灯片视图）或普通视图窗口显示的幻灯片;如果选择了多张幻灯片,则打印所选幻灯片的第一张。

(3) 选定幻灯片:选择此单选项,则打印当前选择范围内的幻灯片。该选项只在幻灯片浏览视图或大纲视图中可用。

(4) 幻灯片:选择此单选项,然后在右侧框中输入幻灯片范围。可用逗号分开数个不连续的范围,如 1-3,7,9,12-14(指打印第一~第三张、第七张、第九张、第十二~第十四张幻灯片)。

(5) 自定义放映:选择此单选按钮,可以打印自定义放映(但演示文稿必须已经创建了"自定义放映")。

2. 打印内容   单击"打印内容"列表框右侧的下拉箭头,从下拉列表中选择要打印的项目。

(1) 幻灯片:打印输出的结果与普通视图(幻灯片视图)下所看到的一样,一张幻灯片打印在一张纸上或透明胶片上。

(2) 讲义:以多张幻灯片打印输出到一张纸上供观众看讲义。这种输出方式可以在"讲义"区中指定每页纸幻灯片数目及幻灯片的顺序号等。

(3) 备注页:打印输出的幻灯片带有备注。

(4) 大纲视图:大纲打印演示文稿。打印输出的大纲与屏幕上所显示的大纲视图完全一样。如果只打印幻灯片标题,可单击"大纲"工具栏中的"全部折叠"按钮;如果要打印所有级别的文本,可单击"大纲"工具栏中的"全部展开"按钮;如果要打印带格式或不带格式的大纲,可单击"显示格式"按钮,显示或隐藏屏幕上的格式;如果要加大或缩小打印大纲的字号,可单击"常用"工具栏中的"显示比例"列表框右边的"向下箭头",从中选择适当的显示比例;如果要在打印的大纲中添加页眉和页脚,可单击"视图"菜单中的"页眉和页脚"命令,再单击"备注和讲义"选项卡,然后选择所需的选项,页眉和页脚会添加到讲义和备注页,以及打印的大纲中。

3. 打印份数   在"打印份数"框中指定打印的份数,如果选中"逐份打印"复选框,将按正确的装订次序打印多份演示文稿。

4. 复选框   在"打印"对话框的底部还有六个复选框可供选择。

(1) 灰度:选择该复选框,可以在单色打印机上以最佳的方式打印彩色幻灯片。

(2) 纯黑白:选择该复选框,以纯黑白的方式打印幻灯片。系统将灰色底纹转成黑色或白色。

(3) 包括动画:选择该复选框,打印包括动画的图标。

(4) 根据纸张调整大小:选择该复选框,缩小或放大幻灯片的图像,使它们适应打印页。此复选框只改变打印结果,不会改变演示文稿中幻灯片的大小。

(5) 幻灯片加框:选该复选框,在打印幻灯片、讲义和备注页时,添加一个细的边框。

(6) 打印隐藏幻灯片:选择该复选框,使隐藏幻灯片和其余内容一起打印出来。只有在演示文稿中含有隐藏幻灯片时,才能使用该复选框。

步骤三:设置完毕,单击"确定"按钮,开始打印。

(陈吴兴)

第六章

网页制作软件 FrontPage 2003

FrontPage 2003 是微软公司推出的 Microsoft Office System 软件包的重要组成部分，它能创建和维护一个或多个 Web 网站，并且提供了类似文字处理软件的界面来创建网页，相对于其他网页制作软件，它具有简单的操作界面、所见即所得的编辑环境、多样化的模板和向导、与 Office 2003 软件包其他部件可完美整合等特点，是一套功能强大的网页制作软件。

第一节 FrontPage 2003 的基本操作

一、FrontPage 2003 的启动与退出

FrontPage 2003 作为 Office 家族的一员，其启动和退出的方法与 Office 其他应用程序也很相似。下面简单介绍几种常用的启动和退出的方法。

（一）启动 FrontPage 2003

方法一：单击"开始"按钮，鼠标指向"程序"下的"Microsoft Office"子菜单，然后再单击"Microsoft Office FrontPage 2003"，即可启动 FrontPage 2003。

方法二：若已在桌面创建 FrontPage 2003 的快捷方式，双击 FrontPage 2003 的快捷方式图标，即可启动 FrontPage 2003。

（二）退出 FrontPage 2003

方法一：单击"文件"菜单中的"退出"命令。

方法二：单击窗口标题栏中的"关闭"按钮。

方法三：双击窗口标题栏中的"控制菜单"图标，或单击标题栏中的"控制菜单"图标，在弹出的下拉菜单中，单击"关闭"命令。

方法四：同时按下"Alt＋F4"键。

二、FrontPage 2003 的窗口组成

FrontPage 2003 的窗口结构与 Office 其他应用程序的窗口结构类似，主要由标题栏、菜单栏、工具栏、标记栏、工作区、视图切换区、状态栏和任务窗格组成。窗口结构如图 6-1 所示。

（一）FrontPage 2003 窗口组成

1. 标题栏　与 Office 其他应用程序窗口中标题栏的功能相同。

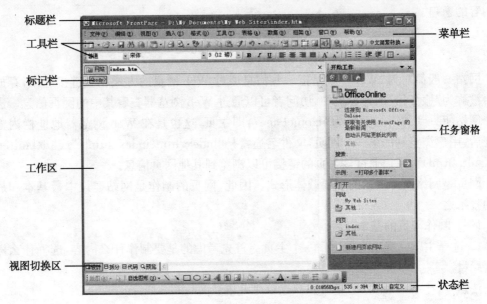

图 6-1　FrontPage 2003 窗口

2. 菜单栏　在 FrontPage 2003 窗口的菜单栏上，共有"文件"、"编辑"、"视图"、"插入"、"格式"、"工具"、"表格"、"数据"、"框架"、"窗口"和"帮助"11 个菜单项，每个菜单项中包含了多个菜单命令，可以完成 FrontPage 2003 的所有操作。

3. 工具栏　FrontPage 2003 窗口默认的工具栏有"常用"工具栏和"格式"工具栏。工具栏的操作方法与 Office 其他应用程序相似。

4. 标记栏　当选择网页中的某个对象时，在该栏中自动实现 HTML 标记。

5. 工作区　是 FrontPage 2003 管理网站、编辑网页的主要工作界面。

6. 视图切换区　是在 FrontPage 2003 不同视图模式之间进行切换。

7. 状态栏　用来显示相关的提示信息。

8. 任务窗格　用于网页制作中涉及的一些操作的快速启动和连接。

（二）获取帮助

FrontPage 2003 不仅提供了良好的网页创建环境，而且还提供了各种各样的帮助信息。

1. 查看帮助主题　如果需要查看帮助信息，可以执行下列操作之一打开 FrontPage 2003 的帮助主题。

（1）单击"帮助"菜单，选择"Microsoft Office FrontPage 帮助"命令项。

（2）单击"常用"工具栏上的"Microsoft Office FrontPage 帮助"按钮◎。

（3）敲 F1 键。

此时，在任务窗格中，出现 FrontPage 2003 帮助信息。

2. 使用关键字搜索　通过 FrontPage 2003 帮助中的"搜索"功能可以按关键字浏览帮助主题。在搜索的文本框中输入关键字后，单击➡按钮，系统即会显示出所有包含关键字的帮助主题。

3. 使用目录搜索　通过 FrontPage 2003 帮助中的"目录"功能可以分类浏览帮助主题。单击目录标签后，帮助信息窗口中显示所有的帮助主题。它是以目录的形式出现的，单击书形图标将逐层打开各级主题，单击需要查看内容的项目后，系统即会打开一个包含该主题详细内容的窗口。

三、网站制作概述

网站一般简写为"Web",就是把一些信息通过 Web 网页的方式相互链接起来,存放在一台被称为"服务器"的计算机中,访问者可以通过 Web 浏览器查看其中的网页信息。进入某个网站所见到的第一页称为"HomePage",即主页,这也是在 Web 浏览器地址栏内输入网址后,用户浏览到的第一个网页,文件名通常是"index. htm(index. html)"或"default. htm(default. html)",用户通过该主页的链接可以浏览到其他网页信息。

网页是网络资源展示的主要载体形式。因此,网页的制作是网站建设中最基本和最重要的技术之一。

(一)制作网页的基本过程

1. 选择主题　着手策划制作一个主页。首先考虑的是要制作什么内容,选择什么样的主页题材。

注意:对于个人的 Web,通常应注意以下几点:

(1) 一般来说,个人主页的选材要小而精。

(2) 题材最好是自己擅长或者喜爱的内容。

(3) 不要太滥或者目标太高。

2. 规划框架　规划一个网站,可以用结构图先把每个页面的内容大纲列出来,尤其是要制作一个有很多网页的网站时,特别需要把这个架构规划好,同时还要考虑到网站以后可能的扩充性。

在大纲列出来后,还必须考虑每个页面之间的链接关系,这也是判别一个网站优劣的重要标志。链接混乱、层次不清的网站会造成浏览困难,影响内容的发挥。为了提高浏览效率,方便资料的寻找,一般网站的框架基本上采用"蒲公英"式链接,即所有的主要链接都在首页上,每个主链接再分别展开,主链接之间再相互链接。最后根据规划的网站,绘制出网站结构图。例如,制作一个主题为"××学校"的网站,网站结构图设计如图 6-2 所示。

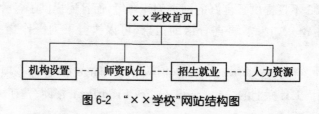

图 6-2　"××学校"网站结构图

3. 收集素材　框架定下来后,下一步就要根据网页主题制作和收集各种相关的资料作为网页制作的素材。素材包括文字、图片、声音、动画及影像等各类信息,制作素材应该借助一些专业软件,另外还可以从网络上获取相关素材。收集、加工制作好的素材要围绕网页的主题和框架分类整理,以便于网页制作时选用。

最后根据自己的素材和页面上需要表现的内容,对每个网页的整个页面布局进行大致描述,绘制出每个网页的框架表。如"××学校"网站主页的框架表可以如表 6-1 所示,进行规划描述。

表 6-1 "××学校"主页框架表

主页标题(包括学校图标、名称)				
链接一(首页)	链接二(机构设置)	链接三(师资队伍)	链接四(招生就业)	链接五(人力资源)
图片				
交互区(调查表)	图片		文本区(信息公告)	
	文本区(学校要闻标题)			
链接(友情链接相关网站)				

(二) 网页制作的组织

在确定网站定位之后,接下来需要根据目标访问者的潜在需求确定网站的内容。

1. 重视交互内容 对于一般的网站,网站内容大致可以分为两类:静态信息内容和与访问者的交互内容。前者主要是一些文字及图片的信息,如介绍、服务的说明等;而交互功能则更多是需要运行后台 CGI 程序的一些内容,如论坛、BBS、数据库接口、查询等。由于对网络不够了解,因此,网站策划人员在收集准备网站内容时一定要特别强调这种交互功能,这样可以让网站更加充分地利用互联网的互动特性。

2. 按访问者兴趣分组信息 收集了各方面的内容,确定了相应的交互功能后,下一步就是这些内容的分组。分组的目的是为了根据浏览者的访问习惯,有序地展示内容,吸引访问者看下去,同时在分组过程中还可发掘潜在的信息内容,换句话说就是确定网站的导览系统。

经过上述一系列的分析整理,最后就得到了网站的完全信息结构。这个信息结构除了包括网站的导览系统外,还要包括交互设计部分,同时还要确定的就是网站的首页。

3. 首页设计很关键 除了那些完全用于树立形象的页面外,一个网站的首页基本上反映了该网站大部分设计思想:导览系统、设计风格、交互内容、主要更新,所以首页对于一个网站来说非常重要。首页定下来了,可以说一个网站完成了一半,实际上访问者记住某个网站,也就是记住了它的首页。首页中有些什么内容、图片、提交表单等,这些在分析一个网站的信息结构时都必须确定。

4. 注意视觉的设计 另外在视觉设计上的一些内容也需要在这一阶段确定。网站的设计按照什么样的分辨率,是 600×480 还是 800×600,或者 1024×768,应根据当时的实际情况进行选择。浏览器的兼容问题也需要考虑,除 IE 外,其他浏览器(如 Netscape、Opera 等浏览器)的兼容也不应忽略。设计风格的考虑,如色彩的搭配,图形、线条的使用等。

以上内容可以说是完成了一个网站的准备工作,接下来要做的就是具体制作。

四、网站的基本操作

由于制作网页时总是先制作主页,所以创建网站时,我们也应该先创建能容纳一个网页的网站。

(一) 创建网站

步骤一:单击"文件"菜单,选择"新建…"命令项,任务窗格中出现如图 6-3 所示的"新建"面板。在面板的"新建网站"下选择"由一个网页组成的网站",弹出"网站模板"对话框,如图 6-4 所示。

图 6-3 "新建"面板

图 6-4 "网站模板"选择

步骤二:单击"常规"选项卡,选择"只有一个网页的网站"模板。在"指定新网站的位置"文本框中输入新网站的存放位置,或单击"浏览…"按钮找到要存放新网站的位置。

步骤三:单击"确定"按钮,此时 FrontPage 2003 会自动在指定位置建立一个网站。

通过以上步骤新建的网站是只有一个主页 index. htm 的网站,该主页是空的,需要对它添加内容,同时也可以添加一些网页到该网站中去。此外,该网站中包含有两个子文件夹,一个是_private 文件夹,通常用来存放一些私人的文件,这些文件不会被别人看到;另一个是 images 文件夹,是 FrontPage 2003 专门创建来存放图像文件的文件夹,因为 FrontPage 2003 扩展服务器的图像文件的默认目录为 images。

(二)关闭和打开网站

1. 关闭网站 单击"文件"菜单,选择"关闭网站"命令项,则当前网站被关闭。

2. 打开网站 单击"文件"菜单,选择"打开网站"命令项,弹出如图 6-5 所示的"打开网

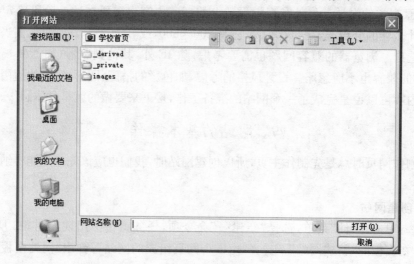

图 6-5 打开网站

站"对话框,在对话框的"查找范围"下拉列表框中,选择要打开的网站,单击"打开"按钮,选定的网站将被打开。

(三) 网站的视图模式

在 FrontPage 2003 中有如下六种网站的视图模式:

1. 文件夹视图　主要功能是直接处理文件和文件夹以及组织网站内容。

2. 远程网站视图　主要功能是发布整个网站,或有选择地发布个别文件。

3. 报表视图　主要功能是运行报表查询后分析网站内容。

4. 导航视图　主要功能是提供网页的分层视图,可以调整网页在网站中的位置。

5. 超链接视图　主要功能是将网站中超链接的状态显示在一个列表中,此列表既包括内部超链接,也包括外部超链接。

6. 任务视图　主要功能是以列格式显示网站中的所有任务,并在各个标题下提供有关各项任务的当前信息。

(四) 将素材导入网站

网页中要使用的素材在引用前最好先导入网站,一般都导入到 images 文件夹中,只有这样,才能确保素材被正确链接到网页中而不出现错误。具体操作步骤如下:

步骤一:在网站的文件夹视图模式中选定 images 文件夹,单击"文件"菜单,选择"导入…"命令项,弹出"导入"对话框,如图 6-6 所示。

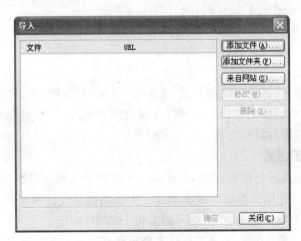

图 6-6　导入素材

步骤二:在"导入"对话框中,单击"添加文件…"按钮。选择需要导入的文件,单击"打开"按钮,返回到"导入"对话框,单击"确定"按钮完成素材的导入。

步骤三:单击网站窗口中左上侧的"向上一级"按钮,返回网站根目录。重复上述步骤,可以导入多个文件。

五、网页的基本操作

(一) 新建网页

如果要创建网页,可以通过下列两种方式完成:

1. "文件"菜单法　单击"文件"菜单,选择"新建…"命令项,这时在任务窗格的新建网页项中显示了四种创建网页的方式:空白网页、文本文件、根据现有网页新建、其他网页模板,根据需要可以选择不同方式创建网页。

2. 工具按钮法　单击"常用"工具栏上的"新建普通网页"按钮,可以新建一个默认名称为"new_page_1.htm"的新空白网页。

(二) 保存网页

1. 保存新建网页　如果要对新建网页进行保存,单击"文件"菜单,选择"保存"命令项,或是单击"常用"工具栏上的"保存"按钮,在弹出的"另存为"对话框中设置网页保存的位置及网页名称,单击"保存"按钮,把新建网页保存到指定的网站中。

2. 保存已有的网页　如果要保存已有的网页,单击"文件"菜单,选择"保存"命令项,或单击"常用"工具栏上的"保存"按钮,即可将当前的网页直接保存起来。

如果要将某个已有的网页以其他文件名称、保存位置或是文件类型进行保存,可以单击"文件"菜单,选择"另存为…"命令项,根据需要在"另存为"对话框的"文件名"、"保存位置"及"保存类型"文本框中分别设置相应的值。

在保存的网页中若包含了图形、Activex 控件,声音文件等对象,而之前并没把这些对象导入网站中,系统会在保存网页后打开"保存嵌入式文件"对话框,提示将这些对象保存到与网页相同的位置。

(三) 关闭网页

单击"文件"菜单,选择"关闭"命令项,或单击工作区右上角的"关闭"按钮,就可以关闭当前网页,当退出 FrontPage 2003 时,网页将同时关闭。

关闭网页时,如果网页还未保存,或是网页修改后还未保存,则会出现提示保存的对话框,这时可以根据需要进行处理。

(四) 打开网页

单击"文件"菜单,选择"打开"命令项,或单击"常用"工具栏上的"打开"按钮,将弹出"打开文件"对话框。在对话框中查找到需要打开网页所在的文件夹,选择要打开的网页文件,然后单击"打开"按钮即可打开文件。

(五) 网页的视图模式

为了方便的对网页进行编辑,FrontPage 2003 提供了四种网页的视图模式:

1. 设计视图　这是网页默认的视图模式。主要功能是设计和编辑网页。

2. 代码视图　主要功能是查看、编写和编辑 HTML 标记。

3. 拆分视图　主要功能是拆分屏幕格式来审阅和编辑网页内容,这种模式可以同时访问代码模式和设计模式。

4. 预览视图　主要功能是可以预览编辑的网页在 Web 浏览器中的大体显示情况。

(六) 预览网页

网页编辑完成后,可以用浏览器预览网页的效果。有两种预览网页的方式;

方法一:单击"文件"菜单,选择"在浏览器中预览"命令项,或单击常用工具栏上的"预览"按钮,将启动已安装好的浏览器并打开该网页。如果在预览之前没有把修改后或新建的网页保存起来,则将弹出警示对话框提示应该首先保存该网页。

方法二:单击 FrontPage 2003 视图切换区的预览视图模式,打开 FrontPage 2003 编辑器自带的浏览器预览网页。看完之后,单击设计视图模式,又切换到网页编辑状态。

在预览窗口中看到的是网页在发布后的大致样式。要看到网页在 WWW 浏览器中的真实情形,必须使用"在浏览器中预览"命令项查看。而且,即使是在 WWW 浏览器中浏览通过,不同的浏览器产生的效果也不一样。在发布到 Internet 上以前,最好使用不同的浏览器多浏览几次。

(七) 网页的属性设置

在网页设计视图模式下,单击"文件"菜单,选择"属性…"命令项,或在网页空白处右击鼠标,在弹出的快捷菜单中单击"网页属性"命令项,弹出如图 6-7 所示的"网页属性"对话框,在对话框中可以修改网页的多种属性。

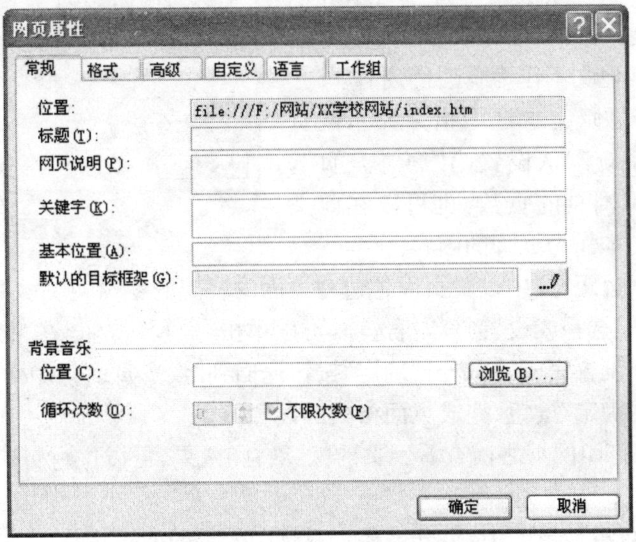

图 6-7 "网页属性"设置

1. 常规

(1) 位置 当网页保存后,此处将显示网页所在的位置。

(2) 标题 在"标题"文本框中可建立或修改网页的标题,该标题将显示在浏览器的标题栏中。

(3) 网页说明 对网页的说明,会在网页搜索的结果中看到。

(4) 关键字 用于网页搜索。

(5) 基本位置 用于解析网页中超链接的基本 URL。

(6) 修改背景音乐 为网页添加背景音乐。可通过"浏览"按钮寻找合适的音乐文件作为网页的背景音乐。

2. 格式 在"格式"选项卡中,可以设置网页的背景色、背景图片等。

3. 高级 可设置网页在浏览窗口中的不同边距,文本在浏览器中的显示样式,以及设计阶段控件脚本的安全来源。

4. 自定义 为网页指定系统变量和用户变量。

5. 语言 指定网页中文本的语言和 HTML 编码方式。

6. 工作组 为网页在工作组中指定类别和分配对象。

(八) 网页的打印

大多数情况下,网页是供访问者在显示器上浏览的,因此网页设计者比较注重显示效果,而忽略了打印效果,但访问者有时也会打印浏览的网页,因此,在设计网页时最好考虑打印的需求。FrontPage 2003 提供了完善的打印功能,不仅可以设置页面的打印格式,还能在打印之前预览网页的效果。

（1）设置页面格式的具体操作步骤如下：

步骤一：在网页设计视图中，打开需要设置页面格式的网页。

步骤二：单击"文件"菜单，选择"页面设置…"命令项，弹出"设置页面打印格式"对话框，如图 6-8 所示。

步骤三：在"标题"文本框中指定显示在网页页眉中的内容。系统默认设置为"&T"，表示将当前网页的标题作为页眉中的内容，也可以在此文本中输入其他文本作为页眉的内容。

步骤四：在"页脚"文本框中指定显示网页页脚中的内容。系统默认设置为"第 &P 页"，表示在页脚中显示网页的页数，也可以在此文本框中键入其他文本作为页脚的内容。

图 6-8　设置页面打印格式

步骤五：在"页边距"区中设置页面各边与页面内容间的距离。

步骤六：如果要选择或设置打印机选项，可以单击"选项"按钮，在"打印设置"对话框中设置相关的选项。设置完成后，单击"确定"按钮返回到"设置页面打印格式"对话框中。

步骤七：单击"确定"按钮，完成页面格式的设置。

（2）如果要在打印网页之前查看网页的实际打印效果，可以进行打印预览网页的操作，具体步骤如下：

步骤一：在网页设计视图中，打开需要查看打印效果的网页。

步骤二：单击"文件"菜单，选择"打印预览"命令项，打开"打印预览"窗口。在打印预览窗口中，可以利用系统提供的工具按钮进行相关的操作。

步骤三：查看完毕后，单击"关闭"按钮，退出打印预览并返回到网页。

（3）如果要打印网页，具体操作步骤如下：

步骤一：在网页设计视图中，打开需要打印的网页。

步骤二：单击"文件"菜单中的"打印…"命令项，弹出"打印"对话框。

步骤三：在对话框中设置打印机名称、打印范围及份数。

步骤四：单击"确定"按钮，即可将指定的网页内容输送到打印机进行打印。

网页中文本的输入和编辑操作与 Word 2003 中文本的操作相同，这里就不再描述。

六、HTML 语言简介

超文本标记语言（HyperText Markup Language, HTML）是一种用于万维网文档中的标准标记语言。HTML 通过一系列的标记符号描述 Web 网页的超文本格式，可供多种不同类型和版本的浏览器在网上浏览。尽管现在的网页制作多采用可视化工具，用户无需直接和 HTML 打交道，但网页格式描述的实质和核心仍然是 HTML。因此，了解 HTML 对提高网页制作水平和质量具有重要的意义。HTML 代码可以在多种文本编辑软件中编写，如 Word、写字板、记事本等，只要在保存时将其保存为 .htm 文件即可。也可以在网页的代码视图中编写。

（一）HTML 简介

1. HTML 的构成　HTML 是由标志和属性构成的。标志用来引用一段文字或是一幅图片等文档部件,属性是标志的选项,在标志中修饰,如颜色、对齐方式、高度和宽度等。很多标志都成对出现,例如有＜title＞就有＜/title＞前一个表示开始,后一个表示结束,内容放在两者之间。

HTML 的基本框架如下:

＜html＞
＜head＞
＜title＞HTML 语言基础＜/title＞
＜/head＞
＜body bgcolor=" # ffffff"＞
＜p＞ HTML 语言基础＜/p＞
＜/body＞
＜/html＞

注意:上面的标签都是成对出现的,例如＜html＞＜/html＞,＜title＞＜/title＞。它们的主要功能就是告诉浏览器如何处理在这两个标签之间的信息。例如,在上面的程序中,＜title＞ HTML 语言基础＜/title＞就是告诉浏览器本页的标题为"HTML 语言基础"标题是从＜title＞开始到＜/title＞结束,结束后浏览器会继续解释下个标签。但是要注意＜html＞＜/html＞必须包含所有的其他标签,但并不是所有标签都能包含别的标签。

2. HTML 的标记　由 HTML 编写的 Homepage 中包含了一大堆的符号,其文本格式大致由两部分构成,一部分是标记,又称控制码,另一部分才是内容本身。

一个标记表示为"＜……＞",中间可以包含标记名、标记的属性等等,就像编程语言中的参数一样。许多标记都是成对出现的,有一个开始标记,还有一个结束标记,结束标记就是在开始标记之前加一个"/"。例如下面两行:

＜html＞
＜/html＞

就是一对标记,它们表示这是 Homepage 的开始(＜html＞)以及结束(＜/html＞)。因此,要学习 Homepage 的制作,必须首先了解 HTML 标记的基本结构及作用。

3. 常用的 HTML 标记
(1) 格式:＜html＞……＜/html＞
　　作用:表示超文本文档的开头及结束。
(2) 格式:＜head＞……＜/head＞
　　作用:有关文档的定义、说明和描述等标记(如 title 标记)必须包含在其中。
(3) 格式:＜title＞……＜/title＞
　　作用:其中包含的内容出现在浏览器窗口的标题栏上,作为该主页的标题。
(4) 格式:＜body＞……＜/body＞
　　作用:要表达的正文信息需包含在其中。
　　说明:以上 4 个标记是一个完整的 Homepage 所必不可少的。
(5) 格式:＜hn＞……＜/hn＞
　　作用:其中 n 取值 1～6,表示由大到小的 6 种标题文字。
(6) 格式:＜br＞
　　作用:强行换行。在 HTML 文本中,所有包含的回车符和空格都被忽略,当一行的内容还不满屏幕的宽度时,下一行内容会自动接上,因此在需换行时必须使用该标记。

    (7) 格式:<font>……</font>

        作用:用于设定字体的大小和所用的字体,其中包含两个属性:

        属性 size:指定字体的大小,值为 1~7。

        属性 face:用于指定不同的字体。

    (8) 格式:<img>

        作用:将图像文件嵌入到 Home page 中。其中包含 3 个属性:Src(图像来源)、Width(图像宽度)和 Height(图像高度)。

    (9) 格式:<center>……</center>

        作用:将文本的内容居中。

    (10) 格式:<u>……</u>

         作用:在其间包含的文本内容上加下划线。

    当然,HTML 的标记还有很多,只有了解了它们的基本结构并灵活运用,才能编写出图文并茂的 Homepage。

(二) 通过 HTML 语言制作网页

    方法一:

    步骤一:选用一种文本编辑器,如"记事本"或"Word 2003",输入 HTML 代码,并保存为 .htm 类型的文件。

    步骤二:启动 IE 浏览器,在地址栏中输入该文件的地址并敲回车键,即可浏览编辑的网页。

    例如:在 Word 2003 中输入下列内容:

<html>
<head>
<title>我的第一个 Homepage,欢迎光临! </title>
</head>
<body>
<h2>我的小天地</h2>

<fontface-="黑体" size=7>欢迎光临! </font>

<fontface="宋体" size=3>WELCOME! </font>

<imgsrc="home. gif "　 width=120 height=100>

</body>
</html>

    然后将其保存于一个标准的 ASCII 文本文件中,如 MY. htm,将其保存到 C 盘的根目录下,并且图像文件 home. gif 也同存于 C 盘根目录下。打开 IE 浏览器,在地址栏中输入"C:\MY. htm"并按回车键,则新建立的网页就显示在浏览器的窗口之中了。

方法二：在 FrontPage 2003 打开网页，选择代码视图模式，既可显示当前网页的 HTML 代码内容，同时可以进行 HTML 语言的编辑。

第二节　网页元素的插入、编辑与属性设置

一、水 平 线

许多网页中都有一些风格各异的水平线，用于把网页分隔成几个部分。

（一）插入水平线

如果要插入一条水平线，可以按照下述步骤进行操作：

步骤一：打开网页，在网页设计视图中，将光标定位于需要插入水平线的位置。

步骤二：单击"插入"菜单，选择"水平线"命令项，FrontPage 2003 自动在当前位置插入一个默认的水平线。

（二）属性设置

如果要设置水平线的属性，可以按照下述步骤进行操作：

1. 选定水平线　单击"格式"菜单，选择"属性"命令项，或者双击插入到网页中的水平线，弹出"水平线属性"对话框，如图 6-9 所示。

2. 水平线属性对话框的设置　在"水平线属性"对话框中，可以对水平线进行如下选项的设置。

（1）在"宽度"文本框中，根据窗口宽度的百分比或像素值指定水平线的宽度。

（2）在"高度"文本框中，输入水平线高度的像素值。

（3）在"对齐方式"区中，指定水平线在网页上的水平对齐方式。

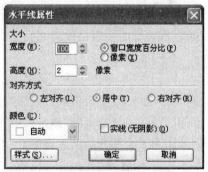

图 6-9　"水平线属性"设置

（4）在"颜色"区中，指定水平线的颜色。如果希望水平线以实心方式显示，可以选中"实线（无阴影）"复选框。

3. 单击"确定"按钮，使设置的选项生效。

注意：如果网页使用了主题效果，水平线将被主题中对应的图形所代替。

二、日 期 和 时 间

FrontPage 2003 可以在网页中插入上次编辑此页的日期，也可以插入上次自动更新此页的日期。这些日期和时间是动态变化的。

（一）插入日期和时间

如果要在网页中插入日期和时间，可以按照下述步骤进行操作：

步骤一：打开网页，在网页设计视图中，将光标定位于要插入日期和时间的位置。

步骤二：单击"插入"菜单，选择"日期和时间…"命令项，弹出"日期和时间"对话框，如图 6-10 所示。

图 6-10　"日期和时间"设置

步骤三：在"显示"区中选择日期和时间的类型。若选中"上次编辑此网页的日期"单选按钮，将指定网页最后一次编辑和保存的日期；如果选中"上次自动更新此网页的日期"单选按钮，则可以记录 FrontPage 2003 最后一次更新当前网页的日期。

步骤四：在"日期格式"下拉列表框中，指定在 Web 浏览器窗口中显示网页时的日期格式。

步骤五：在"时间格式"下拉列表框中，指定在 Web 浏览器窗口中显示的时间格式。

步骤六：单击"确定"按钮，FrontPage 2003 将根据用户指定的选项在当前位置插入日期和时间。

（二）属性设置

选定日期和时间，单击"格式"菜单，选择"属性"命令项，或者双击插入到网页中的日期和时间，弹出如图 6-10 所示的"日期和时间"对话框，进行属性设置后，单击"确定"按钮，即可完成设置。

三、表　格

在网页上往往会布置很多不同类别的标题、目录、文本、图片、链接等信息。为了使这些信息布置的既简单方便，又整洁有序，在网页设计中经常使用表格来规划页面上的布置结构。FrontPage 2003 中的表格与 Word 中的表格十分相似，只是为了在浏览时不让表格线出现，在设计时将表格线隐藏而已。

（一）插入表格

在网页中，单击"表格"菜单，选择"插入"子菜单的"表格…"命令项，在弹出的"插入表格"对话框中，设置表格的行数和列数，单击"确定"按钮，插入指定行和列数的表格；也可以使用"常用"工具栏上的"插入表格"按钮，选择行数和列数，插入表格，或是打开"表格"工具栏使用手工绘制方法插入表格。

（二）编辑表格

插入网页的表格可以对其进行各种编辑和排版。包括：在表格中选定单元格，增加行或列，拆分和合并单元格等操作。并且可以修改它的大小、形状或其他属性。

1. 选定表格　在对表格进行任何操作之前，必须选择操作范围，可以选定整个表格，也可选定单元格，还可选定行或列，其操作如下：

将光标定位于其中一个单元格中，单击"表格"菜单，在"选择"子菜单项中通过选择"表格"、"行"、"列"、"单元格"命令项，即可完成整个表格、光标所处位置的行、列或单元格的选定操作，如图 6-11 所示，也可以通过鼠标的拖动完成多个单元格、多行、多列以及整个表格的选定。

2. 添加表格、行或列、单元格及标题　单击"表格"菜单，在"插入"菜单项中通过选择"表格"、"行或列"、"单元格"、"标题"命令项，即可完成表格、行或列、单元格及表格标题的添加操作，如图 6-12 所示。

3. 拆分和合并单元格　选定需要拆分的单元格，单击"表格"菜单，选择"拆分单元格…"命令项，弹出"拆分单元格"对话框，完成拆分的设置。

选定需要合并的单元格，单击"表格"菜单，选择"合并单元格"命令项，则选定的多个单元格合并成一个单元格。

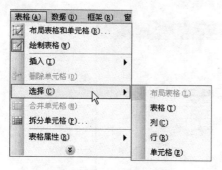

图 6-11　"表格选择"菜单

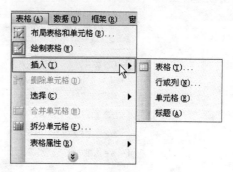

图 6-12　"表格插入"菜单

（三）设置表格属性

单元格和表格的属性包括对齐方式、宽度大小、背景图像及背景颜色等。通过修改单元格和表格属性，可以起到美化表格的作用。

1. 设置单元格属性　右击表格中要设置属性的单元格，在弹出的快捷菜单中选择"单元格属性"命令项，将弹出如图 6-13 所示的"单元格属性"对话框，在此对话框中，可以根据需要对单元格的布局、边框和背景进行设置。

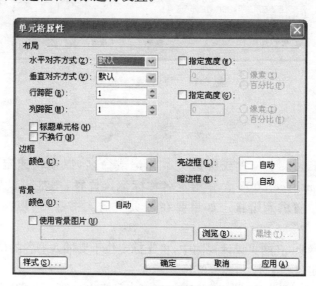

图 6-13　"单元格属性"设置

2. 设置表格属性　右击表格中的任意位置，在弹出的快捷菜单中选择"表格属性"命令项，将弹出如图 6-14 所示的"表格属性"对话框，在此对话框中可以进行如下设置：

（1）大小：可修改表格行数和列数。

（2）布局：可调整表格中所有单元格的布局情况。

（3）边框：可设置边框的颜色和调整边框线条的粗细。将表格边框线的精细调整为 0时，设计视图下的边框呈虚线显示，而浏览时则看不见边框。

（4）背景：可为表格设置不同的背景颜色，还可以选择图片作为背景。

（5）布局工具：可选择是否启用布局工具。启用布局工具后，可在"表格"工具栏上随时用它来精确调整表格中单元格的布局。

（6）设置：可以将所设置的表格属性作为默认的格式。

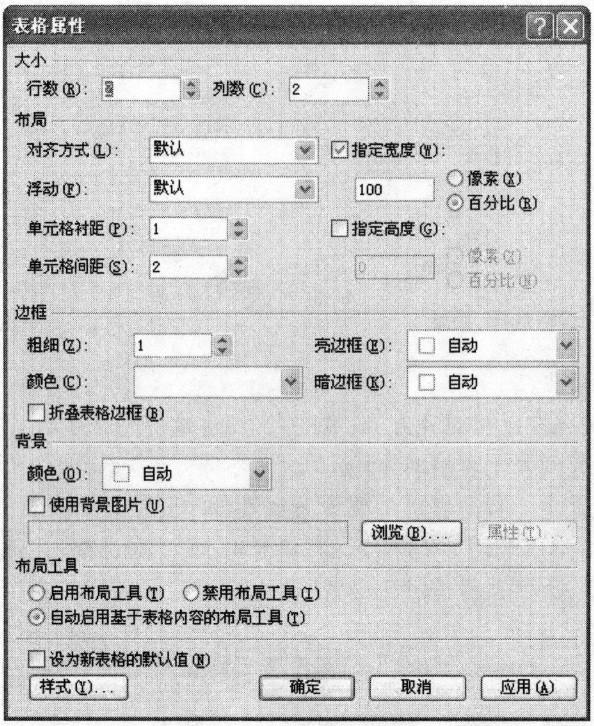

图 6-14　"表格属性"设置

四、书　　签

书签主要用于为某个位置或所选文本标记或命名,以便快速定位或跳转到标记的书签位置。FrontPage 2003 允许指定名称标记该位置,书签不只是定位点,还可用于创建链接到此位置的超链接。如果要在网页中插入书签,可以按照下述步骤进行操作:

步骤一:打开网页,在网页设计视图中,将光标定位于要插入书签的位置,如果要为某块文本命名,可以选定这些文本。

步骤二:单击"插入"菜单,选择"书签…"命令项,弹出如图 6-15 所示的"书签"对话框,在对话框的"书签名称"处输入书签的名称。

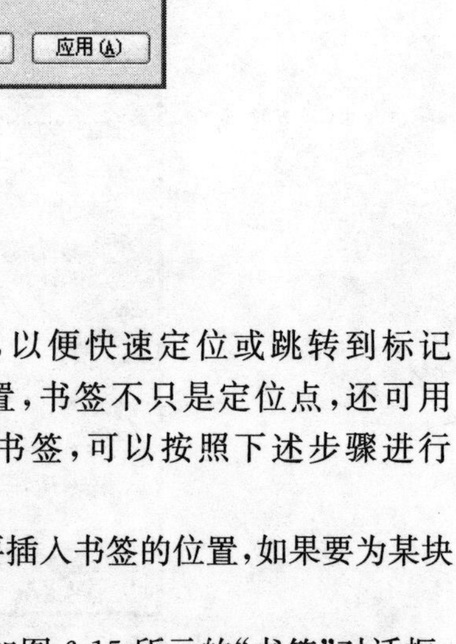

步骤三:如果当前网页文件中已添加书签,"书签"对话框的"此网页中的其他书签"列表框中将列出所有的书签名称。用户可以选择某个书签并单击"转到"按钮,将插入点快速地定位到该书签所在的位置。

步骤四:单击"确定"按钮,将指定名称的书签插入到网页中。如果插入的书签代表某个位置,将在该位置插入一个书签标志；如果插入的书签代表某块选定的文本,将在该段文本下添加虚线下划线,当预览网页时,并不会看到此书签标志。

图 6-15　"书签"设置

步骤五：如果要删除某个书签，可以在"书签"对话框的"此网页中的其他书签"列表框中选择该书签名称，然后单击"清除"按钮。

五、超链接

超链接就是 WWW 中文本或图像指向另一个页面或其他类型文件的一种重要手段。通过它，访问者能在页面中跳转，浏览不同的网页或网站，超链接跳转的目标通常是另一个网页，但也可以是一个图像、E-mail 地址、Office 文档、书签，甚至是一个程序，最常见的就是直接在文字、图像上加入链接标记，使其链接到别的网站。以便网站访问者获取更多更好的相关信息。这也是网络资源共享化特点的显著体现。

一般情况下，超链接的文本带有下划线，并且其颜色与普通文本不同，无论是文本还是图像的超链接，当光标移动到它们上面时，将变成手形，单击鼠标，浏览器将打开超链接指向的网页或执行相应的程序。

（一）超链接的概述

1. 超链接的组成

（1）链接媒介：指显示链接的部分。就是指包含超链接的文字或图像。

（2）链接目标：指单击链接媒介时打开的网页或文件，链接目标通常用 URL 定义。

2. URL 简介　在网络上浏览时，必须给出所要访问的资源的地址，在 Internet 中，称为 URL（Uniform Resource Locator），即"统一资源定位符"。超链接的本质就是 URL。URL 可以理解为文件或资源的地址。

URL 有两种表示形式：

（1）绝对地址：指一个网页或其他的 WWW 资源的完整的 Internet 地址，包括访问它所采用的协议及其完整的网络地址。如：http://www.sina.com.cn。

（2）相对地址：指省略了协议或部分网络地址的一种地址。浏览器在访问相对地址时，会使用当前网页所在的网络地址为参照，如：image/background.gif。一般情况下，应尽量使用相对地址，便于网站的移植。

（二）创建超链接

如果要创建超链接，可以按照下述步骤进行操作：

步骤一：打开网页，在网页设计视图中，选定要创建超链接的文本或图片。

步骤二：单击"插入"菜单，选择"超链接…"命令项，或者单击"常用"工具栏上的"插入超链接"按钮 ，弹出如图 6-16 所示的"插入超链接"对话框，要指定超链接的跳转目标，可以选择以下五种类型之一：

（1）从本地磁盘中指定一个文件或网页作为目标。在对话框的"链接到"栏目下，选择"原有文件或网页"，在"查找范围"下的显示框中显示出当前网页所处文件夹中的内容，选中需要链接到的网页或文件名称，单击"确定"按钮，此时指向当前站点中的网页或文件的超链接就创建好了。

（2）创建一个新的网页作为目标。在对话框的"链接到"栏目下，选择"新建文档"，在"新建文档"名称框中，键入要创建并链接到的文件的名称。如果要在其他位置创建文档，在"完整路径"下，单击"更改"，浏览到要创建文件的位置，然后单击"确定"按钮。在"何时编辑"下，指定是现在编辑文件还是以后编辑文件，此时，以一个新网页为链接目标的超链接就创建好了。

图 6-16   插入超链接

（3）指定一个 E-mail 地址作为目标。在对话框的"链接到"栏目下，选择"电子邮件地址"，在"电子邮件地址"框中键入所需电子邮件地址，或在"最近用过的电子邮件地址"列表中选择一个电子邮件地址。在"主题"框中，键入电子邮件的主题。单击"确定"按钮，指向一个 E-mail 地址的超链接就创建好了。

（4）将本网页的书签作为目标。在对话框的"链接到"栏目下，选择"本文档中的位置"，在"请选择文档中的位置"下的显示框中显示出当前网页内已创建的书签的名称，选中需要链接到的书签名称，单击"确定"按钮，此时指向当前网页内的超链接就创建好了。

（5）打开 Web 浏览器从 WWW 上查找一个网页作为目标。在对话框的"链接到"栏目下，选择"原有文件或网页"，然后在"搜索"框的右侧，单击"浏览 Web"图标。在 Web 浏览器中浏览到要链接的网页，再按"Alt＋Tab"组合键切换到 Microsoft FrontPage。您访问过的网页地址将会显示在"插入超链接"对话框的"地址"栏中，单击"确定"按钮，此时链接到该网站的超链接就创建好了。

（三）编辑超链接

在编辑网页过程中，可以随时修改和删除超链接。要编辑超链接，具体操作步骤如下：

步骤一：选中已设置超链接的文本或图像。

步骤二：单击"插入"菜单，选择"超链接…"命令项，在弹出的"编辑超链接"的对话框中，可以进行修改链接目标、删除链接等操作。

步骤三：单击"确定"按钮，完成编辑。

六、图片与视频

FrontPage 2003 允许用户在网页中插入多种类型和格式的图片对象，按照图片对象在 Web 浏览窗口中的显示效果，可以将其分为静态和动态两种类型的图片。

静态图片就是通常所说的一般图片，在 Internet 上，最常用的图片格式是 GIF、JPG 等。FrontPage 2003 还允许把 TIFF、TGA、RAS、EPS、PCX 及 WMF 等格式的图片插入到网页中去。动态图片包括动态 GIF 和视频两种，动态 GIF 是一组连续的 GIF 图片；视频主要指 Windows 视频文件(＊.avi)、Windows Media 文件(＊.asf)及 Real Audio 文件
(＊.ra,＊.ram)。

若要插入其他视频文件如影片(＊.wmv)、Flash 动画等,则需要通过播放器才能正常
显示。

(一) 插入图片

1. 利用 FrontPage 2003 提供的图片功能,可以方便、快速地插入各种图片对象,如来自
文件的图片、其他网页的图片、扫描仪图片以及剪辑库中的图片等。

2. 如果要在网页中插入图片,具体操作步骤如下:

步骤一:打开网页,在网页设计视图中,将光标定位到要插入图片的位置。

步骤二:单击"插入"菜单,选择"图片"子菜单项中的"来自文件…"命令项或单击"常用"
工具栏上的"插入文件中的图片"按钮,弹出"图片"对话框,如图 6-17 所示。

图 6-17　"图片"对话框

3. 在对话框的"查找范围"列表框中找到图片的存放位置,然后从文件列表中选择该图
片文件,单击"插入"按钮,该图片即被插入到网页的当前位置中。

如果要在网页中插入剪贴画,操作方法与 Word 2003 相同。

(二) 编辑图片

在 FrontPage 2003 中可以直接对图片进行简单的编辑。如:创建缩略图,在图片上写
字,对图片进行裁剪等。

1. 自动缩略图　在网页中插入图片时,如果图片文件太大,将严重影响浏览器的下载
速度,因此,可以使用缩略图的方式,先浏览一幅小的缩略图,如果需要下载源图时,在缩略
图上单击,即可打开源图。

(1) 设置自动缩略图:在网页中插入缩略图的具体操作如下:

在网页设计视图中选定图片,在"图片"工具栏中选择自动缩略图按钮，，FrontPage
2003 将生成比源图更小的缩略图,此时缩略图被蓝色边框围住。该图包含超链接,单击它
即可重看源图。

(2) 编辑缩略图:在网页中创建图片的缩略图时,系统是按照默认设置自动创建的,如

果需要更改缩略图的默认设置,可以进行如下操作:

步骤一:单击"工具"菜单,选择"网页选项…"命令项,弹出"网页选项"对话框,如图 6-18 所示。

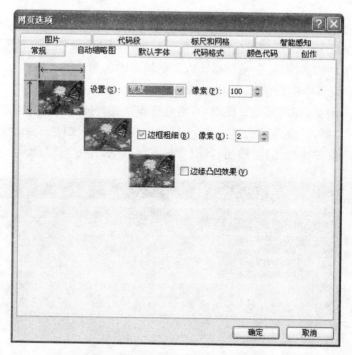

图 6-18 "自动缩略图属性"设置

步骤二:在对话框中选择"自动缩略图"选项卡,可以对缩略图的宽度、高度、边框粗细、效果等属性进行设置。

步骤三:单击"确定"按钮,完成缩略图的属性设置。

2. 在图片上添加文字　在网页上不但可以插入图像,还可以在图片上写文字,但图片格式必须是 GIF 格式,如果要在 JPG 格式的图片上写字,必须先把格式转换成 GIF 格式。如果要在图片上添加文字,可以进行如下操作:

在网页设计视图中,选定图片,在"图片"工具栏中单击"文本"按钮 A,可在图片中输入文字。

3. 裁剪图片　如果不需要显示整张图片,而只需将某些重要部分显示出来,可以对图片进行裁剪,具体操作如下:

在网页设计视图中,选定图片,在"图片"工具栏中单击"剪裁"按钮 ✚,此时,在图片上出现虚线的剪裁框,拖动剪裁框周围的尺寸句柄,调整选定区域到想保留的位置,再次单击"剪裁"按钮,此时图片只显示保留的部分。

剪裁图片后,可以单击"图片"工具栏上的"还原"按钮,将整个图片还原。

4. 设置图片热点　如果在同一图片的不同区域,分别对应着多个链接,这些区域被称为热点。包含一个或多个热点的图形称为图像映射。图像映射通常会提示网站访问者应该单击哪个位置。当用浏览器浏览包含热点图片的网页时,鼠标移动到热点时会变成手形,单击该区域时,超链接的目标会显示在 Web 浏览器中。

设置图片热点的具体操作步骤如下：

步骤一：在网页设计视图中，选定图片，根据要创建热点的形状，在"图片"工具栏中，选择图形热点按钮□○⌐。

步骤二：把光标移动到图片上，拖动鼠标完成热点位置的定位。此时打开"超链接"对话框。

步骤三：在"超链接"对话框中设置热点的链接目标。单击"确定"按钮。

例如，在学校的网页上有一张校园全景图片，可以将教学楼、实验楼及图书馆等学校的特色建筑设置为热点。当网站访问者单击图片的某个建筑楼区域时，就会显示一张网页，对该建筑楼的相关方面进行详细说明。

步骤四：如果图片中包含多个热点，难以看到重叠在图形上的热点轮廓，可以在"图片"工具栏中单击"突出显示热点"按钮⬛，若要显示图形而不突出显示，请再次单击"突出显示热点"按钮即可。

5. 编辑热点

步骤一：双击热点，弹出编辑超链接对话框，可以重新设置链接目标。

步骤二：拖动热点边框的控点可以调整热点大小。

步骤三：单击热点，然后按"Delete"，可以删除热点。

步骤四：拖动热点边框到新位置，可以移动热点。

(三) 设置图片的属性

在网页中插入图片后，可以对图片的环绕、大小、外观等属性进行设置。具体操作步骤如下：

在网页设计视图中，右击图片，在弹出的快捷菜单中选择"图片属性…"命令项，弹出如图 6-19 所示的"图片属性"对话框，在对话框中可以设置图片的外观、常规属性。

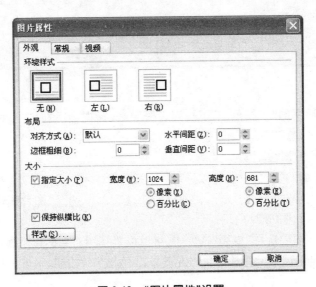

图 6-19 "图片属性"设置

1. 外观属性　在"外观"选项卡中，可以对图片进行以下外观属性设置：

(1) 环绕样式：设置图片在网页中的环绕形式，与 Word 中图片的文字环绕类似。

(2) 布局：设置图片的对齐方式和间距，设置图片边框的粗细。

（3）大小：设置图片在网页中显示的大小尺寸。

2.常规属性　在"常规"选项卡中,可以对图片进行以下常规属性设置：

（1）图片：显示图片的存放位置。单击浏览按钮,可选择其他图片来更换当前图片,并可查看和更改图片文件的类型。

（2）可选外观：可为不同分辨率的显示器选择不同分辨率的图片,还可为图片加上说明,在浏览时并不会显示出来。

（3）默认超链接：为图片建立一个默认的超链接,浏览时单击该图片则会打开指定的链接目标。

（四）插入视频

在 FrontPage 2003 中,可以通过菜单命令在网页中插入视频文件。具体操作步骤如下：

步骤一：打开网页,在网页设计视图中,把光标定位到要插入视频的位置。

步骤二：单击"插入"菜单,选择"图片"子菜单项中的"视频…"命令项,弹出"视频"对话框,如图 6-20 所示。

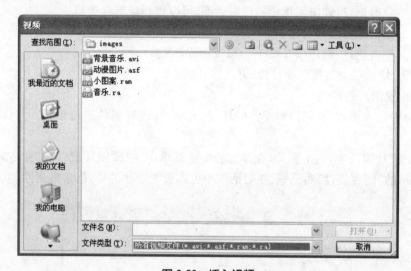

图 6-20　插入视频

步骤三：在对话框的"查找范围"下拉列表框中,选择视频所在的文件夹,在显示区中选定该视频文件,单击"打开"按钮,便完成了在当前网页插入视频的要求。

（五）设置视频的属性

如果要设置视频的播放选项,可以进行如下操作：

步骤一：指向视频对象右击鼠标,在弹出的快捷菜单中选择"图片属性…"命令项,弹出"图片属性"对话框,如图 6-19 所示。

步骤二：在对话框中选择"视频"选项卡,可以设置视频对象的以下属性：

（1）视频源：显示视频的存放位置。在此单击"浏览…"按钮,可以选择其他视频来更换当前的视频。

（2）重复：设置视频播放时重复的次数和延迟的时间。

（3）开始：设置播放视频的方式。

（六）使用播放器控制播放视频

步骤一：打开网页,在网页设计视图中,把光标定位到要插入视频的位置。

步骤二：单击"插入"菜单,选择"Web 组件…"命令项,弹出"插入 Web 组件"对话框,在"组件类型"列表框中选择"高级控件"选项,在"选择一个控件"列表框中选择"ActiveX 控件",如图 6-21 所示。

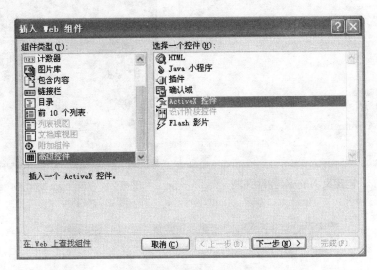

图 6-21   插入 Web 组件

步骤三：单击"下一步"按钮,打开如图 6-22 所示的"插入 Web 组件"对话框,单击右下角的"自定义…"按钮,弹出如图 6-23 所示的"自定义 ActiveX 控件列表"对话框,选择 Windows Media Player 项,单击"确定"按钮。

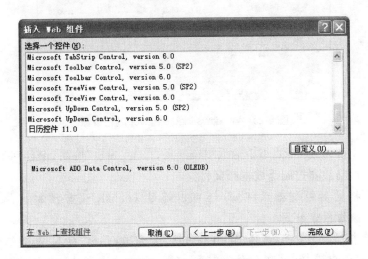

图 6-22   自定义 Web 组件

步骤四：返回如图 6-22 所示的"插入 Web 组件"对话框,选择 Windows Media Player,单击"确定"按钮,即在网页当前位置插入一个 Windows Media Player 播放器,如图 6-24 所示。

步骤五：选择播放器,右击鼠标,在弹出的快捷菜单中选择"ActiveX 控件属性…"命令,弹出 Windows Media Player 属性对话框(图 6-25)。

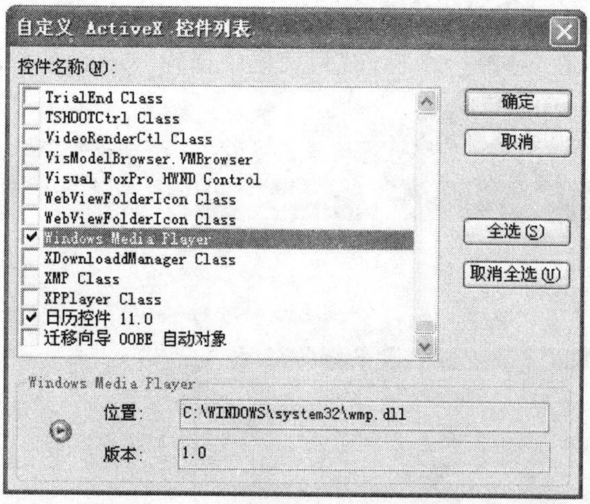

图 6-23 自定义 ActiveX 控件列表　　　　图 6-24 Windows Media Player 播放器

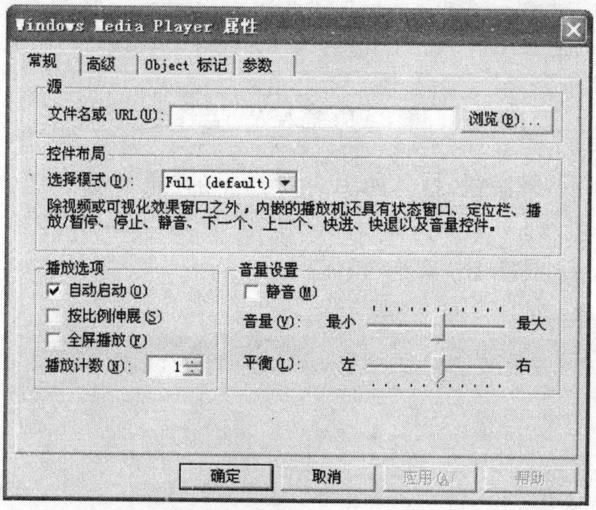

图 6-25 Windows Media Player 属性设置

步骤六：在文件名或 URL 框中输入视频地址，单击"确定"按钮，保存网页后，浏览该网页时，就可以通过播放器控制播放视频文件。

注意：使用播放器控制播放视频，还可以通过 HTML 语言控制视频的播放，添加 HTML 语言的操作步骤如下：

步骤一：单击"插入"菜单，选择"Web 组件…"命令项，弹出"插入 Web 组件"对话框，在"组件类型"列表框中选择"高级控件"选项，在"选择一个控件"列表框中选择"插件"，如图 6-21，单击"完成"按钮，弹出插件属性对话框。

步骤二：单击"浏览"按钮，找到视频文件保存的位置，选择插件数据源，然后单击"打开"按钮，返回插件属性对话框，单击"确定"按钮，选中插件，在代码标签视图下，输入 HTML 语言：

<EMBED style＝"FILTER：alpha（opacity＝50）" src＝"这是视频保存的路径" width＝"60" height＝40 type＝audio/mpeg AUTOSTART＝"false" LOOP＝"true"> </EMBED>

七、Web 组 件

在 FrontPage 2003 中,用户可以在网页中插入各种组件,增强网页的动画效果和功能。

(一) 插入目录

目录是网站中每一页的超链接的概要,网站的访问者可以使用目录浏览网站。要插入目录,步骤如下:

步骤一:单击"插入"菜单,选择"Web 组件…"命令项,弹出"插入 Web 组件"对话框,如图 6-26 所示。

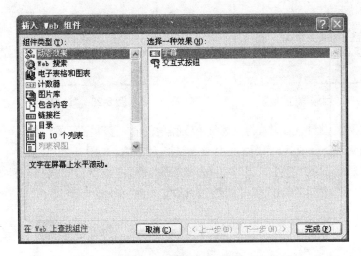

图 6-26　插入 Web 组件

步骤二:在"组件类型"列表框中选择"目录"选项,在"选择目录"列表框中选择"该网站",单击"完成"按钮,打开如图 6-27 所示的"目录属性"对话框。

步骤三:在"目录属性"对话框中设置目录初始点的网页、标题字号、选项等属性,单击"确定"按钮,在网页中就完成了目录的插入。

(二) 计数器

制作网站的目的主要是提供给用户访问。如果想了解网站被访问的情况,可以在网站中添加一个计数器,用于统计网站被访问的次数。具体操作步骤如下:

步骤一:在网页设计视图中,将光标定位到需要插入计数器的位置,单击"插入"菜单,选择"Web 组件…"命令项,弹出"插入 Web 组件"对话框,如图 6-26 所示。

步骤二:在对话框的"组件类型"框中选择"计数器"选项,在"选择计数器样式"框中选择一种样式,单击"完成"按钮,打开如图 6-28 所示的"计数器属性"对话框。

步骤三:在"计数器属性"对话框中,可以设置计数器样式、计数器重置初始值、计数器固定位数属性。

步骤四:单击"确定"按钮,将在当前位置插入计数器。

(三) 移动字幕

移动字幕指的是可以在网页中显示的滚动文本信息,主要用于介绍网站的内容、最新动向以及显示网页设计者的问候语。具休操作步骤如下:

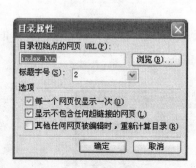

图 6-27 "目录属性"设置

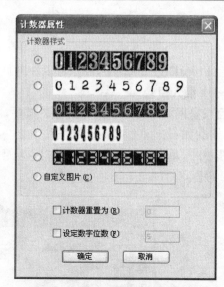

图 6-28 "计数器属性"设置

步骤一：在网页设计视图中，将光标定位到需要插入移动字幕的位置，单击"插入"菜单，选择"Web 组件…"命令项，弹出"插入 Web 组件"对话框，如图 6-26 所示。

步骤二：在对话框的"组件类型"框中选择"动态效果"选项，在"选择一种效果"框中选择"字幕"，单击"完成"按钮，弹出"字幕属性"对话框，如图 6-29 所示。

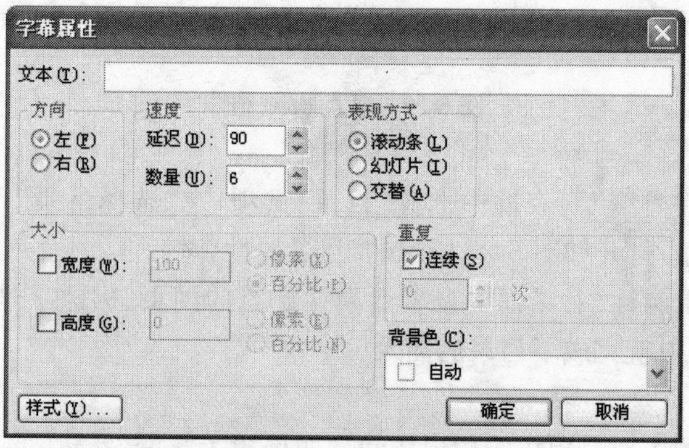

图 6-29 "字幕属性"设置

步骤三：在"字幕属性"对话框中，在"文本"文本框中输入字幕的文本内容，还可以对字幕设置方向、速度、表现方式、大小、重复等属性。

步骤四：单击"确定"按钮，即可在当前位置插入移动字幕。

（四）插入交互式按钮

在网页中，设置动态按钮会使网页更加富有吸引力，而交互式按钮就是其中的一种动态按钮，具体操作步骤如下：

步骤一：在网页设计视图中，将光标点定位到需要插入交互式按钮的位置，单击"插入"菜单，选择"Web 组件…"命令项，弹出"插入 Web 组件"对话框，如图 6-26 所示。

步骤二：在对话框的"组件类型"框中选择"动态效果"选项，在"选择一种效果"框中选择"交互式按钮"，单击"完成"按钮，弹出"交互式按钮"对话框，如图 6-30 所示。

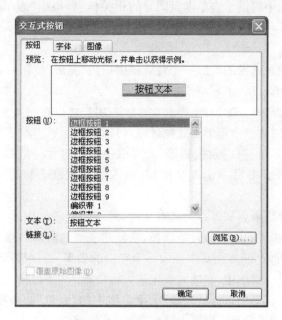

图 6-30 "交互式按钮"设置

步骤三：在对话框的"按钮"选项卡中，可以设置按钮的样式、按钮的文本标签及按钮的超链接；在"字体"选项卡中，可以设置按钮文本标签的字体格式、对齐方式及动态颜色；在"图像"选项卡中，可以设置按钮的宽度、高度及背景图像等属性。

步骤四：单击"确定"按钮，即可在当前位置插入交互式按钮。

八、表　单

表单通常是由一系列标签文本和相关的表单域（如文本框、复选框、选项按钮以及按钮等）元素组成。网站访问者通过输入文本、选择选项按钮和复选框，以及从下拉框中选择选项等方式填写表单，在填好表单之后，网站访问者便提交所输入的数据，该数据会根据网页设计者设置的表单处理程序，以各种不同的方式进行处理。

（一）创建表单

表单的创建既可以使用向导创建，也可以直接在普通的网页中利用菜单插入表单。

1. 使用表单向导创建表单　在 FrontPage2003 中，使用向导创建表单可以确定用户需要收集的数据、域的呈现方式、是否在网页开头包含目录以及保存表单结果的方式等设置。

如果要使用向导创建表单，可以按照下述步骤进行操作：

步骤一：单击"文件"菜单，选择"新建"命令项，在任务窗格中选择"新建"中的"其他网页模板"，在"网页模板"对话框中选择"表单网页向导"图标；单击"确定"按钮，将弹出"表单网页向导"对话框，如图 6-31 所示。

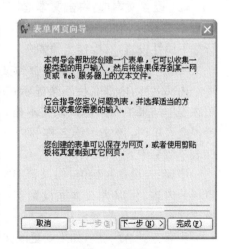

图 6-31　表单网页向导

步骤二：在对话框中提供了表单网页向导的相关信息，根据"表单网页向导"提示，不断地单击"下一步"按钮，确定需要收集的数据、域的呈现方式、网页开头是否包含目录以及表单结果的保存等设置。

步骤三：在表单网页向导的最后一个对话框中单击"完成"按钮后，向导将根据用户提供的信息创建所需的表单。

2. 利用菜单创建表单　在 FrontPage 2003 中，用户可以在网页上现有表单外的任何位置创建表单。系统将插入一个矩形虚线框区域，可以在此区域中添加文本和表单域（如文本框、选项按钮、复选框、下拉框以及按钮等）。表单中也会包含一个提交按钮和一个重置按钮，网站访问者在填好表单后单击提交按钮，输入的数据就会被提交到设置的表单处理程序。

默认情况下，表单结果会被保存为文本文件，网站访问者可以单击重置按钮，将他们所输入的所有文本删除并清除所有做过的选择，恢复到表单的默认状态。

如果要在 FrontPage 2003 网页中插入一个空白的表单，可以按照下述步骤进行操作：

步骤一：在网页设计视图中，将插入点定位到需要插入空白表单的位置。

步骤二：单击"插入"菜单，选择"表单"子菜单项中的"表单"命令项，在当前位置插入一个矩形虚线框区域。如果没有在网页上选定项目，系统将自动在空白表单中加入"提交"按钮和"全部重写"按钮；如果已在网页上选定项目，新表单中就会包含这些项目，不再加上"提交"按钮和"全部重写"按钮。

（二）插入表单域

表单是由文本和表单域组成。在网页中创建表单后，用户可以直接在表单的虚线框区域中输入文本，也可以在其中插入各种表单域。表单域是网页上的一个数据输入域，网站访问者通过输入文本或选择项目在域中提供信息。在 FrontPage2003 网页中，常用的表单域有文本框、文本区、复选框、选项按钮、下拉框、按钮、图片以及标签等。

1. 文本框　在交互式表单中，文本框是经常被使用到的表单域之一，主要用于网站访问者键入单行文本来提交信息。

（1）插入文本框：在网页设计视图中，将插入点定位到需要插入文本框的位置，单击"插入"菜单，选择"表单"子菜单中的"文本框"命令项，在当前位置插入一个文本框。

（2）设置文本框：右击文本框，在弹出的快捷菜单中选择"表单域属性…"命令项，弹出如图 6-32 所示的"文本框属性"对话框，可以进行如下属性设置，其操作步骤如一：

步骤一：在"名称"文本框中为文本框指定一个内部名称，内部名称不会显示在表单上，但可在表单结果中用来标识该文本框。网站访问者提交表单时，该文本框名称和内容都会包含在表单结果中。

步骤二：设置初始值，如果希望文本框具有默认的内容，可以为文本框设置初始值。当浏览该网页时，该值将显示在文本框中。

图 6-32　"**文本框属性**"设置

步骤三：设置宽度，如果要更改文本框的宽度，可以在"宽度"文本框中输入所需的文本框宽度，其单位为字符。用户也可以通过拖动文本框的句柄更改文本框宽度。

步骤四：Tab 键次序的设置，在"Tab 键顺序"框中输入 1～999 的值以指定域在索引标签顺序内的位置。网站访问者可以通过按 Tab 键进行域间的移动。

步骤五：设置密码域，如果需要将当前文本框用于输入密码，可以在"密码域"区中选择"是"单选按钮。这样，在该文本框中输入字符时，Web 浏览器将使用 * 代替每个字符，单击"确定"按钮，完成文本框的设置。

2. 文本区　如果要输入多行文字时，可以通过插入文本区表单域来完成。

（1）插入文本区：如果要插入文本区，可以按照下述步骤进行操作：

在网页设计视图中，将插入点定位到需要插入文本区的位置，单击"插入"菜单，选择"表单"子菜单的"文本区"命令项，在当前位置插入一个文本区表单域。

（2）设置文本区：右击文本区，在弹出的快捷菜单中选择"表单域属性…"命令项，弹出如图 6-33 所示的"文本区属性"对话框，可以进行如下属性设置：

在"名称"文本框中指定当前表单域的名称，在"初始值"文本框中输入文本区的默认值，在"宽度"文本框中指定文本区中文本的宽度，在"行数"文本框中指定文本区的行数，单击"确定"按钮，完成文本区属性的设置。

图 6-33　"文本区属性"设置

3. 设置有效性验证　默认状态下，在表单中插入文本框或文本区后，站点访问者可以在文本框或文本区中输入任何字符。如果需要让网站访问者根据用户设置的方式输入数据，可以设置数据输入的规则，如允许的数据类型和格式、是否要求在域中输入数据、输入数据的最短和最长长度以及数据的条件等。

如果要设置文本框或文本区的有效性验证，可以按照下述步骤进行操作：

步骤一：右击文本框或文本区，在弹出的快捷菜单中选择"表单域属性…"命令项，打开"文本框属性"或"文本区属性"对话框。

步骤二：单击表单域属性对话框中的"验证有效性…"按钮，弹出如图 6-34 所示的"文本框有效性验证"对话框，可以进行以下设置：

① 在"数据类型"下拉列表框中选择表单域允许的数据类别，如无限制、文本、整数或数字。

② 如果要求网站访问者必须在文本框域中键入数据，可以选中"要求"复选框；如果要指定文本框所能允许的最小和最大字符数，可以在"最小长度"和"最大长度"框中分别输入相应的值。

③ 在"数据值"文本框中，可以给文本框中输入的值定义一个范围，超出此范围的数值将不被接受。

步骤三：单击"确定"按钮，在文本框图输入文本时，将接受文本框验证规则的检查。

4. 复选框　复选框可以表达访问者是否选中某个选项，如果有多个复选框，可以同时选中所有的选项，也可以一个都不选，各个选项之间是彼此独立的。

如果要在表单中设置复选框，可以按照下述步骤进行操作：

步骤一：在网页设计视图中，将插入点定位到需要插入复选框表单域的表单中。

步骤二：单击"插入"菜单，选择"表单"子菜单中的"复选框"命令项，在当前位置插入一个复选框表单域。

步骤三：重复上述步骤，可以在表单中创建多个复选框。

步骤四：右击复选框，从弹出的快捷菜单中选择"表单域属性"命令项，弹出"复选框属性"对话框，如图 6-35 所示。

图 6-34　文本框有效性验证　　　　图 6-35　"复选框属性"设置

步骤五：在"名称"文本框中，输入用于标识当前复选框表单域的名称，在"值"文本框中输入值与域创建关联。如果这个复选框被选中，该值就会连同表单结果一起返回，并显示在默认的确认网页上。在"初始状态"区中，指定网站访问者第一次打开表单时该复选框的默认状态，选中或未选中。

步骤六：单击"确定"按钮，完成复选框的设置。

5. 选项按钮　网站访问者单击网页中的选项按钮后，可以表示访问者的选择。选项按钮通常成组使用，组中的某一项会被默认为选中，选择一个新的选项时，就会取消其他选项的选择，也称为单选按钮。

如果要在表单中设置一组选项按钮，可以按照下述步骤进行操作：

步骤一：在网页视图中，将插入点定位到需要插入选项按钮表单域的表单中。

步骤二：单击"插入"菜单，选择"表单"子菜单的"选项按钮"命令项，在当前位置插入一个选项按钮表单域。

步骤三：重复上述步骤，在表单中创建一组选项按钮。

步骤四：利用鼠标右键单击选项按钮，从弹出的快捷菜单中选择"表单域属性"命令项，或者直接双击选项按钮，弹出"选项按钮属性"对话框，如图 6-36 所示。

步骤五：在"组名称"文本框中输入一个用于标识选项按钮所属组的名称，只有组名称相同，才是一组具有单选功能的选项按钮。在"值"文本框中输入一个按钮名。在"初始状态"区中，决定单选按钮是以空白显示还是含有选择标记。如果要设置单选按钮的验证有效性，可以单击"验证有效性"按钮，打开"单选按钮验证"对话框。选中"要求有数据"复选框，指定网站访问者必须选择一个选项，并在"显示名称"文本框中输入标识选项按钮组的名称。

步骤六：单击"确定"按钮，完成当前选项按钮的设置。

6. 下拉框　下拉框以下拉列表的样式显示待选择的项目,该表单域可以被设置为单项或多项选择。当用户需要让网站访问者从列表中选择选项时,可以在表单中添加下拉框。

(1) 插入下拉框:如果要在表单中插入下拉框,可以按照下述步骤进行操作:

在网页设计视图中,将插入点定位到需要插入下拉框的表单中,单击"插入"菜单,选择"表单"子菜单的"下拉框"命令项,在当前位置插入一个下拉框表单域。

(2) 设置下拉框表单域

步骤一:右击下拉菜单表单域,在弹出的快捷菜单中选择"表单域属性…"命令项,弹出"下拉框属性"对话框,如图 6-37 所示。

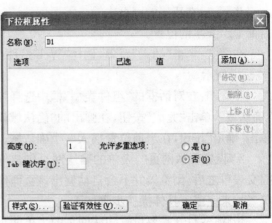

图 6-36　"选项按钮属性"设置　　　　　图 6-37　"下拉框属性"设置

步骤二:在"下拉框属性"对话框的"名称"文本框中输入标识下拉框的名称;单击"添加"按钮,打开"添加选项"对话框,在"选项"文本框中输入显示在下拉框中的选项,如果需要让该选项的值与下拉框本身显示的文本不同,可以选中"指定值"复选框并在下方的框中输入新值;在"初始状态"区中指定当前选项在网站访问者打开表单的状态;单击"确定"按钮,将当前选项添加到下拉框的列表框中。

步骤三:重复步骤二,可以在下拉框中添加多条选项。

步骤四:单击"上移"和"下移"按钮,确定各个选项在下拉框中的位置;在"高度"文本框中指定每次菜单加载时显示多少项;如果用户允许网站访问者在下拉框中选择多重选项,可以在"允许多重选择"框中选择"是"单选按钮;选择"否"单选按钮,网站访问者只能从下拉框中选择一个选项。

步骤五:单击"确定"按钮,完成下拉框的设置。

(3) 设置下拉框的验证有效性:在表单中插入下拉框表单域后,用户可以设置该表单域的数据输入规则,让网站访问者根据用户设置的方式在下拉框中输入数据。具体操作步骤如下:

步骤一:双击下拉框打开该表单域的属性对话框。

步骤二:单击属性对话框中的"验证有效性…"按钮,打开如图 6-38 所示的"下拉框验证"对话框。如果要求 Web 网站访问者必须从当前下拉框中选择选项,可以选中"要求有数据"复选框;如果要禁止网站访问者选择下拉框中的第一选项,可以选中"禁用第一项"

图 6-38　下拉框验证

复选框；在"显示名称"文本框中为下拉框输入一个显示名称。

步骤三：单击"确定"按钮，完成下拉框的有效性验证。

（三）表单的确认网页

在 FrontPage 2003 中，确认网页用于从表单结果中获得访问者输入的数据。在确认网页中显示表单域的内容，以便网站访问者能够确定信息输入是否正确。

1. 创建确认网页　如果要创建确认网页并将其指定给表单，可以按照下述步骤进行操作：

步骤一：在网页设计视图下，单击"常用"工具栏上的"新建"按钮，创建一个新的空白网页，用户也可以利用"新建"对话框中的"确认网页"模板创建一个确认网页。

步骤二：在新建的网页中输入需要网站访问者提交表单后显示的文本，将插入点定位到需要显示文本的位置。

步骤三：单击"插入"菜单，选择"Web 组件…"命令项，弹出"插入 Web 组件"对话框，如图 6-26 所示。

步骤四：在对话框的"组件类型"框中选择"高级控件"选项，在"选择一个控件"框中选择"确认域"，单击"完成"按钮，在弹出的"确认域属性"对话框中输入需要显示的表单域名称，单击"确定"按钮，在当前位置插入一个确认域。

2. 设置确认网页　表单的确认网页创建好后，它只是一个普通的网页页面，访问者在提交表单之后，浏览器并不会自动调出该页面作为确认网页，必须要通过设置表单网页的表单属性来完成。具体操作步骤如下：

步骤一：打开需要设置确认网页的表单网页，在设计视图中，单击"插入"菜单、选择"表单属性…"命令项，弹出"表单属性"对话框，如图 6-39 所示。

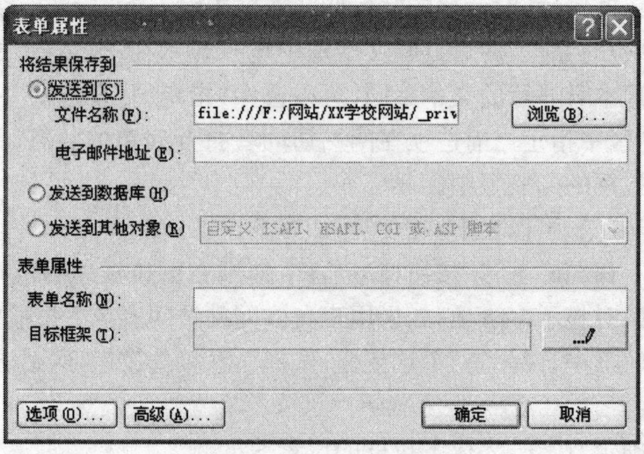

图 6-39 "表单属性"设置

步骤二：在对话框中选择"发送到"单选按钮，在"文件名称"文本框中输入确认网页名称，或单击"浏览…""确定"按钮，选择确认网页。

步骤三：单击"确定"按钮，即可将创建的确认网页分配给当前表单。

第三节　网页效果的设置

在网页的编辑中，可以设置一些特定的网页效果，如背景、主题、HTML 效果以及过渡等。这样可以提高网页的美观性。

一、背景和背景音乐

网页的背景和背景音乐都是通过网页属性的设置来完成的。

如果要设置网页的背景和背景音乐效果,具体操作步骤如下:

步骤一:在网页设计视图方式下,单击"文件"菜单,选择"属性…"命令项,或在网页空白处右击鼠标,在弹出的快捷菜单中选择"网页属性"选项,弹出"网页属性"对话框,如图 6-7 所示。

步骤二:单击"常规"选项卡,在背景音乐区的"位置"文本框中输入背景音乐文件的地址,或是单击"浏览…"按钮,选择背景音乐文件。

步骤三:单击"格式"选项卡,选择"背景图片"复选框,并在文本框中输入背景图片文件的地址,或单击"浏览…"按钮,选择背景图片文件。如果选择使其成为水印,该图片将成为网页的水印。

步骤四:单击"确定"按钮,完成网页的背景和背景音乐设置。

二、主　　题

主题是统一的设计组件和颜色方案的集合,它预先定义了诸如背景图案,项目符号和编号、字体、水平线、段落等网页元素的格式,当网页应用某个主题时,将从主题中自动获取这些格式。可以将主题应用到当前网页、所选的网页或者当前网站。应用主题后,主题的样式、颜色和图形将替换当前正在使用的样式、颜色和图形。

(一) 设置主题

设置主题的具体操作步骤如下:

步骤一:执行下列操作之一,指定应用主题的对象:

如果仅将某个主题应用于网站的一个网页,在网页设计视图中打开该网页;如果要将某个主题应用于网站的多个网页,可以在文件夹视图中显示网站中的网页并选择所需的网页名称。

步骤二:单击"格式"菜单,选择"主题…"命令项,在任务窗格中选择所需主题。

步骤三:如果要使文本和图像的颜色更加鲜艳,请选中"鲜艳的颜色"复选框;如果要使网页上的图像更加生动,可选中"动态图形"复选框;如果要使用主题的背景图案,可选中"背景图片"复选框。

步骤四:单击"确定"按钮,即可将选择的主题应用到指定对象中。

(二) 删除网页中的主题

在网页中应用主题后,如果觉得不需要使用主题,可以将其删除。要删除网页中的主题,可以按照下述步骤进行操作:

步骤一:在网页设计视图中,打开需要删除主题的网页。如果需要同时删除当前网站中多个网页的主题,可以在文件夹视图中选择这些网页。

步骤二:单击"格式"菜单,选择"主题…"命令项,在任务窗格中选择"无主题"选项。被选定网页中的主题即被删除了。

(三) 更改主题

在 FrontPage 2003 中,用户可以更改主题使用的颜色、图形及文本。

如果要更改主题,可以按照下述步骤进行操作:

步骤一：单击"格式"菜单，选择"主题…"命令项，在任务窗格中指向需要更改的主题，单击主题图标右侧出现的下三角按钮，在弹出的菜单项中选择"自定义…"命令项，弹出"自定义主题"对话框，如图 6-40 所示。

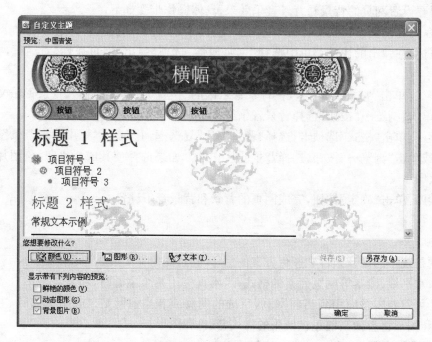

图 6-40　自定义主题

步骤二：在"自定义主题"对话框中显示了 3 个按钮，要更改主题的"颜色"、"图形"或"文本"，可以分别单击"颜色…"、"图形…"或"文本…"按钮，最后进行相应的设置。

步骤三：单击"确定"按钮，保存更改后的主题。

三、动态 HTML 效果

动态 HTML 效果的作用是将选定的元素设置为动态效果。在 FrontPage 2003 中，用户可以利用"DHTML 效果"工具栏在网页的任何组件元素中添加动态效果，并将这些动态效果链接到鼠标单击、双击、悬停或者加载网页等事件上。

如果要设置网页元素的动态 HTML 效果，可以按照下述步骤进行操作：

步骤一：在网页设计视图中，单击"视图"菜单，选择"工具栏"子菜单中的"DHTML 效果"命令项，屏幕上显示出"DHTML 效果"工具栏，如图 6-41 所示。

图 6-41　DHTML 效果工具栏

步骤二：选择需要设置动态 HTML 效果的网页元素，如文本、段落或图片等。

步骤三：在"DHTML 效果"对话框的"在"下拉列表框中选择一种链接动态 HTML 效果的事件，如单击、双击、鼠标悬停或网页加载等。

步骤四：在"应用"下拉列表框中选择当前事件的动态 HTML 效果，不同的事件可以链接到不同的动态 HTML 效果,例如,选择"单击"事件,可以链接到飞出和格式两种动态 HTML 效果;选择"网页加载"事件,可以链接到逐字放入、弹起、飞入等八种动态 HTML 效果。

步骤五:在"选择设置"下拉列表框中,选择动态 HTML 效果的设置。该步骤与"应用"下拉列表中选择的动态 HTML 效果相对应。例如:在"应用"下拉列表中选择"网页加载"事件的"飞入"效果时,在"选择列表"框中将提供该效果的多种飞入方式。

步骤六:如果要删除网页元素的动态 HTML 效果,可以重新选定相应的网页元素,并单击"DHTML 效果"工具栏中的"删除效果"按钮。

四、网页过渡效果

网页过渡功能是指进入网页或离开网页等触发事件发生时,网页从当前屏幕刷新到新的屏幕时采取的一种过渡效果,该效果与幻灯片之间切换过程中的过渡效果一样。

如果要在网页中使用网页过渡功能,可以按照下述步骤进行操作:

步骤一:在网页设计视图中,打开需要设置网页过渡效果的网页。

步骤二:单击"格式"菜单,选择"网页过渡…"命令项,弹出"网页过渡"对话框,如图 6-42 所示。

步骤三:在"事件"下拉列表框中选择网页切换的事件,如进入网页、离开网页、进入站点、离开站点等。设置好事件后,访问者才可以通过该事件激活相应的过渡效果;在"过渡效果"列表框中列出系统提供的过渡效果类型,用户可以从该列表框中选择一种作为切换事件发生时使用的过渡效果类型,如混合、盒状收缩、盒状放射等;还可以在"周期"文本框中指定过渡效果显示的过渡时间长短,其单位为"秒"。

图 6-42 "网页过渡"效果设置

步骤四:单击"确定"按钮,将指定的过渡效果类型应用于当前网页中。

第四节 框架网页

框架网页是一种特殊格式的网页,主要由边框、网页、滚动条组成。通常用于目录、文件列表或其他类型的网页上。在框架网页中,每个框架都有一个网页相连接。当打开框架网页时,则同时载入每个框架所相连的网页文件。

一、建立框架网页

创建框架网页的具体操作步骤如下:

步骤一:打开"文件"菜单,选择"新建"命令项,此时在任务窗格中出现"新建"面板,选择"新建网页"下的"其他网页模板",弹出"网页模板"对话框。

步骤二:在对话框中单击"框架网页"选项卡,弹出"网页模板"对话框,如图 6-43 所示。

步骤三:在选项卡中选择一种模板,则在"预览"栏中会显示被选中的框架结构图,并在上方显示说明情况。

步骤四:单击"确定"按钮后,出现框架结构图。

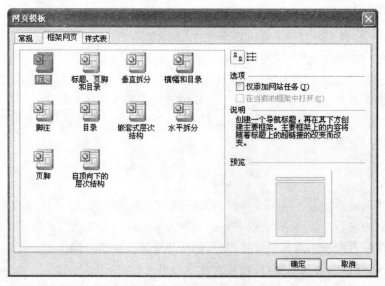

图 6-43　建立框架网页

二、框架操作与属性设置

新建的框架网页本身并未包含任何内容。必须为每个框架填充相应的内容。

(一) 框架网页的编辑

要编辑框架网页,具体操作步骤如下:

步骤一:在框架网页中单击"新建网页"按钮,将在此框架位置新建一个空白网页,可以对该网页进行编辑。

步骤二:如果要在已有框架中加入网页,则可在框架中单击"设置初始网页"按钮,此时,弹出"插入超链接"的对话框,在该对话框中,选择所需的网页文件,然后单击"确定"按钮。

(二) 保存框架网页

单击"常用"工具栏上的"保存"按钮,在"另存为"对话框中设置保存的网站位置,网页的文件名,单击"确定"按钮,将网页保存到指定的网站中。

(三) 拆分框架

当要拆分某一框架时,单击该框架将其选中,单击"框架"菜单,选择"拆分框架…"命令项,弹出如图 6-44 所示的"拆分框架"对话框,在"拆分框架"对话框中选择拆分方式,单击"确定"按钮即可。

(四) 删除框架

当要删除某一框架时,单击该框架将其选中,单击"框架"菜单,选择"删除框架"命令项,则选中的框架被删除。

(五) 框架及框架网页的属性

1. 框架的属性　框架有很多属性,例如框架的名称、宽度、高度、边距、滚动条、可调整性、间距等。这些属性可以根据需要进行调整和设置,其具体操作方法如下:

在网页设计视图中,选定要设置属性的框架,单击"框架"菜单,选择"框架属性…"命令项,或右击框架,在快捷菜单中选择"框架属性…"命令项,都可以弹出如图 6-45 所示的"框架属性"对话框,在此对话框中就可以修改框架的名称、初始网页、框架大小等多种属性。

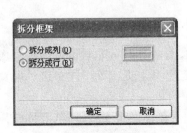

图 6-44　拆分框架　　　　　　图 6-45　"框架属性"设置

2. 框架网页的属性　框架网页属性的设置与普通网页属性的设置大部分相同,只是在"网页属性"对话框中多了"框架"选项卡而已。在"框架属性"对话框中,点击"框架网页…"按钮,即可打开框架网页的属性设置对话框。

在对话框中的"框架"选项卡中有两项设置:"框架间距"和"显示边框"。"框架间距"指框架之间的边框的宽度,默认值为 2;"显示边框"为单选框,默认为显示,如果不想框架在浏览时显示出边框,可取消单选框中的"√"。

第五节　网站的管理和发布

网站的创建以及网站中网页的创建都是为了将其发布到 Web 服务器中,但是并非所需的网站及网页创建后就可以直接发布到 Web 服务器,网页制作者还需要不断地对其进行管理和维护,确保网站发布到 Web 服务器后能够正常运行。

一、网站的管理

(一) 文件夹管理

将一个网站所有的文件放在同一个文件夹下,对于一个小网站还是可以的,但是,当网站较大时,网页文件应分类到不同的文件夹中,以便于文件的管理。

1. 新建文件或文件夹

步骤一:在网站的视图模式下,单击"视图"菜单,选择"文件夹"命令项,或是在视图切换区中单击文件夹视图,切换到文件夹视图模式。

步骤二:在需要新建文件或文件夹的位置,右击鼠标,在弹出的快捷菜单中,选择"新建"子菜单中的相应命令项即可完成空白网页、文本文件、文件夹及子网站的创建。

2. 移动和复制文件或文件夹

步骤一:在网站的视图模式下,单击"视图"菜单,选择"文件夹"命令项,或是在视图切换区中单击文件夹视图,切换到文件夹视图模式。

步骤二:选定要移动或复制的对象,单击"编辑"菜单,选择"剪切"或"复制"命令项,将光标定位到目标位置,单击"编辑"菜单,选择"粘贴"命令项,则被选定的对象就移动或复制到指定位置了。

3. 删除文件或文件夹

步骤一:在网站的视图模式下,单击"视图"菜单,选择"文件夹"命令项,或是在视图切换区中单击文件夹视图,切换到文件夹视图模式。

步骤二:选定要删除的对象,单击"编辑"菜单,选择"删除"命令项,则删除了被选定的对象。

(二)导航管理

FrontPage 2003 的导航视图是各网页的层次结构图,图中各网页非常清楚地被分成几层,最上层一般为主页和与主页在同一级别的网页。第二层为主页或处于同一级的网页的下一级网页。下面的各层则以此类推。

1. 在导航视图中创建网页文件链接 要在导航视图中创建网页文件链接,具体操作步骤如下:

步骤一:在网站的视图模式下,单击"视图"菜单,选择"导航"命令项,或是在视图切换区中单击导航视图,切换到导航视图模式,单击"视图"菜单,选择"文件夹列表"命令项,在视图左侧出现文件夹列表窗口。如图 6-46 所示。

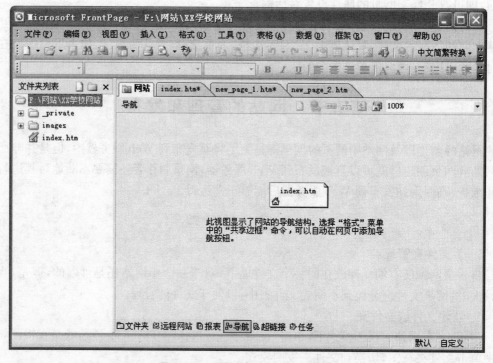

图 6-46 "导航与文件夹列表"窗口

步骤二:在文件夹列表窗口中,选中一个需要加入到导航图的文件,拖动到导航图窗口相应位置,此时,该网页文件被链接到导航图中,用同样的方法,将需要链接的网页全部加入。

2. 在导航视图中删除网页文件链接 要在导航视图中删除网页文件链接,具体操作步骤如下:

步骤一:在导航视图中,右击要删除的网页文件,在弹出的快捷菜单中选择"删除"命令项,弹出"删除网页"对话框。

步骤二:在对话框中选择"从导航结构中删除此网页及其所有下层网页"选项,则该网页从导航图中删除,同时也删除了其他网页与这个网页之间的各种链接关系,但并没有从网站中删除该网页文件,若选择"从网站中删除此网页及其所有下层网页"选项,则彻底删除该网页文件,单击"确定"按钮,完成删除操作。

(三) 超链接管理

查看网站中超链接结构的主要目的:一个是为了了解网站的体系结构,另一个是为了查看网站中各个文件的超链接是否正确,或是否都能链接到指定目标。如果发现某个超链接出现问题,可以进行修改。

1. **查看 Web 网站的超链接** 要查看网站的超链接,具体操作步骤如下:

步骤一:在网站的视图模式下,单击"视图"菜单,选择"超链接"命令项,或是在视图切换区中单击超链接视图,切换到超链接视图模式。打开超链接结构窗口,如图 6-47 所示。

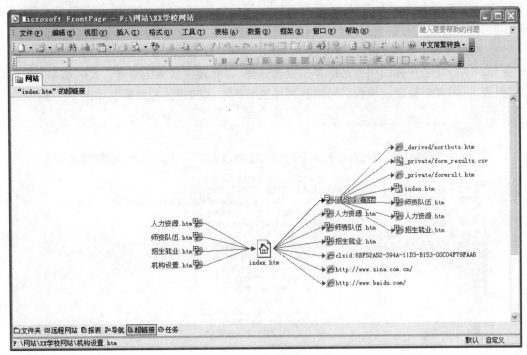

图 6-47 "超链接"窗口

步骤二:在超链接结构图中,单击"＋"号可以显示该网页下一级的超链接情况。

2. **从超链接结构图中删除网页**

步骤一:在超链接结构图中,对于本网站创建的网页,可以右击鼠标,在弹出的快捷菜单中选择"删除"命令项,弹出"确认删除"对话框,如图 6-48所示。

步骤二:单击"是"按钮,可以将当前选定的网页删除。

3. **检验超链接** 检验超链接的主要目的是防止网站中的某些网页出现断链的情况。所谓断链

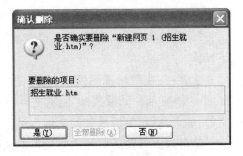

图 6-48 "确认删除"对话框

是指网页中的某个文件未能超链接到指定的目标上。在超链接结构图中双击超链接对象，如果能打开相应的内容，就表示该链接是正确的，否则该对象已经断链。

4. 修复断开的超链接　当发现网页中有断开的超链接时，应当立即修复。

(1) 如果是图像断开链接，则应该到图像所在的文件夹中进行查找，检查文件夹中是否有该图像文件，如果没有，则复制一幅图像到该文件夹中，并以超链接中的图像文件名重命名。

(2) 如果所链接的目标文件丢失，则必须重新创建一个相同名称的文件到该文件夹中。

(3) 如果链接到外部网站的超链接链接不上时，首先检查外部超链接目标 URL 是否正确，如果正确，再查看该网站是否存在，如果网站暂时不能链接上，则不用修改此链接，否则必须进行修改。

(四) 分析网站

FrontPage 2003 提供的报表视图，主要是用于分析网站中的内容。在报表视图中，可以了解网站中所有文件的大小、显示没有链接到其他任何网页的文件、指出慢速或过期的网页、利用该视图方式可以更有效的对网站进行管理。

1. 网站摘要　在网站的视图模式下，单击“视图”菜单，选择“报表”子菜单中的“网站摘要”命令项，或是在视图切换区中单击报表视图，切换到报表视图模式。此时显示“网站摘要”报表，这是多个报表的组合。可以对网站进行高层次的评估和诊断。如图 6-49 所示。

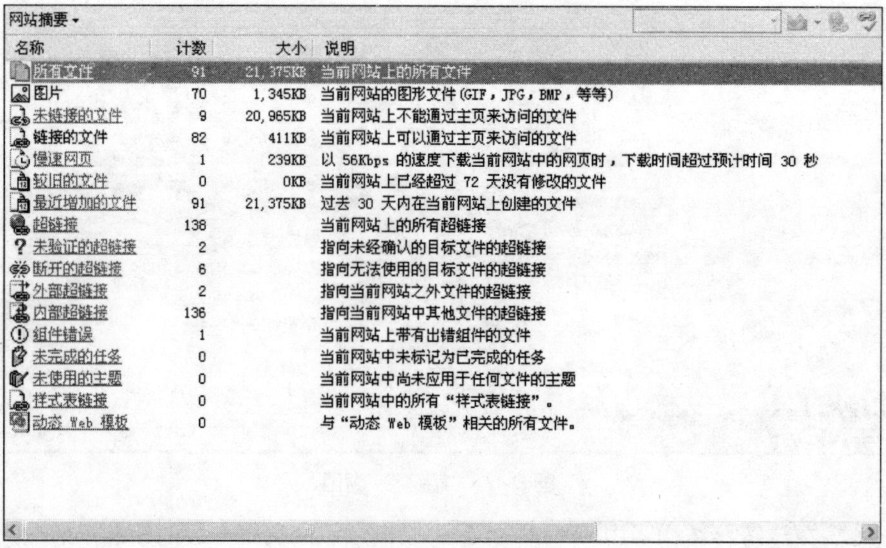
网站摘要

名称	计数	大小	说明
所有文件	91	21,375KB	当前网站上的所有文件
图片	70	1,345KB	当前网站的图形文件(GIF，JPG，BMP，等等)
未链接的文件	9	20,965KB	当前网站上不能通过主页来访问的文件
链接的文件	82	411KB	当前网站上可以通过主页来访问的文件
慢速网页	1	239KB	以 56Kbps 的速度下载当前网站中的网页时，下载时间超过预计时间 30 秒
较旧的文件	0	0KB	当前网站上已经超过 72 天没有修改的文件
最近增加的文件	91	21,375KB	过去 30 天内在当前网站上创建的文件
超链接	138		当前网站上的所有超链接
未验证的超链接	2		指向未经确认的目标文件的超链接
断开的超链接	6		指向无法使用的目标文件的超链接
外部超链接	2		指向当前网站之外文件的超链接
内部超链接	136		指向当前网站中其他文件的超链接
组件错误	1		当前网站上带有出错组件的文件
未完成的任务	0		当前网站中未标记为已完成的任务
未使用的主题	0		当前网站中尚未应用于任何文件的主题
样式表链接	0		当前网站中的所有“样式表链接”。
动态 Web 模板	0		与“动态 Web 模板”相关的所有文件。

图 6-49　报表窗口

2. 文件类报表　如果要在报表视图中显示出当前网站中文件的基本信息，可以进行如下操作：

步骤一：在网站视图模式下，单击“视图”菜单，选择“报表”子菜单中的“文件”子菜单，如图 6-50 所示。如果选择“所有文件”命令项，报表窗口中将列出当前网站中所有的网页和文件；如果选择“最近增加的文件”，可以查看默认时间内增加的文件；如果选择“最近更改的文件”，可以查看默认时间内修改过的文件；如果选择“较旧的文件”，可以查看默认时间以前的文件。

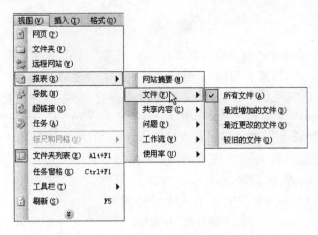

图 6-50　报表的文件下拉菜单

　　步骤二：在文件选项中所列出的最近时间是 FrontPage 2003 默认的时间，可以单击"工

具"菜单，选择"选项"命令项，打开如图 6-51 所示的"选项"对话框，选择"报表视图"选项卡，可以设置最近的具体天数。

　　3. 问题报表　在网站视图模式下，单击视图菜单，选择"报表"子菜单中的"问题"子菜单，如图 6-52 所示。如果选择"未链接的文件"命令项，将会在报表窗口中显示出该网站中没链接过的文件；如果选择"慢速网页"命令项，将会在报表窗口中显示出慢速度网页；如果选择"超链接"命令项，将会弹出"报表视图"对话框，提示是否需要立即验证网站中的超链接，单击

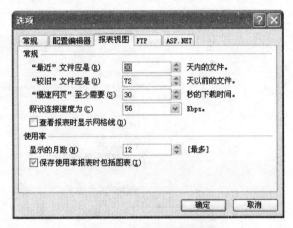

图 6-51　报表"选项"设置

"是"按钮，会在报表窗口中显示验证结果；如果选择"组件错误"命令项，如果网页中有组件错误的情况，将在报表窗口中显示出来。

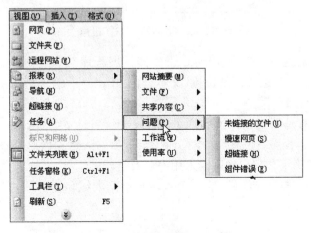

图 6-52　报表的问题下拉菜单

二、发布网站

所谓发布网站,是指将网站上的所有文件和文件夹存放到 Web 服务器上去,让访问者可以浏览你的网页。因此,要发布网站,首先必须找一个合适的 Web 服务器,可以到网上搜索这样的服务器。目前提供免费主页服务的服务器有两种,一种支持"FrontPage Server Extensions",即"FrontPage 服务器扩展程序";另一种不支持"FrontPage 服务器扩展程序"。

支持的服务器可以使用 FrontPage 中的许多扩展功能,如计数器、表单、组件等功能。另外,这种服务器支持通过 HTTP 发布网站。不支持"FrontPage 服务器扩展程序"的服务器则没有完整的 FrontPage 功能,在这种服务器上,有些内容不能在浏览器中看到,如计数器,表单、组件等。这种服务器只支持用 FTP 发布网站。

确定了 Web 服务器后,请登录该服务器,并填写和提交相关的申请登记信息,一定要牢记自己的用户名(即账户)和密码。申请成功后,会给我们提供个人主页空间的域名,这个域名也一定要记住,以后就可以通过这个域名来访问你的网站。现在我们就可以发布自己的网站了。

1. 打开自己的网站,单击"文件"菜单,选择"发布网站…"命令项。

2. 在弹出如图 6-53 所示的"远程网站属性"对话框中,选择服务器类型。

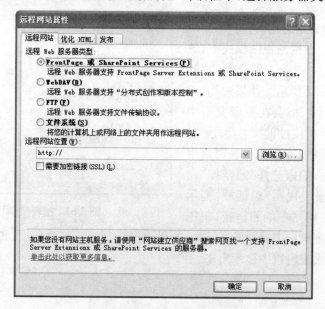

图 6-53　"远程网站属性"设置

(1) 如果申请的是支持"FrontPage 服务器扩展程序"的服务器,选择"FrontPage 或 SharePoint Services",在"远程网站位置"文本框内 http://后输入个人主页空间的域名,单击"确定"按钮。

(2) 如果申请的是不支持"FrontPage Server Extensions"的服务,选择"FTP",使用 FTP 协议发布,在"远程网站位置"文本框内 ftp://后输入远程网站地址,并输入网站所在的 FTP 目录,单击"确定"按钮,然后输入用户名及密码。

网站发布成功后,打开浏览器,输入个人主页空间的域名,就可以在 Internet 上看到发布的网页了。

（严　燕）

第 七 章

数据库管理软件 Access 2003

Microsoft Office Access 2003 是微软公司出品的 Microsoft Office 2003 系列办公软件中的成员之一,它是桌面关系型数据库管理系统,主要用于中小型企业和公司的数据处理业务,提高工作效率。

第一节　数据库基本概念

(一) 数据库的概念

数据库是为了满足某一部门中多个用户的多种应用的需要,安装一定的数据模型在计算机中组织、存储和使用的相互联系的数据集合。数据库系统就是管理大量的、持久的、可靠的和共享的数据的工具。

从数据库的定义看,它有以下几个特性:

1. 集成性　所谓集成,就是指把某特定应用环境中各种相关的数据以及数据之间的联系全部集中在一起,并且按照特定的结构形式进行存储至存储介质。但要注意这种联系可以看成一种数据。也可以把数据库看成是由若干个性质不同的数据文件的联合而形成的,并且在文件之间局部或者全部消除了冗余的数据整体。

2. 共享性　共享是指数据库中的数据可以让不同的用户共同使用。各用户甚至可以使用不同的编程语言、以不同的访问方式同时访问同一个数据库。其实,共享性就是数据库的继承性带来的必然结果。当然数据库会提供安全访问机制保证各用户能正确地访问数据。

3. 海量性　数据库的一个特征就是拥有大量的数据。一般企业的数据库容量会高达数百 MB,而如银行、证券公司这类信息量较大的部门,其业务数据量会高达 GB 甚至 TB。因此数据库中存放的数据一般不能直接在内存中进行处理,需要使用大容量而速度相对较低的外部存储设备。

4. 持久性　数据库作为信息的存储工具,里面的数据需要在一定时间内保持有效性。例如交易行的业务数据、公司企业的商业数据等,这些资料往往需要保存几年、几十年甚至更长。这时候人们甚至会使用光盘等可靠性比一般磁盘更高的存储介质进行数据库的数据备份。

(二) 数据库系统的组成

数据库系统是组织、存储和维护大量数据的管理应用系统,它一般由计算机系统、数据库、数据库管理系统和用户组成。

1. 计算机系统　计算机系统指用于数据库管理的计算机硬件和软件系统。由于数据库系统的数据量一般比较大,因此,对硬件资源要求较高。

(1) 需要足够大的内存以存放和运行操作系统、数据库管理系统的核心模块和应用程序等。

(2) 要有大容量的磁盘直接存取数据库数据,有足够的外存储介质(如磁带、磁盘和光盘)作数据备份。

(3) 系统应具有较高的通道能力,以提高数据的传送率。

(4) 系统还应具有网络功能,以实现数据资源的共享。

2. 数据库　数据库是数据库系统中存储的数据的集合,这些数据具有结构化和逻辑的相关性。它是数据库系统操作的对象,并为多种应用服务。数据库中的数据具有集中性和共享性。集中性是指把数据库看成性质不同的数据文件的集合,数据的冗余很小。共享性是指不同的用户使用不同的编程语言,为了不同的应用目的可同时存取数据库中的数据。

3. 数据库管理系统(Data Base Management System,DBMS)　数据库管理系统是负责数据库管理和维护的软件系统。它通常由三个部分组成:数据定义语言及其翻译程序、数据操纵语言以及编译(或解释)程序、数据库管理例行程序。

DBMS 是数据库系统的核心软件,学习使用数据库,通常学习某个 DBMS 的使用方法。在关系数据库中有许多 DBMS 系统,例如:dBase、FoxBase、FoxPro、Oracle、UNIFY、CLIPPER、INGRES 和 DB2 等。

4. 用户　是使用数据库的人。数据库系统中主要有数据库管理员、系统分析员、数据库设计人员、应用程序员和最终用户。

(1) 数据库管理员:数据库管理员是指全面负责数据库系统正常运转的高级人员。他们主要负责:决定数据库中的信息内容和结构,决定数据库的存储结构和存取策略,定义数据的安全性和完整性约束条件,监控数据库的使用、运行和数据库的改进、重组重构。

(2) 系统分析员:系统分析员主要负责应用系统的需求分析和规范说明,和最终用户及数据库管理员相结合,确定系统的硬件和软件配置,并参与数据库系统的概要设计。

(3) 数据库设计人员:数据库设计人员负责数据库中的数据的确定、数据库各级模式的设计。设计人员应参加用户需求调查和系统分析。

(4) 用户(即最终用户):最终用户是指并没有掌握太多计算机知识的工程人员和管理人员,他们通过数据库系统提供的用户接口(如:浏览器、命令语言、表格操作、菜单、报表等交互式手段)使用数据库。

(三) 关系数据库的基本概念

关系数据库是建立在严密的数学基础之上的,它应用数学方法来处理数据库中的数据。

关系数据库是目前各类数据库中最重要、最流行的数据库,也是目前使用最广泛的数据库系统。20 世纪 70 年代以后开发的数据库管理系统产品几乎都是关于关系的。

数据模型是指数据库系统中的一个重要概念,各种机器上实现的数据库系统都是基于某种数据模型的,因此数据模型的基本概念是学习数据库的基础。

数据模型是指描述记录内的数据项间的联系和记录之间的联系的数据结构形式。它应满足三方面要求:能较真实地模拟现实世界;能容易被人理解;便于在计算机上实现。

在数据库的发展史上，最常用的数据库模型有：层次模型（Hierarchical Model）、网状模型（Network Model）和关系模型（Relational Model）。

下面简要介绍这三种模型。

1. 层次模型　层次模型是数据库系统种最早使用地一种模型。数据地层次模型用树型结构来表示各类实体地类型和实体之间地联系。在现实世界中，有许多实体之间地联系很自然地呈现出一种层次关系，例如：家族关系、行政机构、地理位置关系等。

在数据库中满足下述两个条件地“基本层次联系”的集合称为层次模型。

(1) 有且只有一个节点无双亲节点，这个节点就是根节点。

(2) 其他节点有且仅有一个双亲节点。

在层次模型中，每个节点表示一个记录类型（实体），记录之间的连线表示节点之间的联系。每个节点的上方的节点称为该节点的双亲节点，而其下方的节点称为该节点的子节点。没有子节点的节点称为页节点。

2. 网状模型　由于层次模型不能描述多对多的关系，因而产生了网状模型。网状模型就是在层次模型的基础上取消了层次模型的限制，将树型结构变成图的结构。网状模型是以记录型为节点的网络，反映的是现实世界中较为负责的事物之间的联系。

广义上，任意一个连通的基本层次联系的集合就是一个网状模型。在数据库中把满足下列条件的基本层次联系集合称为网状模型。

(1) 允许有任意个（包括零个）无双亲节点。

(2) 允许一个节点可以有多于一个的双亲节点。

两个节点之间可以有两种或两种以上的关系。

网状模型能够更为直接地描述现实世界，具有良好的性能，存取效率较高。但是，由于网状模型的结构比较复杂，而且随着应用环境的扩大，数据库的结构就变得越来越复杂，不利于用户使用。

CODASYL 系统（即 DBTG）是网状模型的典型代表，它表示了实体间的多种复杂联系。

3. 关系模型　关系模型是当前最重要的一种数据模型。20 世纪 80 年代以来，几乎所有的数据库系统都是关系型的。关系模型是建立在严格的数学概念的基础之上的。

从用户的角度看，关系模型的数据结构是一个二维表，它使用表格描述实体间的关系，由行和列组成。每个表格就是一个关系。下面介绍关系模型中的一些术语。

(1) 关系（relation）：一个关系也就是通常所说的一张表，如图 7-1 所示。

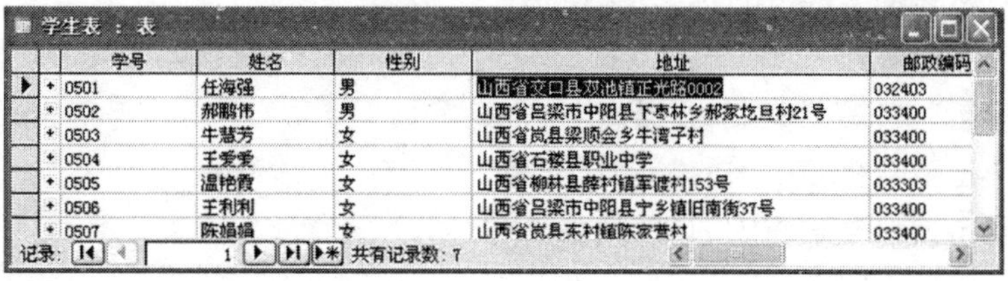

学号	姓名	性别	地址	邮政编码
0501	任海强	男	山西省交口县双池镇正光路0002	032403
0502	郝鹏伟	男	山西省吕梁市中阳县下枣林乡郝家圪旦村21号	033400
0503	牛慧芳	女	山西省岚县梁顺会乡牛湾子村	033400
0504	王爱爱	女	山西省石楼县职业中学	033400
0505	温艳霞	女	山西省柳林县薛村镇军渡村153号	033303
0506	王利利	女	山西省吕梁市中阳县宁乡镇旧南街37号	033400
0507	陈娟娟	女	山西省岚县东村镇陈家营村	033400

图 7-1　关系——表

(2) 元组（tuple）：表中的一行就是一个元组，或称为一条记录。

(3) 属性（attribute）：表中的一列即为一个属性，每个属性有一个名称即属性名。例如图 7-1 中的学生基本情况表中有五列，对应五个属性：学号、姓名、年龄、专业和宿舍号。940001～940005 是属性学号的取值。

(4) 关键字(key)：表中的某个属性组可唯一的确定一个元组(或记录)，如图 7-1 学生基本情况表中学号就可唯一的确定一个学生，它是该表中的关键字。我们可以选择关键字中的若干个作为一个表的主关键字简称主键。

(5) 关系模式：对关系的描述，一般的表示方法是：

关系名(属性 1,属性 2,…,属性 n)。图 7-1 中的关系可表示为：学生基本情况表(学号，姓名，年龄，专业，宿舍号)。

关系模型要求必须规范化，即要求关系必须满足一定的规范条件。最基本的一条就是：关系的每一个分量必须是一个不可分的数据项，也就是不允许表中有表。

关系模型所具有的优点为：

1) 关系模型是建立在严格的数学概念基础上的，具有较强的理论根据。

2) 可表示一对一的关系，也能表示一对多的关系，还能表示多对多的关系。

3) 描述的一致性。无论实体还是实体间都用关系来表示。

4) 概念简单，操作方便，数据独立性强。

当然，关系数据模型也存在缺点，其中最明显的缺点是，由于存取路径对用户透明，查询效率不如层次模型和网状模型。

由于关系模型具有较多的优点，所以以关系模型为基础的数据库管理系统的开发发展很快，其应用范围不断扩大。目前较为典型的关系型数据库管理系统有 SQL Sever、Oracle 等。

关系数据模型的操作主要包括查询和编辑数据。这些操作必须满足关系的实体完整性和参照完整性规则。

第二节   Access 2003 的基本操作

一、Access 的启动与退出

Access 的启动和退出与其他应用程序的启动和退出基本相同，方法有多种。

(一) 启动 Access

方法一：单击"开始"按钮，鼠标指向"程序"下的"Microsoft office"，然后再单击"Microsoft office Access 2003"。

方法二：双击桌面上的"Access"快捷图标。

(二) 退出 Access

方法一：单击"文件"菜单下的"退出"命令。

方法二：单击窗口标题栏中的"关闭"按钮。

方法三：双击窗口标题栏中的"控制菜单"图标。

方法四：同时按下"Alt+F4"键。

方法五：右击标题栏空白处，然后单击"控制菜单"中的"关闭"命令。

二、Access 2003 数据库窗口的组成

单击"新建文件"→"空数据库"，出现 Access 数据库窗口，它由标题栏、菜单栏、工具栏、对象栏、组、对象列表框组成，如图 7-2 所示。

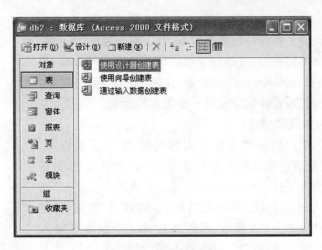

图 7-2　数据库窗口

（一）标题栏

用于显示 Access 数据库的名称，右边有三个按钮，分别是最小化、最大化和关闭按钮。左端有一个控制菜单按钮，单击它会出现一个下拉菜单，其中包括一些控制数据库窗口移动、大小和关闭的命令。

（二）菜单栏

Access 的主菜单有"文件"、"编辑"、"视图"、"插入"、"工具"、"窗口"、"帮助"，其中每个菜单都有一个"下拉菜单"，用户可根据操作要求进行选择性操作。

（三）工具栏

由八个常用工具按钮组成，分别是打开、设计、新建、删除、大图标、小图标、列表和详细信息，在创建和编辑数据库中不同对象时，这些工具是非常重要的。例如，设计按钮用来切换不同对象的显示视图。

（四）对象栏

显示数据库包含的对象类型，Access 2003 数据库中包含七个对象，分别是：表、查询、窗体、报表、页、宏和模块。

（五）组

是便于用户管理数据库对象的一种方式。

（六）对象列表框

用于显示数据库不同对象类型所包含的所有对象，或者是创建该对象设计方法。

第三节　数据库的创建、打开与关闭

一、创建数据库

用户在日常工作和学习中，经常会使用数据库。例如，手机中存储的有关朋友、同事的电话；学校教务处管理的学籍档案；财务处管理的职工工资等，这些都可以称作数据库。实际上，数据库就是一个相关信息的集合体，以便检索和访问。Access 2003 中的数据库属于关系型数据库，以 mdb 为文件的后缀。建立一个数据库的同时，就创建了数据库中的对象。

Access 2003 提供了两种创建数据库的方法:使用"数据库向导"仅一次操作即可为数据库创建必需的表、窗体和报表,这是创建数据库的最简单的方法;也可以先创建一个空数据库,然后再添加表、窗体、报表及其他对象,这是最灵活的方法,但需要分别定义每一个数据库元素。

图 7-3　向导创建
数据库窗口(一)

(一)使用向导创建数据库

Access 2003 为用户提供了功能强大的向导,无论是数据库、表、查询、窗体还是报表都可以用向导引导用户快速进行创建,方便快捷,使初学者能很快了解 Access 2003。操作步骤如下:

步骤一:启动 Access 2003,单击工具栏上的"新建"按钮,打开"新建文件"任务窗格,如图 7-3 所示,然后单击"本机上的模板"。

步骤二:屏幕上弹出"模板"对话框,单击"数据库"选项卡,在其中选择需要的数据库模板,如图 7-4 所示。如"联系人管理",单击"确定"按钮。

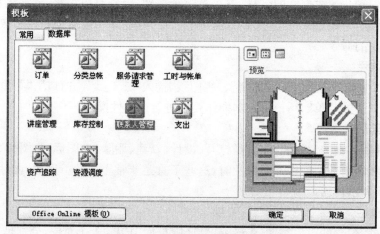

图 7-4　向导创建数据库窗口(二)

步骤三:屏幕会弹出一个保存数据库位置和名称的窗口,输入完数据库的标题和保存位置后单击"创建"按钮。屏幕提示用户联系人管理将存储哪些信息,单击"下一步"按钮。

步骤四:选择数据库将建立的表及其所包含的字段,单击"下一步"按钮。

步骤五:选择数据库在屏幕上显示的样式,单击"下一步"按钮。

步骤六:选择数据库报表打印时显示的样式,单击"下一步"按钮。

步骤七:确定数据库的标题和是否需要添加图片,单击"下一步"按钮。

步骤八:屏幕提示数据库基本建完,是否启动数据库?选中复选框,以启动该数据库,然后单击"完成"按钮,就会看到系统正在创建数据库和设置数据库属性,几秒钟之后,就会看到创建的"联系人管理"数据库的主切换面板,如图 7-5 所示。

(二)创建空白数据库

例 1:新建"Student. mdb"数据库。

操作步骤如下:

步骤一:启动 Access 2003,单击"文件"菜单下的"新建"命令,或者单击工具栏上的"新

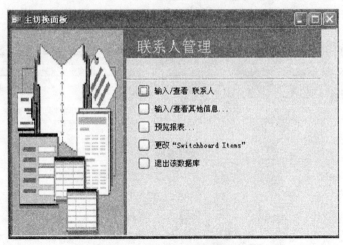

图 7-5 向导创建数据库窗口（三）

建"按钮,打开"新建文件"任务窗格。在如图 7-2 所示的"新建文件"任务窗格中,单击"空数据库"选项。

步骤二:在打开的"文件新建数据库"对话框中,输入数据库的名称为"Student"指定路径。

步骤三:单击"创建"按钮生成如图 7-1 所示的空数据库窗口。

二、数据库的打开与关闭

(一) 打开数据库

打开数据库的方法有两种:

方法一:单击"开始工作"任务窗格中的"打开"下的列表中列出的数据库对象。如果该数据库对象未被列出,可选择"其他"选项。

方法二:单击菜单栏或工具栏上的"打开"命令。

(二) 关闭数据库

方法一:同 Microsoft Office 中的其他应用程序关闭的方法一致,单击"文件"菜单下的"关闭"命令。

方法二:直接单击已打开的数据库窗口右上角的"关闭"按钮。

第四节 创建和维护表

在第二节里我们创建了数据库,如果创建的是一个空数据库,那么数据库中没有表;如果是用数据库向导创建的库,数据库中已经有了表,但表中还没有任何数据,并且用向导生成的表不一定完全满足用户的要求,可能要进行修改。创建表、修改表、生成的表中的数据就是这一节的任务。接下来我们创建一个 Student. mdb 数据库,在数据库中设计三个表:学生表、课程表、成绩表,设置字段属性。然后通过主键创建表之间的关系,输入数据。

一、创 建 表

Access 的数据库由若干个表组成,在打开一个空数据库以后,将出现如图 7-6 所示的数据库工作窗口,用户可以使用窗口中提供的三种方法创建数据库中的表。

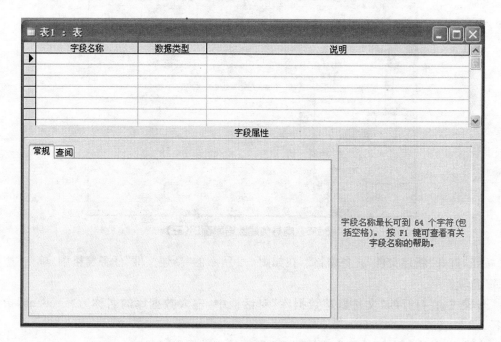

图 7-6 表结构设计视图

(一) 使用设计器创建表

在数据库工作窗口中单击表对象的"使用设计器创建表",单击"设计"按钮,则打开如图 7-6 所示的"表设计器"窗口。该窗口分为上、下两个半区。

上半区为字段输入区,包含字段名、数据类型、字段说明三列,由用户逐个给出定义。Access 2003 提供了十种数据类型,分别是:文本、备注、数字、日期/时间、货币、自动编号、是/否、OLE 对象、超链接、查阅向导。用户可根据不同的需求,对各字段选取相应的数据类型。在"说明"列中,可自行对各字段输入必要的说明信息。

下半区为字段属性属性设置区,可以设置字段的长度、格式、有效性等。它由"常规"和"查阅"两个选项卡组成。在"常规"选项卡中,不同类型的字段,显示的菜单项目是不同的,可见,这是一个随着字段类型变化的选项卡。"查阅"选项卡主要设置和显示查阅字段的。下面以学生表(表 7-1)为例进行设计。

表 7-1 学生表

字 段 名	数 据 类 型	字段大小/字符
ID	自动编号	
学号	文本	4
姓名	文本	20
地址	文本	50
邮政编码	文本	6
电话号码	文本	8

续表

字 段 名	数 据 类 型	字段大小/字符
主修	文本	20
班级	文本	20
出生日期	文本	
城市	文本	12

例 2：新建"学生表"。

操作步骤如下：

步骤一：打开"Student. mdb"数据库，单击"表对象"，在对象列表框中选中"使用设计器创建表"，然后双击该项。或者用鼠标选中"使用设计器创建表"，再单击"设计"视图按钮。

步骤二：在表设计器窗口中按照表 7-1 将各字段名输入到设计视图的"字段名称"列；在"数据类型"列中，单击右边的箭头，在其下拉列表框中选择数据类型。

步骤三：在"常规"选项中输入各字段的属性。

步骤四：保存表的名字为"学生表"，关闭数据库，浏览该表。

（二）使用向导创建表

例 3：创建"成绩表"。

操作步骤如下：

步骤一：打开 Student. mdb 数据库，单击"表"对象，在右侧的列表窗口中，双击"使用向导创建表"，打开如图 7-7 所示的"表向导"对话框。在此对话框中给出了"商务"和"个人"两种示例表类型，选择不同的类型，所包含的示例字段也不同。在此选择"商务"类型中的"学生和课程"示例表，选中所有的示例字段，单击">>"图标，所选中的字段就会列在右侧的"新表中的字段"列表中。

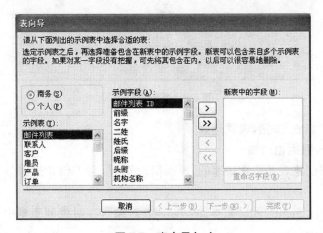

图 7-7　表向导（一）

注意：如果要修改示例字段的名字，可以单击"重命名字段"修改字段名称。

步骤二：单击"下一步"按钮，弹出对话框如图 7-8 所示，指定表的名称为"成绩表"，同时，向导提示是否需要"主键"。用户可以根据具体情况，决定是否创建主键。主键是用来唯一标识字段的关键字,可以在创建表的时候创建,也可以在创建完表之后再创建。

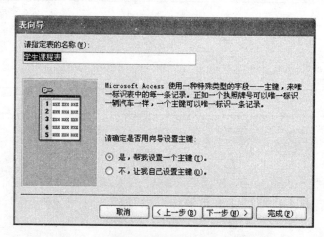

图 7-8 表向导(二)

步骤三:单击"下一步"按钮,弹出对话框如图 7-9 所示,系统提示用户已经基本创建完毕,建议下面的动作是"修改表的设计"、"直接向表中输入数据"或"利用向导创建的窗体向表中输入数据"。如果利用向导创建的表比较符合用户的要求,就可以直接输入数据了。否则,就要对表结构进行修改。

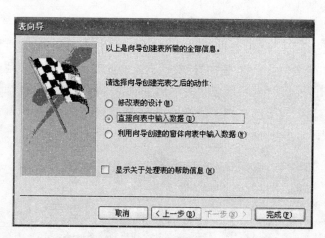

图 7-9 表向导(三)

步骤四:单击"完成"按钮,表就建好了。

(三) 通过输入数据创建表

通过输入数据创建表是非常快速的,界面简单直观,对于创建简单的小表是个好方法,操作步骤如下:

步骤一:打开"Student. mdb"数据库,单击"表对象",在对象列表框中选中"通过输入数据创建表",然后双击该项。

步骤二:系统弹出"向表中直接输入数据对话框",用鼠标双击"字段 1"列,即可更改这一列的字段名字;也可以用鼠标左键选中"字段 1"这一列,单击鼠标右键,在弹出的快捷菜单下选中"重命名列",更改字段名字。

步骤三:保存表的名字为"课程表"。

二、表的管理与维护

（一）修改表结构

前面介绍了创建表的三种方法,除了"使用设计器创建表"方法之外,使用另外两种方法创建的表一般都需要对表的结构进行适当的修改,以适应实际需要。

1. 字段的数据类型　数据类型是字段中存储的数据的类型,例如,如果要表示一个人的出生年月就需要选择日期/时间型字段;如果要表示物品价格就需要选择货币型字段;下面列表说明字段的数据类型及其功能说明(表 7-2)。

表 7-2　数据类型

数据类型	大　　小	功　能　说　明
文本	一个文本字段可容纳 255 个字符,默认大小为 50 个字符	存储文本或不需要计算的数字。例如,姓名、邮政编码、注意;文本型字段需要顶格输入,否则,空格也将作为字符保存下来。
备注	最多容纳 64 个字符	存储长文本,此类型字段不能进行排序和索引。
数字	1、2、4 或 8 个字符	存储用于计算的数字数据。
货币	8 个字符	存储货币类型值,小数点左边精确到 15 位,右边精确到 4 位。
日期/时间	8 个字符	存储日期或时间,可以有多种输入方式,例如"2009/08/08"或"2009-9-8"等。
自动编号	4 个字符	对记录自动编号,每增加一条记录,编号自动加 1 或随机编号。不能更新和编辑该类型数据。
是/否	1 个字符	存储只具有两个值的数据,例如"是/否"或"真/假"。
OLE 对象	1GB(受磁盘空间限制)	存储在表中的链接或嵌入式对象。
超级链接		存储文本形式的超级链接的地址。
查阅向导	4B	创建利用组合框选择来自其他表或值列表中的字段。

2. 设置字段的属性　Access 表中的字段都可以定义属性,这段的属性决定了字段数据的存储和显示方式。字段的数据类型不同,它所具有的属性个数及属性值都可能不同。下面列出 Access 表中字段所有可用的属性。

（1）字段大小:适用于文本、数字和自动编号字段。其中文本字段指字符个数,数值字段大小指数字的类型(有字节、整型、长整型、单精度、双精度五种)。

文本型字段允许的最大字符数为 255,默认值为 50。对数字类型字段大小还可以进一步的设置(表 7-3)。

表 7-3　数字类型字段

数字类型字段大小	小　数　位	范　　围
字节		$0 \sim 255$
整型		$-32\,768 \sim 32\,767$
长整型		$-2\,147\,483\,648 \sim 2\,147\,483\,647$
单精度型	7	$-3.4 \times 10^{38} \sim 3.4 \times 10^{38}$
双精度型	15	$-1.797 \times 10^{308} \sim 1.797 \times 10^{308}$
小数	15	$1 \sim 28$

从上述表中可见,前三种数字型字段不需要设置小数位,允许正负整数范围值比较大;单精度可以设置 7 为小数,双精度可以设置 15 位小数而且正负整数范围较大,小数可以设置 15 位小数,但整数范围值不大。

"自动编号"类型的"字段大小"属性值可以设置为"长整数"和"同步复制 ID"。

字段属性是每个字段必须要设置的属性,大小要符合字段的实际要求。字段大小直接影响 Access 运行的速度,字段大小越小,Access 运行越快。

(2) 格式:除 OLE 对象外,其他数据类型字段均可有此属性。格式指显示的数据的形式,用于区别键盘输入的初始形式。例如,如果要输入负数:"－15",则需要设置该字段的格式为(#,##0);如果要强制显示大写字母,就要设置该字段的格式为">"。不同的数据类型定义了不同的格式,例如,"日期/时间"类型的格式有七种,分别是:常规日期、长日期、中日期、短日期、长时间、中时间、短时间。"货币"和数字类型的格式有七种,分别是:常规数字、货币、欧元、固定、标准、百分比和科学计数。

但是无论是何种不同类型的格式,影响的仅仅是数据的显示方式,而不影响它在表中的实际存储方式及其输入方式。格式范例见表 7-4。

表 7-4　格式范例

格 式 规 范	输入的数据	显示的格式化数据
＜	MARY	mary
短日期	05 年 8 月 8 日	2005-8-8
货币	5 000	￥5 000.00
(@@@)@@@@-@@@@	01 234 567 899	(012)3456-7899

(3) 输入掩码:它由一些特殊字符来表示数据说明和占位符,从而限制或规范用户输入数据的格式。文本、数字、日期、自动编号字段有此属性,可用"输入掩码向导"来完成掩码的输入,输入掩码定义中用特殊的字符作为数据的说明和占位符。

(4) 标题:显示窗体或报表的备选字段名。窗体或报表上的标签一般都使用字段名,但是,有时候需要显示更为详细的描述性标签,就要另取字段名。字段名和标题可以相同也可以不同,如果不指定标题,则默认为字段名。

(5) 默认值:默认值即当输入记录时不需要手动输入数据,系统自动填入已设置好的数据,这样避免了多次重复输入相同的数据,节省时间,提高了工作效率。例如,设置"学生表"中的"城市"字段的默认值为"山西",那么当用户输入记录时,"城市"字段自动填入"山西"。默认值是和该字段数据类型相匹配的值,它只是一个初始值,也可以在输入时进行修改。默认值可以是数字或文本字符串,还可以是一个表达式。

(6) 有效性规则和有效性文本:除 OLE 和自动编号字段外的所有字段都有这一对属性。有效性规则是一个表达式,它包含一个运算符和一个比较值,要求用户输入的数据满足使表达式的值为真。常用的运算符有小于(＜)、大于(＞)、大于等于(＞＝)、小于等于(＜＝)、不等于(＜＞)、等于(＝)、IN(在之中)、在之间(BETWEEN)、相匹配(LIKE)、有效性文本是用户输入不满足有效性规则时输出的提示信息。

例如,设置"学生表"中的"出生日期"字段的有效性规则为"＜date()",如果输入日期大于当前日期,则系统弹出信息出错信息。

有效性规则的设置多种多样,例如,可以设置某个数值"<10 000"或限制某个日期在一个范围内"between #5/12/05# and #8/31/05#"。

(7) 必填字段:除自动编号字段外的所有字段都可有这一属性。若属性设置为真,则输入时此字段必须添加数据。

(8) 允许空字符串:文本、备注、超级链接三类字段可以设置此属性。

(9) 索引:文本、数字、日期、货币、自动编号和是/否字段有索引属性。索引可以加快字段搜索或排序的速度。索引属性指定该字段是否设置索引及所设置索引的类型,类型有三种情况:

无:不索引该字段,系统默认设置。

有(有重复):允许索引有相同值的多条记录。

有(无重复):不允许有相同字段值的记录参加索引,该字段值在每一条记录中不能出现重复,必须唯一。

所谓"有重复"是指该字段中出现重复值。一个索引可包含一个或多个字段,表中的主关键字是自动索引的。

(10) Unicode 压缩:文本、备注、超级链接三类字段可以设定此属性。

(11) 小数位数:货币型和数字型字段可以设置小数位数,单精度型可设置 7 位小数位,双精度型可设置 15 位小数位,小数可设置 15 位小数位。如果"货币"型字段小数位数设置成"自动",则小数位为 2;如果"数字"型字段设置成"固定"或"标准"格式,则小数位数也是 2位;如果"数字"型字段设置成"常规数字",则小数位数由用户确定。

(12) 输入法模式:文本、备注、日期、超级链接四种字段可设置这个属性。

(13) 新值:只有自动编号字段才有此属性设置。

3. 设置主关键字　主关键字也叫"主键",是用来唯一标识表中记录的一个或一组字段。主键,就好像居民身份证,全国每个人的身份证序列号都是不同的,即使是双胞胎也能明确地把他们区分出来。通常,每个表都要设置主键,且不能设置为空值,主键也是主索引,可以加快检索和查询的速度。同时,利用主键可以创建表与表之间的关系。

(1) 自动编号主键:当用户未指定主键时,Access 2003 会创建一个自动编号类型的主键,即每当增加一条记录时,自动编号会自动输入连续整数的编号,例如:1,2,3,…Access 2003 会自动维护该字段。

(2) 单字段主键:如果一个字段中的值不出现重复现象,能唯一标识每一条记录,那么,这个字段就可以指定为单字段主键。

定义单字段主键的步骤如下:

1) 以"设计"视图的方式打开需要设置主键的表。

2) 选中要设置主键的字段,单击行选定器。

3) 单击工具栏中的主键按钮,就会看到该字段这一行的前面多了一个小钥匙图标 ,这就是主键标识。

(3) 多字段主键:如果一个字段不能唯一标识表中的每一条记录,那么可以选择多个字段进行组合,设置成多字段主键。

外键:即把 A 表的主键放在 B 表中,作为 B 表的一部分,并作为这两个表的关联字段。例如,学生表中"学号"字段是主键,而在成绩表中,"学号"字段只是该表的一个字段,而且两个表通过"学号"字段创建了一对多的关联关系。所以"学号"在学生表中是主键,在成绩表中就是外键。Access 2003 提供了一项称为"参照完整性"的功能,它确保了从表中的外键已经存在于主表的关键字段中。

4. 参照完整性 表与表之间的关系经常被用来彼此引用,参照完整性规则要求关系中"不引用不存在的实体",例如,教师与职称之间的关系如图 7-10 所示。

计算机系教师信息表:

职工号	姓名	性别	职称编号	年龄	籍贯

职称表

职称编号	职称名称

图 7-10 教师与职称之间的关系

带下划线的字段是表中的主键,这两个表中存在着关系的引用。"计算机教师信息表"引用了"职称表"中的"职称编号"字段,每一名教师的职称必须与职称表中的职称相对应,不允许职称编号出现空值或引用职称表中不存在的值的现象。"职工号"是"计算机教师信息表"的主键,"职工编号"是"职称表"的主键,也是"计算机教师信息表"的外键,即参照完整性限定外键与主键必须定义在一个相同的属性(组)里,该属性(组)可同名也可不同名,但是在表中的意义是相同的。

提示:当创建关系或实施参照完整性时,建议在表中的数据为空的情况下进行。否则,系统容易提示出错或操作失败。

5. 插入字段 在"表设计器"视图窗口中的第一个空字段处输入字段定义,就完成了在字段列表的底部添加字段。若需要在某字段前插入新字段,则定位到某字段处,选择"插入"单击下的"行"命令(或单击插入行按钮),然后在插入的行中输入新字段的名称,设置数据类型即可。

6. 移动字段 当用户创建表结构时,输入字段的顺序就是表中记录字段的顺序。如果需要移动某个字段,只要使用行选定器选中该字段行,然后按住鼠标左键拖动该字段行到相应的位置即可。

7. 复制字段 复制字段不复制字段中保存的值,仅复制字段名,并要重新命名该字段以使字段不重名。选中将要复制的字段,单击执行"编辑",单击其下的"复制"命令,或者按住"Ctrl＋C"组合键,然后选择一个空行,再选择"编辑"单击下的"粘贴"命令,或者按住"Ctrl＋V"组合键。输入字段的新名称,保存对该数据库的修改。

8. 删除字段 定位在表设计器的视图窗口中要删除的字段处,单击"编辑"菜单下的"删除"命令,或者单击"删除行"按钮,也可按"Del"键。系统弹出对话框询问是否永久删除选中的字段及其所有的数据,选中"是"按钮,以确认删除操作。

注意:如果删除的字段包含在其他的数据库对象中或在某个关系中,则要先删除引用或关系,再删除字段。

9. 创建值列表字段 在面向对象的设计语言中,经常要用到组合框,例如"性别"字段,选项可为"男"或"女",让用户在输入数据时仅做一个简单的鼠标单击选择,这样既节约时间,也可避免输入错误,一举两得。

例 4:在"学生表"的表结构中创建值列表"城市"字段。

操作步骤如下:

步骤一:打开"Student. mdb"数据库,单击"表"对象,选中"学生表",然后双击打开该表,选中"地址"列,选择"插入"菜单下的"查阅列"命令。

步骤二:屏幕提示用户选择一种提供数据的方式。提供数据的方式有两种,一种是使用表或查询中的数据,另外一种就是自行键入所需要的数据。在此,选择后者。

步骤三:单击"下一步"按钮,屏幕提示用户输入可选项的值,在此,输入北京、上海、广州、深圳、重庆、成都。

步骤四:单击"下一步"按钮,为查阅列指定标签,即字段名,在此,输入"城市",单击"完成"按钮。

注意:(1)用此法增加"城市"字段之前,在该表中应无此字段。

(2)这种值列表是在"数据表"视图下直接创建的,而不是在"设计"视图状态下创建的。

例5: 在"学生表"的表结构中修改"主修"为值列表字段。

操作步骤如下:

步骤一:打开"Student. mdb"数据库,单击"表"对象,选中"学生表",然后单击"设计"按钮,进入学生表的"设计"视图模式,单击"主修"字段,选择"字段属性""查阅"选项卡。在"显示控件"这一栏目中选择"组合框","行来源类型"栏目中选择"值列表","行来源"中输入"网络基础"、"网络布线施工"和"C 程序设计语言",其他课程之间用西文";"间隔。

步骤二:保存对"学生表"所作的修改,浏览"学生表"。

10. 表的复制、删除和更名　复制表分为在同一个数据库中复制表和从一个数据库中复制表到另一个数据库中两种情况。如果用户需要修改多个表,那么最好将整个数据库文件备份。数据库文件的备份,与 Windows 下普通文件的备份一样,复制一份即可。复制方法很多而且简单,最简单的是单击"文件"菜单中的"另存为"命令。

删除表即将所要删除的表从数据库中删除。如果数据库中含有用户不再需要的表,可以选中表,右击将其删除。删除数据库表须慎重考虑,不可轻举妄动,要考虑清楚了,方可实施,它是一个危险的动作。

更名表即更改表的名称。有时需要将表名更改,使其具有新的意义,以方便数据库的管理。可以选中表,右击"重命名"可以很快地更改表名。

(二)修改"数据表"视图的外观

数据库好像是一个大的容器,表则是数据库中的主要对象之一,是查询、窗体和报表的数据源,因此,数据表中的文本颜色,字体类型、字体型号、背景色、行高、列宽是用户浏览一个数据库的第一窗口,它的设计能够提高数据库的可视性,使数据更清晰和美观。例如,可以改变字体和字形的大小,可以在一屏看到更多或更少的记录;可以使用数据表的工具栏按钮加快数据运行速度;通过列的冻结可以方便数据表的浏览和操作等。本节主要介绍数据表视图外观的编辑操作。

1. 认识"数据表"窗口　表是关于特定主题的数据的集合,它是由列(字段)和行(记录)组成。字段是表中的单个信息元,就像普通报表中的表头一样。记录是表中的一行中所有数据的字段集合,表中的记录用记录号来标识。标题栏显示表的名称,状态栏提示字段说信息、错误信息和警告等,如果一屏显示不下一个数据表,就会在表的右侧和底部出现水平滚动条和垂直滚动条,用来快速移动记录。当滚动记录时会出现一个"滚动提示",精确地显示当前滚动条所在的位置及共有多少条记录信息,如图 7-11 所示。

图 7-11　"数据表"窗口

（1）工具栏："数据表"视图的工具栏如图 7-12 所示，上面有许多常用图标按钮，例如"视图"、"保存"、"搜索"、"打印"、"打印预览"、"剪切"、"复制"、"粘贴"、"撤消"、"插入超链接"、"升序"、"降序"、"按选定内容筛选"、"按窗体筛选"、"应用筛选"、"新记录"、"删除记录"、"数据库窗口"、"新对象"。

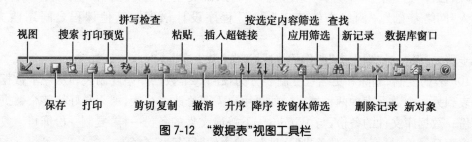

图 7-12　"数据表"视图工具栏

（2）调整"数据表"窗口大小：当鼠标停在数据库窗口边缘，变成双箭头时，按下鼠标左键，拖动鼠标，可以成比例地放大和缩小数据表窗口。也可以使鼠标在窗口的水平和垂直边框上移动，当鼠标变成双箭头时，可以调整窗口的高度和宽度。

（3）"＋"的解释：当数据库中有多个表，并且表之间存在关系，那么在数据表视图的每一行的前面都有一个"＋"。当单击"＋"，Access 会打开与该记录有关的其他数据表，再单击"－"，可以关闭打开的数据表。

（4）行和列的选定器：行和列选定器用来选中整行或整列。

（5）选中整个表：按住"Ctrl＋A"组合键可以选中整个表，也可以单击数据表行和列的左上角的交汇处。

2. 修改单元格效果、背景色和网格线样式　数据表视图外观的设计可以通过单击"格式"菜单中的"数据表"命令，在弹出的"设置数据表格式对话框"对话框中进行。样式修改包括网格样式和颜色的设计、单元格效果和背景颜色的设计、边框和线条样式的设计等。

3. 设置表中的字体、字号和颜色　字号变小、变大或字体的改变可以使数据表视图的外观的变化非常明显，单击"格式"菜单下的"字体"命令，弹出"字体设置"对话框，在此对话框中，可以设置字体、字形、字号和字体颜色及特殊效果，单击"确定"之后，即可看到文本字体的更改效果。

4. 改变字段显示宽度　字段的显示宽度即列宽，改变列宽，可以使得在一屏显示更多或更少的字段，当鼠标在字段间移动且变成"＋"图标时，按住鼠标左键拖动垂直网格线，即可改变列宽。

注意：也可以单击"格式"菜单下的"列宽"命令，在"设置列宽"对话框中直接输入列宽的具体数值或选择"标准宽度"或单击"最佳匹配"系统自动设置列宽。

5. 改变行高　记录的宽度的显示即行高，当鼠标在数据表的水平网格线间移动变成"✛"图标时，按住鼠标左键拖动水平网格线，即可改变行高。当然，也可以通过单击"格式"菜单下的"行高"命令，在"设置行高"的对话框中直接输入数值或选择"标准行高"以改变行高。

6. 改变字段显示顺序　字段的显示顺序即是在表结构设计视图中字段的顺序。可以在表设计视图中选中某个字段，然后用鼠标左键拖动到目的位置，或在数据表视图下，用列选定器选中要移动的列，再按住鼠标左键拖动到相应的位置即可实现字段显示顺序的改变。

注意：改变字段的显示顺序是一种无法撤消的操作，即无法通过单击工具栏中的撤消图标撤消这个操作。

7. 列的冻结与解冻　在 Excel 表中，当列很多无法在一屏显示，而有些字段（例如：姓名）又是经常要浏览的字段，则 Excel 可以固定那个列（如：姓名字段），使得无论如何滚动列，而被固定的列总是固定不变，显示在每一屏中。Access 也提供了同样的功能，即列的冻结。用户可以先选中一列，单击"格式"菜单下的"冻结列"命令，被选中的列会自动移动到表的第一列，这样，无论如何滚动列，被冻结的列总是显示在表的第一列。

如果要撤消冻结列，则可以单击"格式"菜单下的"取消对所有列的冻结"命令。

8. 列的隐藏与显示　如果觉得表中的列太多，而有些列不需要经常被显示出来，则可以选择把它们隐藏起来。用户可以先选中要隐藏的列，然后单击"格式"菜单下的"隐藏列"命令。即可看到选中的列已经消失了，但并不是删除该列，当需要撤消隐藏列时，可以单击"格式"菜单下的"取消隐藏列"命令，Access 会弹出"取消隐藏列"对话框，未打钩的列就是已经隐藏了的列，只要选中某一列（在其复选框中打对钩），即可取消对该列的隐藏。

9. 列的添加、删除和修改　Access 允许在数据表视图中添加、删除和修改列，这些操作是可视的，同时也是十分方便的。但是，这操作实际上会修改数据设计，修改任何字段名都会导致该字段名的查询或窗体不再可用。因此，只有有经验的人才可以这么做。

列的添加：选中某列，单击"插入"菜单下的"列"命令，就会在选中列的左侧创建一个新的列，新列被命名为"字段 1"，双击"字段 1"，可以重命名该字段，然后就可以输入数据了。

列的删除：选中某列，单击"编辑"菜单下的"删除列"命令，Access 弹出一个对话框，警告用户将删除该列中的所有数据并删除字段本身，选择"是"，将真正删除该列。

列的修改：在添加新的字段之后，要对字段的名字重新修改，即给列重命名。双击列标题并编辑标题文本就可以修改列标题了，在保存数据表时，该列标题文本就用作表设计的字段名字了。

（三）记录的基本操作

记录的基本操作包括记录的定位、添加、复制、删除记录，记录的排序和筛选以及数据校验等。下面分别介绍。

1. 记录的定位　记录的定位有多种方法，例如可以通过键盘上上下箭头键在各记录间移动，也可以滑动数据表的滚动条移动记录。但是要精确地定位记录，则可以通过记录定位器操作。

方法一：使用记录定位器。位于数据表视图的底部，单击其中的按钮可以快速移动鼠标，定位记录。如图 7-13 所示。

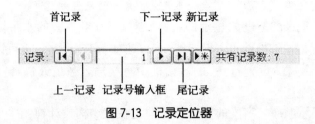

图 7-13   记录定位器

记录号输入框：在此直接输入记录号可以直接定位到指定的记录。

首记录：是一个定位按钮，单击它鼠标直接跳到第一条记录。

上一记录：是一个定位按钮，单击它鼠标跳转到当前记录的上一条记录。

下一记录：是一个定位按钮，单击它鼠标跳转到当前记录的下一条记录。

尾记录：是一个定位按钮，单击它鼠标跳转到最后一条记录。

新记录：是一个定位按钮，单击它鼠标跳转到数据表的最后一行的空白记录处。

方法二：使用定位菜单。单击"编辑"菜单下"定位"右侧的黑色三角，拉下一个下拉菜单，图中的每一命令都同记录定位器相应的按钮功能一样。

2. 添加记录   添加记录是输入数据的基本操作。添加记录的方法有如下几种：

方法一：打开需要输入记录的数据表，单击工具栏上的新记录图标"▶*"，光标自动跳转到数据表的最后一行（即空白行），然后手动输入数据，用"Tab"键切换单元格，直至输入完所有字段。

方法二：单击数据表下方的记录定位器的新记录按钮"▶*"。

方法三：单击"插入"菜单下的"新记录"命令或"编辑"菜单下"定位"子菜单下的"新记录"命令。

方法四：单击"记录"菜单下的"数据项"命令，可以使很多已经输入的记录暂时从屏幕上隐藏起来，看起来好像只有正在输入的这一条记录，这样看起来，添加新记录时非常清晰。单击"记录"菜单下的"取消筛选/排序"命令，可以恢复所有的记录。

注意：使用键盘上的上下左右方向键也可切换单元格。

"⏐"是正在编辑记录的指针标志。

"*"是标志新记录的星号。

"▶"是记录的指针。

3. 复制记录   如果输入数据的时候，有许多相同的记录，那么就可以采用复制记录的方法，节省时间，提高工作效率。具体操作步骤如下：

（1）用行选定器选中要复制的记录处，单击"编辑"菜单下的"复制"命令。

（2）将光标定位到要复制的记录处，单击"编辑"菜单下的"粘贴"命令，即可实现记录的复制。

注意：如果原数据表已经指定主键，则需要修改复制记录的主键字段，以避免记录中的主键字段出现重复值。

4. 删除记录   删除数据表中无用的记录可以节省硬盘空间，避免数据冗余。删除记录的操作步骤如下：

（1）打开数据表,利用行选定器选中要删除的记录。

（2）单击工具栏中的删除记录按钮"▷✕",或单击"编辑"菜单下的"删除记录"命令,或右击鼠标,在弹出的快捷菜单下选择"删除记录"命令。

（3）执行上述操作后,系统会弹出一个警告对话框,提示用户将要删除该条记录,并且该操作是不可恢复的,选择"是",将真正删除该记录。

5. 记录的排序　Access 提供了两个快速排序按钮 ↓↑ ↑↓,前者是升序,后者是降序。如果选中某个字段,单击快速排序按钮之后,数据表就会按照所选定的字段的内容进行快速排序。如果要按照多个字段进行排序,则同时选中这些字段之后,单击升序或降序按钮,则Access 会按照第一个选中的字段对记录排序,然后再基于后序字段进行排序。

6. 记录的筛选　记录的筛选,就是检索那些满足指定条件的记录,过滤掉不符合条件的记录。Access 提供了四种记录筛选的方法,分别是:按选定内容筛选、内容排除筛选、按窗体筛选以及高级筛选。

（1）按选定内容筛选

例 6：筛选"罗斯文"示例数据库"雇员"表中尊称为"女士"的记录。

操作步骤如下:

步骤一:单击"帮助"菜单下的"示例数据库"子菜单下的"罗斯文数据库"命令,打开"罗斯文数据库"中的"雇员"表。

步骤二:选定"尊称"列中的"女士"。

步骤三:单击工具栏中的"按选定内容筛选"图标 ,则系统将筛选出所有尊称为"女士"的雇员的记录。

步骤四:单击取消筛选图标 ,则撤消筛选。

（2）内容排除筛选

例 7：筛选"罗斯文"示例数据库"雇员"表中尊称不是"女士"的记录。

操作步骤如下:

接着上例中的第二步开始操作。单击"记录"菜单下的"筛选"子菜单下的"内容排除筛选"命令,则系统将筛选出所有尊称不是"女士"的雇员的记录。

（3）按窗体筛选

例 8：筛选"罗斯文"示例数据库 "产品"表中供应商为"佳佳乐"、类别为"饮料"的记录。

操作步骤如下:

步骤一:打开"罗斯文"示例数据库中的"产品"表。

步骤二:单击工具栏中的"按窗体筛选"图标 。

步骤三:字段下方的单元格会随着鼠标的单击变成组合框,选择供应商为"佳佳乐"、类别为"饮料"。

步骤四:单击工具栏中的"应用筛选"按钮 。

（4）高级筛选

若要进行更复杂的筛选,则可以使用"高级筛选"命令。具体步骤如下:

步骤一:以数据表视图的方式打开表。

步骤二:单击"记录"菜单下的"筛选"子菜单下的"高级筛选/排序"命令。

步骤三:选中用于筛选记录的字段,用鼠标拖动上半部分窗口表中的字段至该设计窗口部分的设计网格中。

步骤四:若需要排序,则单击"排序"下拉列表,选择"升序"或"降序"。

步骤五:输入条件或准则的表达式。

步骤六:单击"应用筛选"图标进行筛选。

7. 查找/替换数据 Access 提供了类似 Word 和 Excel 中的查找和替换功能,利用 Access 的查找功能可以在指定范围内一次性的查找大量记录,避免了手工查找,节约时间,提高了工作效率。

激活 Access 提供的查找记录的窗口的方法有如下几种:

方法一:单击"编辑"菜单下的"查找"命令。

方法二:按下组合键"<Ctrl>+F"。

方法三:单击工具栏中的图标"🔍",这是"查找"按钮。

8. 数据校验 数据校验是指对数据输入合法性的校对和检验。Access 提供了对几种特定字段类型的校验,它们分别是:数字、货币、日期/时间、是/否。

例如,数字类型的字段只允许输入合法的数值型数据。如果在"课程表"中的"课时"字段中输入字母,按回车键之后,则会出现系统提示出错信息。

再比如:日期/时间型数据的输入要符合日期和时间的规则。如果输入数据时不小心输入了"05/15/8"或"25:12:36"日期和时间数据。系统在校验数据的合法性之后也会提示出错。

当向表中输入数据时,要遵守不同类型数据的规则,还要考虑数据的有效性、数据的格式等方面的因素。

提示:备注型数据可以允许输入最多 65 536 个字符,但是,在表中的单元格中是无法看到这么多字符的,那么,Access 提示用户按住组合键"Shift+F2",则可以看到带有滚动条的"显示比例"对话框,这里可以看到 1 000 个字符。

三、建立表之间的关系

(一) Access 2003 中的关系

一个数据库中有多个表,一般来说,这些表之间是有联系的,也就是说,一个表中的某个字段与另几个表中的字段存在对应关系。

Access 2003 中的关系,是指通过相关字段创建的关联。如"学生表"和"成绩表"通过"学号"建立关联,"课程表"和"成绩表"通过"课号"建立关联。

关系数据库中的关系层分为三种类型,分别是一对一(1:1)、一对多(1:∞)、多对多(∞:∞)。

一对一关系:是比较简单的一种关系,这种关系仿佛一一映射,表 1 中的每一条记录只能且只能对应表 2 中的一条记录,同理,表 2 中的每一条记录也只能且只能对应表 1 中的一条记录。例如,"联系人"示例数据库中的关系中存在一个 1:1 的关系。如图 7-14 所示。

"公司"表中的"公司编号"字段和"发售"表中的"公司编号"字段创建了 1:1 的关系。这种关系一般很少被应用,因为这样的两个表是可以合并的。但也有特例。例如,上例中的"发售"表好像一个发票一样,公司发售的所有信息都被记录在"发售"表中。

一对多关系:是使用很广泛的一种关系,大多数关系都属于一对多关系,例如,"学生"表和"成绩"表,"课程"表和"成绩"表都属于一对多的关系。因为每一名学生都有不只一门课程的多个成绩,反过来,有多门成绩对应着一个学生。同理,每一门课程都有多个同学选修,

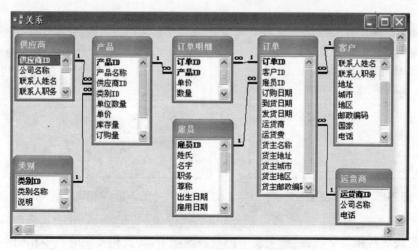

图 7-14　"联系人"示例数据库中的关系

同时就会出现多个成绩与之对应,反之,多个成绩也对应着一门课程。因此,一对多的关系是把表 1 中的一条记录与表 2 中的多条记录关联起来。

多对多关系:相对较复杂,是指表 1 中的一条记录对应表 2 中的多条记录,表 2 中的一条记录也对应表 1 中的多条记录。在这种关系中,通常把它看成两个一对多的关系,它们之间通过一个中介表连接起来,中介表中至少包含两个字段,作为其他两个表的外键。例如,"学生表"和"课程表"之间就是多对多的关系。"成绩表"作为一个中介表,其中的"学号"字段就是"学生"表的外键,"课号"字段是"课程表"的外键。学生表与成绩表之间通过"学号"字段创建了 1:∞ 的关系,课程表与成绩表之间通过"课号"字段创建了 1:∞ 的关系。

中介表的主键是一个复杂主键,它是通过把两个表的主键连接起来而创建的。

(二) 创建、编辑与删除关系

1. 创建关系

例 9: 创建"学生表"、"课程表"与"成绩表"之间的关系。

在创建关系之前应关闭各表,因为在打开状态下无法创建和修改关系。

操作步骤:

步骤一:打开"Student. mdb"数据库,单击"工具"菜单下的"关系"命令或单击工具栏中的关系图标" ",屏幕上出现关系窗口。

步骤二:单击"关系"菜单下的"显示表"命令,或单击工具栏上的" "图标,弹出"显示表"窗口,如图 7-15 所示。

步骤三:用鼠标分别选中三个表,分别单击"添加"按钮,然后单击"关闭"按钮,关掉"显示表"窗口,将三个表添加到"关系"窗口中。

步骤四:用鼠标选中"学号"字段,使其加亮显示,并按住鼠标左键拖动该字段至成绩表的"学号"字段,并释放鼠标左键,弹出"编辑关系"窗口,如图 7-16 所示。

步骤五:"编辑关系"窗口中显示创建关系的字段分别来自"学生表"和"成绩表"(图中灰色显示),字段名字都为"学号",关系类型为"一对多",并有三个复选框待选,分别是:

(1) 实施参照完整性:描述主键与外键的规则,控制参照表与被参照表之间的记录操作的正确性。

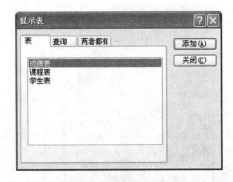

图 7-15　"显示表"窗口　　　　　　　　　图 7-16　"编辑关系"窗口

（2）及联更新相关字段：只要主表中记录被删除了，与其相关联的表中相同字段值也随着更新。

（3）及联删除相关记录：只要主表中记录被删除了，与其相关联的表中相同字段值的记录自动被删除。

步骤六：单击"创建"按钮。

步骤七：用鼠标选中课程表的"课号"字段，并拖至成绩表的"课号"字段在随后弹出的"编辑关系"窗口中选中实施参照完整性、及联更新相关字段、及联删除相关记录，单击"创建"按钮，该关系创建完毕，如图 7-17 所示。

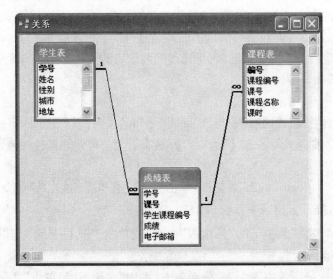

图 7-17　创建学生表、成绩表和课程表之间的关系

2. 编辑关系　在编辑关系窗口状态下，单击"关系"菜单下的"编辑关系"命令，可以重新编辑关系。单击"联接关型"按钮，可重新编辑各关联属性。

3. 删除关系　删除关系时，只要将鼠标定位在关系连线处，右键单击，选择该关系，在弹出的快捷菜单下选中"删除"，系统弹出提示信息框，询问是否删除该关系。单击"是"按钮，将删除该关系。

第五节　数据库的查询

一、Access 2003 的查询类型

在 Access 数据库中,查询就是对存储在数据表中的数据进行询问,或对数据进行操作的请求。经过查询,用户可以从一个表或有关联关系的多个表中检索出用户所需要的数据,独立的存储在查询对象中,作为窗体或报表的数据源。查询和表是两个不同的概念。表是数据的集合,是数据源。查询是一个操作的集合,是在创建过程中形成的一个动态数据集;查询会随着数据表中数据的变化发生关联性的变化,反之亦然。

图 7-18　查询菜单

Access 2003 数据库中的查询类型分:选择查询、交叉表查询、操作查询、参数查询、SQL 查询五种,其中操作查询又分为:生成表查询、更新查询、追加查询、删除查询四种。如图 7-18 所示(请注意各种查询类型的图标)。

作为对数据的查找,查询与筛选有许多相似的地方,但两者是有本质区别的。查询是数据库的对象,而筛选是数据库的操作。表 7-5 指出了查询和筛选之间的异同。

表7-5　查询和筛选的异同

功　　能	查　　询	筛　　选
用作窗体或报表的基础	是	是
排序结果中的记录	是	是
如果允许编辑,就编辑结果中的数据	是	是
向表中添加新的记录集	是	否
只选择特定的字段包含在结果中	是	否
作为一个独立的对象存储在数据库中	是	否
不用打开基本表、查询和窗体就能查看结果	是	否
在结果中包含计算值和集合值	是	否

二、创 建 查 询

(一) 使用向导创建查询

1. 使用"简单查询向导"创建查询　使用简单查询向导,尽管不限制数据,但能创建简单的查询来检索数据和计算表达式的值,例如,您可以为客户创建一个简单的电话号码表,但是不能将列表限制为那些有特定邮政编码的用户。

例 10：为"罗斯文示例数据库"的客户创建电话号码列表。

操作步骤如下：

步骤一:打开"罗斯文示例数据库"(即 Northwind. mdb)。默认情况下,它应该安装在 C:\Program File\Microsoft Office\Office10\Samples 中(如果没有安装该数据库,那么要

从 Microsoft Office 光盘中安装)。

步骤二:复制该数据库(本章某些过程需要修改本数据库,最好制作一个副本)。

步骤三:打开"罗斯文示例数据库"副本。

步骤四:在数据库窗口的"对象"栏中,单击"查询",然后单击"新建"按钮,出现如图 7-19 所示的"新建查询"对话框。

步骤五:在"新建查询"对话框中,双击"简单查询向导",单击"确定"按钮。

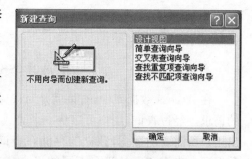

图 7-19　"新建查询"对话框

步骤六:在"表/查询"下拉列表中,选择"表/客户",然后在"可用字段"列表中,依次双击"公司名称"、"联系人姓名"、"联系人职务"和"电话",将这些字段添加到"选定的字段"列表中,单击"下一步"按钮。

步骤七:命名此表为"电话号码表",单击"完成"按钮。

2. "交叉表查询向导"创建查询　交叉表查询功能强大,用户只需要在"新建查询"对话框中选择"交叉表查询向导",按照对话框的要求依次为查询指定数据源、指定代表行标题的字段、选定分类标准、指定需要按照列标题汇总的字段以及输入交叉表查询名就可以完成查询的创建。

3. 创建查找重复项查询　查找重复项查询是在表或查询中查找具有重复字段值的记录。用户只需要在"新建查询"对话框中选择"查找重复项查询向导",单击"确定"按钮,则出现查找重复项查询对话框,按照对话框中的要求确定表和字段就可完成查询的创建。

4. 创建查找不匹配项查询　查找不匹配项查询就是显示一个表中与另一个表无关联的记录。用户只需要在"新建查询"对话框中选择"查找不匹配项查询向导",单击"确定"按钮,则出现查找不匹配项查询向导对话框,按对话框中的要求逐步操作即可完成。

(二) 使用设计器创建查询

使用向导只能建立简单的、特定的查询。Access 2003 还提供了一个功能强大的查询设计器,如图 7-20 所示。通过它不仅可以从头设计一个查询,而且还可能对已有的查询进行编辑和修改。

设计器主要分为上下两部分,上面放置数据库表、显示关系和字段;下面是设计网格。

1. 选择查询　选择查询是比较常用的一种查询,它是从一个或多个表中检索数据,查询结果以数据表视图的形式输出。选择查询的数据源可以是表也可以是查询。

例 11:使用设计器创建"北京的订单"查询。

打开"罗斯文示例"数据库,我们将要从"订单"表中检索出"货主城市"为"北京"的订单 ID、订购日期、发货日期和货主城市。

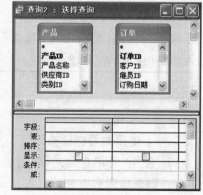

图 7-20　查询设计器

操作步骤如下:

步骤一:创建新查询。在数据库窗口对象栏单击"查询",然后在数据库窗口工具栏单击"新建",弹出"新建查询"对话框。如图 7-21 所示。

步骤二:选择设计方法。在"新建查询"对话框中选择"设计视图",单击"确定"按钮,关闭此窗口。

步骤三:选择数据源。在"显示表"对话框中选择"订单"表,如图 7-22 所示,单击"添加"按钮(或双击"订单"),将"订单"表添加到表/查询显示窗口中,然后单击"关闭"按钮,关闭"显示表"对话框。

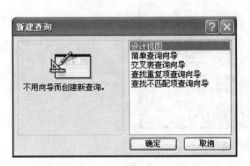

图 7-21　"新建查询"对话框

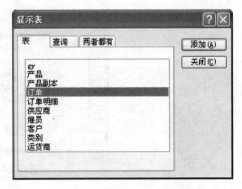

图 7-22　"显示表"对话框

步骤四:选择要显示的字段及条件。在"订单"表中选择"订单 ID"字段,拖曳此字段到 OBE 设计窗口的网格中(或者双击此字段),同理,双击"订购日期"、"发货日期"、"货主城市"。在条件这一行的"货主城市"这一列的交叉点上填写"北京",如图 7-23 所示。

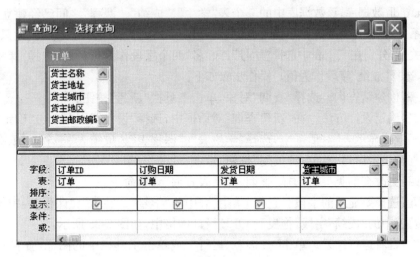

图 7-23　查询设计视图

步骤五:显示检测结果。单击"视图"菜单下的"数据表视图"命令或者单击"查询"菜单下的"运行"命令,或者单击工具栏中的运行"　"按钮,就可以看到查询结果了,如图 7-24 所示。

关闭查询结果时,系统提示给此查询命名,这里起名为"北京的订单"。如果查看"查询"对象,就可以看到"北京的订单"这个查询已经显示在对象列表框中了。

2. 交叉表查询　交叉表查询用于对数据进行总计、求平均等计算。在显示查询结果

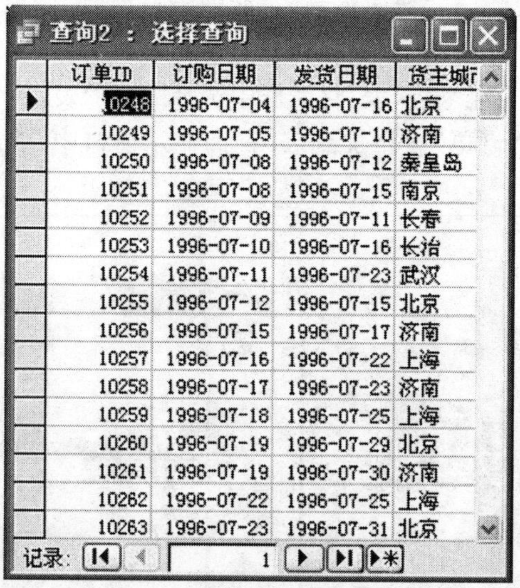

订单ID	订购日期	发货日期	货主城市
10248	1996-07-04	1996-07-16	北京
10249	1996-07-05	1996-07-10	济南
10250	1996-07-08	1996-07-12	秦皇岛
10251	1996-07-08	1996-07-15	南京
10252	1996-07-09	1996-07-11	长春
10253	1996-07-10	1996-07-16	长治
10254	1996-07-11	1996-07-23	武汉
10255	1996-07-12	1996-07-15	北京
10256	1996-07-15	1996-07-17	济南
10257	1996-07-16	1996-07-22	上海
10258	1996-07-17	1996-07-23	济南
10259	1996-07-18	1996-07-25	上海
10260	1996-07-19	1996-07-29	北京
10261	1996-07-19	1996-07-30	济南
10262	1996-07-22	1996-07-25	上海
10263	1996-07-23	1996-07-31	北京

图 7-24 查询结果

时，行标题排列在数据表的左部，列标题显示在数据表的顶部，在行与列的交叉单元处，显示数据经过计算后的值。交叉表查询改变了数据的原有结构，看起来与原表大相径庭，但对统计数字很有帮助，利于对数据的分析。

例 12：使用设计视图创建“成绩_交叉表”查询。

下面以创建“学生成绩交叉表”为例，介绍创建交叉表的过程。这个例子用到了前面讲过的 Student. mdb 数据库，该数据库中的三个表“学生”、“成绩”、“课程”之间已经建立了一对多的关联关系，但是任何一个表都不能独立的显示出一个学生所修课程的成绩，因此只有通过它们之间的关系，分别在三个表中选择“学号”、“姓名”两个字段作为行标题，选择“课程名称”作为列标题，选择“成绩”字段作为值。操作步骤如下：

步骤一：创建新查询。选择“查询”对象，单击工具栏“新建”按钮。

步骤二：确定设计方法。在“新建查询”对话框中，选择“设计视图”，单击“确定”。

步骤三：在“显示表”对话框中，选择“学生表”、“课程表”、“成绩表”三个表，依次单击“添加”到表/查询显示窗口中，单击“关闭”按钮。

步骤四：更改查询类型。选择“查询/交叉表查询”菜单命令。

步骤五：选择要显示的字段。选择“学生”表中的“学号”、“姓名”、“课程”表中的“课程名称”，“成绩”表中的“成绩”字段，拖曳到 OBE 设计网格中，如图 7-25 所示。

步骤六：查看运行结果。单击“查询”/“运行”，或单击工具栏中的图标，查看查询结果，如图 7-26 所示。

3. 参数查询

参数查询在执行的过程中会弹出一个对话框，用来提示用户输入参数值以设置查询准则，从而生成一个动态集显示出来。例如，要查找某联系人的移动电话，只要输入联系人的姓名，就可以通过参数查询检索出其移动电话号码。

例 13：使用设计器创建“订单 ID”的参数查询

下面以“订单 ID”的参数查询为例，介绍创建参数查询的过程。以“订单”表为数据源，当输入任何一个订单 ID，就可以很快地检索出该订单的订购日期、货主名称和货主地址，利

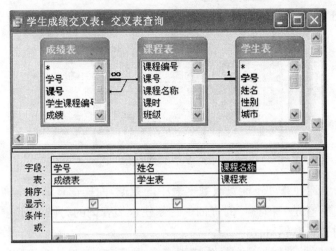

图 7-25　"学生成绩交叉表"设计视图

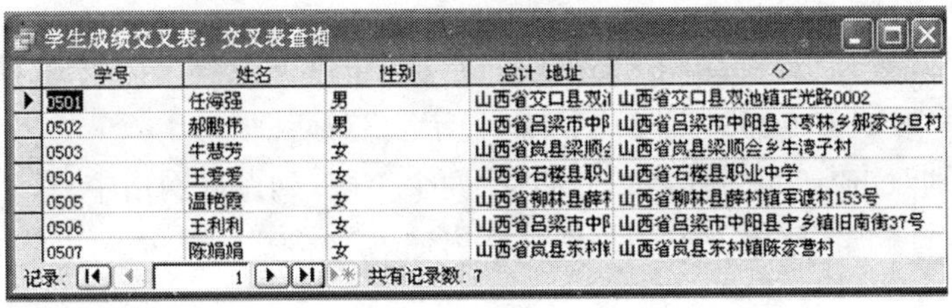

图 7-26　查询结果

于数据管理,提高了工作效率。其操作步骤如下:

　　步骤一:选择"查询"对象,单击工具栏"新建"按钮。

　　步骤二:在"新建查询"对话框中,选择"设计视图",单击"确定"。

　　步骤三:在显示表对话框中选择"订单"表。

　　步骤四:在"订单"表中选择"订单 ID"、"订购日期"、"货主名称"、"货主城市"四个字段,在"订单 ID"字段的"条件"这一行,输入"[请输入订单 ID:]",如图 7-27 所示。

　　步骤五:单击"查询"菜单下的"运行"命令,查看运行结果。

　　步骤六:在"输入参数值"对话框中,输入订单号。

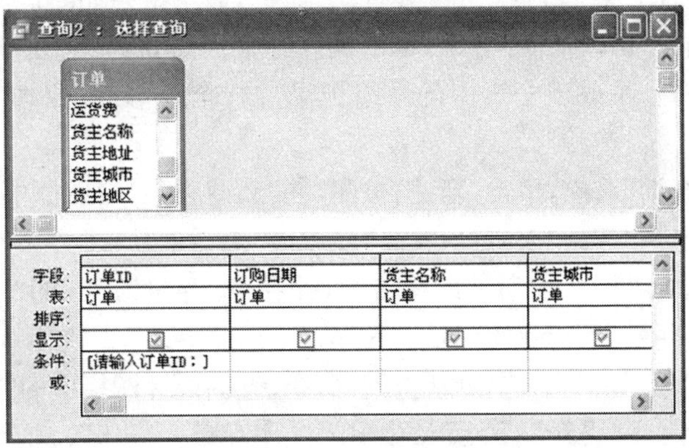

图 7-27　订单查询的设计视图

步骤七：单击"确定"按钮，查看运行结果，如图7-28所示。

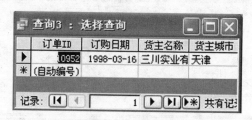

图7-28　查询结果

4. 操作查询　选择查询不能更改数据表中的数据，而操作查询就是通过一个操作来改变数据表中的数据，它是一种独特的查询。在创建这类查询的时候，用户要注意备份源表中的数据，还要及时进行数据对比。

操作查询分为四种类型，分别是：生成表查询、更新查询、追加查询和删除查询。

例14： 创建"产品订购量大于30"的生成表查询。

操作步骤如下：

步骤一：选择"查询"对象，单击"新建"按钮，在"新建查询"对话框中选择"设计视图"，在"显示表"对话框中选择"产品表"，然后关闭"显示表"对话框。

步骤二：分别双击"产品名称"和"订购量"两个字段，到设计网格中。

步骤三：在"订购量"字段下方的条件一栏内输入"＞30"。表示显示产品订购量大于30的记录。

步骤四：单击"查询"菜单下的"生成表查询"命令，屏幕出现如图7-29所示的"生成表"对话框。

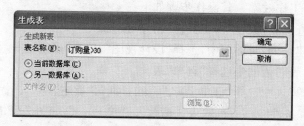

图7-29　存储和命名"生成表"对话框

步骤五：单击"视图"菜单下的"数据表视图"命令，显示结果如图7-30所示。

例15： 创建"将产品库存量小于60的产品库存量提高50％"的更新查询。

更新查询可以对一个或多个表中的一组记录进行全局修改，即修改源数据表中的值。操作步骤如下：

步骤一：选择"查询"对象，单击"新建"按钮，在"新建查询"对话框中选择"设计视图"，在"显示表"对话框中选择"产品"表，然后关闭"显示表"对话框。

步骤二：双击"库存量"字段到设计网格中，并在"库存量"下方的"条件"单元格中输入"＜60"，表示显示库存量小于60的记录。

步骤三：单击"查询"菜单下的"更新查询"命令，查询设计网格中的"排序"行和"显示"行被替代为"更新到行"，在"更新到"单元格中输入"［库存量］＋1.5"，表示提高小于60的产品库存量，提高幅度为原来的1.5倍，即增加50％，如图7-31所示。

图 7-30　生成表查询结果

图 7-31　"更新查询"设计视图

步骤四：单击"查询"菜单下的"运行"命令，查看运行结果。系统会提示表中的数据将要被更新。单击"是"按钮，关闭此对话框。

步骤五：双击"产品表"我们可显示查询结果。

例 16：创建"订购量为 20"的追加查询。

追加查询是从一个或多个表中将一组记录追加到一个或多个表的尾部。

操作步骤如下：

步骤一：创建"产品"表结构的副本(不要复制数据)，命名为"产品副本"。

步骤二：选择"查询"对象，单击"新建"按钮，在"新建查询"对话框中选择"设计视图"，在"显示表"对话框中选择"产品"表，然后关闭"显示表"对话框。

步骤三：单击"查询"菜单下的"追加查询"命令，弹出"追加"对话框，在"表"名称后面选择"产品副本"，即将新记录追加到"产品副本"的表中，选择"当前数据库"，如图 7-32 所示，单击"确定"按钮，关闭此窗口。

图 7-32　"追加"对话框

步骤四：依次双击"产品名称"和"订购量"两个字段，到设计网格中，在"订购量"字段下方的"条件"这一行，输入"20"，如图 7-33 所示。

步骤五：命名此查询的文件名为"订购量为 20"。双击"订购量为 20"查询，弹出对话框如图 7-34 所示。单击"是"按钮，关闭对话框。

步骤六：选择"表"对象，双击"产品副本"表，查看运行结果，如图 7-35 所示。

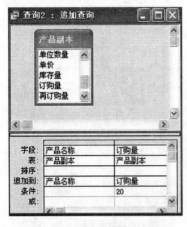

图 7-33 追加查询设计视图

图 7-34 单击追加查询提示框

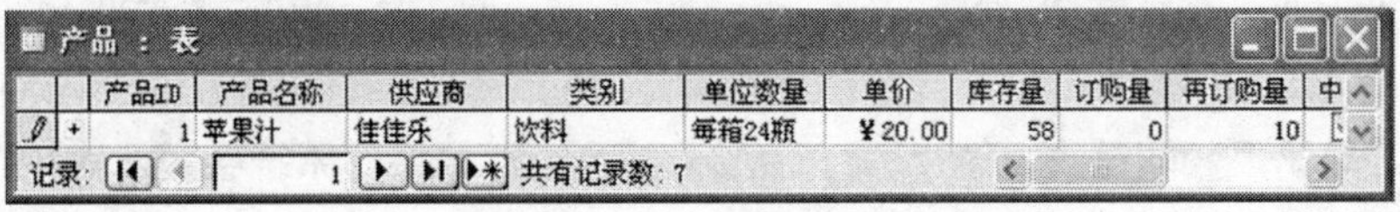

图 7-35 追加结果

例 17：创建"产品副本中记录删除"的删除查询。

删除查询是从一个或多个表中删除一组记录。

操作步骤如下：

步骤一：选择"查询"对象，单击"新建"按钮，在"新建查询"对话框中选择"设计视图"，在"显示表"对话框中选择"产品"表，然后关闭"显示表"对话框。

步骤二：单击"查询"菜单下的"删除查询"命令，双击"产品名称"和"订购量"两个字段，在"订购量"字段下方的"条件"这一行，输入"20"，如图 7-36 所示。

步骤三：单击"查询"菜单下的"运行"命令，查看运行结果。显然，鸡精订购量为 20 的记录已经被删除。

5. 多表查询 顾名思义就是在多个表中检索数据。查询结果以数据表视图的形式显示。在这里，关键之处在于，建立多个表之间的关系。例如，我们可以查看罗斯文示例数据库中的各个表之间的关系，一旦关系确定了，就可以正确检索出所需的数据。

图 7-36 删除查询设计视图

下面以 Student. mdb 数据库为例，介绍多表查询的方法。

例 18：创建"学生成绩"查询。

操作步骤如下：

步骤一：打开 Student 数据库，单击"数据库"窗口中的"查询"对象，然后双击"设计视图"以创建一个新的查询。

步骤二:在"显示表"对话框中,选择查询要用到的表或查询。双击"学生"、"课程"、"成绩"三个表,然后关闭显示表对话框。我们在前面的章节中已经建立好了关于这三个表之间的关联关系,所以,在表/查询显示窗口中,学生表和成绩表之间是一对多的关系,课程表和成绩表之间是一对多的关系。

步骤三:分别在这三个表中选择"姓名"、"课程名称"、"成绩"三个字段,拖曳到 QBE 设计网格中,在"成绩"和"条件"的交叉单元格中输入">80",表示显示学生成绩中大于 80 分的记录。如图 7-37 所示。

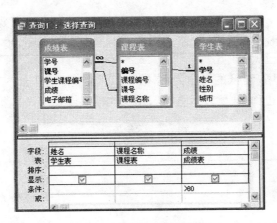

图 7-37　多表查询设计视图

步骤四:单击"查询"菜单下的"运行"命令,或单击工具栏中的运行图标,查看运行结果。如图 7-38 所示。

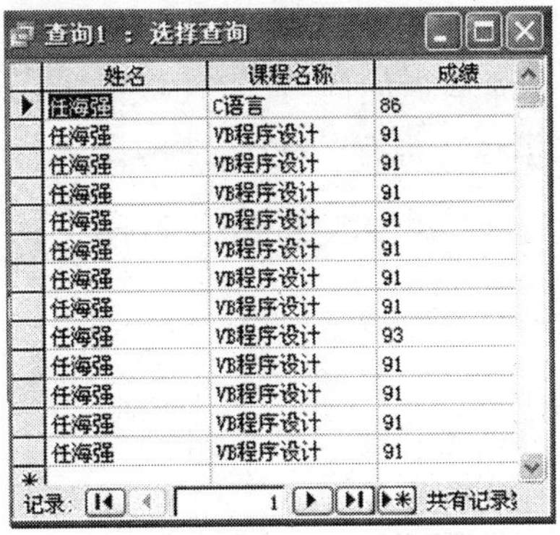

图 7-38　查询结果

(三) 字段表达式的应用

在查询中,经常使用各种表达式,例如,表达式"成绩>80",即查询表中成绩大于 80 分的记录。字段表达式的使用,使得字段可以进行运算,或指定特定的限定条件,进行复杂查询。

表达式中的运算符,包括算数运算符、关系运算符、字符串运算符、逻辑运算符和其他运算符。

1. 算数运算符 常用于算数运算,共有七种(表 7-6)。

表 7-6 算数运算符

算数运算符号	解 释
+	加
−	减
*	乘
/	除
\	整除
∧	指数
Mod	模

算数运算优先级由高至低的顺序为:指数、乘或除、整除、模、加或减。

2. 关系运算符 也称做"比较运算符",用来比较值或表达式的大小(表 7-7)。

表 7-7 关系运算符

关系运算符号	解 释
>	大于
<	小于
=	等于
>=	大于等于
<=	小于等于
<>	不等于

关系运算优先级由高至低的顺序为:等于、不等于、小于、大于、小于等于、大于等于。使用关系运算符组成的表达式,通常有返回值:真(True)、假(False)、空或不可知(Null)。

3. 字符串运算符 字符串运算符有三种(表 7-8)。

表 7-8 字符串运算符

字符串运算符号	解 释
&	连接
Like	类似…
NOT Like	不类似…

4. 逻辑运算符 逻辑运算符有三种(表 7-9)。

表 7-9 逻辑运算符

逻辑运算符号	解 释
And	与
Or	或
Not	非

逻辑运算优先级由高至低的顺序为：Not、And、Or。

5. 其他运算符 其他运算符也有三种（表 7-10）。

表 7-10 其他运算符

其他运算符	解　释
Between … And	范围
In	列表比较
Is	比较

三、SQL 查询

SQL 是 Structure Query Language 的缩写，中文含义是结构化查询语言。Access 2003 也和许多数据库系统一样，支持 SQL 语言。SQL 由若干语句组成，其中数据操作语句有：INSERT、DELETE、UPDATE，它们用来增加、删除、更新表中的记录；数据定义语句有：CREATE、DROP，它们用来创建或删除表和索引；数据控制语句有：ALTER、CRANT、REVOKE，它们用来添加字段或改变字段定义；使用最多的就是数据查询语句 SELECT，它的作用是在数据库的一个或多个表中查找满足特定条件的记录。

1. SELECT 语句格式 SELEST 查询内容提要［FROM 查询对象］［INTO 查询结果去向］其他参数。

下面说明各部分的意义和书写方法。

查询内容：要查询的字段名表或字段表达式。它的基本格式是：

［范围］［表名. 字段名 AS 别名］

其中表示"范围"的专用词有：ALL。表示保留查询结果中的所有记录；

"表名. 字段名 AS 别名"指出要查询的字段名，其中别名是为该字段查询结果设置的列标题；这部分用"＊"表示则是要查询所有字段。

查询对象的表示方法是：

表名［IN 数据库名］

如果是当前数据库，则不需要后面的 IN 部分。

查询结果去向：查询结果可送入文件、数组、表中，也可以是打印机或屏幕。

例如，语句"selest 姓名，专家职称 from 专家教授表"从医生科室库的专家教授表查询专家教授的姓名和职称。

2. 常用的 SELECT 查询语句

（1）WHERE 子句，用来指明查询的条件。

（2）GROUP BY 子句：按指定字段的值把记录分组输出，最多十组。

（3）HAVINT 子句：规定显示分组记录的条件。

（4）ORDER BY，按升序（ASC）或降序（DESC）输出字段的值。

例 19：按性别查询学生表中记录。

操作步骤如下：

步骤一：打开 Student 数据库，单击"数据库"窗口中的"查询"对象，双击"设计视图"，在"显示表"对话框中，双击"学生"表，然后关闭显示表对话框。

步骤二:拖动学生表中所有字段至 QBE 设计网格中,并在"性别"字段的条件行中输入"[请输入性别:]",如图 7-39 所示。

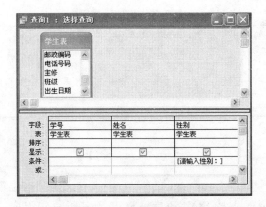

图 7-39　性别查询的设计视图

步骤三:单击"视图"→"SQL 视图"命令,即可浏览 SQL 视图中的 SQL 语句。如图 7-40所示。

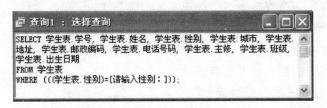

图 7-40　SQL 视图

第六节　窗体和报表

窗体和报表是 Access 中重要的图形对象,是用户对表的操作界面,或者说是数据库的用户接口。窗体和报表通过使用称为控件的图形对象来组织数据的显示或打印格式。其中报表以打印格式来显示数据库中的数据,而窗体不但可以显示和操作记录,还可以通过控件来控制应用程序的流程。

一、窗　体

(一) 认识窗体

窗体是 Access 数据库对象之一,主要用来输入、查看、删除、更新数据等操作,并将数据保存到数据表中。窗体就像一个对话框一样,可以一次查看记录的多个字段,同时也可以查看多条记录。它比数据表视图更直观,数据表视图是以行列式的表格形式显示的,如果字段多,就要用滚动条来滑动显示。此外,窗体上面可以放置控件,用来访问数据表。如,标签控件,用于显示说明性的文本;文本框控件,用于显示、输入或编辑窗体的基础记录源数据,接收用户输入的数据;命令按钮控件,用于调用相应的窗体及完成各种操作。因此,窗体主要是进行数据的编辑、执行操作命令、显示提示信息等功能。窗体由五个部分组成,分别是窗体页眉、页面页眉、主体、页面页脚和窗体页脚,其中每一部分称作一个节。如图7-41所示。

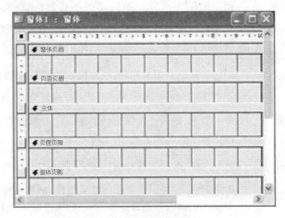

图7-41　窗体的结构

1. 窗体的视图类型　窗体的视图类型分为五种:分别是"设计"视图、"窗体"视图、"数据表"视图、"数据透视表"视图、"数据透视图"视图。

(1)"设计"视图:是设计、修改窗体的视图形式。

(2)"窗体"视图:可以看成是"设计"视图的预览状态,既可以显示窗体中的记录,也是添加和修改数据的主要方法。

(3)"数据表"视图:就像表一样,以行和列的形式显示数据,在这种视图中,可以添加、修改和删除数据。

(4)"数据透视表"视图:用于汇总和分析数据。

(5)"数据透视图"视图:用于显示数据的图形分析。

2. 窗体的类型　常用的窗体有四种:连续窗体、多选项卡窗体、子窗体 弹出式窗体。

(1)连续窗体:是用来在一个窗体上显示多条记录,例如"罗斯文"示例数据库中的"客户电话列表"窗体就是一个连续窗体。

(2)多选项卡窗体:是一个多页窗体,每一页都显示了不同的多个数据记录,例如"罗斯文"示例数据库中的"雇员"窗体就是一个多选项卡窗体。

(3)子窗体:就是包含在一个主窗体中的窗体,一般用于显示"一对多"关系中"多"的那部分的数据记录。例如"罗斯文"示例数据库中的"类别"窗体就是一个主/子窗体。

(4)弹出式窗体:即在一个窗体上设置一个按钮,单击该按钮,就会弹出一个子窗体显示与主窗体相关的数据记录。例如"罗斯文"示例数据库中的"供应商"窗体就是一个弹出式子窗体。

Access 2003窗体的类型主要有纵栏式窗体、表格式窗体、数据表窗体、主/子窗体、图表窗体、数据透视表窗体和数据透视图窗体七种。

3. 窗体的控件　在设计窗体的过程中,使用最多的就是工具箱,利用工具箱可以向窗体添加各种控件,以实现用户的自行设计。如果打开窗体设计视图后未显示工具箱,可单击工具栏上的"工具箱"按钮,将工具箱打开。工具箱是进行窗体设计的重要工具,工具箱中各按钮的名称及功能(表7-11)。

表 7-11 工具箱的按钮名称及功能

按 钮	名 称	功 能
	选择对象	用于选取控件、节或窗体。单击该按钮可以释放以前锁定的工具栏按钮
	控件向导	用于打开或关闭控件"向导"。使用控件向导可以创建列表框、组合框、选项组、命令按钮、图表、子窗体或子报表
	标签	用于显示说明文本的控件,如窗体上的标题或指示文字。Access 会自动为创建的控件附加标签
	文本框	用于显示、输入或编辑窗体的基础记录源数据,显示计算结果,或接收用户输入的数据
	选项组	与复选框、选项按钮或切换按钮搭配使用,可显示一组可选项
	切换按钮	作为结合到"是/否"字段的独立控件;或用来接收用户在自定义对话框中输入数据的非结合控件;或者选项组的一部分
	选项按钮	可以作为结合到"是/否"字段的独立控件;也可以用于接收用户在自定义对话框中输入数据的非结合控件;或者选项组的一部分
	复选框	可以作为结合到"是/否"字段的独立控件;也可以用于接收用户在自定义对话框中输入数据的非结合控件;或者选项组的一部分
	组合框	该控件组合了列表框和文本框的特性,即可以在文本框中键入文字或在列表框中选择输入项,然后将值添加到基础字段中
	列表框	显示可滚动的数值列表。在"窗体"视图中,可以从列表中选择值输入到新记录中;或者更改现有记录中的值
	命令按钮	用于完成各种操作,如查询记录、打印记录或应用窗体筛选
	图像	用于在窗体中显示静态图片。由于静态图片并非 OLE 对象,所有一旦将图片添加到窗体或报表中,便不能在 Access 中进行图片编辑
	未绑定对象框	用于在窗体中显示非结合 OLE 对象,例如,Excel 电子表格。当在记录间移动时,该对象将保持不变
	绑定对象框	用于在窗体或报表中显示 OLE 对象,例如,一系列的图片。该控件针对的是保存在窗体或报表基础记录源字段中的对象。当在记录间移动时,不同的对象将显示在窗体或报表上
	分页符	用于在窗体上开始一个新的屏幕,或在打印窗体上开始一个新页
	选项卡控件	用于创建一个多页的选项卡窗体或选项卡对话框。可以在选项卡控件上复制或添加其他控件
	子窗体/子报表	用于显示来自多个表的数据
	直线	用于突出相关或特别重要的信息
	矩形	显示图形效果。例如,在窗体中将一组相关的控件组织在一起
	其他控件	单击将显示一个列表,可以从中选择所需的控件源加到当前窗体中

4. 添加控件 用户需要在窗体中添加控件,只要在控件工具箱中选择一个控件,然后在窗体中拖出即可,对于命令按钮和文本框等控件,在拖出的同时,显示控件向导对话框,供

用户确定控件的操作细节,定义控件的名称等。用户只要按对话框的要求逐步选择和确认即可。

5. 修改控件　控件的修改包括改变控件在窗体中的位置,调整窗体中控件的大小,修改控件的属性。

(1) 改变位置:在窗体中拖动要改变位置的控件到新的位置即可。

(2) 调整大小:选择控件,拖动控件上的八个控制块即可完成。

(3) 修改属性:右击所选择的控件,在弹出的菜单中选择"属性",即可修改四类属性。

格式:控件的显示方式,包括显示的位置、大小、颜色、标题、边框等。

数据:设置数据的来源、数据规则、输入掩码、默认值等。

事件:设置该控件对外来刺激所执行的动作。

设置该控件的其他属性:如名称、是否接受 Tab 键等。

(二) 快速创建窗体

创建窗体的方法有多种,而使用"新对象"可以快速创建一个以表或查询为数据源的窗体。还可以自动创建纵栏式、表格式、数据表视图三种窗体。

例 20:创建"订单"窗体。

操作步骤如下:

步骤一:打开"罗斯文示例数据库",单击"表"对象,选择"订单"。

步骤二:单击工具栏上的"新对象"下拉按钮(按钮上有闪电穿过窗体的图案),选择"自动窗体",弹出"订单"自动窗体,如图 7-42 所示。

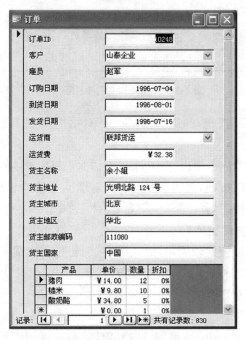

图 7-42　"订单"自动窗体

(三) 使用向导创建窗体

除了使用"快速创建窗体"的方法,可以迅速的完成窗体的创建之外,还可以使用 Access 提供的向导创建窗体。

例 21：创建"学生信息"窗体。

操作步骤如下：

步骤一：打开"Student.mdb"数据库，选择"窗体"对象，单击"新建"按钮，弹出"新建窗体"对话框，选择"窗体向导"，在"请选择该对象数据的来源或查询"右边的下拉列表框中选择"学生"，作为该窗体的数据源。如图 7-43 所示。

步骤二：单击"确定"按钮，弹出"窗体向导"对话框，在"表/查询"的组合框中选择"表：学生"，然后单击">>"按钮，即选择学生表里的所有字段，如图 7-44 所示。

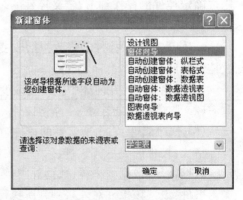

图 7-43　"新建窗体"对话框

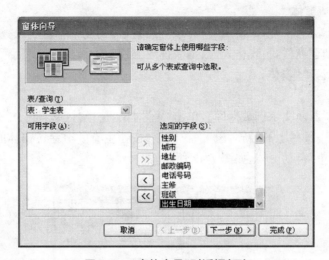

图 7-44　"窗体向导"对话框（二）

步骤三：单击"下一步"按钮，弹出"窗体向导"对话框 3，选择窗体的布局，在这里选择"纵栏表"。

步骤四：单击"下一步"按钮，弹出"窗体向导"对话框 4，确定窗体的样式，在这里选择"标准"。

步骤五：单击"下一步"按钮，弹出"窗体向导"对话框 5，选择窗体的标题为"学生信息"。

步骤六：单击"完成"按钮，弹出"学生信息"窗体。如图 7-45 所示。

（四）在设计视图中创建窗体

利用向导创建窗体，风格比较简单，形式固定，创建过程也简单一些。如果用户想创建有自己独特的风格的窗体，外观优美，功能齐备，就要用到使用设计视图创建窗体的方法了。

例 22：创建"课程信息"窗体。

操作步骤如下：

步骤一：打开"Student.mdb"数据库，选择"窗体"对象，单击"新建"按钮。

步骤二：在弹出的"新建窗体"对话框中选择"设计视图"，在"请选择该对象数据的来源或查询"右边的下拉列表框中选择"学生"，作为该窗体的数据源。如图 7-46 所示。

步骤三：单击"确定"按钮，弹出创建空白窗体对话框和窗体数据源以及控件工具箱。如图 7-47 所示。

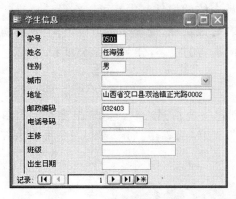

图 7-45 "学生信息"窗体

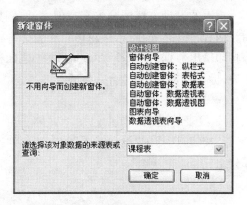

图 7-46 "新建窗体"对话框

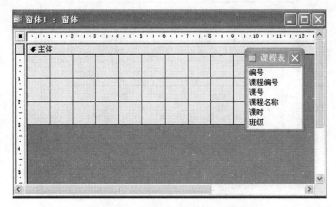

图 7-47 创建空白窗体对话框

步骤四:在图 7-47 中,"主体"是设计窗体的主要界面。"课程表"是窗体的数据源,按住"Shift"键,依次单击"课程表"中的字段,将需要的字段全部选中,用鼠标拖到"主体"中,释放鼠标左键。

步骤五:单击"视图"→"窗体视图",即可看到窗体的预览图。如图 7-48 所示。

图 7-48 课程窗体

二、报　表

报表是 Access 数据库对象之一,是以打印格式显示数据的一种灵活的方式。它用于对数据库中的数据进行统计汇总、分组、计算和打印。

报表的设计方法的窗体有类似之处,例如设计窗体的控件基本都可以在设计报表时使用。两者不同之处在于,用户可以在窗体中输入和修改数据,而报表不可以,它主要的功能是打印输出数据。Access 2003 提供创建四种不同类型的报表,分别是:表格式报表、纵栏式报表、标签式报表、邮件合并报表。

(一) 报表的结构

1. 报表的组成　同创建一个窗体一样,当创建一个新报表时,选择"报表对象",单击"新建"按钮,选择用"设计视图"的方法创建一个报表,如图 7-49 所示,就会看到报表由五个部分组成。

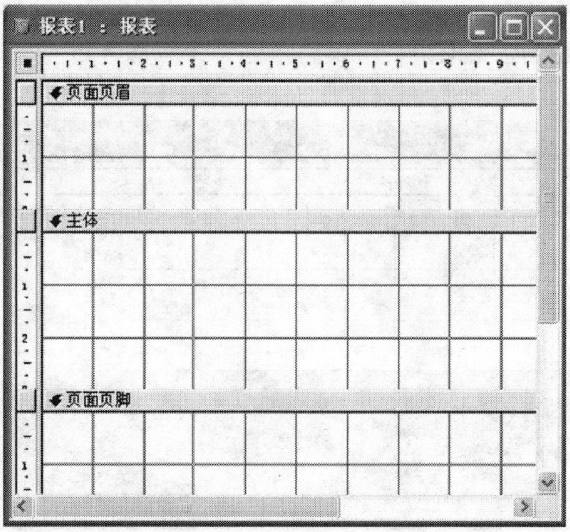

图 7-49　报表组成

(1) 报表页眉节:用来在报表的开头放置信息,便于用户区分所浏览信息的主体,如标题文字、公司名称、日期等。

(2) 页面页眉节:用来在报表的上方放置信息,出现在每一页的顶端。

(3) 主体节:用来包含报表的主体内容,在其中放置控件和显示数据。

(4) 页面页脚节:用来在报表的下方放置信息,出现在每一页的下端。

(5) 报表页脚节:用来在报表的底部放置信息,如报表总结、打印日期等。

报表的每一组成部分,称作一个"节",报表中的内容都是以节为单位划分的。

2. 报表视图　当一个窗体设计好的时候,通过"窗体视图"即可预览设计效果。同理,报表设计好之后也可以通过"打印预览"来观看设计效果。每个报表都有三种视图,分别是:"设计视图"、"打印预览"和"版面预览"。"设计视图"用于创建和编辑报表的结构;"打印预览"用于查看将显示在报表每一页上的数据;"版面预览"仅用于查看报表的版面设计,其中只包含报表中的数据示例。

(二) 自动创建报表

利用"自动创建报表"的方法可以快速创建出具有基本功能的报表,显示表或查询的所有字段和记录。自动创建报表的方法有三种:自动报表、纵栏式报表、表格式报表。

1. 自动报表　打开 Student. mdb 数据库,选择"查询"对象,用鼠标选中"学生成绩交叉表",然后单击工具栏中"新对象"图标,单击其右侧下的三角箭头,在下拉列表中选择"自动报表"即可快速创建一个报表。

　　2.纵栏式报表　打开 Student.mdb 数据库,选择"查询"对象,单击"新建"按钮,在弹出"新建报表"对话框中选择"自动创建报表:纵栏式",数据源为"学生"表。单击"确定"按钮,系统自动生成"学生"纵栏式报表。纵栏式报表,每个字段占一行,字段的宽度是表中所设定的宽度,报表中字段的顺序就是各字段在源表或查询中的顺序。

　　3.表格式报表　在"新建报表"对话框中选择"自动创建报表:表格式",并选择"学生"表,单击"确定"按钮,系统自动生成"学生"表格式报表。

（三）使用向导创建报表

　　例23：利用"报表向导"创建"学生基本信息"报表。

　　操作步骤如下：

　　步骤一：打开"Student.mdb"数据库,选择"报表"对象,单击"新建"按钮,弹出"新建报表"对话框,选择"学生表"作为数据源,单击"确定"按钮。弹出"报表向导"对话框,确定报表中要使用的字段,选择所有字段,单击"下一步"按钮。如图 7-50 所示。

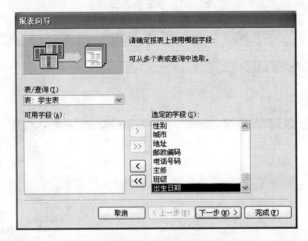

图 7-50　报表向导

　　步骤二：在对话框中确定是否添加分组级别,在此添加"姓名",然后单击"下一步"按钮。

　　步骤三：确定记录所用的排序次序,在此选择"学号"字段"升序"排序,然后单击"下一步"按钮。

　　步骤四：确定报表的布局方式,从布局和方向栏中进行选择,在此选择"递阶"、"纵向",并且选中"调整字段宽度使所有字段都能显示在一页中",然后单击"下一步"按钮。

　　步骤五：确定报表的样式,在此选择"正式",然后单击"下一步"按钮。

　　步骤六：命名报表的标题为"学生信息表",然后单击"完成"按钮,即可看到报表预览,如图 7-51 所示。

（四）在设计视图中创建报表

　　例24：利用"设计视图"创建"订单"报表。

　　操作步骤如下：

　　步骤一：打开"罗斯文示例数据库"。选择"报表"对象,单击"新建"按钮,弹出"新建报表"对话框,单击"设计视图",然后选择"订单"作为数据源,单击"确定"按钮,弹出如图 7-49所示的报表设计器窗口。

　　步骤二：添加相应字段到报表设计主体区内。如图 7-52 所示。

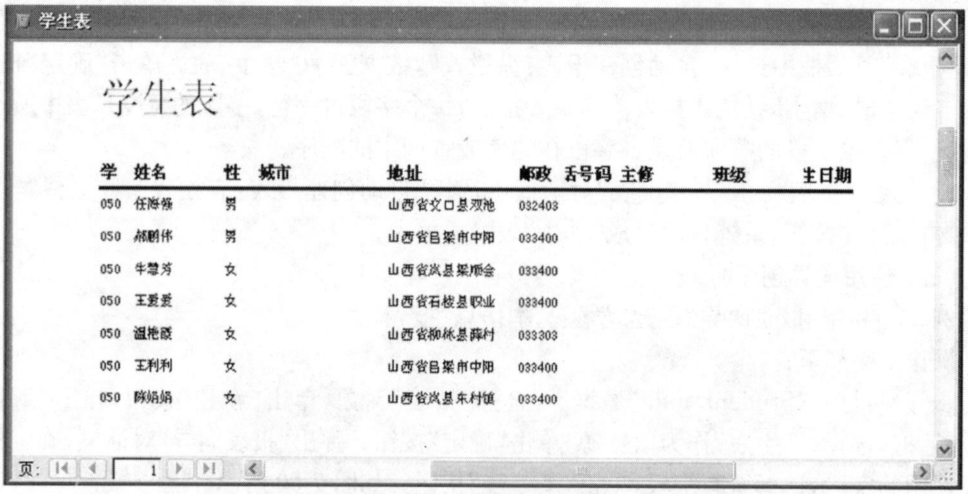

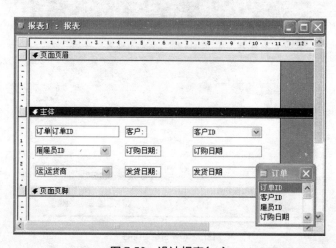

图 7-51 学生信息报表

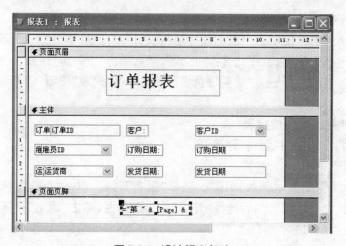

图 7-52 设计报表(一)

步骤三:添加页面页眉和页面页脚,如图 7-53 所示。其中页面页脚的文本框内容由属性窗口和表达式生成器生成。如图 7-54、图 7-55 所示。

图 7-53 设计报表(二)

图 7-54 设计报表(三)

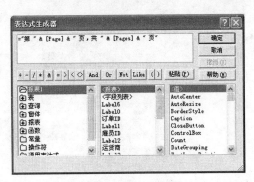

图 7-55 设计报表(四)

步骤四:保存运行得到结果,如图 7-56 所示。

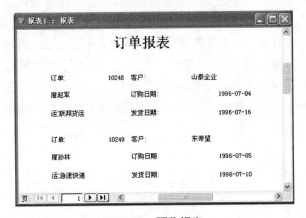

图 7-56 预览报表

(张会丽)

第八章

计算机网络基础

　　计算机与通信技术相结合的产物就是计算机网络。计算机网络是将若干台功能独立的计算机通过通信设备和物理传输介质相互连接起来,并通过网络软件逻辑地相互联系到一起而实现信息交换、资源共享、协同工作和在线处理等功能的计算机系统。计算机网络给人们的生活带来了极大的方便,如办公自动化、网上银行、网上订票、网上查询、网上购物等。计算机网络不仅可以传输数据,还可以传输图像、声音、视频等多种媒体形式的信息,在人们的日常生活和各行各业中发挥着越来越重要的作用。目前,计算机网络已广泛应用于政治、经济、军事、科学以及社会生活的方方面面。本章主要介绍计算机网络的基础知识和基本使用常识。

第一节　计算机网络基础知识

一、计算机网络的形成与发展

　　将地理位置不同且具有独立功能的多个计算机系统,通过通信设备和通信线路连接起来,在网络软件的支持下实现彼此之间的数据通信和资源共享的计算机网络,网络中的各台计算机称为网络节点。

　　计算机网络从结构上可以分成两部分:通信子网和资源子网。通信子网又称为数据通信子网,主要由通信设备和传输介质组成,实现主机之间的数据传送。资源子网又称数据处理子网,主要由计算机、终端及软件组成,实现硬件和软件资源的共享。

　　Internet 起源于美国,美国军方为了实现将不同地域、不同型号的计算机和局域网连接起来,使它们在任何情况下都能有效地进行信息交流,由美国国防部高级计划研究署(Advanced Research Projects Agency,ARPA)建立了 ARPAnet。1968 年,ARPAnet 网络项目立项,这个项目基于这样一种主导思想:网络必须能够经受住故障的考验而维持正常工作,一旦发生战争,当网络的某一部分因遭受攻击而失去工作能力时,网络的其他部分应当能够维持正常通信。最初,ARPAnet 主要用于军事研究目的,继 ARPA 网之后,一些发达国家陆续建成了许多全国性的计算机网络,这些计算机网络都以连接主机系统(大、中、小型计算机)为目的。跨越广阔的地理位置,通信线路大多采用租用的电话线,少数铺设专用电线。这类网络的作用是实现远距离的计算机之间的数据传输和信息共享,这类计算机网络统称为广域网。1983 年,ARPAnet 分裂为两部分:ARPAnet 和纯军事用的 MILNET。同年 1 月,ARPA 把 TCP/IP 协议作为 ARPAnet 的标准协议。其后,人们称呼这个以

ARPAnet 为主干网的网际互联网为 Internet,TCP/IP 协议便在 Internet 中进行研究、试验,并改进成为使用方便、效率极好的协议。与此同时,局域网和其他广域网的产生和蓬勃发展对 Internet 的进一步发展起了重要的作用。其中,最为引人注目的就是美国国家科学基金会 NSF(National Science Foundation)建立的美国国家科学基金网 NSFnet。1986 年,NSF 建立起了六大超级计算机中心,为了使全国的科学家、工程师能够共享这些超级计算机设施,NSF 建立了自己的基于 TCP/IP 协议簇的计算机网络 NSFnet。NSF 在全国建立了按地区划分的计算机广域网,并将这些地区网络和超级计算中心相联,最后将各超级计算中心互联起来。地区网的构成一般是由一批在地理上局限于某一地域,在管理上隶属于某一机构或在经济上有共同利益的用户的计算机互联而成,连接各地区网上主通信节点计算机的高速数据专线构成了 NSFnet 的主干网,这样,当一个用户的计算机与某一地区相联以后,它除了可以使用任一超级计算中心的设施,可以同网上任一用户通信,还可以获得网络提供的大量信息和数据。这一成功使得 NSFnet 于 1990 年 6 月彻底取代了 ARPAnet 而成为 Internet 的主干网。

相对而言,局域网没有广域网分布区域广,传输距离远,但它使用了专门铺设的通信线路,所以传输速率比广域网高得多。局域网在应用中往往不是孤立的,它可以与本部门的大型机系统互相通信,还可以与广域网连接,实现与远地计算机或远地局部网络之间的相互连接。网络互联形成了规模更大的互联网。网络互联的目的就是让一个网络上的用户能访问其他网络上的资源,可使不同网络上的用户也能相互通信和交换信息。

今天的 Internet 已不再是计算机人员和军事部门进行科研的领域,而是变成了一个开发和使用信息资源的覆盖全球的信息海洋。在 Internet 上,按从事的业务分类包括了教育、咨询、娱乐、医疗、广告、艺术、书店、财贸、旅游等,覆盖了社会生活的方方面面,构成了一个信息社会的缩影。

二、计算机网络的概念和功能

计算机网络是由地理位置上分散的、具有独立功能的多个计算机系统,经通信设备和线路互相连接,并配以相应的网络软件,以实现通信和资源共享的大系统。其最主要的功能是提供不同计算机和用户之间的资源共享。计算机的资源共享包括:

1. 硬件资源共享　微机或小型机的用户,可以用远程作业提交的方式,经网络把作业转交给大型机去处理,然后把处理的结果取回,这实际上是共享了大型机的硬件资源。如高速的运算器和大容量的内存。另外,一些昂贵的硬件资源,如大容量磁盘、打印机、绘图仪等也可以为多个用户所共享。

2. 软件资源共享　网络中的某些计算机,特别是在一些大型机上,装有各种功能完善的软件资源,如大型有限元结构分析程序、专用的绘图程序等。用户可以通过网络登录到远程计算机上使用这些软件,也可以从网络上下载某些程序在本地机上使用。在网络环境下,一些公用的网络版软件都可以安装在服务器上供大家调用,而不必在每台机器上都要安装。

3. 数据与信息共享　计算机上的数据库和各种文件中存储有大量的信息资源,如图书资料、经济快讯、股票行情、科技动态、天气预报、旅游指南、专利、新闻等。通过计算机网络,这些资源可以被世界各地的人们查询和加以利用。

三、计算机网络的分类

(一) 按连接区域划分

1. 局域网(Local Area Network, LAN)   局域网指在一个较小地理范围内的各种计算机网络设备互联在一起的通信网络,可以包含一个或多个子网,通常局限在几千米的范围内。在局域网中数据传输速率高,可达 0.1～100Mb/s。

2. 城域网(Metropolitan Area Network, MAN)   城域网介于局域网和广域网之间,是一种大型的 LAN,又称为城市地区网络。它以光纤为主要传输介质,其传输速率为 100Mb/s 或更高。覆盖范围为 5～100km,城域网是城市通信的主干网,它充当不同局域网之间通信的桥梁,并向外连入广域网。

3. 广域网(Wide Area Network, WAN)   广域网将地域分布广泛的局域网、城域网连接起来的网络系统,它分布距离广阔,可以覆盖几个国家以至全世界,它的特点是速度低,错误率在三种网络类型中最高,建设费用很高。Internet 是广域网中的一种。

(二) 按拓扑结构划分

网络中各个节点相互联接的方法和形式称为网络拓扑结构,网络拓扑结构是网络的一个重要特性。它影响着整个网络的设计、性能、可靠性以及建设和通信费用等方面因素。以下列举网络拓扑结构主要的几种形式,如图 8-1 所示。

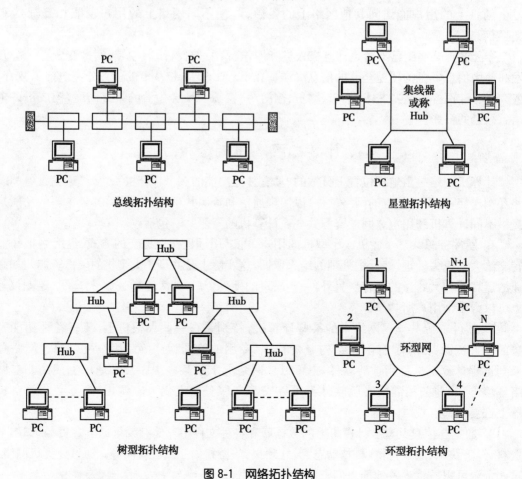

图 8-1 网络拓扑结构

1. 总线结构　总线拓扑结构用一条单根传输线作为传输介质,网络上的所有节点直接连到这条主干传输线上,工作时只有一个节点可通过总线进行发送信息传输,其他所有节点这时都不能发送,且都将接收到该信号,然后判断发送地址是否与接收地址一致,若不匹配,发送到该节点的数据将被丢弃。

总线拓扑的优点是结构简单,便于扩充节点,只要总线上服务器运行正常,其他任何一台接入网络的计算机出现了故障,也不会引起整个网络的使用,缺点是总线故障诊断和隔离困难,网络对总线故障较为敏感。

2. 星型结构　星型拓扑结构是将各节点通过链路单独与中心结点连接形成的网络结构,各站点之间的通信都要通过中心结点交换。中心结点执行集中式通信控制策略,目前流行的专用交换机(PBX)就是星型拓扑结构的典型实例。

星型拓扑结构的优点是联网容易,容易检测和隔离故障。缺点是整个网络对中心结点的依赖性强,如果中心结点发生故障,则整个网络将瘫痪,不能工作,因此星型拓扑结构对中心结点的可靠性要求很高。实施时所需要的电缆长度相对较长。

3. 树型结构　树型拓扑结构是分级的集中控制式网络,与星型相比,它的通信线路总长度短,成本较低,节点易于扩充,寻找路径比较方便,但除了叶节点及其相连的线路外,任一节点或其相连的线路故障都会使系统受到影响。

4. 环型结构　环型拓扑结构是将各相邻站点互相连接,最终形成闭合环。在环型拓扑结构的网络上,数据传输方向固定,在站点之间单向传输,不存在路径选择问题,当信号被传递给相邻站点时,相邻站点对该信号进行了重新传输,以此类推,这种方法提供了能够穿越大型网络的可靠信号。令牌传递经常被用于环形拓扑。在这样的系统中,令牌沿网络传递,得到令牌控制权的站点可以传输数据。数据沿环传输到目的站点,目的站点向发送站点发回已接收到的确认信息。然后,令牌被传递给另一个站点,赋予该站点传输数据的权力。

环型网的优点是网络结构简单、组网较容易,可以构成实时性较高的网络。缺点是某个结点或线路故障都会造成全网故障,实施时所需要的电缆长度短。

四、计算机网络体系结构与数据通信

(一) 计算机网络体系结构

一个功能完备的计算机网络需要制定一整套复杂的协议集,而计算机网络协议就是按照层次结构模型来组织的。我们把网络层次结构模型与各层协议的集合称为计算机网络体系结构。

1984 年,国际标准化组织(International Standard Organization,ISO)制定了一个开放系统互联(Open System Interconnection,OSI)模型。OSI 模型将网络通信的过程划分为 7 个层次,规定了每个层次的具体功能及通信协议。如果一个计算机网络按照 7 层协议进行通信,这个网络就称为所谓的"开放系统",就可以跟其他的遵守同样协议的"开放系统"进行通信,实现不同的网络之间的互联。如图 8-2 所示为 ISO 确立的开放系统互联参考模型。

在 OSI 模型中,每一层协议都建立在下层上,并向上一层提供服务。第 1～3 层属于通信子网层,提供通信功能;第 5～7 层属于资源子网层,提供资源共享功能;第 4 层(传输层)起着衔接上下三层的作用。每一层的主要功能如下:

1. 物理层　定义硬件接口的电器特征、机械特性、应具备的功能等,组成物理通路。

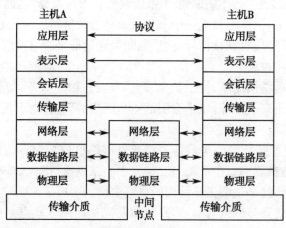

图 8-2　OSI 模型

2. 数据链路层　进行二进制数据流的传输。

3. 网络层　解决多结点传送时的可靠传输通路。

4. 传输层　负责错误的检查与修复,以确保传送的质量。

5. 会话层　进行两个应用进程之间的通信控制。

6. 表示层　解决数据格式转换。

7. 应用层　为用户提供一个良好的应用环境。

在上节中,图 8-2 给出相互通信的两个节点(主机 A 和主机 B)及它们通信时使用的 7 层协议。数据从 A 端到 B 端通信时,先由 A 端的第 7 层开始,经过下面各层和各层接口,到达最底层——物理层,穿过 B 端各层直到 B 端的最高层——应用层。各高层间并没有实际的直接介质连接,只存在着虚拟的逻辑上的连接,即逻辑上的信道。

(二) 数据通信的基本概念

1. 基本概念

(1) 信号与信道:信号是数据的电或电磁表示形式。在通信中,可以把数据变成可在传输介质上传送的信号来发送。信道是信号传输的通道,它包括通信设备和传输介质。习惯上,把信道称为线路。

(2) 模拟通信和数字通信:在通信系统中,传送的信号可以是数字信号,也可以是模拟信号。例如,电话机送话器输出的语音信号是模拟信号,而计算机输出的是数字信号。根据通信线路上传送信号的类型,可将数据通信分为模拟通信和数字通信。

(3) 数据传输方式:在通信信道中,数据的传输方式有并行传输和串行传输两种。在并行传输方式中,每次同时传送若干个二进制位,每一位占一条传输线,例如要传送一个字节的数据,就需要 8 条传输线。串行传输是逐位传送二进制位,每次传送一位,故只需要一条传输线,例如要传送一个字节的数据,需要传送 8 次。在远距离传输中,为了降低成本,通常采用串行传输方式。

(4) 带宽和数据传输率:在模拟通信中,以带宽表示信道传输信息的能力。带宽是指信道所能传送的信号频率范围(也称频率宽度)。其单位是 Hz(赫兹),例如电话信道的带宽一般为 3kHz。

在数字通信中,用数据传输率(比特率)表示信道的传输能力,即每秒钟传输的二进制位数,记为 b/s。例如,通常调制解调器的传输率为 56kb/s。

　　带宽与数据传输率是两个不同的概念,但通信信道的带宽与其能支持的数据传输率有着直接的关系。一般说,在带宽较宽的通信信道上,数据的传输率较高,带宽较窄的则相应较低。因此,在实际工作中,人们又常常用数据传输率的单位来标称某个通信信道的带宽,比如说某个信道的带宽为 100Mbs/s。

　　(5) MAC 地址　MAC 地址是由网络设备制造商生产时写在硬件内部。MAC 地址与网络无关,即无论将带有这个地址的硬件(如网卡、集线器、路由器等)接入网络的任何地方,都有相同的 MAC 地址,它由厂商写在网卡的 BIOS 里。

　　2. 无线传输媒体

　　(1) 无线电短波通信:在一些电缆光纤难于通过或施工困难的场合,例如高山、湖泊或岛屿等,即使在城市中挖开马路铺设电路有时也很不划算,特别是通信距离很远,对通信安全性要求不高,铺设电缆或光缆既昂贵又费时,如果利用无线光波等无线传输介质在自由空间传播,就会有较大的机动灵活性,可以轻松实现多种通信。这种无线传输的抗自然灾害能力和可靠性也较高。

　　(2) 地面微波接力通信:无线电数字微波通信系统在长途大容量的数据通信中占有极其重要的地位,其频率范围是 300MHz～300GHz。微波通信主要有两种方式:地面微波接力通信和卫星通信。

　　微波在空间主要是直线传播,并且能穿透电离层进入宇宙空间,它不像短波那样经电离层反射传播到地面上其他很远的地方,由于地球表面是个曲面,因此其传播距离受到限制且与天线高度有关,一般只有 50km 左右。长途通信时必须建立多个中继站,中继站把前一站发来的信号经过放大后再发往下一站,类似于"接力"。如果中继站采用 100m 高的天线塔,则接力距离可增大到 100km。

　　(3) 红外线和激光:红外线通信和激光通信就是把要传输的信号分别转换成红外线信号和激光信号,直接在自由空间沿直线进行传播,它们比微波通信具有更强的方向性,难以窃听、插入数据和进行干扰,但红外线和激光对雨、雾等环境干扰特别敏感。

　　(4) 卫星通信:卫星通信就是利用位于 36 000km 高空的人造地球同步卫星作为太空无人值守的微波中继站的一种特殊形式的微波接力通信。卫星通信可以克服地面微波通信的距离限制,其最大的特点就是通信距离远,而且通信费用与通信距离无关。

　　卫星通信的优点是:卫星通信的频带比微波接力通信更宽,通信容量更大,信号所受的干扰也较小,误码率也较低,通信比较稳定可靠。卫星通信的缺点是:传播时延较长。

　　(5) 甚小口径终端(Very Small Aperture Terminal, VSAT):VSAT 卫星通信是 20 世纪 80 年代末发展起来的,并于 20 世纪 90 年代得到广泛应用的新一代数字卫星通信系统。VSAT 网通常由一个卫星转发器、一个大型主站和大量的 VSAT 小站组成,能单双向传输数值、语音、图像、视频等多媒体综合业务。VSAT 具有很多优点,例如:设备简单、体积小、耗电少、组网灵活、安装维护简便、通信效率高等,尤其是以大量分散的业务量较小的用户共享主站,所以许多部门和企业使用 VSAT 网来建设内部专用网。

　　3. 数据通信技术　数据通信有三种重要的技术,即调制解调技术、多路复用技术和数据交换技术。

　　(1) 调制解调技术:在数据通信中,为了达到高效和低成本的目的,人们往往利用现成的遍布全世界的电话网。在利用电话网进行计算机通信时,需要把计算机输出的数字信号转换成模拟信号,这一过程称为调制。接受端将收到的模拟信号复原成数字信号,称为解调。承担调制和解调任务的装置称为调制解调器(Modem),俗称"猫"。

(2) 多路复用技术(Multiplexing):多路复用技术是利用一条线路同时传输多路信号的技术。事实上,无论是在局域网还是广域网的传输中,大多传输介质固有的通常容量都超过了单一信道或单一通信用户所要求的容量。为了高效合理地利用资源,提高线路利用率,人们在通信系统中引入了多路复用技术,将一条物理信道分为多条逻辑信道,使多个数据源合用一条传输线进行传输。

(3) 数据交换技术:在通信系统中,当用户较多而传输的距离较远时,通常不采用两点固定连接的专用线路,而采用交换技术,使通信传输线路为各个用户公用,以提高传输设备的利用率,降低系统费用。采用这种技术时,在用户地区内要选择一个合适的地点,建立中间节点(设置交换设备),把来自各用户的信息传给其他有关用户。中间节点要负责数据的转发,即提供交换。对规模较大的系统,可采用多级交换,即在某个用户群中建立一个中间结点,再把许多中间结点连到更高一级的中间结点。

在计算机网络中,两个设备之间进行通信时,信号传输的途径称为路由(Route),有了多级交换之后,两个设备之间的路由往往不止一个。

计算机通信常用的数据交换技术有:电路交换和分组交换。

电路交换:也称线路交换,是指通过中间节点建立的一条专用通信线路来实现两个设备之间的数据交换。在通信过程中,该通信线路不得被其他设备使用。电话系统采用的就是电路交换技术。利用电路交换技术实现通信要经过三个阶段:建立线路、传输数据和拆除线路。电路交换的优点是实时性和交互性好,比较适合成批传送数据,建立一次连接就可以传输大量的信息;缺点是建立线路所需要的时间较长,电路利用率低。因为电路一旦建立,即使双方不传送信息,也不能改作其他用途。

分组交换:在计算机网络中,为了提高网络的通信效率,一般都采用用户轮流共享的方式来使用计算机网络,避免某个用户在传输大块数据时,长时间地独占传输线路,而使其他用户处于等待状态,造成网络资源的使用不均。分组交换就是在发送端发送数据时,把大的数据拆成较短的数据分组(Packet,又称为数据段或信息包),再进行传送和交换。到达接收端时,再把数据分组按照顺序组装成原来的数据。

这种传送数据方式有两个好处:一是分组较短,出错概率降低;二是积压组在网上可动态地选择不同的路径(某条线路瘫痪了,可以另选线路),大大提高了传输效率。

五、局域网的构成及其工作模式

很多公司、企业单位等都已经构建了内部局域网(LAN),可以使工作效率提高,便于沟通信息和共享资源。计算机局域网一般由服务器、工作站、传输介质、连接设备(例如网卡或集线器等)、网络软件等构成。

(一)局域网的构成

1. 网络适配器(Network Interface Card,NIC) 网络适配器俗称网卡。网卡是构成计算机局域网络系统中最基本的、最重要的和必不可少的连接设备,计算机主要通过网卡接入局域网络。网卡除了起到物理接口作用外,还有控制数据传送的功能。网卡一方面负责接收网络上传过来的数据包,解包后,将数据通过主板上的总线传输给本地计算机;另一方面,它将本地计算机上的数据打包后送入网络。网卡一般插在每台工作站和文件服务器主机板的扩展槽上。另外,由于计算机内部的数据是并行数据,而一般在网上传输的是串行比特流信息,故网卡还有串-并转换功能。为防止数据在传输中出现丢失的情况,在网卡上还需要有数据缓冲器,以实现不同设备间的缓冲。在网卡的 ROM 上固化有控制通信软件,用来实现上述功能。

2. 传输介质　网络中的数据信息通过两类传输介质完成,一种为有线传输介质,另一种为无线传输介质,传输介质为数据传输提供信道。局域网常用的有线传输介质有双绞线、同轴电缆和光缆,如图 8-3 所示为三种常见的网络传输介质。无线传输介质(如微波、红外线和激光等)在计算机网络中也逐渐显示出它的优势及广泛用途,从网络发展的趋势来看,网络上使用的传输介质由有线介质向无线介质方向发展。

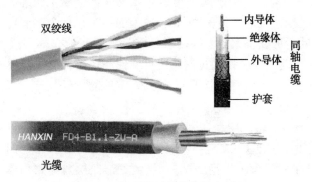

图 8-3　三种常见网络传输介质

3. 服务器(Server)　服务器是为网络上的其他计算机提供信息资源的功能强大的计算机。根据服务器在网络中所起的作用,进一步划分为文件服务器、打印服务器、通信服务器等。如文件服务器可提供大容量的磁盘存储空间为网上其他用户共享;打印服务器负责接收来自客户机的打印任务,管理安排打印队列和控制打印机的打印输出;通信服务器负责网络中各客户机对主计算机的联系,以及网与网之间的通信等。在基于 PC 的局域网中,网络的核心是服务器。服务器可由高档微机、工作站或专门设计的计算机(即专用服务器)充当。各类服务器的职能主要是提供各种网络上的服务,并实施网络的各种管理。一般不作用户的操作使用。

4. 工作站(Client)　工作站又称客户机,工作站是指当一台计算机连接到局域网上时,这台计算机就成为局域网的一个工作站。工作站与服务器不同,服务器是为网络上许多网络用户提供服务以共享它的资源,而工作站仅对操作本机的用户提供服务。工作站是用户和网络的接口设备,用户通过它可以与网络交换信息,共享网络资源。工作站通过网卡、通信介质以及通信设备连接到网络服务器。例如,有些被称为无盘工作站的计算机没有它自己的磁盘驱动器,这样的工作站必须完全依赖于局域网来获得文件。工作站只是一个接入网络的设备,它的接入和离开对网络不会产生多大的影响,它不像服务器那样一旦失效,可能会造成网络的部分功能无法使用,那么正在使用这一功能的网络都会受到影响。现在的工作站都用具有一定处理能力的 PC(个人计算机)机来承担。

5. 中继器(Repeater)/集线器(Hub)/交换机(PBX)　中继器用于同一网络中两个相同网络段的连接。对传输中的数字信号进行再生放大,用以扩展局域网中连接设备的传输距离。集线器用于局域网内部多个工作站与服务器之间的连接,可以提供多个微机连接端口,在工作站集中的地方使用集线器,便于网络布线,也便于故障的定位与排除。集线器还具有再生放大和管理多路通信的能力。交换机用于网络设备的多路对多路的连接,采用全双工的传输方式,和集线器一对多的连接方式相比,交换机的多对多连接增加了通信的保密性,在两点之间通信时对第三方完全屏蔽。这些设备主要作用是延伸局域网的连接距离和便于网络的布线。

(二) 网络间互联设备

局域网网络间的互联分为同种局域网间、异种子网间以及局域网与广域网之间的连接。而网络互联的接口设备称为网络互联设备。常用的互联设备有网桥、路由器和网关。

1. 网桥(Bridge)　网桥适用于同种类型局域网间的连接的设备。它将一个网的帧格式转换为另一个网的帧格式进入另一个网中(典型的帧为几百个字节)。网桥的操作在网络数据链路层进行。网桥可以将大范围的网络分成几个相互独立的网段,使得某一网段的传输效率提高,而各网段之间还可以通过网桥进行通信和访问。通过网桥连接局域网,可以提高各子网的性能和安全性。网桥从应用上可分为:本地网桥(用于连接两个或两个以上的局域网)、远程网桥(用于连接远程局域网)。

2. 路由器(Router)　路由器是在网络层上实现多个网络互联的设备。所谓路由就是指通过相互连接的网络把信息从源地点移动到目标地点的活动。路由器和交换机之间的主要区别就是:交换机在 OSI 参考模型的第二层(数据链路层),而路由器在 OSI 参考模型的第三层(网络层)。路由器的功能可以由硬件实现,也可以由软件实现,或者部分功能由软件,另一部分功能由硬件实现。路由器具有判断网络地址和选择路径、数据转发和数据过滤的功能,它的作用是在复杂的网络互联环境中建立非常灵活的连接。路由器工作在"网络层",它在接收到"数据链路层"的数据包时都要"拆包",查看"网络层"的 IP 地址,确定数据包的路由,然后再对"数据链路层"信息"打包",最后将该数据包转发。路由器实际上是一台计算机,它的程序固化在硬件中以提高对数据包的处理速度;也可以用一台带有两个以上网卡的普通计算机配上相应的软件来实现路由的功能。在由路由器互联的网络中,经常被用于多个局域网、局域网与广域网以及不同类型网络的互联。例如,在校园网同 CERNET(中国教育和科研计算机网)的连接中,一般都要采用路由器。目前,存在不同标准的路由器协议,如 IGRP、RID、OSPF 等。

3. 网关(Gateway)　网关不仅具有路由器的全部功能,它连接两个不兼容的网络,主要的职能是通过硬件和软件完成由于不同操作系统的差异引起的不同协议之间的转换,它工作在网络传输层或更高层,主要用于不同体系结构的网络或局域网同大型计算机的连接。例如,局域网需要网关将它连接到广域网(Internet 网上)。由于网关是针对某一特定的两个不同的网络协议的应用,所以不可能有一种通用网关。局域网通过网关可以使网上用户能省去同大型计算机连接的接口设备和电缆,还能共享大型计算机的资源。

4. 调制解调器　调制解调器(Modem)是拨号入网必不可少的通信设备。如果一台计算机要利用电话线联网,可使用调制解调器连接。调制解调器一端直接与计算机连接,另一端连接电话线。调制解调器的功能是将计算机输出的数字信号转换成模拟信号,以便能在电话线路上传输。另一面将线路上接收到的模拟信号转换成数字信号,以便于计算机的接收。

（三）局域网的两种工作模式

1. 客户机/服务器模式（Client/Server）　一台能够提供和管理可共享资源的计算机称为服务器（Server），而能够使用服务器上的可共享资源的计算机称为客户机（Client）。服务器需要运行某一种网络操作系统，例如，Windows Server2003、Novell Netware、UNIX 等。通常有多台客户机连接到同一台服务器上，它们除了能运行自己的应用程序外，还可以通过网络获得服务器的服务。在这种服务器为中心的网络中，一旦服务器出现故障或者关闭，整个网络将无法正常运行。

2. 对等模式（peer to peer）　对等模式的网络中不使用服务器来管理网络共享资源，在这种网络系统中，所有的计算机都处于平等地位，一台计算机既可以作为服务器，又可以作为客户机。例如，当用户从其他用户的计算机硬盘上获取信息时，用户的计算机就成为网络客户机；如果是其他用户访问用户的微机硬盘，那么用户的计算机就成为服务器。在这种对等网中，无论那台计算机关闭，都不会影响网络的运行。

（四）常用的操作系统

网络操作系统是网络设计中的一个十分重要的部分。它就像计算机网络的灵魂，对计算机的所有软硬件进行统一的管理和调度。目前常用的操作系统有：UNIX、Novell Netware、Windows Server 2003、Linux 等。

1. UNIX 网络操作系统　是 20 世纪 60 年代推出直到现在，UNIX 具有安全性和稳定性高，一直受到大型软件公司的青睐。不足之处就是界面色彩单调，窗口少，不易被普通用户操作，对于新软件和新硬件的兼容性较差。

2. Novell Netware 网络操作系统　是早期最流行的服务器操作系统。20 世纪 90 年代初期，由美国 Novell 公司推出的。其优点是对网络硬件配置要求低，缺点是不能组建对等网而且安装操作界面全部是字符界面，命令参数多，管理复杂。已经被后来的 Windows NT、Windows Server 2003 所取代。

3. Windows Server 2003 网络操作系统　是一种微软公司开发的网络操作系统，目前最为流行。它对硬件的要求比较高，除了具有普通 Windows XP 所有功能外，还可以担当文件、打印应用程序等资源共享服务器平台。

4. Linux 网络操作系统　是许多软件爱好者在开放源代码的基础上不断开发，给大众用户提供了一个免费的操作系统。1991 年，芬兰赫尔辛基大学的一个名叫 Linus Torvalds 的学生开发出了一个完全公开源代码的操作系统内核，其源代码兼容绝大部分 Unix 标准。特点是开放源代码，支持大量外部设备及一些常见协议，稳定性和安全性较高，缺点是版本繁多，不同版本之间兼容性差，界面也不是很好。

第二节　互联网简介

一、互联网基础知识

互联网（Internet）是一个建立在网络互联基础上的、开放的全球性网络。Internet 拥有数千万台计算机和上亿个用户，是全球信息资源的超大型集合体。所有采用 TCP/IP 协议的计算机都可加入 Internet，实现信息共享和相互通信。与传统的书籍、报刊、广播、电视等传播媒体相比，Internet 使用方便，查阅更快捷，内容更丰富。今天，Internet 已在世界范围内得到了广泛的普及与应用,并正在迅速的改变人们的工作方式和生活方式。

(一) Internet 的结构特点

Internet 采用了目前最流行的客户机/服务器工作模式,凡是使用 TCP/IP 协议,并能与 Internet 的任意主机进行通信的计算机,无论是何种类型、采用何种操作系统,均可看成是 Internet 的一部分。

严格地说,用户并不是将自己的计算机直接连接到 Internet 上,而是连接到其中的某个网络上,再由该网络通过网络干线与其他网络相连。网络干线之间通过路由器互联,使得各个网络上的计算机都能相互进行数据和信息传输。例如,用户的计算机通过拨号上网,连接到本地的某个 Internet 服务提供商(ISP)的主机上。而 ISP 的主机由通过高速干线与本国及世界各国各地区的无数主机相连,这样,用户仅通过一阶 ISP 的主机,便可访问 Internet。由此也可以说,Internet 是分布在全球的 ISP 通过高速通信干线连接而成的网络。

(二) Internet 的接入方式

1. 以终端方式上网　终端方式上网首先通过电话线拨号登录到 ISP(Internet 服务商)服务器上,由于该服务器是 Internet 上的主机,应使用 UNIX 进入 Internet。以终端方式上网只提供文本方式服务,不能进行 WWW 浏览。

2. 以 PPP 方式上网　使用 PPP(Point-to-Point Protocol)方式上网,适用于业务量小的上网用户,但用户可享用 Internet 的所有服务,但通信速度受到一定限制。

3. 以 LAN 方式上网　对于局域网接入 Internet,可分为共享 IP 地址方法和独享 IP 地址方法两种情况。共享 IP 地址是局域网上的所有微机通过服务器申请的 IP 地址,由服务器授权共享 IP 地址访问 Internet。局域网中的每一工作站都没有各自注册的 IP 地址,局域网的代理服务器使用调制解调器和电话线与提供接入 Internet 服务的主机相连,这种连接方式通常只适用于小型局域网的对外连接。独享 IP 地址的方法是通过路由器把局域网接入 Internet。路由器与 Internet 主机间的连接可以用 X.25 分组交换网或 DDN 实现。每个工作站都有自己正式的 IP 地址,可直接访问 Internet。

4. DDN(Digital Data Network)　DDN 数字数据网是利用数字传输通道(光纤、数字微波、卫星)和数字交叉复用节点组成的数字数据传输网,可以为客户提供各种速率的高质量数字专用电路和其他新业务,以满足客户多媒体通信和组建中高速计算机通信网的需要。DDN 区别于传统的模拟电话专线,其显著特点是采用数字电路,传输质量高,时延小,通信速率可根据需要在(2.4~19.2)Kbps、N×64Kbps(N=1~32)之间选择;电路可以自动迂回,可靠性高;可以一线多用,既可以通话、传真、传送数据,还可以组建会议电视系统,做多媒体服务或组建自己的虚拟专网,设立网管中心,客户管理自己的网络。

5. ISDN(Integrated Services Digital Network)　ISDN 综合业务数字网能提供用户端到用户端的数字连接,并能同时承担电话和多种非电话业务的电信网(一线通)。综合业务数字(ISDN)在电话综合数字网(IDN)的基础上发展起来。

6. ADSL(Asymmetrical Digital Subscriber Loop)　ADSL 技术即非对称数字用户环路技术。如用户需要长时间地接入 Internet,可申请 ADSL 连入方式,它利用现有的电话线,为用户提供上、下行非对称的传输速率。上行(从用户到网络)为低速的传输,速率可达 1M;下行(从网络到用户)为高速传输,可达速率 8Mbps。它也是一种较方便的宽带接入技术。但由于上、下行非对称传输的缺陷将对用户的使用带来一定的影响。ADSL 近几年来发展十分迅速,很受用户的欢迎。

7. VDSL(Very-high-bit-rate Digital Subscriber Loop) 即甚高速数字用户环路,VDSL 比 ADSL 的接入更为快速。使用 VDSL 短距离内的最大下传速率可达 55Mbps,上传速率可达 19.2Mbps,甚至更高,要求接入的用户距服务商较近。

8. FTTX+LAN 接入 这是一种利用光纤加 5 类网络线(双绞线的一种)方式实现宽带接入方案,实现千兆光纤到小区中心交换机,中心交换机和楼道交换机以百兆光纤或 5 类网络线相连,楼道内采用综合布线,用户上网速率可达 10Mbps,网络可扩展性强,投资规模小。FTTX+LAN 方式采用星型网络拓扑,用户共享带宽,是城市用户的较理想的上网连接方案。专线入网方式,连接需要一条专用线路,主要适用于传递大量信息的企业和团体。

(三) Internet 的关键技术

1. TCP/IP 技术 Internet 使用的网络协议是传输控制协议/网际协议(TCP/IP)协议组,它是一组工业标准协议;它有许多协议组成,TCP 和 IP 是其中最主要的两个协议。利用 TCP/IP 协议可以方便地实现多个网络的无缝连接。通常所谓某台主机在 Internet 上,Internet 地址(即 IP 地址),并运行 TCP/IP 协议,可以向 Internet 上的所有其他主机发送 IP 分组。

TCP/IP 的层次模型分为四层,其最高层相当于 OSI 的 5～7 层,该层中包括了所有的高层协议,如常见的文件传输协议 FTP、电子邮件 SMTP、域名系统 DNS、网络管理协议 SNMP、访问 WWW 的超文本传输协议 HTTP 等。

TCP/IP 的次高层相当于 OSI 的传输层,该层负责在源主机和目的主机之间提供端对端的数据传输服务。这一层上主要定义了两个协议:面向连接的传输控制协议 TCP 和无连接的用户数据报协议 UDP。

TCP/IP 的第二层相当于 OSI 的网络层,该层负责将分组独立地从信源传送到信宿,主要解决路由选择、阻塞控制级网际互联问题。这一层上定义了互联网协议 IP、地址转换协议 ARP、反向地址转换协议 RARP 和互联网控制报文协议 ICMP 等协议。

TCP/IP 的最低层为网络接口层,该层负责将 IP 分组封装成适合在物理网络上传输的帧格式并发送出去,或将从物理网络接收到的帧卸装并取下 IP 分组递交给高层。这一层与物理网络的具体实现有关,自身并无专用的协议。事实上,任何能传输 IP 分组的协议都可以运行。虽然该层一般不需要专门的 TCP/IP 协议,各物理网络可使用自己的数据链路层协议和物理层协议,但使用串行线路进行连接时仍需要运行 SLIP 或 PPP 协议。

2. 标识技术 Internet 中每一台上网的计算机是靠分配的标识来定位的,Internet 为每一个入网用户单位分配一个识别标识,这样的标识可表示成 IP 地址和域名地址。

(1)主机 IP 地址:为了确保通信时能相互识别,在 Internet 上的每台主机都必须有一个唯一的标识,即主机的 IP 地址。IP 协议就是根据 IP 地址实现信息传递的。IP 地址由 32 位(即 4 字节)二进制数组成,为书写方便起见,常将每个字节作为一段并以十进制数来表示,每段间用"."分隔。例如,202.96.209.5 就是一个合法的 IP 地址。IP 地址由网络标识和主机标识两部分组成。常用的 IP 地址有 A、B、C 三类,每类均规定了网络标识和主机标识在 32 位中所占的位数。这三类 IP 地址表示范围分别为:

　　A 类地址：0.0.0.0　～127.255.255.255

　　B 类地址：128.0.0.0　～191.255.255.255

　　C 类地址：192.0.0.0　～233.255.255.255

　　A 类地址一般分配具有大量主机的网络使用，B 类地址通常分配给规模中等的网络使用，C 类地址通常分配给小型局域网使用。为了确保唯一性，IP 地址由世界各大地区的权威机构 INIC(Internet Network Information Center)管理和分配。

　　在 IP 地址的某个网络标识中，可以包含大量的主机（如 A 类地址的主机标识域为 24 位、B 类地址的主机标识域为 16 位），而在实际应用中不可能将这么多的主机连接到单一的网络中，这将给网络寻址和管理带来不便。为解决这个问题，可以在网络中引入"子网"的概念。将主机标识域进一步划分为子网标识和子网主机标识，通过灵活定义子网标识域的位数，可以控制每个子网的规模。将一个大型网络划分为若干个既相对独立又相互联系的子网后，网络内部各子网便可独立寻址和管理，各子网间通过跨子网的路由器连接，这样也提高了网络的安全性。

　　利用子网掩码可以判断两台主机是否在同一子网中。子网掩码与 IP 地址一样也是 32 位二进制数，不同的是它的子网主机标识部分全为"0"。若两台主机的 IP 地址分别与它们的子网掩码相"与"后的结果相同，则说明这两台主机在同一网中。例如：某台主机的 IP 地址为 210.40.245.1，子网掩码为 255.255.255.0，"与"运算结果为 210.40.245，它就是网络号；IP 剩余部分为 1，1 就是主机号。如果另一台主机的 IP 地址为 210.40.245.8，子网掩码为 255.255.255.0，则其网络号也为 210.40.245。因为上述两台主机的网络号都是 210.40.245，因此这两台主机是在同一个网络区段内，它们之间不需要经过路由。表 8-1 和表8-2 分别列出了三类 IP 地址及默认的子网掩码。

表 8-1　A、B、C 3 类 IP 地址

网 络 类 别	最大网络数	第一个可用的网络号	最后一个可用的网络号	每个网络中的最大主机数
A	126	1	126	16777214
B	16382	128.1	191.254	65534
C	2097150	192.0.1	223.225.254	254

表 8-2　A、B、C 3 类 IP 地址默认的子网掩码

网 络 类 别	子 网 掩 码	子网掩码的二进制表示
A	255.0.0.0	11111111 00000000 00000000 00000000
B	255.255.0.0	11111111 11111111 00000000 00000000
C	255.255.255.0	11111111 11111111 11111111 00000000

　　从理论上讲，IP 地址有大约 40 亿(2^{32})个可能的地址组合，这似乎是一个很大的地址空间。但由于历史原因和技术发展的差异，互联网上 A 类地址和 B 类地址几乎分配殆尽，目前能够供全球各国各组织分配的只有 C 类地址。所以说 IP 地址是一种非常重要的网络资源。对于一个设立了互联网服务的组织机构，由于其主机对外开放了诸如 WWW、FTP、E-mail 等访问服务，通常要对外公布一个固定的 IP 地址就是静态 IP 地址，以方便用户在互

联网上访问。

对于大多数拨号上网的用户,由于其上网时间和空间的离散性,为每个用户分配一个固定的 IP 地址(静态 IP)是非常不可取的,这将造成 IP 地址资源的极大浪费。因此这些用户通常会在每次拨通 ISP 的主机后,将自动获得一个动态的 IP 地址,该地址不是任意的,而是该 ISP 申请的网络号和主机号的合法区间中的某个地址,这时上网用户使用的 IP 地址就是动态 IP 地址。拨号用户任意两次连接时的 IP 地址很可能不同,但是在每次连接时间内的 IP 地址不变。

(2) 域名系统和统一资源定位器:32 位二进制数的 IP 地址对计算机来说十分有效,但用户使用和记忆都很不方便。为此,Internet 引进了字符形式的 IP 地址,即域名,这种表示方式克服了数字的单调和难以记忆的缺点。域名采用层次结构基于"域"的命名方案,每一层在一个子域名间用"."分隔,其格式为:机器名. 网络名. 机构名. 最高域名。

Internet 上的域名由域名系统(Domain Name System,DNS)统一管理。DNS 是一个分布式数据库系统,由域名空间、域名服务器和地址转换请求程序三部分组成。为了方便我们浏览互联网上的网站而不用去刻意记住每个主机的 IP 地址,DNS 服务器提供将域名解析为 IP 的服务,从而使我们上网时能够用简短而好记的域名来访问互联网上的静态 IP 的主机。

一个单位、机构或个人若想在 Internet 上有一个确定的名称或位置,便需要进行域名登记。域名登记的工作是由经过授权的注册中心进行的。国际上,是在"互联网名称与数字地址分配机构"(The Internet Corporation for Assigned Names and Numbers,ICANN)申请办理;国内是在"中国互联网络信息中心"(China Internet Network Information Center,CNNIC)注册登记的。域名分为国际域名和国内域名,常见顶级域名有:①国家顶级域名:每个国家或地区被赋予一个唯一的域名,例如:cn 中国、us(美国)、uk(英国)、fr(法国)、hk(香港特区)等。②通用顶级域名:例如:com(商业性组织)、gov(政府部门)、net(网络服务机构)、edu(教育及研究机构)、org(政府机构)、mil(军事部门)、info(信息服务)、ad(艺术类机构)、rec(娱乐类机构)等。另外,在实际浏览中,有些网络地址只是给出了数字式的 IP 地址。其实,所有的地址最终都是由 IP 号来确定的,有些网站因为比较忙,会在不同的服务器上建立镜像站点,因而可能会有不同的 IP 地址,但其他内容是完全一致的。

以前在 Internet 上,域名都是英文字符串形式的,没有中文域名。2000 年 11 月,中国互联网络信息中心正式开放了中文域名数据库,正式接受"中文. cn"、"中文. 中国"、"中文. 公司"、"中文. 网络"等形式的域名注册。WWW 上的每一个网页都有一个独立的地址,这些地址称为统一资源定位器(URL),只要知道某网页的 URL,便可直接打开该网页。例如,在 Internet 浏览器的 URL 输入框输入 http://www.pmph.com/column/63.aspx,按回车后即可进入人民卫生出版社相应的网页。URL 的格式:网络协议://主机域名或 IP 地址/文件路径/文件名。

(四) Internet 的应用

1. 万维网(World Wide Web,WWW) 万维网是 Internet 上集文本、声音、图像、视频等多媒体信息于一体的全球信息资源网络,是 Internet 上的重要组成部分。浏览器(Browser)是用户通向 WWW 的桥梁和获取 WWW 信息的窗口,通过浏览器,用户可以在浩瀚的 Internet 海洋中漫游,搜索和浏览自己感兴趣的所有信息。

WWW 的网页文件是用超文本标记语言 HTML(Hyper Text Markup Language)编写,并在超文件传输协议 HTTP(Hype Text Transmission Protocol)支持下运行的。超文本中不仅含有文本信息,还包括图形、声音、图像、视频等多媒体信息(故超文本又称超媒体),更重要的是超文本中隐含着指向其他超文本的链接,这种链接称为超链接(Hyper Links)。利用超文本,用户能轻松地从一个网页链接到其他相关内容的网页上,而不必关心这些网页分散在何处的主机中。HTML 并不是一种一般意义上的程序设计语言,它将专用的标记嵌入文档中,对一段文本的语义进行描述,经解释后产生多媒体效果,并可提供文本的超链。

WWW 浏览器是一个客户端的程序,其主要功能是使用户获取 Internet 上的各种资源。常用的浏览器有 Microsoft 公司的 Internet Explorer(IE)和 Netvigator/Communicator。SUN 公司也开发了一个用 Java 编写的浏览器 HotJava。Java 是一种新型的、独立于各种操作系统和平台的动态解释性语言,Java 使浏览器具有动画效果,为连机用户提供了实时交互功能。目前常用的浏览器均支持 Java。

2. 电子邮件(E-mail)   电子邮件是 Internet 上使用最广泛的信息服务之一。用户只要能与 Internet 连接,具有能收发电子邮件的程序及个人的 E-mail 地址,就可以与 Internet 上具有 E-mail 所有用户方便、快速、经济地交换电子邮件;可以在两个用户间交换,也可以向多个用户发送同一封邮件,或将收到的邮件转发给其他用户。电子邮件中除文本外,还可包含声音、图像、应用程序等各类计算机文件。此外,用户还可以邮件方式在网上订阅电子杂志、获取所需文件、参与有关的公告和讨论组,甚至还可浏览 WWW 资源。

收发电子邮件必须有相应的软件支持。常用的收发电子邮件的软件有 Exchange、Outlook Express 等,这些软件提供邮件的接收、编辑、发送及管理功能。大多数 Internet 浏览器也都包含收发电子邮件的功能,如 Internet Explorer 和 Navigator/Communicator。邮件服务器使用的协议有简单邮件转输协议 SMTP(Simple Mail Transfer Protocol)、电子邮件扩充协议 MIME(Multipurpose Internet Mail Extensions)和邮局协议 POP(Post Office Protocol)。POP 服务需由一个邮件服务器来提供,用户必须在该邮件服务器上取得账号才能使用这种服务。目前使用得较普遍的 POP 协议为第三版,故又称为 POP3 协议。

3. 电子公告板(BBS)   电子公告板是一个由众多趣味相投的用户共同组织起来的各种专题讨论组的集合,通常也将之称为全球性的电子公告板系统。Usenet 用于发布公告、新闻、评论及各种文章供网上用户使用和讨论。讨论内容按不同的专题分类组织,每一类为一个专题组,称为新闻组,其内部还可以分出更多的子专题。BBS 的每个新闻都由一个区分类型的标记引导,每个新闻组围绕一个主题,如 comp.(计算机方面的内容)、news.(Usenet 本身的新闻与信息)、rec.(体育、艺术及娱乐活动)、sci.(科学技术)、soc.(社会问题)、talk.(讨论交流)、misc.(其他杂项话题)、biz.(商业方面问题)等。用户除了可以选择参加感兴趣的专题小组外,也可以自己开设新的专题组。只要有人参加,该专题组就可一直存在下去;若一段时间无人参加,则这个专题组便会被自动删除。

4. 文件传输(File Transfer Protocol,FTP)   文件传输协议是 Internet 上文件传输的

基础,通常所说的 FTP 是基于该协议的一种服务。FTP 文件传输服务允许 Internet 上的用户将一台计算机上的文件传输到另一台上,几乎所有类型的文件,包括文本文件、二进制可执行文件、声音文件、图像文件、数据压缩文件等,都可以用 FTP 传送。

　　FTP 实际上是一套文件传输服务软件,它以文件传输为界面,使用简单的 get 或 put 命令进行文件的下载或上传,如同在 Internet 上执行文件复制命令一样。大多数 FTP 服务器主机都采用 Unix 操作系统,但普通用户通过 Windows 2000 或 Windows XP 也能方便地使用 FTP。FTP 最大的特点是用户可以使用 Internet 上众多的匿名 FTP 服务器。所谓匿名服务器,指的是不需要专门的用户名和口令就可进入的系统。用户连接匿名 FTP 服务器时,都可以用"anonymous"(匿名)作为用户名、以自己的 E-mail 地址作为口令登录。登录成功后,用户便可以从匿名服务器上下载文件。匿名服务器的标准目录为 pub,用户通常可以访问该目录下所有子目录中的文件。考虑到安全问题,大多数匿名服务器不允许用户上传文件。

　　5. 远程登陆(Telnet)　是 Internet 远程登陆服务的一个协议,该协议定义了远程登录用户与服务器交互的方式。Telnet 允许用户在一台联网的计算机上登录到一个远程分时系统中,然后像使用自己的计算机一样使用该远程系统。

　　要使用远程登录服务,必须在本地计算机上启动一个客户应用程序,指定远程计算机的名字,并通过 Internet 与之建立连接。一旦连接成功,本地计算机就像通常的终端一样,能直接访问远程计算机系统的资源。远程登录软件允许用户直接与远程计算机交互,通过键盘或鼠标操作,客户应用程序将有关的信息发送给远程计算机,再由服务器将输出结果返回给用户。用户退出远程登录后,用户的键盘、显示控制权又回到本地计算机。一般用户可以通过 Windows XP 的 Telnet 客户程序进行远程登录。

二、Internet 的连接与设置

　　联入 Internet 的用户可以分为两大部分:占绝大多数的是最终用户,他们使用 Internet 上提供的各类信息服务,如浏览 WWW、用 E-mail 进行电子邮件的收发、用 FTP 进行文件传输等;另一部分是 Internet 服务提供商(ISP),他们通过租用高速通信线路建立服务器和路由器等设备,向用户提供 Internet 连接服务。连入 Internet 的方法有专线入网和拨号网络入网两种,目前国内的最终用户使用得最多的是拨号网络入网。使用"拨号网络"连接 Internet 需要进行如下准备工作:

　　(一) 拨号联网的安装与设置

　　1. 拨号上网的条件　通过电话线拨号上网接入 Internet,首先要选择一个 ISP,从而获取使用 Internet 的用户名和口令,然后在拥有一台计算机的基础上加一个调制解调器(Modem)和一条电话线即可。

　　2. 安装调制解调器　操作步骤如下:

　　步骤一:单击"开始"菜单按钮中的"设置",从级联菜单中单击"控制面板"命令,弹出相应的窗口,或者选择桌面上的"我的电脑",双击并打开"我的电脑"窗口,然后在窗口左侧选择"控制面板"按钮,并进入"控制面板"窗口(调制解调器有关接线应与计算机的端口连接正确无误)。

　　步骤二:单击"打印机和其他硬件"图标,选择"电话和调制解调器选项"图标弹出"位置信息"对话框。如图 8 4 所示。

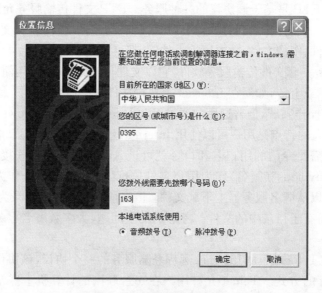

图 8-4　"位置信息"对话框

步骤三：单击位置信息对话框中的"确定"按钮，出现电话和调制解调器选项对话框，根据选项卡项目，选择调制解调器设置，再单击"添加"按钮。如图 8-5 所示。

图 8-5　添加调制解调器

步骤四：选择"添加"，将弹出添加硬件向导，如果自动安装动，直接单击"下一步"按钮；如果需要不检测调制解调器，从列表中选择，可以在该选项前打钩，再单击"下一步"按钮。

步骤五：单击"下一步"按钮，则自动检测是否添加了新硬件。如图 8-6 所示。

如果确实找到了新的硬件，则给出相应的提示，并为此硬件安装相应的驱动程序。

如果没有找到新的硬件，则系统提示没有发现任何新硬件。有的调制解调器用这种方法是找不到的，需要手工配置。

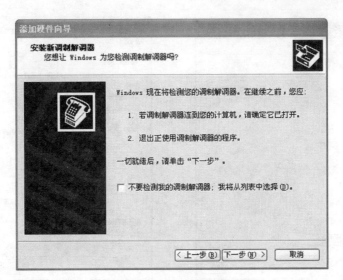

图 8-6 "添加硬件向导"对话框

3. 手工设置调制解调器 操作步骤如下：

步骤一：单击图 8-5 添加调制解调器中单击"添加"按钮。

步骤二：在"添加硬件向导"对话框中，如图 8-6 所示。选择"不检测调制解调器，而从列表中选择"复选框，单击"下一步"按钮。

步骤三：显示如图 8-7 所示的对话框，在对话框中的左边"厂商"列表中选择对应的新调制解调器的生产厂家，在右边"型号"列表中选择具体的型号（这些列表是 Windows XP 出厂的时候所预先考虑好的），如果在列表中没有找到，则选择与之兼容的型号。

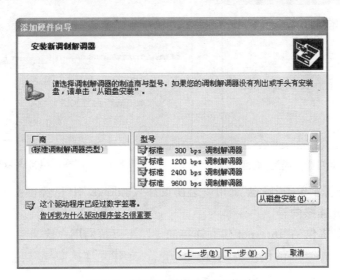

图 8-7 "安装调制解调器"对话框

4. 安装拨号网络适配器和 TCP/IP 协议 具体操作步骤如下：

步骤一：在"控制面板"中单击"网络和 Internet 连接"图标，单击"网络连接"打开网络连接窗口，双击"本地连接"图标，弹出"本地连接状态"对话框。如图 8-8 所示。

步骤二：单击"属性"按钮，将弹出本地连接属性对话框。如图 8-9 所示。

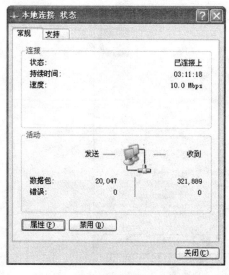

图 8-8　"本地连接 状态"对话框

图 8-9　"本地连接 属性"对话框

步骤三:单击"安装"按钮,将弹出本地连接属性对话框。如图 8-10 所示。

步骤四:单击要安装的网络组件类型,选择单击"添加"按钮,将弹出选择网络协议对话框。如图 8-11 所示。

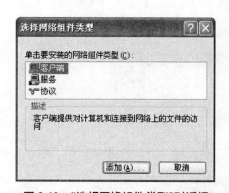

图 8-10　"选择网络组件类型"对话框

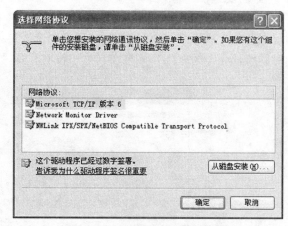

图 8-11　"选择网络协议"对话框

步骤五:根据提示单击"确定"即可安装协议。Windows XP 已经预安装各种常见协议。

(二) Internet 连接向导

Windows XP 提供的"Internet 建立连接向导",可以帮助用户快速建立与 Internet 的连接。以拨号连接 Internet 的用户为例,使用"Internet 建立连接向导"建立连接的操作步骤如下:

步骤一:点击"开始"菜单,指向"设置"、选择"网络连接",单击"创建一个新的连接"按钮,出现新建连接向导对话框。如图 8-12 所示。单击"下一步"进入"新建连接向导"的第二个对话框。该对话框中有四个选项,拨号联网用户应选择第一项:"连到 Internet"或连接到我的工作场所的网络,如图 8-13 所示,然后单击"下一步"按钮。

步骤二:在连接向导的新建连接向导"的第三个对话框(图 8-14),选择第二项"手动设

图 8-12 "新建连接向导"对话框(一)

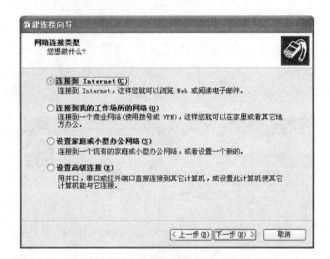

图 8-13 "新建连接向导"对话框(二)

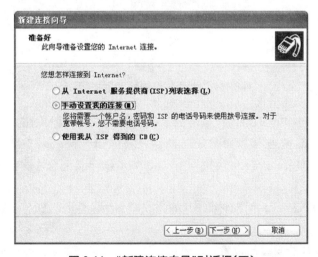

图 8-14 "新建连接向导"对话框(三)

置我的连接"单击"下一步",选择"用拨号调制解调器连接"。如图 8-15 所示。

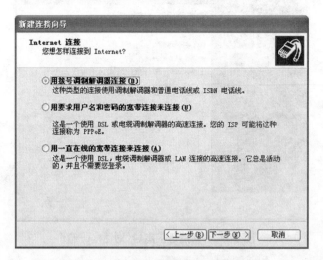

图 8-15 "新建连接向导"对话框(四)

步骤三:在连接向导的"Internet 帐号连接信息"对话框中,输入 ISP 的名称区号、电话号码和国家(地区)代码,若 ISP 为本地电话,则应使"使用区代码和国家代码拨号"选项无效,如图 8-16、图 8-17 所示,然后单击"下一步"按钮。

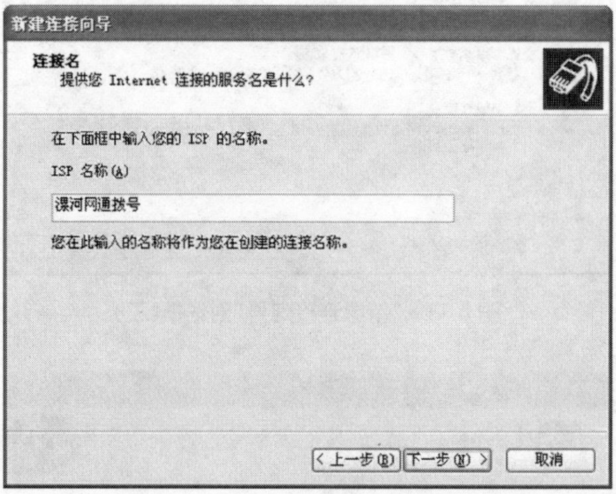

图 8-16 "新建连接向导"对话框(五)

步骤四:在连接向导的"Internet 帐号登录信息"对话框中,输入用户登录到 ISP 的用户和密码,如用户名 163,密码 163,如图 8-18 所示,然后单击"下一步"按钮。

步骤五:在连接向导的"新建连接向导 Internet 账户信息"对话框中,单击"下一步"按钮。

步骤六:在"新建连接向导"对话框中(如图 8-19 所示)单击"完成"按钮,Internet 连接设置便告结束。

(三) 宽带 ADSL 的安装与设置

ADSL 的安装分硬件安装和软件安装两部分:

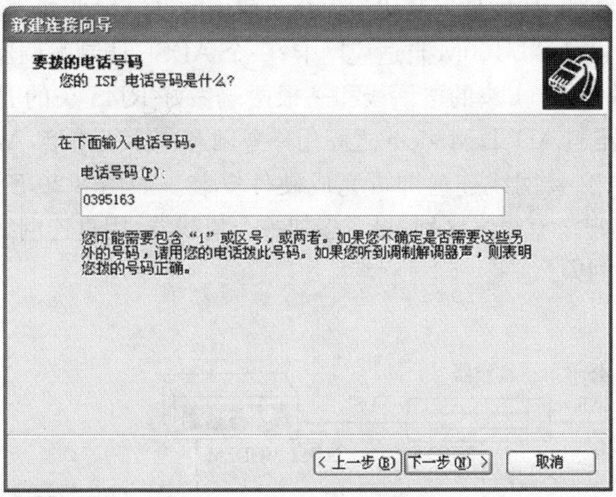

图 8-17 “新建连接向导”对话框(六)

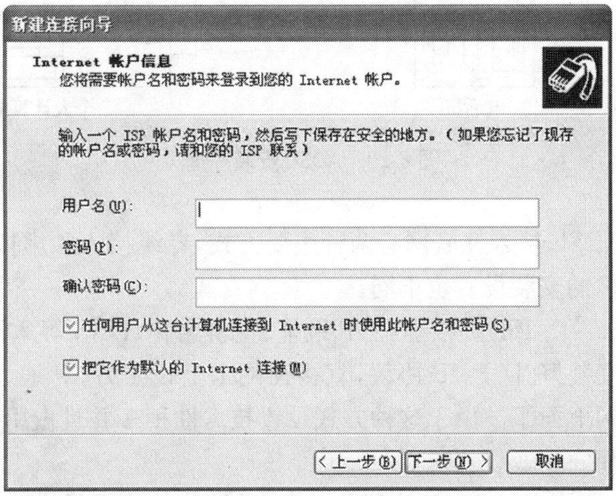

图 8-18 “新建连接向导”对话框(七)

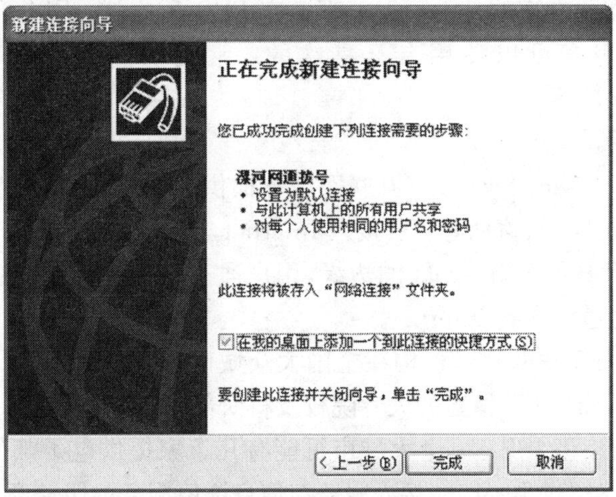

图 8-19 完成配置

1. 硬件部分　ADSL 的硬件安装比前面介绍使用的调制解调器稍微复杂一些,需配备以下设备:一块 10M 或 10M/100M 自适应网卡;一个 ADSL 调制解调器;一个信号分离器;另外还有两根两端做好 RJ11 头的电话线和一根两端做好 RJ45 头的五类双绞线。将电话线连上滤波器,滤波器与 ADSL Modem 之间用一条两芯电话线连接,ADSL Modem 与计算机的网卡之间用一条交叉网线连通即可完成硬件安装。如图 8-20 所示。局域网用户的 ADSL 安装与单机用户没有很大区别,只需多加一个集线器,用直连网线将集线器与 ADSL Modem 连接起来就可以了。

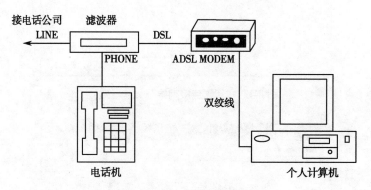

图 8-20　ADSL 安装原理

2. 软件部分　ADSL 接入互联网有两种主要方式,专线接入和虚拟拨号。所以在硬件连接完成以后,对软件的安装设置也不同。

(1) 专线接入方式:由 ISP 提供静态 IP 地址、主机名称、DNS 等入网信息,软件的设置与安装局域网一样,安装好 TCP/IP 协议,直接在网卡上设定好 IP 地址,DNS 服务器等信息,就直接连在互联网上面了。由于这种方式设置技术性稍多并且占用 ISP 有限的 IP 地址资源,所以目前主要面向企业。

(2) 虚拟拨号方式:使用 PPPoE 协议软件,然后按照传统拨号方式上网,ISP 分配动态 IP。由于 PPPoE 形式的入网与所使用的 PPPoE 软件有很大关系,所以请先确定所使用的 PPPoE 软件。这里需要知道的是由于大家都遵守 PPPoE 协议,所以可以不使用 ISP 提供给的 PPPoE 软件,完全可以使用自己喜欢的。常用的虚拟拨号软件有:EnterNet、WinPoET、RASPPPoE 等。

(四) ISP 的作用

ISP 即 Internet Service Provider(互联网服务提供商)。如果要安装一部电话,就要电话服务提供商,如中国联通、移动等。要接入 Internet,则必须去找 ISP。

从用户角度看,ISP 位于 Internet 的边缘,用户通过某种通信线路链接到 ISP 的主机,再通过 ISP 的链接通道接入到 Internet。

目前,国内的几大互联网运营机构在全国大众城市设立 ISP,例如,ChinaNET 提供的"163"与"169"服务;CERNET 覆盖的大专院校及科研部门,提供 Internet 接入服务。此外,国外还存在着众多的小型 ISP。一个大城市可能有几十家提供电子邮件、信息发布代理服务的信息服务公司,它提供 Internet 接入服务与信息增值服务的服务商。

下面将目前接入到 Internet 的几种主要类型列表 8-3,以供用户参考。

表 8-3　　常见几种上网方式的特性比较

比 较 项 目	ADSL	56K Modem	ISDN(淘汰)	Cable Modem	FTTB
传输介质	普通电话线	普通电话线	普通电话线	有线电视	光纤到户
最大上传速度	1M	56K	单信道＝64K，双信道＝128K	10M	10M
最大下载速度	8M	56K	单信道＝64K，双信道＝128K	10M	10M
用户终端设备	ADSL 和分离器	56K Modem	NT1 和 TA 或含 NT1 的 TA	Cable Modem	网卡
与计算机接口	网卡或 USB 接口	串行接口	串口或专用接口	专用接口网卡	网卡接口
电话通信费	无	有	有	无	无
上网同时打电话	可以	不可以	可以，但速度降为 64K	无此功能	无此功能

　　此外还有一种 ISP 专用连接上网的方式，该方式是直接用局域网连接为网络单位与 Internet 互联，它有一条专用的国际数字线路，这条线路一端连接局域网，另一端则直接接入网络接入点。它有直接接入和间接接入两种方式。

　　直接接入 Internet 网络的有中国教育和科研网（CERNET）、中国科学院网（CASNET）、中国邮电部建设的公用主干网（CHINANET）和电子工业部（CHINAGBN）网，其中 CERNET 的接入速度最快。

　　间接接入 Internet 的网络有很多，例如北京大学和清华大学的校园网等，它们是 CERNET 的成员，另外，还有的局域网中，只有一台具有 IP 地址，将其设为代理服务器后，其他机器就可以通过代理服务器链接到 Internet 上了。

第三节　使用 Internet Explorer 6.0 浏览器

一、Internet Explorer 6.0 浏览器简介

　　Microsoft Internet Explorer(简称 IE)浏览器是微软公司推出的浏览器，也是目前用户数量最多的浏览器。IE 浏览器的优势在于，浏览器直接绑定在微软的 Windows 操作系统中。完成 Windows XP 安装后，可以在"Internet Explorer"程序组中找到 Windows XP 提供的一系列 Internet 工具，它们包括：Internet Explorer 浏览器、Outlook Express 电子邮件和新闻系统、Microsoft NetMeeting 网络会议系统、Frontpage Express 网页编辑器等。目前主流的中文版 IE 浏览器是 Internet Explorer 6.0 和 Internet Explorer 7.0。

　　1. 浏览 WWW　完成拨号连接后，双击桌面上的 Internet Explorer 6.0 浏览器图标。要进入某一网页，可在浏览器的"地址"栏中输入该页的地址，例如，输入的网页地址为 http：//cn. yahoo. com/，便可进入中文搜索引擎"雅虎"的主页，如图 8-21 所示。在浏览器所显示的网页中，可以看到一些带下划线的文字或图标，它们被称为"超链接"，用于帮助用户寻找相关内容的其他网页资源。当鼠标移到某个"超链接"时，鼠标指针会变为手形，此时

点击左键,便可激活并打开另一网页。

图 8-21 Internet Explorer 6.0 工作窗口

2. Internet Explorer 6.0 工具栏 常用工具栏提供了部分常用菜单命令的快速操作方式,如图 8-22 所示,各按钮功能介绍如下:

图 8-22 Internet Explorer 6.0 工具栏

(1)后退:单击"后退"按钮返回上次查看过的 Web 页。

(2)前进:单击"前进"按钮可查看在单击"前进"按钮前查看的 Web 页。

(3)停止:如果在试图查看的 Web 页打开速度太慢,单击"停止"按钮,则停止当前页的传送。

(4)刷新:如果收到 Web 页无法显示的信息,或者想获得最新的 Web 页,单击"刷新"按钮。立即中断当前 Web 页的传送,并重新开始这一 Web 页的传送。

(5)主页:单击"主页"按钮可返回每次启动 Internet Explorer 时显示的 Web 页。

(6)搜索:单击"搜索"按钮可访问多个搜索提供商。在搜索框中键入关键字便可进行搜索相关的网页。

(7)收藏夹:单击"收藏夹"按钮,出现左侧列表框,列出保存在"收藏夹"中的网址。

(8)历史:单击"时钟"按钮,显示历史记录栏,其中包含了在最近几天或几星期内访问过的 Web 页和站点的链接。

（9）邮件：单击"信封"邮件按钮，启用 Outlook 邮件工具，打开邮件子菜单。

（10）打印：单击"打印机"按钮，打印当前 Web 页。

（11）编辑：打开由"Internet 选项"的"程序"选项卡设置的网页编辑器。

二、Internet Explorer 6.0 的使用

在 Internet Explorer 6.0 的菜单栏中包括"文件"、"编辑"、"查看"、"转到"、"收藏"、"帮助"等命令项。

1."文件"菜单

（1）新建：使用文件菜单中的"新建"、"窗口"子命令，如图 8-23 所示，可在浏览主窗口中打开多个子窗口，每一子窗口都可以独立的查看各自的网页，这样同时对几个网站的连接可以提高网络利用率，几个网站的互进使用户减少了对单个网站的等待时间。

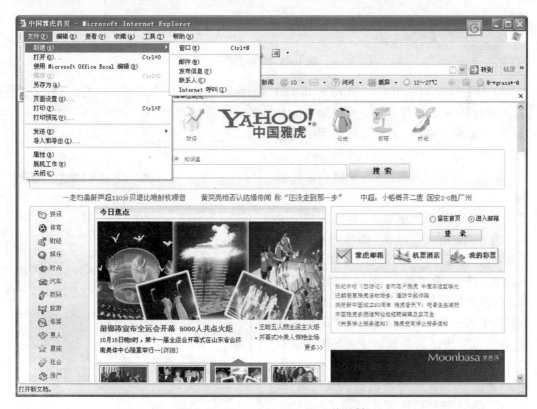

图 8-23　Internet Explorer 6.0 的菜单

（2）另存为："另存为"命令可将当前网页中的内容保存至硬盘中。单击"保存类型"按钮下拉列表按钮，列出四种类型选择，如图 8-24 所示。

1）"网页，全部（＊.htm；＊.html）"：保存页面的 HTML 文件和页面的图像文件、背景文件、框架和样式表以及其他已连接的页面内容，将按原栏始格式保存所有文件。文件会被保存在一个和 HTML 文件同名的子文件夹中。

2）"Web 档案，单一文件（＊.mht）"：保存页面的 HTML 文件和页面的图像文件、背景文件以及其他已经连接的页面内容，保存当前 Web 页的可视信息。该选项仅在安装了 Outlook Express 6.0 或更高版本后才能使用。保存在一个 MIME 编码类型的单一的"＊.mht"的文件里。

图 8-24　保存网页

3)"网页,仅 HTML(＊.htm;＊.html)":只保存当前页面中的页面内容,它不保存图像、声音或其他文件,保存在一个扩展名为 htm 的文件里。

4)"文本文件(＊.txt)":将页面中的文字内容保存为一个纯文本格式文件。

保存页中的图像或动画:要将当前主页中的某幅图片保存到硬盘,方法是:用鼠标右键单击页面中的图像或动画,弹出的快捷菜单如图 8-25a 所示。单击"图片另存为"命令,然后在"保存图片"对话框中,指定保存的位置和文件名,最后单击"保存"按钮即可完成。保存背景图像的方法是:用鼠标右键单击页面中的没有插图也没有超链接的任意区域,在弹出的快捷菜单如图 8-25b 所示。单击"背景另存为"按钮命令,然后在"保存图片"对话框中,指定保存的位置和文件名,最后单击"保存"按钮即可完成。

2."收藏"菜单　利用收藏夹功能,可以把经常浏览的 Web 页或站点地址储存下来,便于以后使用"收藏"菜单或按钮,轻松地打

图 8-25　保存当前网页中的图像或动画

开这些站点。通过选择"收藏"菜单中的"添加到收藏夹"命令,可将如图 8-26 所示的浏览网址加入到收藏夹。

用户可以通过整理"收藏夹",将网页收藏在用户按类创建的文件夹中,该文件夹的创建方法为:使用"收藏"菜单的"整理收藏夹"命令,这时打开一个如图 8-27 所示的对话框,用户可以在该对话框创建及管理文件夹。当用户创建文件夹后,该文件夹就出现在"收藏"菜单中,用户就可以将网页收藏在其中。

3. "工具"菜单 "工具"菜单中用得最多的是"Internet 选项…"命令项,下面介绍该命令项中的部分设置。

(1) 起始页的更改:在如图 8-28 所示的"Internet 选项"对话框的"常规"选项卡中,可以修改"主页"区域的"地址"栏中显示的主页地址对它进行修改,输入自己喜欢的网站地址,按"确定"按钮就可完成起始主页的设置。以后,每次进入 IE 就会自动连接到这个地址。另外在"主页"区域的"地址"栏下,还有三个按钮,它们的作用分别是:

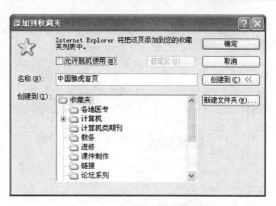

图 8-26 添加到收藏夹

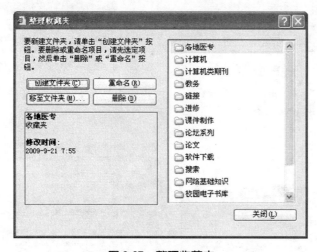

图 8-27 整理收藏夹

使用当前页:将当前连接显示的网站设置成起始主页。

使用默认页:将 IE 的默认初始页即微软公司的主页作为起始主页。

使用空白页:以空白页作为起始页。

"常规"选项卡中的其他设置都可按说明方便地操作。

(2) 连接配置:在 IE 中同样可以完成设置电话线拨号和 Internet 建立连接,也可以设置通过局域网连接到 Internet。

这两种连接都是在"Internet 选项"对话框中的"连接"选项卡里设置完成。

1) 拨号连接设置,单击"建立连接"按钮,可以由"连接向导"对拨号连接过程加以设置。

2) 代理服务器连接设置,在"连接"选项卡中,选择"局域网(LAN)设置"栏中的"局域网设置"按钮。出现图 8-29 所示的对话框,选择"使用代理服务器"复选框,在代理服务器栏的"地址"与"端口"文本框中,分别输入代理服务器的地址与端口,具体的地址和端口可向系统管理员索取。

单击"高级"按钮后,将弹出"代理服务器设置"的高级对话框,如图 8-30 所示。在"服务器"区域内,可以分别输入用于通过 HTTP、Secure、FTP、Gopher 与 Socks 协议访问 Internet 的代理服务器的地址和端口。如果要对所有协议使用同一个代理服务器,则需要选择"对所有协议均使用相同的代理服务器"。完成设置后,单击"确定"按钮。

图 8-28   Internet 选项对话框

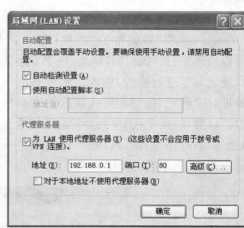

图 8-29   局域网设置

（3）"高级"选项卡：如图 8-31 所示，有很多高级选项，它们可以按用户不同的需要对 Internet Explorer 浏览器进行设置。

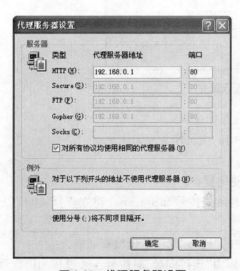

图 8-30   代理服务器设置

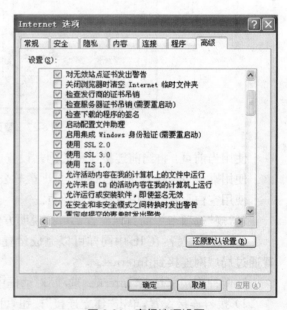

图 8-31   高级选项设置

"高级"选项卡的列表框中，列出了有关浏览、多媒体、安全、打印、搜索与工具栏设置等选项，可以选择那些对浏览 Internet 有帮助的选项。要使用默认设置，可以单击"恢复默认设置"按钮。完成设置后，单击"确定"按钮。

4. 脱机浏览

（1）进入脱机工作方式，在"文件"菜单上，单击"脱机工作"按钮，选择其复选标识，进入脱机工作方式。再次选择此菜单选项，就除去了"脱机工作"前的复选标识，结束脱机方式。

（2）预订和同步，使用预订和同步功能让 IE 按照安排检查收藏夹中的站点是否有新的内容,并可选择在有可用的新内容时通知用户,或者自动将更新内容下载到本地硬盘上(例如计算机空闲时)以便日后浏览。

第四节 使用 E-mail 电子邮件

电子邮件是 Internet 用户使用最为广泛的服务功能,它将用户各种信息通过网络中的邮件服务器传送到用户开设的邮箱中,收件人凭邮箱密码收取网络邮件。

一、邮箱的申请和设置

使用电子邮件服务必须要拥有电子邮箱,电子邮箱由提供电子邮件服务的机构为用户建立,当用户申请一个邮箱时,邮件服务机构会在它的邮件服务器上建一个用户帐号并为用户开辟一个存储空间。通常邮箱是要收费的,但也有的网站为了提高知名度,增加浏览人数,而提供免费邮箱。免费邮箱的申请可以到各种站点中去寻找,例如:www. hotmail. com、cn. yahoo. com、www. tom. com 等。申请时要填入有关的事项,认可后得到一个邮箱用户名和邮箱密码。邮箱地址由两部分组成,一是用户名,它是用户申请邮箱时自己确定的符号;二是邮件服务器主机,是用户申请的邮件服务机构的服务器名,由邮件申请成功时给出。邮箱的地址格式为:用户名@邮件服务器主机。例如,lhyzjwc@sohu. com,lhyzjwc@tom. com,lhyzjwc@yahoo. cn 等。这里 sohu. com、tom. com 和 yahoo. cn 都是邮件服务器名,代表某个服务机构的邮件服务器主机。下面以 lhyzjwc@tom. com 为例,介绍申请免费邮箱的步骤:

步骤一:在 IE 地址栏输入 www. tom. com,并回车;

步骤二:找到免费注册链接 http://mail. tom. com/,如图 8-32 所示,点击"免费注册"按钮。

图 8-32 申请免费邮箱链接

输入想要申请的用户名的基本信息,点击"提交注册"按钮,如图 8-33 所示。

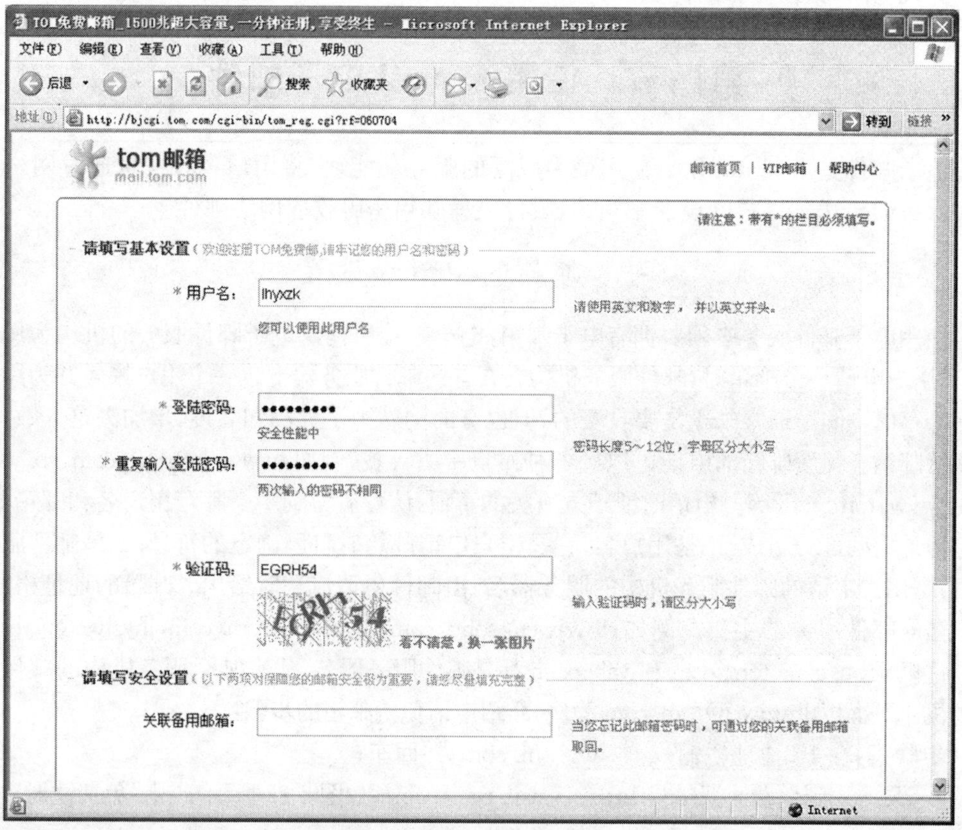

图 8-33 申请免费邮箱输入用户信息

注意:带 * 号的项目是必填内容。

步骤三:进入下一页面,输入用户的个人信息,进入下一页。

步骤四:根据提示可以进入刚刚申请的邮箱,进行相关设置。申请完成,邮件地址为 lhyzjwc @tom.com 可以利用新的邮箱,在 IE 浏览器中直接进行收发电子邮件了,如图 8-34 所示。

二、Outlook Express 功能简介

除了利用 IE 浏览器直接在线收发 E-mail 外,还可以利用电子邮件的收发编辑软件工具来完成,Outlook Express 就是这类软件的一种。Outlook Express 提供了方便的信函编辑功能,在信函中可随意加入图片、文件和超级链接,如同在 Word 中编辑一样。它还可以采用多种发信方式,可立即发信、延时发信、信件暂存为草稿等方式。同时,Outlook Express 可以方便地管理多个 E-mail 帐号,还可通过通讯簿存储和检索电子邮件地址,并提供信件过滤功能。

启动 Outlook Express 的方法是:用鼠标双击桌面上的 Outlook 图标或在任务栏单击 Outlook 图标,Outlook Express 启动后的界面如图 8-35 所示。

1. 定制 Outlook Express 窗口

(1)查看菜单:打开"查看"下拉式菜单,执行"布局"菜单命令,打开 Outlook Express 窗口布局对话框。

图 8-34 进入申请免费邮箱

图 8-35 Outlook Express 启动后的界面

（2）设置 Outlook Express：设置 Outlook Express 的布局，其中前面复选框中打勾的为在 Outlook Express 窗口中显示的内容。根据需要进行调整，做出最适合自己的界面。

2．配置邮件帐号 如果没有邮件帐号，就无法使用 Outlook Express 发送和接收邮件，因此，在使用前就需要配置邮件帐号。配置邮件帐号包括用户名、密码、电子邮件地址、POP3 邮件服务器（邮件接收服务器）地址、SMTP 服务器（邮件发送服务器）地址。

（1）添加邮件帐号：如果在 Outlook Express 还没有自己的邮件帐号，就需要添加一个属于自己邮件帐号。以 lhyzjwc@tom.com 邮件地址为例，介绍设置邮箱的过程。步骤如下：

步骤一：要用 Outlook 收发邮件，先要设置 Outlook 的"帐户"管理，选择"工具"菜单中的"帐户"命令，打开"Internet 帐户"对话框。单击"添加"按钮，在右侧弹出的三个选项中，单击"邮件"命令，弹出 Internet 的连接向导。如图 8-36 所示。

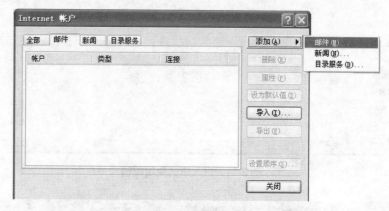

图 8-36 邮件选项卡

步骤二：在"Internet 连接向导"对话框中，输入显示名称，如"小王"。在发送邮件时，这个名字将出现在"发件人"框中。如图 8-37 所示。点击"下一步"按钮。弹出如图 8-38 所示的对话框。

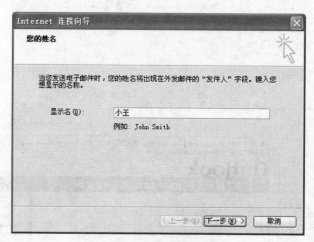

图 8-37 Internet 连接向导

步骤三：在新出现的"Internet 连接向导"对话框中，输入电子邮件地址，如图 8-35 所示。

步骤四：在接收邮件服务器和外发邮件服务器中分别填入 pop.tom.com 和 smtp.tom.com。如图 8-39 所示。

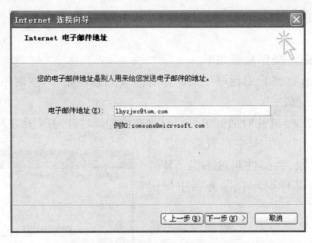

图 8-38　输入电子邮件地址

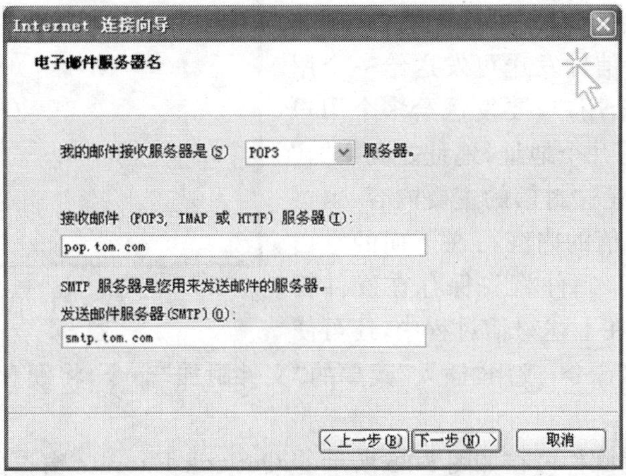

图 8-39　输入电子邮件服务器地址

步骤四：单击"下一步"按钮，设置登录 POP3 服务器的帐号和密码。帐号名即为电子邮件地址"@"符号之前的内容，如 lhyzjwc。如图 8-40 所示。

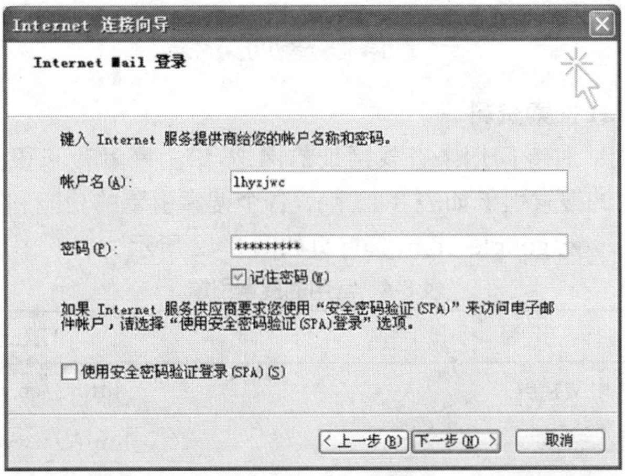

图 8-40　设置登录 POP3 服务器的帐号和密码

步骤五：再单击"下一步"按钮出现最后的对话框，单击"完成"按钮，邮箱就设置完毕。

（2）修改邮件帐号：操作步骤如下：

步骤一：在 Internet 帐户对话框中选定需要修改的邮件帐户，然后单击"属性"按钮，进入更改帐户属性对话框。

步骤二：在更改帐号属性对话框中可以更改在添加邮件帐号时所填入的所有信息。

步骤三：在"高级"选项卡中设置服务器端口号、服务器超时时限、当邮件超过多少 KB 时拆分邮件进行发送、邮件副本在服务器中保留的时间等信息。

（3）邮件制作、接收与发送：要制作新邮件单击图 8-35 中的"创建邮件"按钮，打开如图 8-41 所示的窗口。

在收件人地址栏中输入收件人地址，例如 lhyzjwc@sohu.com 信件发送可发送给一个用户或同时发送给多个用户，要发送给多个用户可在"抄送"栏中填写几个地址，地址之间用"，"号或"；"分开。主题是这封信的主要内容，也可不写，但建议写上。信的内容写在下面的空白区，单击"发送"按钮，邮件将先保存在发件箱中，并不立即发送。在上述写信过程中，还可使用工具栏中的"附加"命令，或用"插入"菜单的"文件附加"命令，将硬盘中选择的文件一并发送。

图 8-41　制作新邮件

收取邮件和发送邮件可在如图 8-35 所示的 Outlook Express 窗口的工具栏中单击"发送和接收"按钮完成。

第五节　网络信息查询与沟通

一、信息查询方法

（一）利用 Internet 搜索资料

1. 搜索引擎　有一种专门用来查找网址的网站，给上网者带来很大的方便，这种网站称作搜索引擎。常用的搜索引擎如表 8-4 所示，各个搜索引擎的功能和布局特点略有差异。如 google 搜索引擎 www.google.com，其首页如图 8-42 所示。

表 8-4　常用的搜索引擎

搜 索 引 擎	URL 地址
中文雅虎	http://cn.yahoo.com
搜狐	http://www.sohu.com
百度	http://www.baidu.com

续表

搜索引擎	URL 地址
网易	http://www.163.com
新浪网	http://www.sina.com
Google	http://www.google.com
找到啦	http://www.zhaodaola.com.cn

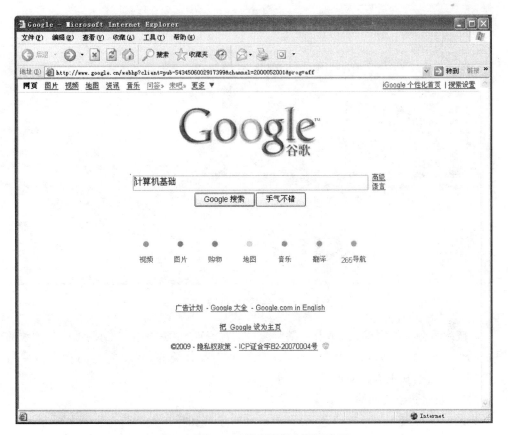

图 8-42　google 搜索引擎主页面窗口

　　"搜索引擎"是互联网上的站点,它们有自己的数据库,保存了互联网上的很多网页的检索信息,而且还在不断更新。通过输入和提交一些有关要查找信息的关键字,让它们在自己的数据库中检索,并返回结果网页。结果网页是罗列了指向一些相关网页地址的超链接的网页,这些网页可能包含用户要查找的内容。

　　2. 信息查询的方法　信息查询的方法一般有两类:按关键字查找和按内容分类逐级检索。下面以中文搜索引擎 google 为例说明信息的查找过程。

　　(1) 使用关键字检索:在检索的关键字中,可以使用这样一些描述符号对检索进行限制,""(双引号)用来搜寻完全匹配关键字串的网站,如"计算机基础"。如图 8-43 所示。＋(加号)用来限定该关键字必须出现在检索结果中;－(减号)用来限定该关键字不能出现在检索结果中。在搜索框中键入所要查找内容的关键字描述,如"软件＋下载＋破解",然后单击"搜索"按钮,即可检索下载破解软件的有关站点。

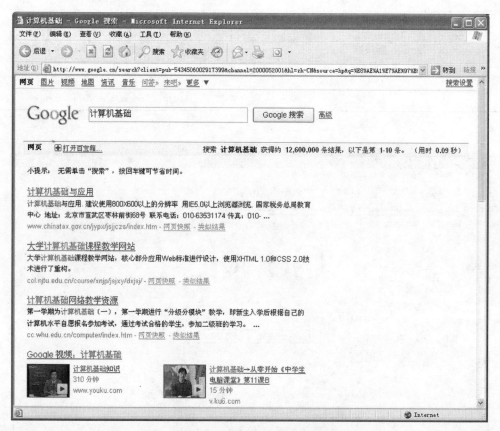

图 8-43 搜寻完全匹配关键字

（2）按内容分类逐级检索：如果对浏览的目的没有明确的关键字表示,而只有大致的内容方面的分类概念,一些搜索引擎提供了按照页面内容分类的"Web 指南",用户只要按照分类项目一层层查找也可方便地进行搜索。

（二）专业期刊搜索网站

要想及时掌握最新的科技信息动态,应该经常了解刊登在各类杂志上的中外专业文章,使用期刊搜索网站可以在 Internet 上方便地查找,以下提供两个期刊检索网址：

1. www.cnki.net 《中国知网》（以前称为《中国期刊网》）是中国知识基础设施工程（CNKI）的一个重要组成部分,CNKI 是目前中文信息量规模较大的数字图书馆,内容涵盖了自然科学、工程技术、人文与社会科学期刊、博硕士论文、报纸、图书、会议论文等公共知识信息资源。如图 8-44 所示。

2. www.chkd.cnki.net 《中国医院数字图书馆》是 CNKI 系列数据库的重要专业知识仓库之一。它是专门针对医务人员临床疑难病症、治疗诊断、科研项目选题、医院管理人员决策经营等多方面的知识信息需要而开发的专业知识仓库,如图 8-45 所示。

中国知网的期刊论文主要以 PDF 格式和 CAJ 格式两种文件格式存储,因此,在用户计算机中需要预先安装好 Adobe Reader（读取 PDF 格式文件）,或 CAJViewer 浏览器（读取 CAJ 格式文件）等阅读软件。

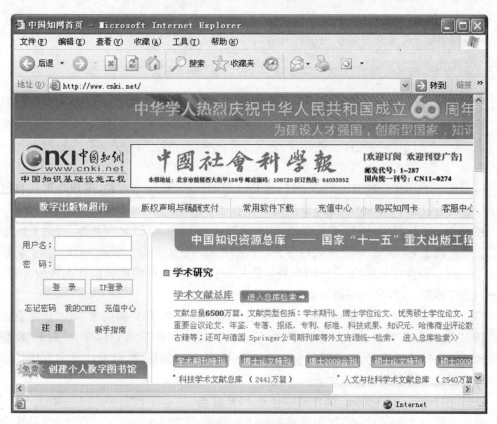

图 8-44 中国知网

图 8-45 中国医院数字图书馆

　　用户在上述数据库中输入合法的账号和密码后,就可以检索并下载相关的文献。下载完成后,利用 Windows 的"资源管理器"找到下载的论文。如果你的计算机中已经安装了相应的阅读器,双击论文文件名就可以打开这篇论文了。

二、文 件 传 输

　　文件传输协议(File Transfer Protocol,FTP),是 TCP/IP 协议中有关文件传输的协议,用于控制两个主机之间文件的交换。FTP 工作时使用两个 TCP 连接,一个用于交换命令和应答,另一个用于移动文件。使用 Internet 用户可以把文件从一个主机复制到另一个主机。

　　FTP 和 Internet 上的其他服务一样,也是采用客户机/服务器方式,用户端要在自己的本地计算机上安装 FTP 协议,服务器端则需要启动 FTP 服务。

　　在 Internet 上,大部分 FTP 服务器为"匿名"(Anonymous)FTP 服务器,目的是向公众提供文件复制服务,因此,不要求用户事先在该服务器登记注册。需要用户登录接受验证的 FTP 服务器一般分配给用户一个 FTP 登录账号和密码,凭账号密码才能连上该服务器,然后进行文件传输,这种服务一般面向会员或公司内部员工。

　　启动 FTP 从远程主机复制文件时,无论是用图形化工具,浏览器内置功能,还是直接用命令行方式,实际上都启动了两个程序:一个是本地机上的 FTP 客户程序,它向 FTP 服务器提出复制文件的请求;另一个是远程主机上的 FTP 服务器程序,它响应请求并把指定的文件传送到发出请求的计算机中。

(一) 在 Internet Explorer 浏览器中登录 FTP 站点

　　对普通用户而言,使用 FTP 最简单的办法是使用 DOS 下的 ftp.exe 程序,但是这个程序是字符界面的,使用时需要记忆一些命令和参数,对一般用户来说不太方便。而几乎所有的浏览器都支持对 FTP 服务器的访问,通过浏览器访问 FTP 服务器比起字符界面来,无疑要方便很多。下面说明如何通过浏览器使用 FTP。

　　1. 打开 Internet Explorer 浏览器,在地址栏中输入用户要访问的 FTP 服务器的地址。以北京大学的 FTP 服务器为例,输入"ftp.pku.edu.cn"。对于匿名访问的 FTP 服务器,这样就可以登录进入服务器,开始选择下载文件了。如果用户要访问的 FTP 服务器需要身份验证,则会弹出登录对话框,告诉用户无法匿名登录到 FTP 服务器,要求输入用户名和密码。用户输入相应信息后,单击"登录"按钮,如果无误,就可以登录 FTP 服务器了。

　　2. 进入 FTP 服务器后,将显示如图 8-46 所示的服务器中的文件信息。在 Internet Explorer 6.0 中,默认情况下,FTP 文件夹的显示与用户本地的计算机中文件夹的显示是相同的。用户浏览 FTP 服务器的文件夹,就和浏览本地文件夹一样。

　　3. 对于一般用户,最常用的操作就是下载。要将文件从服务器上下载到本地用户的计算机上,首先在要下载的文件或文件夹上单击鼠标右键,在弹出的快捷菜单中选择"复制到文件夹"命令。如图 8-47 所示。

　　4. 随后在弹出的如图 8-48 所示的(浏览文件夹)对话框中选择下载存放的路径。

　　5. 单击"确定"按钮,Internet Explorer 开始下载文件,显示如图 8-49 所示的下载进度提示框。下载完成后,此窗口将会自动关闭,文件保存在用户指定的文件夹中。

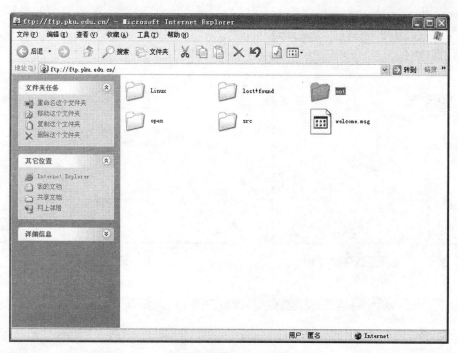

图 8-46 服务器文件信息

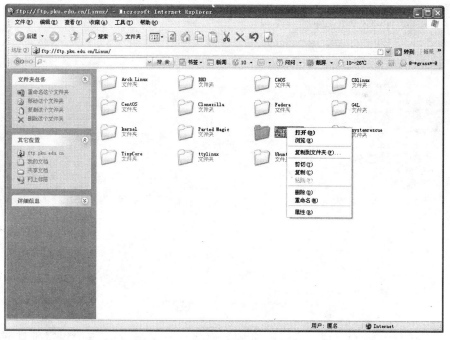

图 8-47 下载

(二) 利用 CuteFTP 传输文件

CuteFTP 是一款优秀的 FTP 客户软件,它既可以下载文件,也可以上传文件,而且还具有断点续传等功能。特别是它交互式的界面和使用方法,更是为广大非计算机专业人员找到了一条连接 FTP 服务器的最佳途径。其主界面如图 8-50 所示。

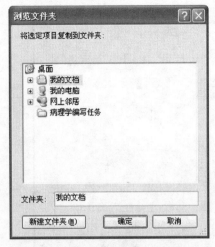

图 8-48   选择下载存放的路径

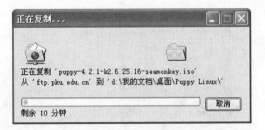

图 8-49   下载进度

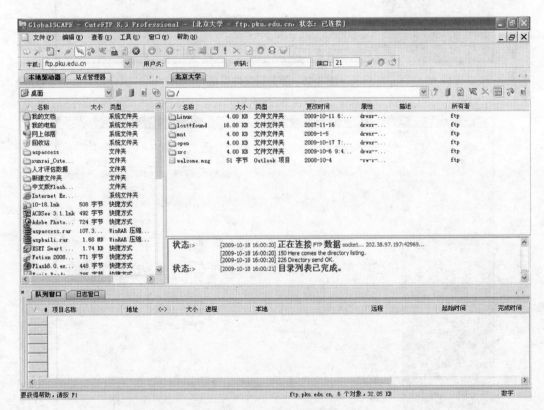

图 8-50   CuteFTP 主窗口

1. CuteFTP 的窗口组成   CuteFTP 的界面除一般 Windows 应用程序所具有的菜单栏、工具栏和状态栏等部分外,主要由上、中、下三个窗口组成。

(1) 左上窗口:左上窗口又分为本地驱动器窗口和站点管理器窗口。当本地计算机未连接远程主机时,本地窗口中将显示本地计算机中的驱动器、文件夹及文件。而站点管理器是空的,没有内容显示,当本地计算机与远程主机建立连接后,站点管理器窗口将显示远程主机上的文件夹及文件。

（2）右上窗口：工具栏下方的窗口主要用于显示本地计算机与远程主机（服务器）通信的信息，如正在传输什么文件，是否已经断线等连接情况。

（3）下窗口：位于整个窗口最下边是日志窗口和队列窗口，用于显示任务队列及任务执行情况。

2. FTP 服务器的连接　与 FTP 服务器的连接可以分为两种情况，使用"站点管理器"中已有的站点和使用"快速连接栏"连接站点。

（1）使用"站点管理器"中已有的站点

1）在如图 8-50 所示的 CuteFTP 主工作窗口中，单击"站点管理器"按钮命令，或单击右上窗口工具条中的网站标签按钮，均可管理站点。

2）当用户打算连接的 FTP 主机名称，单击标签 ftp. pku. edu. cn，然后单击 ☒ 重新连接按钮，返回主工作窗口。

3）这时计算机将进行自动登录连接，如果计算机连接失败，系统会自动反复连接。

4）在主工作窗口右边的远程主机子窗口中显示出了所连接的 ftp. pku. edu. cn 服务器上的文件和目录，可以把它们下载到本地硬盘上或把本地硬盘上的文件和文件夹上传到这里。

（2）使用"快速连接栏"方式连接站点。输入主机、用户名、密码，连接端口后，单击连接按钮即可。

1）在 ☒ 如图 8-51 所示的 CuteFTP 主工作窗口中，如果没有快速链接栏时，可以单击"查看"菜单的选择"工具栏－快速连接栏"命令，出现如图 8-52 所示的"快速连接栏"。

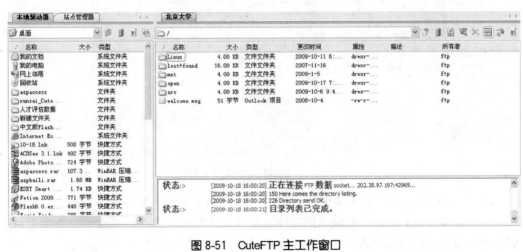

图 8-51　CuteFTP 主工作窗口

图 8-52　快速连接栏

2）单击 ▦ 按钮，在 URL 文本框中输入欲登录的网站，如 ftp. pku. edu. cn。

如果不是第一次进行快速连接，还可根据需要在连接站点的标签中选择以前连接过的站点进行连接；然后单击 ☒ 重新连接按钮，就开始进行连接。

从 FTP 站点下载文件，特别是颇费时间的大文件，难免会因断线等异常情况而造成文件传输中断现象。这时也不必担心，由于 CuteFTP 支持断点续传，下次再到网上去下载此文件时，它会自动和服务器上的文件进行比较，然后提示是覆盖没有传输完的文件还是继续下载剩余的部分。

3. 下载与上传文件

（1）下载文件：如图 8-53 所示的左上边子窗口是用户本地计算机上的硬盘目录，右上边子窗口是远程主机（Web 服务器）上用户能访问的目录。在 CuteFTP 主工作窗口的右边子窗口中，选择需要下载的目录和文件，然后按住鼠标左键不放，把选定的文件或文件夹拖到左边子窗口的相应目录下，释放鼠标左键。此时会弹出一个确认对话框，询问是否下载所选取的文件。单击"确定"按钮，下载便开始了。

图 8-53　下载过程中的主下载窗口

（2）上传文件：个人主页可使用 CuteFTP 上传到某个站点。上传和下载的方法完全一样，但是方向却完全相反。这时应该把文件或文件夹从左往右拖。同样会弹出一个确认对话框，询问是否上传所选取的文件，单击"确定"按钮，上传便开始了。

上传完所有的文件后，可以打开浏览器，输入自己的站点地址。如果一切顺利，就可以在网上浏览到自己制作的网页。

三、常见网站介绍

初学者上网对计算机知识了解得不多，要在短时间找到自己想要的信息，找到对应的网站网址不是很容易，因此掌握一些常见的网站网址是很有必要的。

（一）著名的综合网站

著名的综合网站是指一些能及时报道国内外最新的新闻、提供网络导航及相关大量的网络服务，例如新闻、软件下载、免费电子邮件、交友、聊天室、综合资讯、论坛、书讯等信息的网站，表 8-5 列出了一些国内外比较著名网站及其名称，表 8-6 列出了一些常见的医学网站及其名称。

表 8-5　一些著名网站及其名称

网　址	网 站 名 称	网　址	网 站 名 称
www.sohu.com	搜狐(综合)	www.sina.com	新浪网(综合)
www.163.com	网易(综合)	www.google.cn	谷歌(综合)
cn.yahoo.com	雅虎中国(综合)	www.ourgame.com	联众(娱乐)
www.netbig.com	中国网大(教育)	www.chinaren.com	Chinaren(综合)
www.tom.com	TOM 网(综合)	www.taobao.com	淘宝(购物)
www.kugou.com	酷狗(音乐)	www.skycn.com	天空软件站(软件)
www.mydrivers.com	驱动之家(驱动程序)	www.zhaopin.com	智联招聘(求职)

表 8-6　一些常见医学网站及其名称

网　址	网 站 名 称	网　址	网 站 名 称
www.zhihuiyixue.com	智慧医学网	www.nmec.org.cn	国家医学考试网
www.dxy.cn	丁香园	www.sosyao.com	中国医学健康网
www.medkaoyan.net	医学考研网	www.kq88.com	口腔医学网
www.37c.com.cn	37 度医学网	cmbi.bjmu.edu.cn	中国医学生物信息网
www.haoyisheng.com	好医生	www.huliw.com	医学护理网
www.medizone.com.cn	东方医讯网	www.phr.com.cn	中国临床药学网
www.yaolan.com	摇篮网	www.chthn.com	中国远程医疗网

(二)导航类网站

网络上有很多导航类网站,这类网站收集了比较热门的网址,用户可以在这些网站中找到需要的网址或相关网站;可以查阅信息,例如天气预报、查询 IP 地址、手机位置、电话区号查询、火车时刻表、飞机航班等。表 8-7 列出了一些导航类网站的域名。如图 8-54 所示,为中国网址 www.cnww.net 导航的主页内容,该站首页分为网站分类导航、中文网址搜索、中文搜索集、实用信息、精彩推荐、全国邮政编码及电话区号查询等模块。包含音乐、聊天、游戏、交友、娱乐、旅游、交通、体育、政治、军事等各个行业和领域的常见网站链接,单击所需链接,即可打开相应的页面。

表 8-7　导航类网站及其名称

网　址	网 站 名 称	网　址	网 站 名 称
www.hao123.com	网址之家	www.1616.net	1616 网址导航
www.568.com	网址导航	www.beijixing.com.cn	北极星好站导航
www.114la.com	114 啦网址导航	www.2345.com	2345 网址导航
www.cnww.net	中国网址	www.432.cn	432 网址
www.haodx.com	好东西网址	site.anquan.com.cn	安全文化网
www.5566.net	中国网络之门	www.9991.com	9991 网址大全
www.265.com	265 上网导航	123.sogou.com	搜狗网址导航

例如,在网站分类导航中单击"音乐"链接,就会出现如图 8-55 所示的音乐分类网站列表,该网页中显示了很多分类信息,可以选择对应的常见网站。

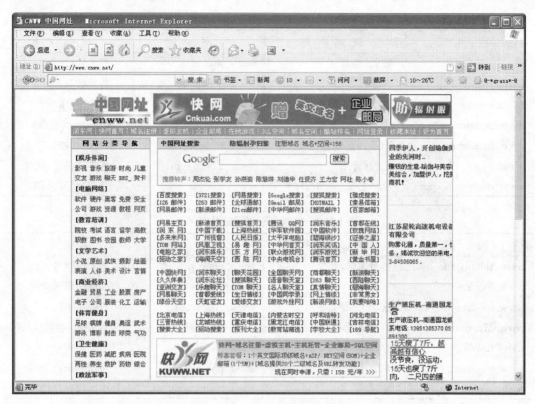

图 8-54　中国网址

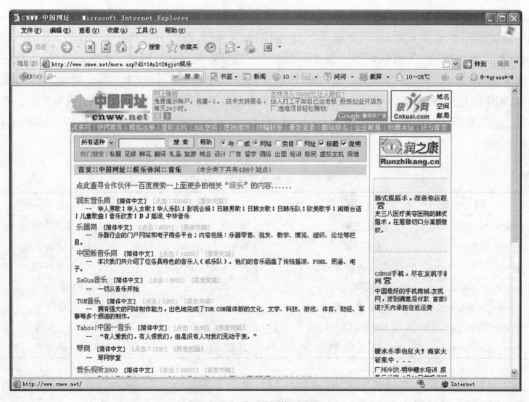

图 8-55　音乐分类网站列表

参照以上方法,可以完成一些寻找特定各种信息的需要,方便了生活。

四、网 上 聊 天

在互联网上的娱乐项目也很多,例如,听音乐、看小说、欣赏电影、网上购物、网上聊天等,还可以玩形式各样的联网游戏。众多的网络用户在交流时,主要是沟通信息、共享资源,就像两个人面对面的进行聊天。互联网能够满足这种需求,网络信息沟通的方式也有很多,现在主要介绍一些常见聊天室及部分聊天软件的一般操作步骤。

(一) 在聊天室中聊天

提供聊天的网站很多,表 8-8 列出的是一些常见的聊天室站点。进入聊天室的步骤:

表 8-8　常见的聊天室网站

网　址	网站名称	网　址	网站名称
Chat. 163. com	网易聊天室	chat. netsh. com	乐趣聊天室
Chat. sina. com. cn	新浪聊天室	chat. qq. com	QQ 聊天室
Chat. 263. net. cn	263 聊天室	www. netliao. com	网聊视频聊天室
Chat. silversand. net	碧海银沙聊天室	chat. inhe. net	银河家园
Chat. xilu. com	西陆聊天室	chat. eastday. com	东方网聊天室
Chat. jianli. net	红莲茶坊	chat. hk. hi. cn	椰子树下聊天室

步骤一:在浏览器上输入聊天室的网址,按回车键,进入相应的页面。

步骤二:输入已经注册的用户名和密码,如果没有注册首先注册。

步骤三:进入后选择自己感兴趣的房间。

步骤四:设置聊天室聊天方式,有些还可以更改用户名、密码,选择字体颜色等。

步骤五:在聊天用户列表中,选择要进行对话的用户昵称,然后在信息框中收发文字信息,或者使用话筒语音聊天,还可以共同进行网上打牌、下棋等娱乐游戏。

网上还有社区和 BBS 等在线发布信息的网站,有些功能很接近,但是聊天室的实时在线功能比较占优势。

(二) 使用聊天工具

聊天室聊天需要登录到相应的网站,还有很多聊天软件工具,用户只需要安装后,如果好友在线就可以和好友聊天了。如 QQ、网易泡泡、中国移动的飞信客户端、雅虎通、微软的MSN、酷狗等。这些软件大部分都可以传送文字信息,有些还可以传送文件,在线查找/添加好友,甚至有些还可以发送手机短信。

使用这些软件的步骤一般为:

1. 下载安装软件。

2. 网上注册账号和昵称。

3. 查找/添加好友。

4. 文字、语音或视频聊天。

5. 发送文件或手机短信。

第六节　计算机网络安全

在计算机网络出现的最初几十年里,它主要用于在各大学的研究人员之间传送电子邮件以及同事之间共享打印机资源等。在这种使用环境中,安全性问题并未引起足够的重视。但随着越来越多的人使用网络来处理各类日常事务,计算机网络的安全性就逐渐成为现代社会中的一个潜在的大问题。有关计算机一般安全性的问题及计算机病毒在第一章第四节有所介绍,本节主要介绍计算机网络安全及网络病毒的防护。

计算机网络的安全性问题也延缓或阻碍了 Internet 作为国家信息基础设施或全球信息基础设施成为大众媒体的发展进程。

一、网络安全概述

网络安全的主要目标是保护网络上的计算机资源免受毁坏、替换、盗窃和丢失。这些计算机资源包括计算机设备、存储介质、软件和数据信息等。

1. 计算机网络面临的安全威胁　计算机网络上的通信面临以下四种威胁:

(1) 截获:攻击者从网络上窃听他人的通信内容。

(2) 中断:攻击者有意中断他人在网络上的通信。

(3) 篡改:攻击者故意篡改网络上传送的通信数据。

(4) 伪造:攻击者伪造信息在网络上传送。

上述四种威胁又可划分为两大类,被动攻击和主动攻击。截获信息的攻击称为被动攻击,而更改信息和拒绝用户使用资源的攻击称为主动攻击。对于主动攻击,可以采取适当的措施加以检测;但对于被动攻击,通常却是检测不出来的。对付被动攻击可采用各种数据加密技术,而对付主动攻击,则需将加密技术与适当的鉴别技术相结合起来。

2. 恶意程序　恶意程序攻击计算机网络也是网络安全威胁中主动攻击的一种。它分为以下几种:

(1) 计算机病毒:一种会"传染"、"破坏"其他程序的程序,"传染"是通过修改其他程序来把自身或其变种复制进去完成的。

(2) 计算机蠕虫:一种通过网络的通信功能将自身从一个结点发送到另一个结点并启动运行的程序。

(3) 特洛伊木马:这个名字来源于古希腊的一个传说,是一种自身隐藏有恶意代码、破坏性的程序,执行的功能超出所声称的功能。如一个可执行程序除了执行一定任务外,还把用户的源程序偷偷地复制下来,发送到特定邮箱。

(4) 逻辑炸弹:一种当运行环境满足某种特定条件时执行其他特殊功能的程序。例如,一个程序运行得很好,当系统时间是某月的 13 日并且是星期五时,它就会删除系统中的所有文件,这种程序就是一种逻辑炸弹。

这里所说的计算机病毒是狭义的,也有人把所有的恶意程序泛指为计算机病毒。

二、危害网络通信安全的因素

在 Internet 上的潜在的危险主要来自两个方面:一是 TCP/IP 协议本身就不是很完善,建立在其上的服务也就不可避免地存在一些漏洞;二是为了达到一定目的各种人为因素和不可抗拒的自然因素造成的破坏。

1．Internet 本身存在的安全缺陷

（1）为获得高效的运行效率，Internet 上的标准协议 TCP/IP，并没有充分考虑安全因素。而且该协议是公开的，了解它的人越多，被别有用心的人破坏的可能性就越大。

（2）Internet 上数据的传送是采用网络路由方式，且大多数信息是没有加密的，所以很容易被窃取和篡改。合法用户的身份账号和口令很容易被监听和盗取。

（3）很多基于 TCP/IP 的应用服务都在不同程度上存在着安全问题，这很容易被一些对 TCP/IP 十分了解的人利用侵犯网络，造成网络危害。

（4）缺乏安全策略。许多站点在防火墙配置上对访问权限设置不恰当，忽视了这些权限可能会被一些了解设置的人员滥用。

（5）访问控制配置的复杂性，容易导致配置无意的疏忽，从而给他人以可乘之机。

2．人为因素和自然因素的威胁

（1）自然因素的威胁包括硬件故障、软件不能正常运行、水灾、火灾等，它们共同的特点是具有突发性，通常很难防止此类威胁，减小损失的最好方法是数据备份和多重安全设置。

（2）人为因素的威胁主要来自黑客。黑客不仅是一些想显示自己计算机水平的、有强烈好奇心的大学生，更有甚者是一些专职的商业间谍。这类威胁的隐蔽性很强，但危害性却很大。

除了直接侵入网络破坏外，各种病毒、木马、网络蠕虫等破坏性程序也是 Internet 上的巨大危险。这些破坏性程序会随着电子邮件、下载的软件进入到个人计算机或公司内部网络中。

三、网络安全措施

安全措施有很多种形式，就像给门加上锁或设置报警系统以防设备被偷窃的形式，以及为计算机设置开机密码、记录和查阅日志信息等形式。在各种安全措施中，它们相互加强，如果一种形式失败，另一种将继续工作或者最大限度地减少损害。以下是一些常见的安全防范措施：

1．用系统备份和镜像技术提高数据完整性　备份技术是最常用的提高数据完整性的措施，它是指对需要保护的数据在另一个地方复制一份保存下来，一旦失去原件还能使用备份数据。镜像技术是指两个设备执行完全相同的工作，若其中一个出现故障，另一个系统仍可以继续工作。

2．病毒检查　及时安装防病毒软件，对计算机连接的各种可移动存储设备或下载的软件和文档进行必要的病毒检查。防毒软件只能查出已知的病毒，所以应及时更新防毒软件的版本。

3．构筑 Internet 防火墙　这是一种很有效的防御措施。防火墙不能防止来自内部的攻击，只能挡住已知的病毒，所以也应及时更新防火墙的版本。

4．仔细阅读日志　仔细阅读日志可以帮助人们发现被入侵者的痕迹，以便及时采取弥补措施或追踪入侵者。

5．数据加密　数据加密在网络上的作用就是为了防止有价值的信息在传输过程中被他人拦截和窃取。数据加密的基本过程包括对原来可读信息（明文）利用密钥（Key）函数进

行翻译,输出不易读的信息(密文)。该过程的逆过程为解密,即将该信息转化为其原来的可读形式的过程。解密过程必须要有正确的密钥。

6. 补丁程序　及时安装各种安全补丁程序,不给入侵者留系统漏洞可钻。

7. 提防虚假安全　虚假的安全经常被错认为是安全的。它的安全是靠别人知道甚少得以暂时保全。这就像一个家庭在大门附近藏匿了一把钥匙,防止窃贼从大门进入房屋的唯一方法是窃贼不知道有一把隐藏的密钥或不知道藏匿的位置。

8. 提高物理安全。

四、计算机蠕虫、木马的分类及防护

在危害计算机安全中计算机病毒(第一章第四节有所叙述)占很大比重,由于计算机网络应用越来越广,病毒在网络上的破坏性日益突出。在网络上肆意传播的计算机蠕虫、木马也属于广义的计算机病毒。本节主要对计算机蠕虫的特点、木马的种类、防护措施及开启网络防火墙作简要介绍。

(一)计算机蠕虫

计算机蠕虫在计算机网络中可以按几何级数的增长模式进行传染。蠕虫侵入计算机网络,可以导致计算机网络速度急剧下降,系统资源遭到严重破坏,短时间内造成网络系统的瘫痪。与病毒相似,蠕虫也是将自身从一台计算机复制到另一台计算机,它的特点就是能够像生物蠕虫一样自我分裂、自我复制,不停地生成自己的副本。首先,它控制计算机上可以传输文件或信息的功能,一旦您的系统感染蠕虫,蠕虫即可自动传播,大量复制。单纯的蠕虫并不具备常见计算机病毒那样的破坏力以及木马那种远程控制和监控能力。例如,蠕虫可向 Outlook Express 等软件电子邮件地址簿中的所有联系人发送自己的副本,那些联系人的计算机也将执行同样的操作,结果造成多米诺骨牌效应,网络通信出现大量冗余信息,使局域网络甚至整个 Internet 的速度减慢。当新的蠕虫出现时,它们传播的速度非常快。它们堵塞网络并可能导致互联网用户等很长的时间才能查看 Internet 上的网页。计算机网络中流行的蠕虫大部分还兼有病毒的破坏性特征,木马的开启后门特征,已经越来越影响计算机网络的安全。因此网络环境下蠕虫病毒防治必将成为计算机安全防护领域的研究重点。目前,计算机蠕虫病毒具有一些新的特性:

1. 传染方式多　蠕虫病毒入侵网络的主要途径是通过工作站传播到服务器硬盘中,再由服务器的共享目录传播到其他的工作站。网络蠕虫是通过网络传播,无须用户干预能够独立地或者依赖文件共享主动攻击的恶意代码,但蠕虫病毒的传染方式比较多。

2. 传播速度快　在单机上,病毒只能通过软盘从一台计算机传染到另一台计算机,而在网络中带有蠕虫特点的病毒则可以通过网络通信机制,借助高速电缆进行迅速扩散。一般的计算机病毒是一段代码,能把自身加到其他程序包括操作系统上,不能独立运行,需要由它的宿主程序运行来激活它。

无须用户干预能够独立地或者依赖文件共享主动攻击的恶意代码即网络蠕虫主要是通过网络传播。由于蠕虫在网络中传染速度非常快,使其扩散范围很大,不但能迅速传染局域网内所有计算机,还能通过远程工作站将蠕虫病毒在一瞬间传播到千里之外。

3. 清除难度大　在单机中,再顽固的病毒也可能通过删除带毒文件、低级格式化硬盘等措施将病毒清除,而网络中只要有一台工作站蠕虫未能清除干净就可使整个网络重新全部被感染,甚至刚刚通过杀毒软件清除蠕虫的一台工作站马上就能被网上另一台工作站的蠕虫程序所传染。因此,仅对工作站进行蠕虫清除不能彻底解决网络蠕虫病毒的问题。

4. 破坏性强　网络中大量繁殖的,广为传播的蠕虫将直接影响网络的工作状态,轻则降低速度,影响工作效率,重则造成网络系统的瘫痪,破坏服务器系统资源,使网络资料信息遭受严重破坏。

历史上曾经出现的计算机蠕虫病毒事件有冲击波病毒、震荡波病毒 Worm. sasser、红色代码、求爱信蠕虫、尼姆达蠕虫 Nimda、SQL Snake 等。这些蠕虫病毒有的能够利用系统邮件地址、服务器共享目录大量大肆传播,造成网络拥塞,甚至瘫痪。有的能够感染特定的文件,阻碍网络畅通,使防病毒软件失效;修改系统注册表,并伪装成可执行文件使用户感染。甚至有些蠕虫病毒能够中止大量反病毒软件,并用病毒文件替换反病毒软件的主程序,导致反病毒软件无法使用。

(二) 特洛伊木马

计算机中的特洛伊木马程序通过假扮成一些普通程序文件混入用户的计算机,然后在用户毫无觉察的情况下偷取用户的密码等信息,并转发给程序的制造者,使它们能够访问用户的系统,偷取资料或伺机破坏。

根据工作方式不同,特洛伊木马程序主要有以下几种类型。

1. 远程访问型特洛伊木马　远程访问型特洛伊木马是现在使用最广泛的木马程序,它的特征是:键盘记录、上传、下载。该病毒被用户启动后,病毒的制作者就会得到用户的 IP 地址,然后便可以访问用户的硬盘。例如,RAT'S 就是这种类型的木马程序。有的木马程序能够修改用户的注册表、win. ini 文件或其他系统文件,这样用户在启动 Windows 时就会同时启动木马程序。木马程序一般都能够很好地隐藏自己,这使得那些想通过"Ctrl+Alt+Delete"组合键打开"任务管理器"对话框关闭木马程序是不可行的。远程访问型特洛伊木马启动后,会在用户电脑打开一个端口,这时其他用户就可以通过该端口连接用户计算机。此外,很多特洛伊木马程序还可以改变端口的选项设置,并且能够设置密码,这样只有程序的制造者或发送者才能够控制木马程序。

2. FTP 型木马程序　这类木马程序能够打开用户电脑中 21 号端口,使每个人都可以通过一个 FTP 客户端软件不用输入密码就能连接用户的计算机,并且能够上传或下载信息。

3. 密码发送型木马程序　这种木马程序在启动后,会找到用户隐藏的所有密码信息,并将它们发送到指定的 E-mail 邮箱中,这种类型木马程序大多数都是用 25 号端口来发送 E-mail,这类木马程序一般不会在 Windows 启动时启动。

4. 键盘记录型木马程序　这种木马程序能够记录用户在键盘上的敲击过程,并且在日志文件里查找密码。这种木马程序基本上都是随着 Windows 的启动而启动。它们可以在线记录也可以离线记录。在在线记录中,它们可以记录用户在线所做的每一件事情。在离线记录时,它们能够记录用户在启动 Windows 后所做的事情,然后将记录保存起来并等待时机传送给程序设计者或发送者。

5. 破坏型木马程序　这种木马程序能够破坏并删除用户磁盘的文件。它们可以自动删除用户磁盘上的所有 .dll、.ini、.exe 文件,一旦用户被感染后没有察觉,磁盘中的信息将会丢失。

特洛伊木马程序还有很多,并且几乎每天都可能有新的木马程序出现,大部分木马程序本身不具有破坏作用,但是它们可以招致难以想象的后果。用户在 Internet 下载信息时应当慎重,以防被感染木马或其他病毒。此外,用户可以选择安装一种防火墙软件,很多防火墙软件都可以查杀木马程序。

(三)中毒后处理措施及开启网络防火墙

1. 中毒后的处理措施　对于计算机蠕虫、木马等广义上的计算机病毒,利用一般防护病毒的措施就很有效,例如定期杀毒。鉴于计算机蠕虫和木马本身特点,也有专门的防护处理办法。虽然有很多针对安全防护措施,联网计算机还是难免感染上蠕虫或木马。感染了计算机蠕虫或木马后,怎样判断和处理呢? 可以参考以下方法进行处理。

首先判断症状,才能"对症下药"。例如,系统资源紧张,应用程序运行速度异常;网络速度减慢;"DNS"和"IIS"服务遭到非法拒绝,用户不能正常浏览网页或收发电子邮件;无法进行复制或粘贴操作;Word、Excel、PowerPoint 等软件无法正常运行;系统无故重启,或在弹出"系统关机"警告提示后自动重启,等等。

计算机操作中一旦发生异常情况后,用户可以利用正常运行的机器,例如到百度上搜索查询计算机如果出现这类特异症状信息属于什么原因,看看是否是一种新的蠕虫病毒。或者到专业的杀毒网站查看公布的最新蠕虫病毒信息。如果还能够暂时运行,也可以利用按"Ctrl+Alt+Del"组合键,在"Windows 任务管理器"中单击"进程"选项卡,查找是否有异常运行的进程,然后终止该进程的运行。如果在网上找到特定的网络蠕虫或木马病毒的名称,通过搜索所有计算机文件,然后彻底删除病毒文件。有些蠕虫病毒只是暂时存在于内存中,通过系统的重新启动就可以删除。还有些木马或蠕虫病毒能够修改系统注册表,必须在系统注册表中找到对应的键值进行修改或删除,才能够彻底删除这类病毒。

2. 开启网络防火墙　计算机在网络中共享资源,传递数据,为了防止收到一些带有破坏性的数据包,用户可以开启网络防火墙。例如,有人会发送一些包含搜索计算机弱点的程序的数据包,并对这些弱点加以利用。有的数据包则包含了一些恶性蠕虫或木马程序,这些程序会破坏或窃取个人信息。为了使计算机免受这些伤害,使用防火墙防止这些有害的数据包进入计算机并访问数据,如图 8-56 所示。

Internet 连接防火墙可以进行 Windows XP 监控,以及过滤计算机所接受的数据包。能够防止外部用户在未经许可的情况下与用户的计算机进行连接,并能对 Internet 上的其他计算机隐藏有关用户的计算机信息。只有用户的计算机指定的信息方能通过防火墙,其他的信息将被丢弃。另外,防火墙还可以追踪那些试图检测或者危害用户计算机的 Internet 用户,并把追踪到的信息记录在日志文件中。

尽管 Internet 连接防火墙的使用能够在很大程度上增强网络的安全性,但这仅限于监视 Internet 连接。它并不能检测到 Internet 内容(例如网站、下载的文件或者电子邮件信息等)中包含的病毒,也不能阻止通过物理访问对计算机或者网络进行破坏的入侵者。

设置 Windows 网络防火墙的操作方法如下:

(1)单击"开始",依次选择"所有程序","附件","通讯",单击"网络连接",在出现的网络连接窗口中,双击"本地连接"或者单击任务栏右侧的本地连接图标。出现如图 8-57 所示的本地连接对话框。

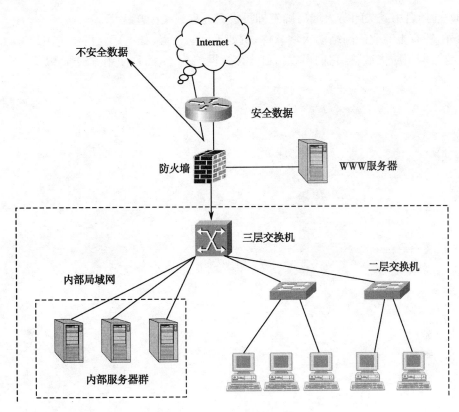

图 8-56 防火墙示意图

（2）单击"属性"，在弹出的本地连接属性对话框中，单击"高级"标签，再单击"设置"按钮，便可以弹出防火墙设置对话框如图 8-58 所示。

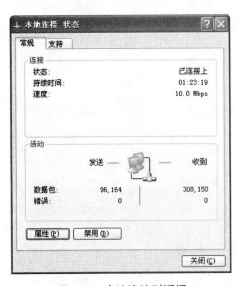

图 8-57 本地连接对话框

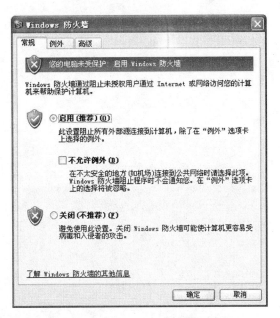

图 8-58 Windows 防火墙设置对话框

（3）选择启用或关闭防火墙后确定即可设置开启或关闭防火墙。

另外，还有更专业的网络防火墙软件，例如天网防火墙、如 KV 江民杀毒王、瑞星杀毒等软件均自带网络防火墙等，它们可以抵御大多数网络攻击，而且使用方法简单。

（王晓超）

第 九 章

Visual FoxPro 6.0 数据库管理系统

Visual FoxPro 6.0(简称 VFP6.0)是美国微软公司(Microsoft)推出的数据库开发软件,它是在 FoxBase 和 FoxPro 基础上发展起来的,是一种小型的关系型数据库管理系统。VFP 6.0 以其强大的性能、友好的工作界面以及较强的兼容性而受到广大用户的欢迎。它对传统的语言体系进行了扩充,既支持传统的面向过程程序设计,又支持面向对象程序设计,而且相对于其他数据库管理系统而言,VFP 6.0 系统还自带编程工具,因此它适合于学习数据库管理、开发和设计的初学者,更方便作为教学软件使用。

第一节 概 述

一、VFP 6.0 的软件与硬件环境

VFP 6.0 功能强大,但对系统的软硬件环境要求并不高,基本要求如下:

(一) 软件环境

Windows 95/98 操作系统或更高版本。

(二) 硬件环境

1. CPU 主频为 66MHz 或更高。

2. 内存 16MB 以上。

3. 典型安装需 100MB 以上硬盘空间,完全安装需要 240MB 以上硬盘空间。

4. 显示器要求用 VGA 或更高分辨率的,显存在 1MB 以上。

5. 一个鼠标。如果用光盘安装,还需要一个光驱。

二、VFP 6.0 的启动与退出

(一) VFP 6.0 的启动

VFP 6.0 的启动方法很多,最常用的一种启动方法是通过开始菜单启动,如图 9-1 所示,单击任务栏上的"开始"按钮,鼠标指向"程序"下的"Microsoft Visual FoxPro 6.0",然后再单击"Microsoft Visual FoxPro 6.0",即出现 VFP 6.0 的初始画面。

第一次启动 VFP 6.0 时,屏幕上会出现 VFP 6.0 的欢迎界面,如图 9-2 所示,选中此界面下的"以后不再显示此屏",再单击"关闭此屏",即出现 VFP 6.0 的主界面,以后再启动就

不会出现欢迎界面了,如图 9-3 所示。

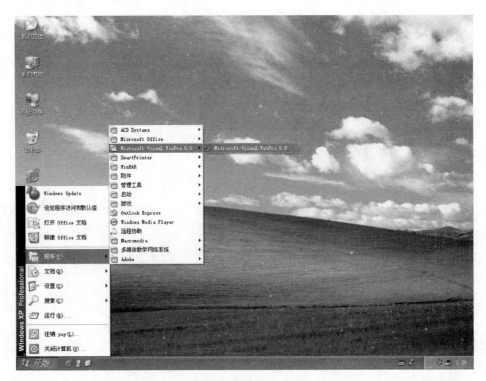

图 9-1 启动 VFP 6.0

图 9-2 VFP 6.0 的初始画面

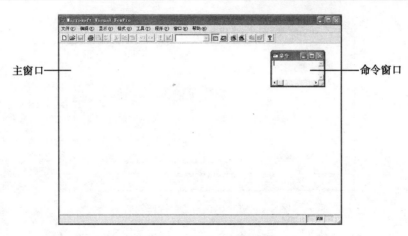

图 9-3　VFP 6.0 的主界面

（二）VFP 6.0 的退出

1. 单击"文件"菜单下的"退出"命令。

2. 单击 VFP 6.0 主窗口右上角的"关闭"按钮。

3. 同时按"ALT＋F4"键。

4. 在命令窗口中输入"QUIT"命令后回车。

三、VFP 6.0 的工作界面

与 Windows 其他窗口类似，VFP 6.0 主界面也包含标题栏、菜单栏、工具栏和状态栏等。而与其他窗口不同的是：VFP6.0 有主窗口和子窗口（如右上角的命令窗口）之分。即它的主界面也称为主窗口；相对主窗口而言，在窗口中执行命令弹出的窗口称为子窗口，例如命令子窗口、表单子窗口、报表子窗口等。

（一）VFP 6.0 的菜单系统

VFP 6.0 主窗口的菜单栏中包含八个菜单项，即文件、编辑、显示、格式、工具、程序、窗口、帮助。大部分操作都可以通过单击菜单中的相应命令来实现，VFP 6.0 的菜单使用方法遵循 Windows 的菜单操作方式，此处不再赘述。

（二）命令子窗口

在 VFP 6.0 中，除了使用菜单操作方式外，还可以使用命令方式进行操作，而命令方式是学习程序设计的基础。命令子窗口（简称命令窗口）是专门用来输入命令的，命令执行的结果显示在主窗口中。

例 1： 在命令窗口中输入以下两条命令：

? 3 * 5＋8

?? ABS(-6)

按回车键后在主窗口中立即显示执行结果，如图 9-4 所示。

VFP 6.0 中最常用的表达式输出命令有"?"和"??"。下面介绍这两个命令的用法。

1. 命令格式　? | ?? ＜表达式表＞

2. 命令功能　依次计算各个表达式的值并输出结果。如果选用"?"，则光标先移到下一行然后输出结果；如果选用"??"，则不发出回车换行符，直接在当前光标所在位置开始输出。

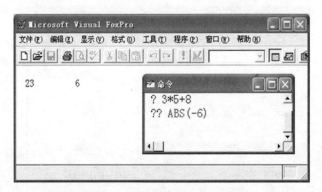

图9-4　VFP 6.0 的命令操作方式

　　此外,命令窗口还能够自动响应菜单操作命令、记忆命令、进行各种插入、删除和复制等操作。当用户选择某菜单项中的命令时,与其等价的命令会自动显示在命令窗口中。若某命令需重复执行,则可将光标定位于该命令行,然后按回车键即可。命令窗口能够存储已执行过的命令,还可以通过编辑修改这些命令以简化重复的操作。当然,要用命令窗口来执行命令,需记住有关的命令语句。

　　命令窗口既可以显示,也可以隐藏。单击命令窗口右上角的"关闭"按钮,将命令窗口隐藏。若要恢复,则单击"窗口"菜单下的"命令窗口"或使用快捷键"Ctrl＋F2"即可。

四、VFP 6.0 的工作方式

　　VFP 6.0 系统支持两种工作方式:交互方式和程序方式。其中交互方式又分为菜单操作方式和命令操作方式。

(一) 交互方式

　　1. 菜单操作方式　通常情况下,VFP 6.0 的大部分功能都可以通过菜单操作实现,用户可以通过点击菜单轻松完成某些操作,无须记忆大量的命令。

　　2. 命令操作方式　由于 VFP 6.0 系统菜单中不可能包含其全部功能,有些操作只能通过在命令窗口中输入命令来实现。而且更为重要的是:用户只有熟练使用命令,才能进一步进行编程和应用系统开发工作。

(二) 程序方式

　　程序方式是 VFP 6.0 的主要工作方式。程序以文件的形式存储在磁盘上,一个程序文件由若干条命令或语句组成。

五、VFP 6.0 的命令结构及语法规则

　　VFP 6.0 系统提供了丰富的命令,熟练使用这些命令可以提高操作效率和灵活性,但对于初学者来说,首先需要了解命令的含义,掌握命令的结构及语法要求,才能保证正确使用。

(一) VFP 6.0 的命令结构

　　命令格式:<命令动词>［若干命令短语］

　　说明:VFP6.0 的命令一般由命令动词和命令短语两部分组成。命令动词说明了该命令的功能,命令短语是对所要执行操作进行某些限制性说明。命令短语又分必选短语和可选短语,在命令格式中用"＜ ＞"表示必选项,用"［］"表示可选项,用"|"表示二者任选其一。

但需注意的是在具体书写命令时不应包含这些语法标识符号。

（二）VFP 6.0 中的常用短语

1. 字段名表子句（FIELDS）

用来限制操作命令只对指定的若干字段进行操作。格式如下：

［FIELDS］＜字段名表＞

2. 范围子句

用来限制命令对表操作的记录范围，一般包括以下四种选择：

（1）ALL　　　　对当前表中的所有记录进行操作。

（2）NEXT n　　对表中从当前记录（包括当前记录）开始连续 n 条记录进行操作。

（3）RECORD n　只对表中第 n 条记录进行操作。

（4）REST　　　对表中从当前记录（包括当前记录）开始到表尾的所有记录操作。

3. 条件子句（FOR 和 WHILE）

条件子句用来限制只对表中符合条件的记录进行操作。

（1）FOR ＜条件＞：表示对指定范围内的所有满足条件的记录进行操作。当命令行缺省＜范围＞时，默认范围为 ALL。

（2）WHILE ＜条件＞：表示在指定范围内，从当前记录开始，对以下每一条记录按照指定条件进行比较，遇到第一个不符合条件的记录时便结束操作，并将记录指针定位在不符合条件的第一条记录上。当命令行缺省＜范围＞时，默认为 REST。

（三）VFP 6.0 的命令书写规则

1. 每个命令必须以命令动词开头，以回车符结束。

2. 命令行中命令动词和后面的短语之间，各个短语之间应以空格隔开。各个短语的顺序可以任意排列。

3. 每个命令行只能写一条命令。

4. 命令行中的英文字母不区分大小写。

5. 命令动词及短语可以缩写至前四个字母。如：DISPLAY STRUCTURE 可以缩写成 DISP STRU。

6. 命令行中的命令可以被复制、移动、修改和重复执行。

7. 每个命令行最长不超过 8 192 个字符，如果一个命令行太长，一行写不下，可以使用续行符"；"，然后回车，并在下一行继续书写。

8. 命令行中除了汉字外，其他字符和标点符号必须在英文半角下输入。

9. 尽量避免使用命令名、短语等保留字作文件名、变量名、字段名。

第二节　VFP 6.0 中的数据及其运算

一、数　据　类　型

数据描述了客观事物的属性，它包括数据内容和数据形式两个方面。数据内容是指数据的值，而数据的形式是指数据的存储形式和操作方式，也称为数据类型。为了更方便地操作和使用数据，VFP 6.0 定义了多种数据类型，常用的有字符型、数值型、逻辑型、货币型、日期型、日期时间型、备注型和通用型。详细内容见表 9-1。

表 9-1　常用数据类型一览表

数 据 类 型	定 义 及 说 明
字符型（Character）	不能参与算术运算的非数值数据，用字母 C 表示。包括英文字母、汉字、数字、空格、符号等文本数据，长度范围是 0～254 个字符。
数值型（Numeric）	能够进行算术运算，用字母 N 表示。由数字、小数点和正负号组成。
逻辑型（Logical）	判断客观事物的真假，用字母 L 表示。它只有两种值，分别为真（.T.）或假（.F.），固定长度为 1 位。
货币型（Currency）	保存货币金额的数据类型，用字母 Y 表示。系统默认保留 4 位小数。
日期型（Date）	保存日期的数据类型，用字母 D 表示。默认格式为月/日/年{mm/dd/yy}，其中月日年各占 2 位，年也可以是 4 位，固定长度为 8 位。
日期时间型（DateTime）	包含年、月、日、时、分、秒的数据类型，用字母 T 表示。默认格式为{mm/dd/yy hh:mm:ss}，固定长度为 8 位。
备注型（Memo）	用于存放较多字符的数据类型，用字母 M 表示。该类型的数据无长度限制，只能用于定义表中的字段变量，固定长度为 4 位。在建立表结构时，一旦定义了备注型字段，系统就会自动建立一个与表文件同名的备注文件（.fpt），用于存放备注型字段变量的实际数据内容。
通用型（General）	用于存放 OLE 对象，用字母 G 表示。只能用于定义表中的字段变量，存放的 OLE 对象可以是表格、图片、声音、文档等，固定长度为 4 位。

二、常 量

常量是 VFP 6.0 中数据的表现形式之一，它是以直观的意义和形态直接出现在程序中的数据，并在整个操作过程中其值保持不变。VFP 6.0 中有如下类型的常量：

1. 数值型常量　由数字、小数点和正负号组成。数值型常量有小数形式和指数形式两种表示法。小数形式的如：20、−3.1415926、0 等。数学中，通常用科学记数法来表示绝对值相对很大或很小的数，如 1.4×10^{-8}。而在 VFP 6.0 中，则可以用指数形式将其表示为 1.4E-8。其中 E 表示以 10 为底的指数。

2. 字符型常量　用定界符括起来的一串字符，其中定界符可以是单引号、双引号和方括号。如："1234"、'护士'、[医生]都是合法的字符型常量。

对于字符型常量，需要注意的是：当一个字符串本身包含定界符号时，在使用定界符时必须换成另外一种符号。如："He's a student."。

3. 逻辑型常量　只有"真"和"假"两种值，分别用 .T.、.t.、.Y.、.y. 表示逻辑真，用 .F.、.f.、.N.、.n. 表示逻辑假。

4. 日期型常量　系统默认日期型常量为严格日期格式{^yyyy/mm/dd}。如{^2009/08/01}，当然可以通过命令来修改日期格式。在日期型常量中，年、月、日之间用分隔符隔开，常用的分隔符有/、-、. 和空格。

5. 日期时间型常量　在日期型常量后再加上时、分、秒，如：{^2009-08-01 10:05:20am}

6. 货币型常量　在数值型常量前加上一个$，默认保留 4 位小数。如$1.4146。

三、变 量

变量是 VFP 6.0 中数据的另一种表现形式，是指在操作过程中可以改变其值或类型的量。在 VFP 6.0 中变量可以分为四种类型:字段变量、内存变量、数组变量和系统变量。定义一个变量,通常包括三个要素:变量名、数据类型和变量值。

1. 变量的命名　每个变量都有一个名称,叫做变量名。变量名的命名规则如下:

(1) 以字母、数字、汉字及下划线组成。变量名要求以字母、汉字或下划线开头。

(2) 变量名长度为 1~128 个字符,但自由表中的字段变量除外,要求 1~10 个字符。

(3) 不能使用 VFP 6.0 系统的保留字作为变量名。

如:name、总分、a1 等都是合法的变量名。而 LIST、123、ABC 是非法的变量名。

2. 变量的数据类型　VFP 6.0 中不同类型的变量允许取到的数据类型不同,如字段变量的类型可以是 VFP 6.0 的任意数据类型,而内存变量的数据类型则受限,一般为字符型、数值型、逻辑型、货币型、日期型和日期时间型等。

3. 字段变量　是指表中的字段名。它是一种多值变量,在表中取值。表中有多少条记录,表中的每个字段变量就可以取多少个值,具体由表中记录指针决定。

4. 内存变量　是独立于表而存在的临时工作单元。可以根据需要随时定义和释放,通常用来保存数据处理过程中的初始值、中间结果和最终结果。内存变量通过赋值的方式定义,下面是内存变量的两种赋值方法:

格式 1:<内存变量> ＝ <表达式>

说明:先计算表达式的值,然后将算得的值赋值给等号左边的内存变量。

例 2: a1＝"1234";b＝2＊5＋8;today＝{^2009-08-25};人数＝1000;是否团员＝.T.

格式 2:STORE <表达式> TO <内存变量表>

说明:先计算表达式的值,然后赋值给几个内存变量。注意:该方法可以一次给多个内存变量赋予同一个值。而采用"＝"赋值,则一次只能给一个变量赋值。

例 3: STORE 0 TO a1, a2, a3 等价于 a1＝0, a2＝0, a3＝0; STORE 3＊3.4 TO Y

5. 数组变量　在数据处理过程中,当需要用到多个内存变量时,可以用数组来定义。所谓数组变量是指具有相同名称和不同标号的一组有序变量的集合。数组中的变量称为数组元素,是用数组名后接下标来表示的。每个数组元素相当于一个内存变量使用,数组必须先定义后使用。

(1) 定义数组

格式:DIMENSION｜DECLARE <数组名 1>(<下标 1>[,<下标 2>])[,<数组名 2>(<下标 1>[,<下标 2>])…]

功能:定义一维或二维数组。包括数组名、维数和大小。

例 4: DIMENSION a(5),b(2,3)　该语句定义了一个一维数组 a 和一个二维数组 b。其中数组 a 包含五个元素,分别是 a(1)、a(2)、…a(5);数组 b 包含六个元素,分别是 b(1,1)、b(1,2)、b(1,3)、b(2,1)、b(2,2)、b(2,3)。二维数组的下标由行标和列标组成,数组元素的个数为行标和列标的乘积。

(2) 数组的赋值

数组的赋值和内存变量的赋值方法类似,可以使用"＝",也可以使用 STORE 命令。

例 5: DIMENSION a(5),b(2,3)

STORE 0 TO a(1), a(3)

a(2)＝"good"

b(1, 2)—.T.

```
? a(1), a(2), a(3), b(1, 1),b(1, 2),b(2, 3)
a＝2
? a(1), a(5)
```

结果是:0 good 0 F T F
　　　　2 2

说明:① 每个数组元素相当于一个内存变量使用,凡是能用到内存变量的地方均可用数组元素来代替。

　　② 数组元素在没有赋值前初始值均为逻辑假(.F.)。

　　③ 数组元素的数据类型由所赋值的类型决定,不同元素的数据类型可以不同。

　　④ 为数组名赋值相当于为数组中每一个元素赋予一个相同的值。

　　⑤ 在 VFP 6.0 中,数组的维数不超过二维。

6. 变量的作用域　每个变量都有自己的作用域。根据作用的范围不同,变量可分为私有变量、全局变量和局部变量。

(1) 私有变量:仅在本过程和本过程的过程中有效,当该过程结束时,私有变量所占有的内存空间被释放。外部过程无法访问私有变量。

定义私有变量的命令为:PRIVATE <变量名>

(2) 全局变量:在整个过程中都有效。全局变量直到程序结束才释放所占内存空间。

定义全局变量的命令为:PUBLIC <变量名>

(3) 局部变量:仅在本过程中有效,在外部程序和本过程的过程中是无效的。它比私有变量作用范围更小。

定义局部变量的命令为:LOCAL <变量名>

四、函　　数

为增强系统的功能和简化操作,VFP 6.0 提供了丰富的函数供用户使用。函数实际上就是用来进行某种特定运算和操作的一段程序代码。

函数调用的一般格式为:函数名([参数表])

在 VFP 6.0 中,按照函数参数和函数返回值的数据类型不同,可以将函数分为如下几类:

1. 数值函数　用于进行数值运算。函数参数和函数的返回值往往都是数值型数据。

(1) 取绝对值函数

格式:ABS(<数值表达式>)

功能:计算数值表达式的值,并返回其绝对值。函数返回值为数值型。

例 6:在命令窗口顺序输入下列命令:

```
a＝5
b＝3
? ABS(−8)
? ABS(b−a * b)
```

则命令执行的结果是:

8

12

（2）指数函数

格式：EXP(<数值表达式>)

功能：计算并返回以 e 为底、以数值表达式的值为指数的幂。函数返回值为数值型。

（3）对数函数

格式：LOG(<数值表达式>)

　　　 LOG10(<数值表达式>)

功能：分别求自然对数和以 10 为底的常用对数。函数返回值为数值型。

（4）平方根函数

格式：SQRT(<数值表达式>)

功能：计算数值表达式的值并求其算数平方根。函数返回值为数值型。

（5）取整函数

格式：INT(<数值表达式>)

功能：计算数值表达式的值，并取出其值的整数部分。函数返回值为数值型。

注意：此函数在取整时不进行四舍五入。

例 7：执行如下命令：

? INT(3.54)，INT(−5 ＊ 1.35)

输出结果为：3 　　 −6

（6）求余函数

格式：MOD(<数值表达式 1>，<数值表达式 2>)

功能：返回<数值表达式 1> 除以<数值表达式 2>的余数，余数的符号和<数值表达式 2>的符号相同。求余函数与后面即将介绍的算术运算符"％"功能相同。

例 8：执行如下命令：

　　　　　 ? MOD(10, 3)，MOD(−10, 3)，MOD(10, −3)，MOD(−10, −3)

输出结果为：　　 1 　　　　　 2 　　　　　 −2 　　　　　 −1

求余函数(MOD)的用途之一 是判断一个数能否被另一个数所整除，另外，它还通常与取整函数(INT)结合使用，用于进行数字分离。

例 9：MOD(M, N) 可以判断 M 能否被 N 所整除，如果函数值为 0，表示 M 能被 N 整除。否则，如果函数值不为 0，表示 M 不能被 N 整除。

例 10：将数值 625 倒序输出。

a＝625

a1＝INT(a,100) 　　　　　 && 取出 625 的百位数字。

a2＝MOD(INT(a, 10),10) 　　 && 取出 625 的十位数字，也可用 INT(MOD(a, 100)/10)。

a3＝MOD(a, 10) 　　　　　 && 取出 625 的个位数字。

? 100 ＊a3＋10 ＊a2＋a1 　　 && 输出 625 的倒序形式 526。

（7）四舍五入函数

格式：ROUND(<数值表达式 1>，<数值表达式 2>)

功能：对<数值表达式 1>的值进行四舍五入，保留的小数位数由<数值表达式 2>决定。

例 11：执行下列命令：

　　　　　 ? ROUND(3.1415926,3)，ROUND(4 ＊ 3.14,0)，ROUND(20/3,-1)

输出结果为：　　　 3.142 　　　　　 13 　　　　　 10

（8）随机函数

格式：RAND( )

功能：返回 0~1 之间的带有两位小数的随机数。

（9）最大值和最小值函数

格式：MAX|MIN(<表达式 1>,<表达式 2>…, <表达式 n>)

功能：返回 n 个表达式的最大值或最小值。

（10）π 函数

格式：PI( )

功能：返回 π 的近似值，默认保留 2 位小数。

2. 字符函数　处理字符型数据的函数。

（1）字符串长度函数

格式：LEN(<字符表达式>)

功能：返回字符串的长度（即字符串中包含的字符个数）。函数返回值为数值型。

注意：一个汉字相当于两个字符，如果字符串为空串，则长度为 0。

例 12：执行下列命令：

? LEN("医科大学")，LEN("")，LEN([54321])

输出结果为 4　　0　　5

（2）取子串函数

格式 1：LEFT(<字符表达式>,<数值表达式>)

格式 2：RIGHT(<字符表达式>,<数值表达式>)

格式 3：SUBSTR(<字符表达式>,<数值表达式 1> [,<数值表达式 2>])

功能：LEFT 称为左子串函数，是从字符表达式左边第一个字符开始取子串，取出的字符个数由<数值表达式>的值决定。RIGHT 称为右子串函数，是从字符表达式右边第一个字符开始取子串，取出的字符个数也是由<数值表达式>的值决定。SUBSTR 是从字符表达式中某个指定的位置开始截取子串，起始位置由<数值表达式 1>的值决定，取出的字符个数由<数值表达式 2>的值决定。

例 13：执行下列命令：

X="医学统计软件 SPSS"

　　　　　? LEFT(X,8),RIGHT(X,4),SUBSTR(X,5,8)

输出结果为：　 医学统计　　　 SPSS　　　 统计软件

注意：在使用 SUBSTR 函数时，如果省略<数值表达式 2>，则表示从当前位置一直取到字符串尾。3 个取子串函数的返回值均为字符型。

（3）求子串位置函数

格式：AT(<字符表达式 1>,<字符表达式 2>)

功能：返回<字符表达式 1>在<字符表达式 2>中的起始位置。函数返回值为数值型。

例如：? AT("Fox ","学习 Visual FoxPro")，AT("ab","dcba")，结果为 12 和 0。

（4）空格函数

格式：SPACE(<数值表达式>)

功能：生成数值表达式的值所指定的空格个数。函数返回值为字符型。

例如：? LEN(SPACE(5))，结果为 5。

（5）删除字符串前导、尾部空格函数

格式 1：LTRIM(＜字符表达式＞)

功能：删除指定字符串的前导空格。函数返回值为字符型。

格式 2：RTRIM(＜字符表达式＞)

功能：删除指定字符串的尾部空格。函数返回值为字符型。

格式 3：ALLTRIM(＜字符表达式＞)

功能：同时删除指定字符串的前导和尾部空格。函数返回值为字符型。

例 14：? LEN(ALLTRIM((SPACE(2)＋"Fox "＋SPACE(5))))，结果为 3。

（6）大小写转换函数

格式 1：LOWER(＜字符表达式＞)

功能：将字符串中的全部大写字母转换为小写字母。

格式 2：UPPER(＜字符表达式＞)

功能：将字符串中的全部小写字母转换为大写字母。

例 15：? LOWER("Fox ")，UPPER("Fox ")，结果为 fox　　FOX 。

（7）宏替换函数

格式：&＜字符型内存变量＞

功能：替换出一个字符型内存变量的内容。

例 16：顺序输入下列命令：

i＝"1"

x1＝"name"

? x&i

? &i＋2

输出结果为：name　　3

　　思考：若将第一条语句改为 i＝1，结果如何？若将最后一条语句改为 ? &i＋2，结果又如何？

　　3. 日期和时间函数　　用来处理日期型和日期时间型数据的函数。

（1）系统日期和时间函数

格式 1：DATE( )

功能：返回系统当前日期。函数返回值为日期型。

格式 2：TIME( )

功能：返回系统当前时间。函数返回值为字符型。

格式 3：DATETIME( )

功能：返回系统的当前日期和时间。函数返回值为日期时间型。

（2）年、月、日函数

格式 1：YEAR(＜日期型表达式＞)

功能：返回指定日期中的年份。函数返回值为数值型。

格式 2：MONTH(＜日期型表达式＞)

功能：返回指定日期中的月份。函数返回值为数值型。

格式 3：DAY(＜日期型表达式＞)

功能:返回指定日期中的日。函数返回值为数值型。

4. 类型转换函数 实现将不同类型的数据进行转换。

(1) 数值转换成字符函数

格式:STR(<数值表达式 1> [,<数值表达式 2>[,<数值表达式 3>]])

功能:将<数值表达式 1>的值转换成字符串形式。<数值表达式 2>的值决定转换后字符串的长度,<数值表达式 3>的值决定转换后保留的小数位数。函数返回值为字符型。

例 17: ? STR(123.678,8,2),STR(123.678,6),STR(123.678)

结果为:□□123.68□□□124□□□□□□□□□124

其中,用"□"表示空格,在输出列表中每个逗号分隔符将输出一个空格。

(2) 字符转换成数值函数

格式:VAL(<字符表达式>)

功能:将指定字符串中的数字转换成对应的数值,结果保留两位小数,遇到非数字字符则停止转换。函数返回值为数值型。

例 18: ? VAL("123.456"),VAL("12AB"), VAL("BCD") 的结果为 123.46 12.00 0。

(3) ASCⅡ码转换成字符函数

格式:CHR(<数值表达式>)

功能:将<数值表达式>的值转换成 ASCⅡ码表中对应的字符。函数返回值为字符型。

例 19: 执行 ? CHR(97),CHR(13),CHR(65) 后的输出结果为:

a

A

注意:CHR(13)输出的是一个换行符号,每一个英文字母的大小写 ASCⅡ码值相差 32。

(4) 字符转换成 ASCⅡ函数

格式:ASC(<字符表达式>)

功能:返回字符表达式中首字符的 ASCⅡ值。函数返回值为数值型。

例 20: ? ASC("BCA"),ASC("b"),输出结果为 66   98。

(5) 字符转换成日期函数

格式:CTOD(<字符表达式>)

功能:将指定的字符表达式的值转换成对应的日期值。函数返回值为日期型。

说明:要求字符表达式的值应和系统当前设置的日期显示格式一致。

(6) 日期转换成字符函数

格式:DTOC(<日期表达式>)

功能:将指定的日期型数据转换成字符串。函数返回值为字符型。

5. 测试函数 使用测试函数可以获取操作对象的相关属性,如对象的类型、状态等。

(1) 表头测试函数

格式:BOF( )

功能:测试当前打开表中的记录指针是否指向表头(首记录前面)。如果指向表头,则函数返回值为 .T.,否则为 .F.。函数返回值为逻辑型。

（2）表尾测试函数

格式：EOF( )

功能：测试当前打开表中的记录指针是否指向表尾（末记录后面）。如果指向表尾，则函数返回值为 . T. ，否则为 . F. 。函数返回值为逻辑型。

（3）记录号测试函数

格式：RECNO( )

功能：返回表中当前记录的记录号，函数返回值为数值型。当记录指针指向表头或第一条记录时，该函数返回值为 1；当记录指针指向表尾时，该函数返回值是最后一条记录的记录号加 1。

（4）查找是否成功测试函数

格式：FOUND( )

功能：该函数是对查询定位命令 LOCATE FOR、SEEK 和 FIND 执行结果的检验。如果找到了满足条件的记录或数据，则 FOUND( )函数的返回值为 . T. ；如果没有找到，则返回值为 . F. 。

（5）条件测试函数

格式：IIF(＜逻辑表达式＞,＜表达式 1＞,＜表达式 2＞)

功能：如果逻辑表达式的值为 . T. ，则函数返回表达式 1 的值，否则返回表达式 2 的值。

例 21：婚否＝. T.

　　　? IIF(婚否 ＝. F. ,0,1)

输出结果为：1

（6）数据类型测试函数

格式：TYPE(＜表达式＞)

功能：测试表达式的数据类型。返回值是一个表示数据类型的字母。

例 22：? TYPE("456")，TYPE(["456"])，TYPE([{^2009-01-01}])，TYPE("abc")

输出结果为：　N　　　　　C　　　　　　　D　　　　　U

五、运算符和表达式

定义了数据类型之后，就可对数据进行各种运算。这种运算类似于数学上的运算，需要运算符和表达式。描述各种不同运算的符号称为运算符，由运算符将常量、变量和函数连接起来的式子称为表达式。每个表达式都将产生唯一的值，称为表达式的值。VFP 6.0 中有 5 类运算符和表达式：算术运算符和算术表达式、字符运算符和字符表达式、日期时间运算符和日期时间表达式、关系运算符和关系表达式、逻辑运算符和逻辑表达式。

1. 算术运算符和算术表达式

算术运算符（按优先级由高到低排列顺序）：乘方（^或 ＊ ＊ ）、乘（＊）、除（/）、求余（％）、加（＋）、减（－）。

各种运算符运算的优先顺序及运算规则与数学中算术运算完全相同。其中求余运算符（％）与前面的求余函数（MOD）功能相同。

例 23：算术表达式(3＋7) ＊ 2^3＋3％5－6/8 的值是 82.25。

例 24：求一元二次方程 $ax^2＋bx＋c ＝0$ 的两个实根的算术表达式为：

$(-b＋SQRT(b＊b－4＊a＊c))/(2＊a)$ 和 $(-b－SQRT(b＊b－4＊a＊c))/(2＊a)$。

2. 字符运算符和字符表达式

VFP 6.0 的字符运算符有三个：＋、－、$

其中＋、－为字符串连接运算符，$为包含运算符，具体含义如下：

(1)"＋"表示将两个字符串首尾连接形成一个新的字符串，也称完全连接。

(2)"－"表示将字符串 1 尾部的空格移到字符串 2 的后面再进行两个字符串的完全连接。

(3)"$"的使用格式为：＜字符串 1＞$＜字符串 2＞，功能是判断字符串 1 是否包含在字符串 2 中，如果包含，则返回 .T.，否则返回 .F.。

看下面的例子，其中"□"代表空格。

?"我是一名"＋"护士"	输出结果为：我是一名护士
?"abc　34"＋"567"＋"　def"	输出结果为：abc　34567　def
?"ABC□"-"DEFG□"	输出结果为：ABCDEFG□□
? SPACE(5)-SPACE(5)	输出结果为：□□□□□□□□□□
?"CD" $" DEFCDAB"	输出结果为：.T.

3. 日期时间运算符和日期时间表达式

日期型数据只能进行加(＋)和减(－)运算，常用下面三种运算格式：

格式 1：＜日期型数据 1＞－＜日期型数据 2＞

说明：两个日期型数据相减，结果为两个日期之间相差的天数。表达式结果为数值型。

例 25：｛^2009-05-03｝－｛^2009-05-01｝　　　　　&& 运算结果为：2

格式 2：＜日期型数据＞＋＜天数＞

说明：返回将来的某个日期，其结果为一个日期型数据。

例 26：｛^2009-05-01｝＋20　　　　　　&& 结果为：｛^2009-05-21｝

格式 3：＜日期型数据＞－＜天数＞

说明：返回过去的某个日期，其结果为一个日期型数据。

例 27：｛^2009-06-30｝－30　　　　　&& 结果为：｛^2009-05-31｝

4. 关系运算符与关系表达式

关系运算符也称比较运算符，共有七种。见表 9-2。

表 9-2　关系运算符与关系表达式一览表

运　算　符	名　　称	应　用　举　例	运算结果
＜	小于	5＜6	结果为：.T.
＜=	小于或等于	4＊2＜＝4	结果为：.F.
＞	大于	｛^2009-06-20｝＞｛^2009-04-25｝	结果为：.T.
＞=	大于或等于	"AA"＞="AB"	结果为：.F.
=	等于	"ABCD"="AB"	结果为：.T.
==	精确等于	"ABCD"=="AB"	结果为：.F.
＜＞,♯,或!＝	不等于	.T.!＝.F.	结果为：.T.

关系表达式是由关系运算符将两个同种类型的数据连接起来的式子。其运算结果为逻辑型。

关系表达式的格式：<表达式 1> <关系运算符> <表达式 2>

说明：关系运算符两端的表达式可以是数值型、字符型、日期型和逻辑型数据，并且数据类型必须一致。关系表达式用于进行两个同种类型数据的比较，数值型数据按照数值大小进行比较，日期型数据按日期的先后进行比较（距离现在日期较近的为大），两个逻辑型数据进行比较时 .F. <.T. ，两个字符型数据比较大小时情况较复杂，默认状态下是按照汉语拼音的字母排列顺序进行比较的（由 a~z 或由 A~Z 逐渐增大）。两个字符型数据的具体比较规则如下：

（1）从两个字符串的第一个字符开始比较，遇到第一个不同的字符，其大小就决定了两个字符串的大小，如果比到最后每个字符都相同，则认为两个字符串相等。

（2）精确等于运算符（＝ ＝）的含义是参与比较的两个字符串完全相同时，才认为相等。

（3）等于运算符（＝）受系统设置的影响。当系统设置了非精确比较（SET EXACT OFF）时，如果等号右边的字符串是等号左边字符串左边的一个部分，就认为两个字符串相等。当系统设置了精确比较（SET EXACT ON）时，则两个字符串必须完全相同时才认为相等，此时"＝"的含义同"＝ ＝"。

5. 逻辑运算符和逻辑表达式

逻辑运算符：按照优先级由高到低顺序分别为 .NOT.（逻辑非）、.AND.（逻辑与）、.OR.（逻辑或）。

注意：逻辑运算符两侧也可以不加"."，逻辑非符号还可以用"！"表示。

逻辑表达式：用逻辑运算符将若干逻辑型数据连接起来的式子，运算结果仍为逻辑型。

关于逻辑运算符和逻辑表达式的运算见表 9-3。

表 9-3　逻辑运算符与逻辑表达式一览表

运　算　符	名　称	例　子	说　明
AND	与	(4＞5) AND (6＜3)	结果为：.F.（两个表达式的值均为真，结果才为真，否则为假）
OR	或	(4＞6) OR .T.	结果为：.T.（两个表达式的值有一个为真，结果就为真，只有两个表达式的值都为假，结果才为假）
NOT	非	NOT (3＞0)	结果为：.F.（由真变为假或由假变为真，进行取"反"运算）

提示：当一个表达式中包含多种运算时，必须按照优先顺序进行运算。各种运算的优先顺序如下：

算术运算→字符运算→日期和时间运算→关系运算→逻辑运算（按由高到低顺序排列）。

第三节　项目管理器

VFP 6.0 为了更好地处理数据和对象，采用项目管理器来管理一个应用程序从创建到生成的全过程。项目管理器可以按一定的逻辑关系对应用系统中的文件进行有效的组织，它是 VFP 6.0 开发应用系统的核心。项目是程序、数据、文档及类的集合,它也是一个文件,以".pjx"为扩展名进行保存。在进行应用系统开发时,往往先建立一个项目文件,然后逐渐向项目中添加应用程序、数据库、表及表单等对象,并将这些文件进行编译,生成可脱离VFP 环境而独立运行的".app"或".exe"程序文件。

一、项目文件的建立与管理

(一) 新建项目文件

建立项目文件是指创建一个新的应用程序项目,VFP 系统采用项目管理器来对项目进行维护和管理。若要建立一个名为"项目1"的项目文件,其操作步骤如下:

步骤一:单击"文件"菜单下的"新建"命令,弹出如图 9-5 所示的"新建"对话框。

步骤二:在"新建"对话框中,文件类型选择"项目",单击"新建文件"按钮,即弹出"创建"项目文件的对话框,如图 9-6 所示。

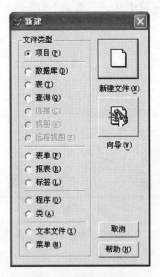

图 9-5 "新建"对话框　　　　　图 9-6 "创建"项目对话框

步骤三:在"创建"对话框中输入项目的名称"项目 1",选择保存类型为"项目(＊.pjx)"及保存位置,最后单击"保存"按钮,即建立了一个空的项目文件,同时弹出如图 9-7 所示的"项目管理器"窗口。

(二) 项目管理器窗口介绍与操作

项目管理器采用树状的分层结构来显示和管理所包含的项目。若要处理项目中某一类型的文件或对象,可单击相应的选项卡,利用右侧的操作按钮进行操作。"项目管理器"窗口包含六个选项卡,每个选项卡用于管理某一类型的文件,各选项卡的功能如下:

1."全部"选项卡　显示和管理项目管理器包含的所有文件,如图 9-7 所示。

2."数据"选项卡　包含了本项目中的所有数据文件,如数据库、自由表和查询等。

3."文档"选项卡　包含了用户处理数据时用到的所有文档,如表单、报表和标签。

(1) 表单:提供用户自行设计的图形界面来编辑与浏览数据库内容。

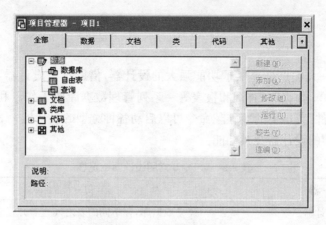

图 9-7 "项目管理器"窗口

（2）报表：用来设定数据表的打印输出。

（3）标签：一种特殊类型的报表。

4. "类"选项卡 用于显示和管理类库文件。

5. "代码"选项卡 用于显示和管理各种代码程序文件：程序文件（.prg）、API 库文件、应用程序文件（.app）。

6. "其他"选项卡 用于显示和管理菜单文件、文本文件及其他的图像文件等。

项目管理器窗口类似于 Windows 资源管理器，各个项目可以展开或折叠。项目管理器的窗口也可以被调整尺寸或移动。不同的是，在项目管理器中，要压缩窗口，则点击右上角的 ⬆ 按钮，仅显示各选项卡；单击 ⬇ 按钮，窗口恢复原样。

（三）项目管理器的命令按钮

在项目管理器窗口的右边有六个命令按钮。这些按钮会根据选取对象的不同而相应改变。其功能见表 9-4。

表 9-4 项目管理器中的命令按钮及其功能

按 钮	功 能
新建	创建一个新文件或对象。
添加	将已有的文件添加到项目中。
修改	在相应的设计器或编辑器中打开并进行修改。
打开	打开一个已存盘的数据库。若选定的数据库已打开，该按钮则变成"关闭"按钮。
浏览	在浏览窗口浏览一个数据库表、自由表或视图等数据信息。
预览	在打印预览方式下，显示选定的报表文件或标签文件。
运行	执行选定的查询、表单或程序。
移去	从项目中移去选定的文件。此时，系统会询问是仅从项目中移去此文件还是同时从磁盘中删除。
连编	为一个项目或应用程序建立".exe"可执行文件或".app"应用程序文件。

提示：项目管理器中的按钮功能等同于"项目"菜单中相应的命令功能。

二、设计器和向导简介

(一) 设计器

VFP 6.0 的一大优点是提供了功能强大的设计器,借助这些设计器,用户可以轻松地创建及修改表、表单、数据库、查询和报表等一系列管理数据库的工作。利用项目管理器的"新建"按钮或"文件"菜单下的"新建"命令可以启动各种类型的设计器。表 9-5 列出了为完成不同任务而使用的设计器及其功能。

表 9-5　VFP6.0 常用设计器一览表

设 计 器	功 能
数据库设计器	建立数据库,在不同的表之间查看并建立联系。
表设计器	建立新表,设定索引。
查询设计器	建立查询文件。
表单设计器	建立表单以在表中查看和编辑数据。
视图设计器	在数据库中建立可修改的查询数据结果。
报表设计器	建立用于显示和打印数据的报表。
标签设计器	建立可修改的标签文件。
菜单设计器	建立菜单、菜单项、子菜单等。
连接设计器	建立远程视图的连接。

(二) 向导

向导是一个交互式的程序,相当于一个导航器,用户可以在向导的指引下完成一般性任务,如创建表单、建立查询、设置报表格式等。用户只需回答向导对话框中的相关问题或选项之后,向导就会生成相应的文件或执行相应的任务。常用的向导有表向导、查询向导、表单向导、报表向导、标签向导、应用程序向导等。要想启动一个向导,也可以通过单击项目管理器中的"新建"按钮或"文件"菜单下的"新建"命令。

第四节　数据库及其操作

一、数据库系统基本概念

数据库管理系统(DBMS):负责对数据库中数据进行统一的控制和管理,包括控制数据库的建立、使用、维护、共享、安全等。它是一种系统软件,是数据库系统的核心。

数据库(DB):是指按一定的存储形式和组织方式存储起来的相互关联的数据集合。它以文件的形式存储在外存(磁盘上),扩展名为 .dbc。数据库是存储管理各种对象的"容器",在一个数据库中可以包含一个或多个通过公共字段相互关联的数据表和视图,它能够有效管理库中数据的存储过程,等等。

数据库系统(DBS):是引入数据库技术的计算机系统。由计算机软件、硬件、数据和人员组成,负责为用户提供信息服务。

关于数据库系统的其他知识,详见第七章。

二、创建数据库文件

创建数据库文件,可以采用菜单和命令两种操作方式实现。

(一) 菜单方式

单击"文件"菜单下的"新建"命令,在弹出的"新建"对话框中选择"数据库"选项,再单击"新建文件"按钮,弹出"创建"对话框。此时输入要建立的数据库文件名和保存位置,单击"保存"按钮,打开如图 9-8 所示的"数据库设计器"窗口。

此时该数据库是一个空库,没有包含任何对象。在"数据库设计器"窗口中有一个浮动的数据库设计器工具栏,利用该工具栏可以方便地在数据库中建立表、添加表、修改和移去表、建立本地或远程视图等操作。

提示:使用菜单方式成功创建了数据库文件后,命令子窗口会自动出现与该操作对应的命令,这有助于初学者学习命令。在建立数据库文件的

图 9-8　"数据库设计器"窗口

同时系统自动建立与数据库文件同名的相关联的数据库备注文件(＊.dct)和索引文件(＊.dcx)。

(二) 命令方式

格式:CREATE　DATABASE ＜数据库文件名＞

功能:建立并同时打开一个数据库文件。

三、数据库的操作

数据库一旦创建好,就可对它进行一系列的管理与维护操作。

(一) 打开数据库

1. 菜单方式　单击"文件"菜单下的"打开"命令,弹出"打开"对话框。选择文件类型为"数据库",在指定的位置选中要打开的数据库文件名,单击"确定"按钮即可打开数据库文件。

2. 命令方式　命令格式:OPEN　DATABASE ＜数据库文件名＞

(二) 修改数据库

命令格式:MODIFY　DATABASE ＜数据库文件名＞

说明:修改数据库实际上是打开了数据库设计器,此时可以在设计器中完成对数据库对象的建立、修改和删除等操作。

1. 向数据库中添加表　VFP 6.0 中表的存在方式有两种:数据库表和自由表。属于某个数据库的表称为数据库表,不属于任何数据库而独立存在的表称为自由表。两类表文件的扩展名都是 .dbf,而且可以相互转化。当用户将一个自由表添加到数据库中时,它就转化成为数据库表;如果将一个数据库表从数据库文件中移除,此时的数据库表就转化成为自由表。数据库表与自由表的主要区别是数据库表中的字段名长度可以是 1～128 个字符,而自由表中的字段名长度只能为 1～10 个字符,而且只有数据库表才能建立主索引。

用户可以将不属于任何其他数据库的自由表添加到当前打开的数据库中。操作方法

是:单击数据库设计器工具栏上的"添加表"按钮,在打开的对话框中选择要添加的表名,再单击"确定"按钮,此时添加到数据库中的自由表就转化成为数据库表了。

注意:一个数据表只能添加到一个数据库中,不能添加到两个或两个以上的数据库中。

2. 移去数据库中的表 当数据库不再需要某个表或其他数据库需要此表时,可以从该数据库中移去此表,使之成为不属于任何一个数据库的自由表,但并没有从磁盘上删除。当然,也可以选择把表从磁盘上删除。操作方法如下:

选中"数据库设计器"窗口中要移除的数据表,单击数据库设计器工具栏上的"移去表"按钮,在弹出的提示框中单击"移去"按钮。

(三) 关闭数据库

为保证数据库的安全,在数据库文件操作完成后,必须将其关闭。

命令格式:CLOSE [ALL|DATABASE]

ALL 表示关闭所有打开的数据库文件,DATABASE 表示关闭当前数据库文件。

(四) 删除数据库

如果一个数据库不再使用,需要将其删除,以免占用磁盘空间。

命令格式:DELETE DATABASE <数据库文件名>

注意:要删除一个数据库,必须先将其关闭,否则无法删除。

第五节 表的概念及其操作

在 VFP 6.0 系统中,数据表是处理数据和建立关系型数据库及应用程序的基本单元。数据库是由若干表文件组成的,数据表是数据库操作的主要对象。数据表的操作主要包括创建表、向表中输入数据、维护表的结构及表中的数据记录、表的排序与索引等。

一、表的基本概念

(一) 数据表

数据表是由一组相关联的数据按行和列组成的二维表格,简称为表(table)。每个表均有一个名称,称为表文件名,表文件的扩展名为 .dbf。一个数据库由一个或多个表组成,各个表之间通过公共字段彼此联系。表 9-6 为某单位的一张职工基本情况表,表 9-7 为该单位的职工工资表。

表 9-6 职工基本情况表

职工编号	姓名	性别	出生日期	学历	职务	婚否	简历	照片
0001	王晓东	男	12/02/1955	本科	系主任	T	memo	gen
0002	丁晓	女	10/13/1978	专科	教师	T	memo	gen
0003	李东升	男	02/05/1985	本科	教师	F	memo	gen
0004	陈丽莎	女	04/13/1969	专科	实验员	T	memo	gen
0005	熊挺	男	11/17/1983	研究生	教师	F	memo	gen
0006	章力为	男	10/23/1962	专科	科长	T	memo	gen
0007	田小乐	男	06/15/1983	本科	实验员	T	memo	gen
...	...	...	...	...	...	...	...	...

表9-7 职工工资表

职工编号	基本工资	奖金	应发	水电费	会费	病事假	扣款	实发
0001	1020	600	1620	100.3	3	0	103.3	
0002	800	400	1200	30	2	0	32	
0003	1000	500	1500	67.8	2	60	129.8	
0004	850	400	1250	45	2	0	47	
0005	600	300	900	29	2	0	31	
0006	830	400	1230	56	2	0	58	
0007	900	500	1400	78	2	0	80	
…	…	…	…	…	…	…	…	…

(二) 记录与字段

记录:二维表中的每一行称为一条记录。每个记录由若干个数据项组成。

字段:二维表中的每一列称为一个字段,每列的列标题称为字段名。如表 9-6 中包含九个字段,即:"职工编号"、"姓名"、"性别"等。

关键字:在二维表中,能唯一确定某一条记录的字段或字段的组合称为关键字。表 9-6 中的"职工编号"可以作为职工基本情况表的关键字。在 VFP 6.0 中,表与表之间通过关键字相互关联,如职工基本情况表和职工工资表可以通过"职工编号"相互关联。

(三) 表的组成

数据表记录了数据之间的关系,由表结构和数据记录两部分组成。表结构是指构成表的框架部分,包括字段名、类型、宽度、小数位数、索引等。如职工基本情况表的结构为:职工编号(C,4)、姓名(C,8)、性别(C,2)、出生日期(D,8)、学历(C,4)、职务(C,6)、婚否(L,1)、简历(M,4)、照片(G,4)。表结构描述了数据的存放形式以及存储的顺序。表中的数据记录就是指要保存的具体数据,由字段构成。

二、表 的 建 立

在建立表之前首先应设计表的结构,表的结构包括定义表中的字段名、字段类型、宽度、小数位数、索引等。然后向表中输入数据记录。建立表可以采用菜单操作方式,也可以采用命令操作方式。

(一) 菜单方式

单击"文件"菜单下的"新建"命令,弹出"新建"对话框,选择"表",单击"新建文件"按钮,弹出"创建"对话框,输入要建立的表文件名,单击"保存"按钮,弹出"表设计器"对话框,如图 9-9 所示。

在表设计器中,依次定义各字段名、类型、宽度、小数位数和索引等。单击"确定"按钮,弹出"现在输入数据记录吗?"提示框,单击"是"按钮,即可进入数据记录输入状态。

(二) 命令方式

格式:CREATE <表文件名>

功能:在命令窗口执行该命令后,立即打开"表设计器",后面的操作与菜单方式相同。

提示:如果在创建表时,打开了一个数据库文件,则创建的表属于数据库表;如果没有打

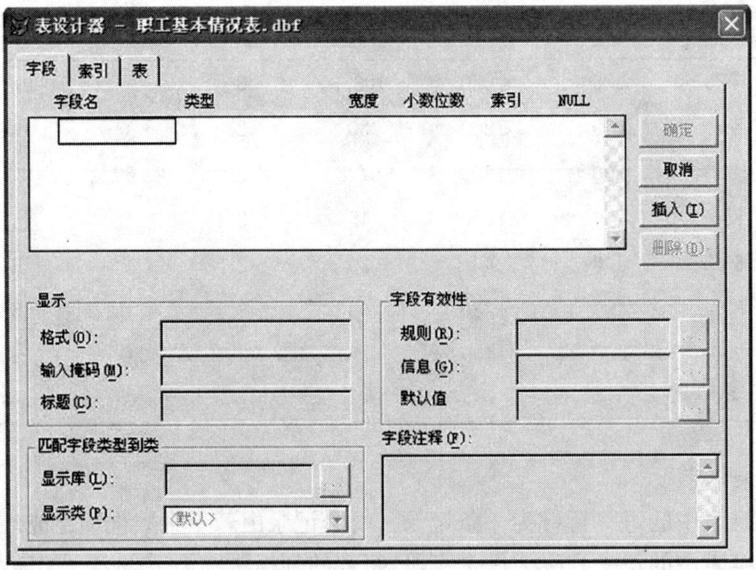

图 9-9   "表设计器"对话框

开任何数据库,则创建的表为自由表。

此外,还可以在项目管理器中创建自由表和数据库表。操作步骤如下:

步骤一:在"项目管理器"窗口中,单击"数据"选项卡,如图 9-10 所示。选中"自由表",再单击右侧的"新建"按钮,弹出"新建表"对话框,如图 9-11 所示。

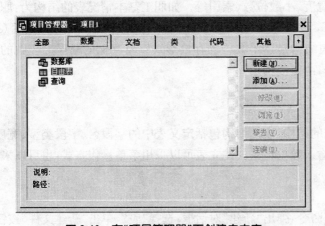

图 9-10   在"项目管理器"下创建自由表

图 9-11   "新建表"对话框

步骤二:单击"新建表"对话框中的"新建表"按钮,弹出"创建"对话框,输入表文件名,选择保存的位置后单击"保存"按钮,打开表设计器,表结构的定义及记录输入同前。

如果想创建数据库表,只需在项目管理器的"数据"选项卡下选中某个数据库,再单击右侧的"新建"按钮即可。

如果想将自由表"职工工资表"添加到数据库"工资管理"中,可在如图 9-12 所示的窗口中选中"表",单击"添加"按钮,则弹出"打开"对话框。在"打开"对话框中选定"职工工资表",再单击"确定"按钮,即可将此自由表添加到"工资管理"中,如图 9-13 所示。

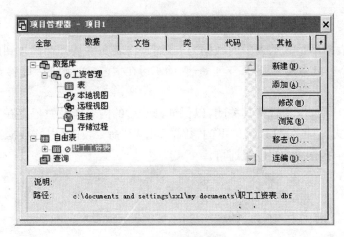

图 9-12　已建自由表

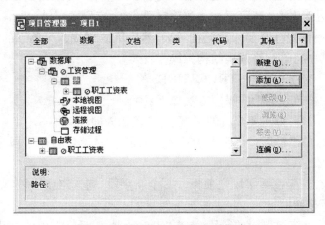

图 9-13　将自由表添加至数据库

三、表的基本操作

表建立之后，一项重要的工作就是需要对它进行维护，这包括修改表的结构、修改数据记录、增加或删除记录、复制表等一系列操作。

（一）表的打开与关闭

1. 打开表　在对表进行操作前，首先应该打开表，可以采用菜单和命令两种方式。

（1）菜单方式：单击"文件"菜单下的"打开"命令，弹出如图 9-14 所示的"打开"对话框，选择"文件类型"为"表（.dbf）"，同时选中要打开的表文件名，单击"确定"按钮将其打开。

注意：当打开了一个新的表时，原来打开的表会自动关闭。

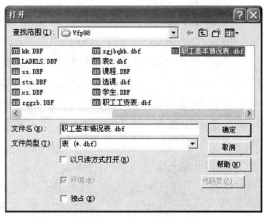

图 9-14　打开一个表文件

（2）命令方式

格式：USE ＜表文件名＞

说明：打开表并不是显示表中的数据内容，而是将表文件从外存调入到内存当中。

例如，在命令窗口输入 USE 职工工资表，回车后在主窗口的状态栏能够看到表的状态。

2. 关闭表

对表操作完成后，应及时将其关闭，以保证修改后的内容能及时保存在表中。

（1）菜单方式：单击"窗口"菜单下的"数据工作期"命令，在弹出的数据工作期窗口中选中要关闭的表，再单击"关闭"按钮即可。

（2）命令方式

格式：USE

功能：关闭当前工作区中打开的表文件。

（二）表结构的修改

要修改表的结构，也必须在"表设计器"对话框中进行。表结构的修改包括修改字段的名字、类型、宽度、小数位数，还可添加或删除字段、移动字段顺序等。

1. 菜单方式　首先打开要修改结构的表，然后单击"显示"菜单下的"表设计器"命令，在打开的表设计器中可进行修改表结构的操作。

2. 命令方式　MODIFY　STRUCTURE

在表设计器中修改表结构的操作方法如下：

（1）修改字段内容：单击要修改的区域框，直接输入即可。

（2）添加字段：单击最后一个字段的下一区域框，输入新字段的字段名、类型、宽度等内容，则可以在末尾添加一个新的字段。

（3）插入字段：若要在某字段之前插入一个新字段，则选定该字段，单击"表设计器"对话框右边的"插入"按钮即可。

（4）删除字段：选定要删除的字段，单击"表设计器"对话框右侧的"删除"按钮。

（5）改变字段顺序：选定要改变顺序的字段，用鼠标拖动该字段名左端方块内的"上下箭头"标记，上下移动即可。

当修改完毕时，单击"确定"按钮，这时弹出如图 9-15 所示的提示框，单击"是（Y）"，则保存此次修改；否则放弃此次修改。

（三）表的显示

1. 显示表的结构

格式：LIST｜DISPLAY　STRUCTURE

功能：显示当前打开表文件的结构，包括文件的记录个数、更新日期、各字段名、类型、宽度和小数位数等。命令格式 LIST｜DISPLAY 表示两个命令任选其一。两者的区别是：LIST 用于连续显示表的结构信息，而 DISPLAY 用于分页显示表的结构信息。

图 9-15　是否更改表结构提示

2. 显示表记录

格式：LIST｜DISPLAY［FIELDS］＜字段名表＞］［＜范围＞］［FOR＜条件＞］

LIST 和 DISPLAY 命令的区别在前面已说明，现将命令中各参数的含义介绍如下：

（1）［FIELDS］＜字段名表＞：用来指定要显示的字段，缺省时显示表中的所有字段，但不显示备注型和通用型字段的内容。

(2) 范围：用来指定要显示的记录范围，有四种范围参数可选，即 ALL、NEXT n、RECORD n 和 REST，具体含义前面已经介绍。如果包含 FOR 子句，则省略范围时表示 ALL。

(3) FOR ＜条件＞：表示显示满足条件的所有记录。

(4) 当同时省略范围和条件时，LIST 显示表中所有记录，DISPLAY 只显示当前记录。

例 28：打开职工基本情况表，连续显示第 3～8 条记录的姓名、出生日期、学历。

```
USE 职工基本情况表              && 打开表
GO 3                         && 将记录指针定位在第 3 条记录上
LIST   NEXT 6 姓名,出生日期,学历   && 连续显示 6 条记录
```

(四) 维护表中的数据记录

表文件一旦创建之后，经常要对表中的记录进行增加、修改、浏览、查询、删除等操作。

1. 全屏幕编辑浏览表中记录

(1) 菜单方式：打开表后，单击"显示"菜单中的"浏览"命令，即可打开浏览窗口，此时可以编辑修改表中的记录。

(2) 命令方式

格式：BROWSE ［FIELDS＜字段名表＞］［FOR ＜条件＞］

功能：打开浏览窗口，全屏幕编辑修改表中的数据记录。若命令中包含 FIELDS 子句，则只显示和编辑指定的字段；若包含 FOR 子句，则只有满足条件的记录显示在浏览窗口中。

说明：在编辑浏览窗口中只能修改现有记录内容，若要增加或删除记录，见后面的追加、插入和删除记录部分。

2. 定制浏览窗口　表的浏览窗口既可以显示浏览记录数据，也可以进行编辑修改。同时，用户可以根据实际需要或爱好，将浏览窗口定制成多种形式。如：改变浏览窗口的大小、调整行高与列宽、调整字段的显示顺序、显示或隐藏网格线、分割窗口、设置表中的字体等。

(1) 改变浏览窗口的大小：顾名思义，浏览窗口也是一种窗口，它与 Windows 窗口一样，可以用同样的方法来最大化、最小化、还原或任意改变其大小。

(2) 调整表的行高与列宽：为了使表的外观有更好的布局，可以调整表的行高和列宽。操作方法是：在表的浏览窗口中，将鼠标指针放在第一条记录和第二条记录之间的分隔线处，待鼠标指针变为上下箭头形状时，上下拖动鼠标即可改变行高。

提示：只要改变了第一条记录的行高，其余各行的高度也随之改变，并且与第一条记录的行高相同。

将鼠标指针放在需要改变列宽的列标题右边，待鼠标指针变为左右箭头形状时，左右拖动鼠标即可改变该列的列宽。而改变某一列的宽度不会影响其余各列的宽度。也可以将鼠标放在列标头与第一条记录之间的分隔线处，待鼠标指针变为上下箭头形状时，上下拖动鼠标可以改变列标头的行高。

(3) 调整字段的显示顺序：在浏览窗口中，字段的最初显示顺序由建立字段的顺序决定，但根据需要可以任意改变字段的显示顺序。操作方法是：将鼠标指针放在要移动列的列标题上，待鼠标指针变为向下的黑色箭头时，左右拖动鼠标即可将该列调整到新的位置。

(4) 显示或隐藏网格线：在浏览窗口中，每条记录、每个字段之间都有虚线（即网格线）。

根据需要可以显示或隐藏这些网格线。方法是,单击"显示"菜单下的"网格线"命令。如果勾选了"网格线"命令(即"网格线"前有"√"号),则浏览窗口中显示网格线;否则,浏览窗口中不显示网格线,如图 9-16 所示。

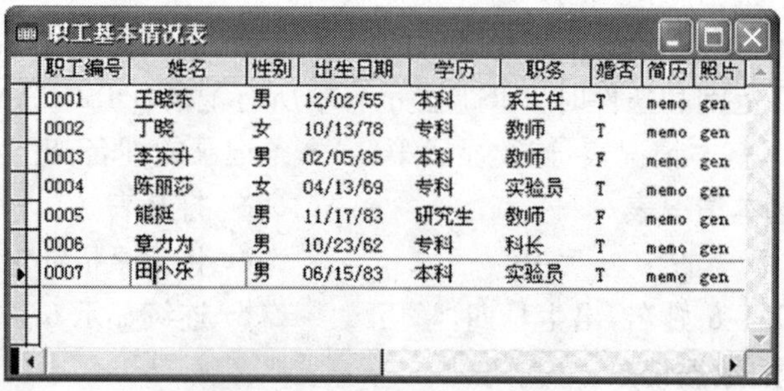

图 9-16 无网格线的表浏览窗口

(5) 设置字体:表中的字体可以重新设置,单击"表"菜单下的"字体"命令,弹出"字体"设置对话框,在该对话框中,可以设置字体、字形、字号,然后单击"确定"按钮即可。

(6) 分割浏览窗口:在浏览窗口中,如果表中记录较多,一屏显示不下时,可以使用窗口中的水平或垂直滚动条来查看窗口之外的内容。除此之外,还可以将浏览窗口分割成两个区,在两个分区窗口中分别显示表中的记录内容。

若要分割浏览窗口,可以将鼠标指针放在浏览窗口左下角的窗口分割条上,待鼠标指针变为左右箭头形状时,左右拖动鼠标到适当位置,即可将浏览窗口分割成两个分区窗口,如图 9-17 所示。

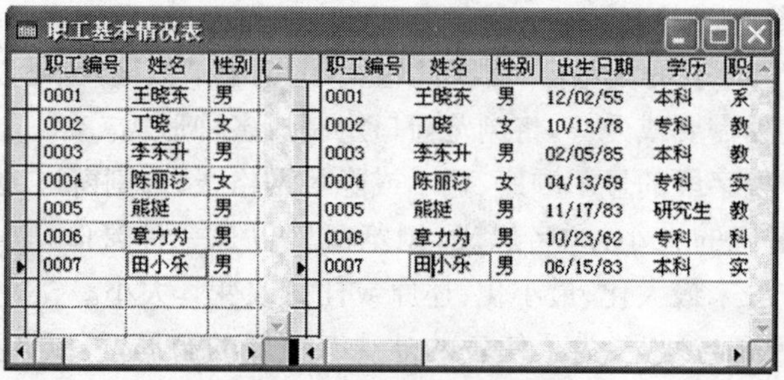

图 9-17 分割后的表浏览窗口

分割后的两个分区窗口具有和原浏览窗口一样的特性。在同一时刻,两个分区窗口中只有一个是当前活动窗口。单击某一个分区窗口即可将其设定为当前活动窗口。

默认情况下,两个分区窗口是相互链接的,即在一个分区窗口中选择了一条记录,这种选择同时会反映到另一个分区窗口中。如果要断开这种联系,可单击"表"菜单下的"链接分区"命令即可使它们的功能独立。

3. 追加记录

(1) 菜单方式:单击"表"菜单下的"追加新记录"命令,一次可以在表结尾追加一条记录。若要同时追加多条记录,可单击"显示"菜单下的"追加方式"命令。

(2) 命令方式

格式:APPEND [BLANK]

功能：在当前表的末尾添加一条新记录，同时进入新记录的输入编辑状态。

说明：若选择 BLANK 子句，则直接在表尾追加一条空记录，不进入输入编辑状态。

当向表中输入记录数据时，如果表中包含备注型字段，再输入备注型字段内容前会显示"memo"，当输入数据后，则显示为"Memo"。要输入备注型字段数据，应先双击"memo"处，即出现如图 9-18 所示的备注型字段编辑器。

在该编辑器中输入关于该记录的有关备注信息。输入完成后，单击编辑器右上角的"关闭"按钮。此时，该字段的"memo"变为"Memo"。

如果字段的类型是通用型，且该字段中无对象时，该字段显示为"gen"，当插入对象后，则显示为"Gen"。要输入通用型字段数据，应先双击"gen"处，即出现图 9-19 所示的通用型字段编辑器，再单击"编辑"菜单下的"插入对象"命令，这时会弹出"插入对象"对话框。在该对话框中，选择要插入的对象所在文件以及决定只是建立一种链接还是将该对象显示出来。最后，单击"确定"按钮即输入完毕，该字段的"gen"显示为"Gen"。

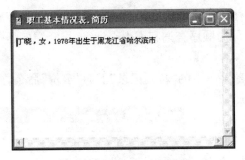

图 9-18　备注型字段编辑器

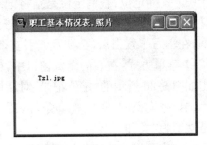

图 9-19　通用型字段编辑器

例 29：在职工基本情况表的末尾增加一条新记录和一条空记录。

　　USE 职工基本情况表

　　APPEND

　　APPEND BLANK

4. 记录指针的定位　　所谓记录指针的定位就是根据操作需要，将记录指针移动到指定的记录上，用以指示当前被操作的记录，即当前记录。当某个表文件刚打开时，记录指针指向的是第一条记录。记录指针的定位方法有三种：绝对定位、相对定位和查询定位。

（1）绝对定位

格式：[GO | GOTO] <数值表达式> | TOP | BOTTOM

功能：将记录指针定位到数值表达式指定的记录上。其中 TOP 和 BOTTOM 分别表示数据表的逻辑首记录和逻辑末记录。

例 30：将职工基本情况表的记录指针移动到第一条记录上，再移动到最后一条记录上。

　　USE 职工基本情况表

　　GO 1(或 GO TOP)

　　GO BOTTOM

（2）相对定位

格式：SKIP <数值表达式>

功能：将记录指针从当前记录向前或向后移动若干条记录。

说明:<数值表达式>表示移动的记录个数,当数值表达式为负时,表示向前(表头方向)移动;当数值表达式为正时,表示向后(表尾方向)移动;如果省略数值表达式,表示向后移动 1 条记录。当记录指针指向第一条记录时,如果执行 SKIP-1,则指针移动到表头,此时 BOF( )函数的返回值为 . T. ,RECNO( )函数的返回值为1;当记录指针指向表中最后一条记录时,如果执行 SKIP 命令,则记录指针移动到表尾,此时 EOF( )函数的返回值为 . T. ,RECNO( )函数的返回值为表中最后一条记录的记录号加1。

例 31: 职工基本情况表中有 200 条记录,将记录指针定位在第 198 号记录上,然后再移动记录指针到表尾,输出 EOF( )函数和 RECNO( )函数的返回值。

```
USE 职工基本情况表
GO 198
SKIP 3
? EOF( )
? RECNO( )
```

(3) 查询定位:查询定位是指将记录指针移动到满足条件的记录上,如果表中没有满足条件的记录,则记录指针指向表尾。查询定位分为顺序查询和索引查询,这里介绍的是顺序查询,在学习了索引后,会涉及索引查询。

1) 菜单方式:在表的浏览窗口中,单击"表"菜单下的"转到记录"下的"定位"命令,此时弹出如图 9-20 所示的"定位记录"对话框。

选择查询范围,指定查询条件(图 9-20 的查询条件是性别为"女"的记录)。

该方法可以快速定位记录指针,从而达到快速查找的目的。

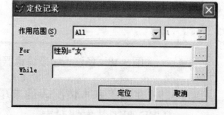

图 9-20 "定位记录"对话框

2) 命令方式

格式:LOCATE [<范围>] FOR<条件>

功能:按照表中记录的物理顺序逐个查找满足条件的记录,如果找到,就将记录指针定位到满足条件的第一条记录上,若要继续查找下一个满足条件的记录,使用 CONTINUE 命令;如果没有找到满足条件的记录,则记录指针指向表尾。

例 32: 在职工基本情况表中依次查找并显示性别为"女"的职工记录。

```
USE 职工基本情况表
LOCATE FOR 性别= "女"
DISP
CONTINUE
```

5. 插入记录

格式:INSERT [BEFORE] [BLANK]

功能:在当前表的指定位置插入一条新记录。若选择 BEFORE 选项,则在当前记录前插入,否则在当前记录后插入。若选择 BLANK 选项,则插入一条空记录。

例 33: 在职工基本情况表的 3 号记录前后各插入一条新记录。

```
USE 职工基本情况表
GO 3
INSERT BEFORE
```

SKIP

INSERT

6. 成批替换修改记录

(1) 菜单方式:如要将"职工基本情况表"中职务字段的"实验员"全部替换成"实验师",其操作步骤如下:

步骤一:打开"职工基本情况表"。

步骤二:单击"表"菜单下的"替换字段"命令,弹出"替换字段"对话框,如图 9-21 所示。

步骤三:在"字段"下拉列表框中选择"职务",在"替换为"栏中输入"实验师",在"作用范围"栏中选择"All",编辑"For"栏,弹出"表达式生成器"对话框,设定"职务='实验员'",单击"替换"按钮即可。

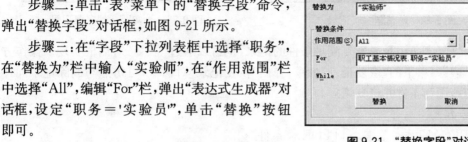

图 9-21 "替换字段"对话框

提示:如果替换的是字符型数据,则该数据必须以双引号(或单引号)标识;如果替换的是数值型数据,则可以不用任何标识符,直接输入。

(2) 命令方式

格式:REPLACE <字段 1> WITH <表达式 1>[,<字段 2> WITH <表达式 2>,…]
　　　[<范围>][FOR<条件>]

功能:用指定表达式的值替换表中相应字段的值。当省略范围和条件时表示只替换当前记录。

例 34: 使用菜单方式替换字段的操作可用如下命令实现:

REPLACE 职务 WITH "实验师"FOR 职务="实验员"

7. 删除记录

要删除表中的记录需要分两步进行。首先是给要删除的记录打上删除标记(*),即逻辑删除表记录,此时被打删除标记的记录并没有真正删除,需要时还可以恢复。然后再对打上删除标记的记录从磁盘上彻底删除,即物理删除表记录,就不可再恢复了。

(1) 逻辑删除

1) 菜单方式:打开表文件后,单击"表"菜单下的"浏览表"命令,打开浏览窗口,单击要删除的记录左边的白色小方框,这时白色小方框变成黑色,则该记录被打上了删除标记,如图 9-22 所示。

如果一次要删除多条记录或删除满足条件的记录,可以通过"删除"对话框来实现。具体操作方法如下:

在表浏览窗口中,单击"表"菜单下的"删除记录"命令,此时弹出如图 9-23 所示的"删除"对话框。确定要删除记录的范围(包括 ALL、NEXT、RECORD、REST)和条件(由 FOR 指定),单击"删除"按钮,即可打上删除标记。

2) 命令方式

格式:DELETE [<范围>] [FOR <条件>]

(2) 恢复删除

1) 菜单方式:在表中,对于已经打上删除标记的记录,还可以去掉删除标记,将其恢复。方法是:在表浏览窗口用鼠标单击删除标记,将黑色标记变为白色即可;或者先选定要恢复的记录,单击"表"菜单下的"切换删除标记"命令。

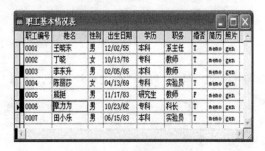
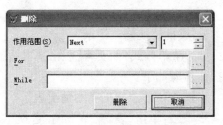

图 9-22 逻辑删除表记录 图 9-23 一次"删除"多条记录

如果要恢复多条记录或恢复满足条件的记录,也可以通过"恢复"对话框实现。操作方法是:单击"表"菜单下的"恢复记录"命令,弹出"恢复记录"对话框,可仿照与删除记录同样的方法设定范围和条件并将其恢复。

2) 命令方式

格式:RECALL [<范围>] [FOR <条件>]

(3) 物理删除

1) 菜单方式:打开要删除记录的浏览表窗口,单击"表"菜单下的"彻底删除"命令,此时弹出如图 9-24 所示的提示框,单击"是(Y)"按钮,则将所有带删除标记的记录从磁盘上彻底删除。

2) 命令方式

格式:PACK

功能:清除表中所有带删除标记的记录。

(4) 一次删除所有记录

格式:ZAP

功能:该命令一次性删除当前表中的全部记录,不管记录是否打上删除标记,只保留表结构。相当于执行 DELETE ALL 和 PACK 两条命令。

8. 过滤记录 过滤记录就是从表中筛选出满足条件的记录。例如,在"职工基本情况表"中要访问全体性别为"男"的记录,则可以通过过滤记录方法实现。操作步骤如下:

步骤一:打开"职工基本情况表"的浏览窗口。

步骤二:单击"表"菜单下的"属性"命令,弹出如图 9-25 所示的"工作区属性"对话框。

图 9-24 彻底删除记录提示 图 9-25 "工作区属性"对话框

步骤三：单击"数据过滤器"右侧的按钮，弹出如图 9-26 所示的"表达式生成器"对话框。设定相应的过滤条件，如：性别＝"男"，单击"确定"按钮。此时，浏览窗口中只显示所有性别为"男"的记录，如图 9-27 所示。

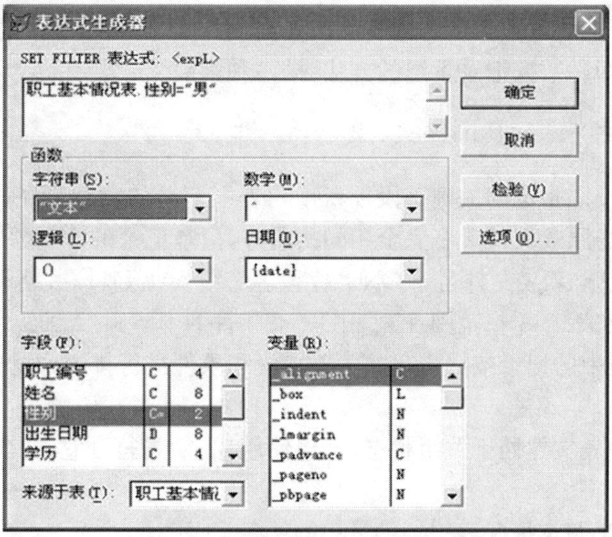

图 9-26　"表达式生成器"对话框

若再想恢复显示所有记录，单击"表"菜单下的"属性"命令，在"工作区属性"对话框的"数据过滤器"栏中清除过滤条件。

过滤记录也可以采用如下命令实现：

格式：SET FILTER TO ＜条件＞

功能：将满足条件的记录过滤出来。

例如，实现上面菜单方式的操作命令是：

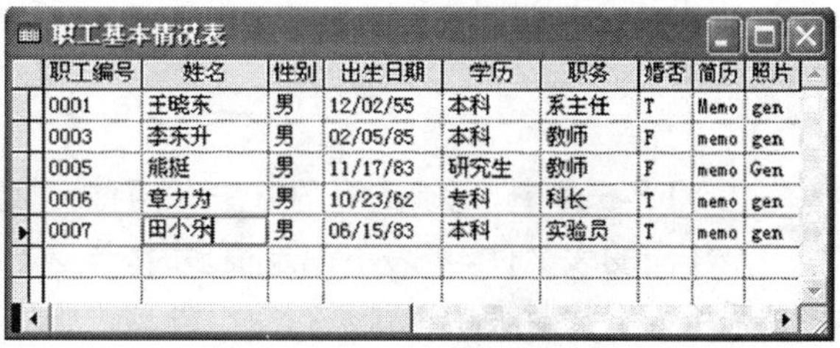

图 9-27　过滤后的表记录

　　SET FILTER TO 性别＝"男"

　　BROW

（五）表的复制

1. 复制表的结构

格式：COPY STRUCTURE TO ＜新文件名＞

功能：将当前表的结构复制生成一个新的表文件。注意：此命令仅复制当前表的结构，不复制表中的任何记录。因此，新表是一个不包含任何记录的空表。

2. 复制表文件

格式：COPY TO ＜新文件名＞［［FIELDS］＜字段名表＞］［＜范围＞］［FOR＜条件＞］

功能：将当前表的结构和数据记录同时复制生成一个新的表文件。该命令既可以将当前表进行完全复制，也可以有选择地复制其中一部分字段和记录，这与命令后选择的参数有关。

3. 从其他表中复制数据记录到当前表

格式：APPEND FROM ＜表文件名＞［FIELDS＜字段名表＞］［FOR ＜条件＞］

功能：将指定表文件中的数据记录添加到当前表的尾部。

第六节　表的排序与索引

一般情况下,表中记录的顺序是按照输入的先后存放的,并用记录号予以标识。但在进行数据处理时,为了加快对数据的检索、存取、查询或打印,需要对表中的记录顺序进行重新组织。本节将介绍两种数据记录重组的方法:排序和索引。

一、表 的 排 序

所谓排序是指按照指定的关键字段重新排列表中记录的物理顺序,同时产生一个新的表文件。新表文件与原表文件具有完全相同的内容,只是记录的排列顺序不同。

格式:SORT TO <新表文件名> ON <字段名1>[/A|/D] [,<字段名2>[/A|/D]…] [FIELDS <字段名表>][<范围>][FOR <条件>]

功能:对当前表中的记录按照指定的关键字段和条件进行排序,并将排序结果输出到一个新的表文件中。

说明:新生成的表文件处于关闭状态,若想使用,必须先打开它。其中/A表示升序,/D表示降序,默认为升序。

例35:显示职工基本情况表中年龄最小的4条记录。

```
USE 职工基本情况表
SORT TO ZGB ON 出生日期/D
USE ZGB
LIST NEXT 4
```

二、表 的 索 引

在VFP 6.0中,记录重组的方法有两种:排序和索引。由于排序会生成与原表文件内容完全相同的表文件,当表中记录很多时,势必造成磁盘空间的浪费。因此,在实际应用中往往采用索引法对表中记录进行重组处理。索引就是使表中记录按照索引表达式的值进行有序的排列,但不改变记录的物理顺序,只是生成一个索引关键表达式与记录号之间的对照表,这个对照表就是索引文件。当索引文件打开并起作用后,对表的操作将按照记录的逻辑顺序进行,而不是按照记录的物理顺序操作。一个表文件可以根据不同的要求建立多个索引,也可以同时将这些索引文件打开,但在同一时刻只有一个索引发生作用,该索引被称为主控索引。

使用索引的好处是加快数据查询的速度,与排序相比,还能够节省更多的时间和空间。

三、索引文件的类型

在VFP 6.0系统中,索引文件的类型包括两种:单索引文件和复合索引文件。

1. 单索引文件　一个索引文件中只包含一个索引,其索引文件名可以自己定义,扩展名为".idx"。由于一个单索引文件中只包含一个索引项,当需要使用多个索引时,就必须建立多个索引文件。单索引文件不会随着表文件的打开而自动打开,因此在更新表前必须打开所有的单索引文件。

2. 复合索引文件　允许包含多个索引,每个索引都用一个索引名来标识。复合索引文件的扩展名.cdx。复合索引文件又分为结构复合索引文件和非结构复合索引文件。其中，结构复合索引文件比较特殊，它的文件名与相应的表文件同名，扩展名也是".cdx"。在表文件打开的同时，该索引文件会自动随之打开，且当用户对表中的记录进行修改时，结构复合索引文件中的全部索引会自动更新。因此，在各类索引文件中，结构复合索引文件效率高，而且使用最为方便。

四、索引的类型

在VFP 6.0系统中，索引类型有四种：普通索引、主索引、候选索引和唯一索引。

1. 普通索引　是最常用的索引类型，无任何限制。一个表中允许建立多个普通索引，自由表和数据库表都可以建立普通索引。

2. 主索引　不允许在指定字段中出现重复值的索引。主索引能够唯一标识不同记录的字段。每个表只能有一个主索引，而且只有数据库表才能建立主索引。一般把最具有代表性的字段作为表中的主索引。

3. 候选索引　也是不能在指定字段中出现重复值的索引。在一个表中可以有多个候选索引。当表中缺少主索引时，候选索引可以成为主索引。数据库表和自由表都可建候选索引。

4. 唯一索引　是指在索引文件中只保留第一次出现的索引关键字值。唯一索引允许字段值为空。数据库表和自由表均可建立唯一索引。

五、建立索引文件

建立索引文件通常是在表设计器中完成的。以"职工工资表"为例，建立以"基本工资"为索引项的索引文件，操作步骤如下：

步骤一：打开"职工工资表"。单击"显示"菜单下的"表设计器"命令，弹出表设计器对话框。再单击"索引"选项卡，如图9-28所示。

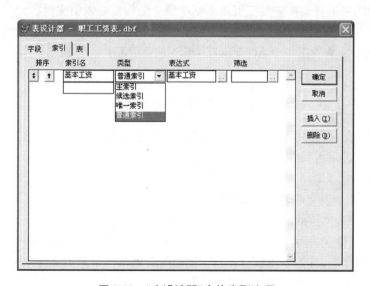

图9-28　"表设计器"中的索引选项

步骤二：在索引名下输入索引名称"基本工资"，依次为该索引设置索引类型、索引表达式、筛选条件、排序类型等。注意，索引表达式的默认值就是索引字段的字段名。在"筛选"项设定了筛选条件，则对表中满足条件的记录进行排序，如果没有设定，则对表中所有记录进行排序。

步骤三：此索引设置完毕后，还可以设置第 2 个索引，操作步骤同上。

步骤四：当所有索引设置完毕后，单击"确定"按钮，此时，系统弹出"是否为永久性地更改表结构？"的提示框，单击"是"按钮，即建立了一个以字段"基本工资"为索引的索引文件。

提示：在表设计器中建立的索引都是结构复合索引。

另外，建立索引文件还可以使用命令方式，格式如下：

1. 建立单索引文件

格式：INDEX ON ＜索引关键表达式＞ TO ＜单索引文件名＞

功能：对当前表文件按指定的索引关键表达式建立单索引文件。单索引文件只能按升序索引，生成的单索引文件扩展名为 .idx。

例 36： 对职工基本情况表按出生日期的先后建立单索引文件。

USE 职工基本情况表

INDEX ON 出生日期 TO CSRQ

LIST 职工编号，姓名，出生日期

2. 建立结构复合索引

格式：INDEX ON ＜索引关键表达式＞ TAG ＜索引标识名＞[ASCENDING/DESCENDING]

功能：对当前表按照索引关键表达式的值建立一个结构复合索引文件。

说明：一个表只能建立一个结构复合索引文件，且文件名与表文件同名。一个结构复合索引文件中可以包含多个索引，这些索引通过索引标识名加以区分。若选择 ASCENDING，按索引表达式建立升序索引；若选择 DESCENDING，按降序索引，默认（不选）为升序。

例 37： 对职工工资表按应发工资由多到少建立结构复合索引文件。

USE 职工工资表

INDEX ON 应发工资 TAG YFGZ DESCENDING

LIST

六、使 用 索 引 文 件

要使用索引文件，必须先将其打开。结构复合索引文件随着表文件的打开而自动打开。但是单索引文件必须由用户自己打开。

1. 打开单索引文件

格式 1：USE ＜表文件名＞ INDEX ＜索引文件名表＞

功能：在打开表文件的同时打开与其相关的索引文件。

说明：索引文件名表可以包含多个单索引文件，即可同时打开多个索引文件，其中只有一个索引起控制作用，称为主控索引。对于同时打开的多个单索引文件来说，位于索引文件名表中的第一个索引为主控索引。当然，要确定哪一个索引为主控索引还需使用 SET ORDER TO 命令。

格式 2：SET　INDEX　TO ＜索引文件名表＞

功能：当一个表文件已经打开后，使用本命令打开一个或多个相关索引文件。

2. 确定主控索引

格式：SET ORDER TO ＜单索引文件名＞|TAG ＜索引标识名＞

功能：指定当前打开的单索引文件或索引标识中哪一个为主控索引。

例38： 对职工基本情况表按部门和性别分别建立两个单索引文件（SY1.IDX 和 SY2.IDX），再按出生日期由先到后建立一个结构复合索引（索引标识名为 SY3）。然后确定主控索引为 SY2，并显示结果。

　　USE 职工基本情况表

　　INDEX ON 部门 TO SY1

　　INDEX ON 性别 TO SY2

　　INDEX ON 出生日期 TAG SY3

　　SET ORDER TO SY2

　　LIST

另外，对于结构复合索引，还可以使用菜单方式确定主控索引。操作步骤如下：

步骤一：打开表浏览窗口。单击"表"菜单下的"属性"命令，弹出"工作区属性"对话框。

步骤二：在"工作区属性"对话框中的"索引顺序"下拉列表框中列出了此表的所有结构复合索引项，如图 9-29 所示。注意："无顺序"是默认值，表示不按任何索引来排序显示，只按记录的物理顺序显示。

步骤三：在"索引顺序"下拉列表框中，选择一种用于排序的索引（如"基本工资"）后，单击"确定"按钮。此时，浏览窗口中的表记录顺序已按"基本工资"的顺序排列，如图 9-30。

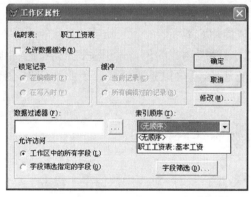

图 9-29　设置工作区属性中的"索引顺序"　　　　图 9-30　排序后的表记录

3. 更新索引　如果在修改表时，与表相关的索引文件没有打开，则对表中记录的修改不会反映到索引文件中，此时需要重新更新索引文件，操作命令如下：

格式：REINDEX

4. 关闭索引文件

格式 1：CLOSE INDEX

格式 2：SET INDEX TO

功能：关闭当前工作区中打开的所有索引文件。但结构复合索引文件除外，它随表文件的关闭而自动关闭。

七、索引查询定位

表中记录查询定位的方式包括顺序查询和索引查询。前面学习了顺序查询定位命令 LOCATE FOR,它是按照记录的物理顺序进行查询定位的。如果一个表建立了相应的索引文件,就可以使用索引查询方式,以加快查询速度。下面介绍两个常用的索引查询命令。

1. SEEK 命令

格式:SEEK <表达式>

功能:查找索引关键表达式值和指定的表达式值相匹配的第一条记录。如果找到,将记录指针定位在该记录上,如果没有相匹配的记录,则记录指针指向表尾。

说明:表达式可以是数值型、字符型、逻辑型、日期型。SEEK 中的表达式必须使用相应的定界符。如字符型表达式需使用字符串定界符,日期型表达式需使用系统当前指定的日期格式符(通常为严格日期格式{^YYYY/MM/DD}),数值型表达式无需使用定界符。

例 39:在职工基本情况表中查找出生日期为 1969 年 4 月 13 日出生的职工记录,并显示其职工编号、姓名、出生日期、职务。

USE 职工基本情况表

INDEX ON 出生日期 TO SY

SEEK {^1969-04-13}

DISPLAY 职工编号,姓名,出生日期,职务

2. FIND 命令

格式:FIND <字符型常量>|<数值型常量>

功能:查找索引关键表达式值和指定的字符型常量或数值型常量的值相匹配的第一条记录。

说明:在使用 FIND 命令时,字符型常量无需使用定界符。

提示:SEEK 命令可以用来查找任意表达式,只要表达式的值与索引关键表字的值相匹配。而 FIND 只能用来查找字符型常量和数值型常量,不可以是表达式。因此,SEEK 命令的应用更为普遍。

第七节   表的统计与计算

在数据处理过程中,经常需要对表中记录个数进行统计,对表中数值型字段求平均值、求和等计算。本节介绍常用的几个统计计算命令。

1. 统计记录个数命令

格式:COUNT [TO < 内存变量>] [< 范围>] [FOR <条件>]

功能:统计当前表中指定范围内满足条件的记录个数。如果指定内存变量,将结果保存到指定的内存变量中。若不指定内存变量,则统计结果显示在屏幕上。当缺省范围和条件时,统计所有记录。

例 40:统计职工基本情况表中学历为本科的职工人数。

USE 职工基本情况表

COUNT TO x FOR 学历="本科"

? x

2. 求和命令

格式：SUM [<表达式表>][TO < 内存变量表>][< 范围>][FOR <条件>]

功能：将当前表中指定范围内满足条件的记录按指定的表达式分别求和。当缺省表达式表时，对所有数值表达式求和。其他参数的含义同 COUNT 命令。

例 41： 统计职工工资表中所有职工的奖金总额。

　　USE 职工工资表

　　SUM 奖金 TO y

　　? y

3. 求平均值命令

格式：AVERAGE [<表达式表>][TO < 内存变量表>][< 范围>][FOR <条件>]

功能：将当前表中指定范围内满足条件的记录按指定的表达式分别求平均值。当缺省表达式表时，对所有数值表达式求平均值。其他参数的含义同 COUNT 命令。

例 42： 统计职工基本情况表中男职工的平均年龄。

　　USE 职工基本情况表

　　AVERAGE YEAR(DATE())-YEAR(出生日期) FOR 性别＝"男" TO z

　　? z

第八节　多 表 操 作

在数据库应用系统开发过程中，经常需要同时对多个表进行操作，这就要求同时打开多个表文件。VFP 6.0 系统提供多个工作区，每个工作区中只能打开一个表文件，若要同时打开多个表文件，必须选择不同的工作区。

一、工 作 区

1. 工作区的概念　工作区是指在内存中开辟的一块空间，用于保存表及其相关文件。每个工作区中只能打开一个表文件，若打开了另一个表文件，则原来打开的表文件会自动关闭。

每个工作区中都有一个记录指针指向该工作区中打开的表的当前记录，这样，每个工作区都可以独立操作。可以通过选择不同的工作区来对其中的表进行操作，但在同一时刻只能对一个工作区进行操作，该工作区就称为当前工作区。

VFP 6.0 系统提供 32 767 个工作区，并分别用 1～32 767 为工作区进行编号，其中 1～10 号工作区还可用系统定义的别名(A～J)来表示。用户还可以自己定义别名，使用的命令是：USE <表文件名> ALIAS <别名>。

2. 工作区的选取　要在某个工作区中打开一个表，首先应该选择该工作区。下面是选择工作区的命令。

格式：SELECT <工作区号>|<工作区别名>

功能：选择一个工作区作为当前工作区。

说明：可以直接选择工作区号，也可以通过指定别名来选择工作区；选择了一个工作区后，就可以在其中打开一个表，或者把该工作区中已经打开的表作为当前表进行操作；如果选择了 0 号工作区，则表示指定当前未被使用的最小工作区作为当前工作区；使用该命令仅仅是实现在不同工作区之间切换,对任何工作区中表的记录指针没有任何影响。

3. 非当前工作区中字段的引用　对当前工作区中打开表文件的字段可以直接访问,而对于非当前工作区中打开表的字段在引用时必须加上非当前工作区的别名和连接符号。

格式 1:工作区别名 . 字段名

格式 2:工作区别名->字段名

例 43：在 1 号工作区和 2 号工作区中分别打开职工基本情况表和职工工资表。显示 1 号工作区表中的当前记录的职工编号、姓名和职务三个字段;然后显示 2 号工作区表中当前记录的职工编号、基本工资两个字段。

SELECT A

USE 职工基本情况表

SELECT B

USE 职工工资表

SELECT 1

DISP 职工编号,姓名,职务

SELECT 2

DISP 职工编号,基本工资

上述例子中,分别对两个表中的字段进行了显示操作。如果要按照相同职工编号同时显示两个表中的字段值,则需要在移动当前工作区表中记录指针的同时,相应地移动非当前工作区表中的记录指针,否则将会出现记录数据不匹配的错误。要实现这一操作,可以通过表间建立关联来达到。

二、表间的关联

所谓表的关联是指在两个表之间按照某种条件建立一种逻辑连接,当当前表中的记录指针发生移动时,被关联表中的记录指针也自动随之进行相应的移动,以达到多表同时操作的目的。建立关联后,关联的表称为主表,也称主文件,被关联的表称为子表,也称子文件。关联条件往往是由字段名组成的表达式。表间的关联分为三种:即一对一关联、一对多关联和多对多关联。

(一) 一对一关联

主表中的每一条记录只能对应子表中的一条记录,而子表中的每一条记录也只能对应主表中的一条记录。是一一对应关系。创建表间一对一关联可以采用菜单和命令两种方式。

1. 菜单方式　操作步骤如下:

步骤一:单击“窗口”菜单中的“数据工作期”命令,弹出如图 9-31 所示的对话框。

步骤二:单击“打开”按钮,将要建立关联的表在不同的工作区中打开。本例中用到的两个表是“职工基本情况表”和“职工工资表”。

步骤三:在“别名”列表框中选择主表(职工基本情况表),单击“关系”按钮,右侧“关系”列表中显示出主表文件名,同时下方出现一条关联线,再选择子表(职工工资表)。

如果子表未指定主控索引,系统会弹出如图 9-32 所示的“设置索引顺序”对话框,以指定子表的主控索引。

图 9-31　"数据工作期"对话框

图 9-32　"设置索引顺序"对话框

步骤四：选定一个索引作为子表的主控索引，单击"确定"按钮，弹出如图 9-33 所示的"表达式生成器"对话框。在"字段"列表框中双击需要关联的关键字段，本例中为"职工编号"，再单击"确定"按钮，返回"数据工作期"对话框，在"数据工作期"右侧列表框中的"职工基本情况表"和"职工工资表"之间出现了一条连线，表明两个表之间已经建立了关联，如图 9-34 所示。

图 9-33　"表达式生成器"对话框

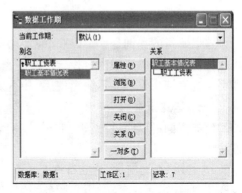

图 9-34　建立关联后的"数据工作期"

两个表之间建立了关联后，就可以在命令中引用被关联表中的字段了。例如，按照"职工编号"显示职工基本情况表和职工工资表中的对应记录的职工编号、姓名、职务、基本工资字段。用命令表示如下：

LIST 职工编号,姓名,职务,b->基本工资

2. 命令方式

格式：SET RELATION TO [<关联表达式>] [INTO <别名>|<工作区号>] [ADDITIVE]

功能：将当前工作区中打开的表文件与别名（或工作区号）指定的表文件按照关联表达式建立关联。

说明：在使用命令方式建立关联前，子表必须先按某一关键字建立索引，同时要确定这个索引为主控索引。当按照关联表达式建立了关联后，每当主表文件的记录指针移动

时,子表文件的记录指针就将指向关联表达式与索引表达式值相匹配的第一条记录上, 如果没有找到相匹配的记录,则子表的记录指针指向文件尾;如果选择了 ADDITIVE 选 项,表示在建立新关联的同时保留原有的关联,实现一个表和多个表的关联,否则取消原 有的关联;当 SET RELATION TO 命令后缺省所有参数时,表示断开与当前表的所有 关联。

(二) 一对多关联

主表中的一条记录可以对应子表中的多条记录,而子表中的一条记录在主表中只能有 一条记录与之对应,称这种对应为一对多关联。

(三) 多对多关联

主表中的一条记录可以对应子表中的多条记录,而子表中的一条记录在主表中也有多 条记录与之对应,称这种对应为多对多关联。

第九节　查询与视图

在数据处理过程中,经常会遇到需要从一个或多个表中提取出用户所需数据的问题,这 可以通过设计查询和视图来实现。查询和视图为用户在大量的数据中查找有用数据提供快 捷、准确而且有效的手段。

一、设 计 查 询

这里所指的查询是一个以“. qpr”为扩展名的文件,也称查询文件。该文件中存储的是 用户根据要查找的字段内容设定的一些查询条件。在进行数据查询时,只需运行查询文件 即可。查询结果仅供显示输出使用,并不会影响原表文件。

(一) 建立查询

建立查询可以通过“查询向导”或“查询设计器”两种途径实现。下面分别介绍这两种 方法。

1. 利用“查询向导”建立查询　下面以在“职工基本情况表”中查找出学历是本科的男 性职工,且仅显示姓名、学历和职务为例,介绍建立查询的过程,具体操作步骤如下:

步骤一:单击主窗口中“文件”菜单下的“新建”命令,弹出“新建”对话框。选择“查询”, 单击“向导”按钮,弹出“向导选取”对话框,如图 9-35 所示。

步骤二:选择“查询向导”,单击“确定”按钮,弹出“查询向导”的字段选取对话框。

步骤三:先在“数据库和表”下拉框中,选择所需的数据 库和表。此例中选择自由表“职工基本情况表”。然后选取 在查询结果中要显示的字段,即将“可用字段”中的“姓名”、 “学历”、“职务”添加到“选定字段”栏中。如图 9-36 所示。

步骤四:单击“下一步”按钮,则弹出“查询向导”的筛选 记录对话框,按图 9-37 设定查询条件。

步骤五:单击“下一步”,弹出“查询向导”的排序对话 框,选定排序字段为“学历”,升序排列筛选结果,如图 9-38 所示。

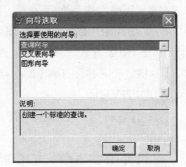

图 9-35　“向导选取”对话框

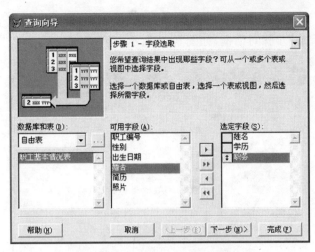

图 9-36 "查询向导"中的字段选取

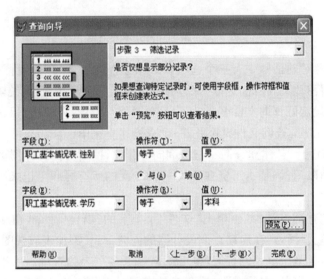

图 9-37 在查询向导中"筛选"记录

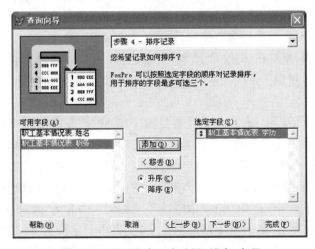

图 9-38 在查询向导中选择"排序"字段

步骤六:单击"下一步"。弹出"限制记录"对话框,此时按默认值选取,单击"下一步"。弹出查询向导的"完成"步骤对话框,如图 9-39 所示。

图 9-39 查询向导完成对话框

步骤七:在"完成"对话框中有三个选项,即"保存查询"、"保存并运行查询"、"保存查询并在'查询设计器'修改"。在此,选取"保存查询",单击"完成"按钮,系统随即弹出"另存为"对话框,为该查询设定好查询文件名(如:query1)及保存位置,再单击"保存"按钮,则生成了一个名为 query1.qpr 的查询文件。至此,一个查询建立完毕。

2. 利用"查询设计器"建立查询 与查询向导相比,使用查询设计器可以更加灵活地设计查询文件。下面以"查询基本工资在 800～1 000 元的所有男职工记录"为例,介绍查询设计器的使用方法。

步骤一:启动"查询设计器"。单击"文件"菜单下的"新建"命令,在新建对话框中选择"查询",单击"新建文件",则在启动查询设计器的同时弹出"添加表或视图"对话框。

建立查询可以是基于单表的查询,也可以是基于多个表的查询。由于本例中要建立的查询包括两个表中的字段,因此需要将"职工基本情况表"和"职工工资表"依次添加到查询设计器中作为查询数据的来源。如果两个表是数据库表,可直接在数据库中选取表后单击"添加表或视图"对话框中的添加按钮即可;如果要添加的表是自由表,则单击"其他"按钮,从列表中选择这两个表,再添加到查询设计器中,如图 9-40 所示。

添加完这两个表,系统将弹出"联接条件"对话框,如图 9-41 所示。如果在建立数据库的时候就为这两个表指定了永久关联,则添加完两表后,它们之间将出现连接线,此时不需再指定。

在"联接条件"对话框中,有四种联接类型:即内部联接、左联接、右联接和完全联接。内部联接是指查询结果中仅包含两个表中与联接条件相匹配的记录;左联接是指以第一个表(父表)为基准,不论父表中的记录依联接关系在另一表(子表)中有无相匹配的的记录,在查询结果中都显示父表中所示的记录,若有不匹配的记录,子表的字段值显示为 NULL;右联接是指以子表为基准,不论子表的记录依联接关系在父表中有无相匹配的记录,在查询结果中都显示子表中所有的记录,若有不匹配的记录,父表中的字段值显示为 NULL;全联接是指在查询结果中,将显示两个表中所有的记录,当两个表依联接关系有匹配的记录时,该记

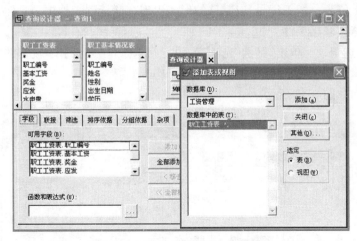

图 9-40　向"查询设计器"中添加表

录的所有字段值显示在同一行上；当父表的记录在子表中没有匹配的记录时，子表的字段值显示为 NULL；当子表的记录在父表中没有匹配的记录时，父表的字段值显示为 NULL。

　　在此对话框中，以"职工情况表．职工编号"等于"职工工资表．职工编号"为联接关系，选择"内部联接"，单击"确定"按钮，返回"查询设计器"窗口。

　　步骤二：选取字段。在"查询设计器"窗口中，单击"字段"选项卡，两个表中的所有字段都显示在"可用字段"栏中。本例将职

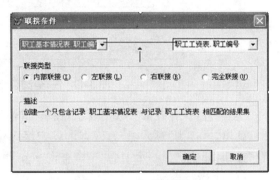

图 9-41　指定"联接条件"

工的姓名、性别及基本工资分别选中并添加到"选定字段"栏中，如图 9-42 所示。

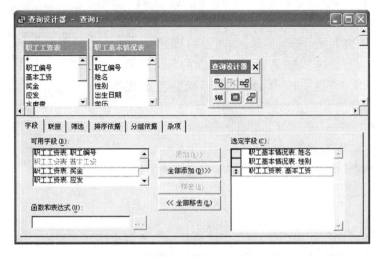

图 9-42　在"查询设计器"中选取字段

步骤三：设置联接。单击"联接"选项卡，先前建立的内部联接（即职工基本情况表．职

工编号＝职工工资表．职工编号）以默认的形式出现在联接列表框中。当然，根据情况此时还可以增加或修改联接条件。

步骤四：筛选记录。单击"筛选"选项卡，设定筛选条件。此例中，设定的筛选条件是"职工基本情况表．性别＝'男' AND 职工工资表．基本工资＞＝800 AND 职工工资表．基本工资＜＝1000"，如图 9-43 所示。

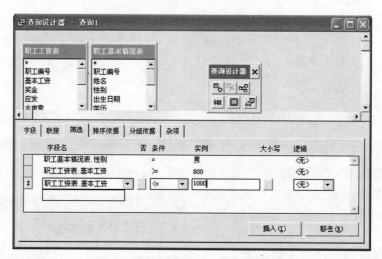

图 9-43　在"查询设计器"中设定筛选条件

步骤五：保存查询。根据要求，在"查询设计器"窗口中设置完毕后，关闭查询设计器，此时，弹出"另存为"对话框，为该查询设定保存位置及查询文件名（即工资查询）后，单击"保存"按钮，即建立了一个名为"工资查询．qpr"的查询文件。

（二）运行查询

建立了查询文件后，要想看到查询结果必须运行查询。运行查询文件可以通过菜单方式、工具按钮和命令方式。

1. 菜单方式　单击主窗口中"程序"菜单下的"运行"命令，弹出"运行"对话框，选取要运行的查询文件，如"query1.qpr"，单击"运行"按钮，屏幕上显示查询结果，如图 9-44 所示。

2. 工具按钮　直接单击"查询"菜单下面的"运行'！'"按钮，即可显示基本工资在 800～1 000 元的男职工记录，即查询结果。

图 9-44　查询结果示例

3. 命令方式

格式：DO　＜查询文件名＞

提示：在使用该命令时，查询文件的扩展名不可省略。

二、设 计 视 图

视图具有与查询类似的功能，都可以实现从一个或多个相互关联的表中提取有用信息。但视图不像查询那样以独立文件形式存在，而是存储在数据库中的虚拟表，依赖于数据库而存在。除此之外，视图还可以更新数据源（即生成视图的一个或多个关联表），并将更新结果永久保存在数据源中。

视图分本地视图和远程视图两种,这取决于数据源。如果是从当前数据库的表或其他视图中获取信息,则所建立的就是本地视图。否则,如果是从当前数据库之外的其他数据源中获取信息,就是远程视图。

1. 建立视图　建立视图的方法很多,可以使用视图设计器,也可以使用视图向导,还可以使用命令方式。

下面仍以"查询基本工资在 800～1 000 元的所有男职工记录"为例,介绍使用视图设计器建立视图的过程。操作步骤如下:

步骤一:打开工资管理数据库。

步骤二:单击"文件"菜单下的"新建"命令,在"新建"对话框中选择"视图",再单击"新建文件",打开视图设计器。将职工基本情况表和职工工资表添加到视图设计器中。在弹出的"联接条件"对话框中选择联接条件为"职工编号",选择联接类型为"内部联接",单击"确定"按钮。然后关闭"添加表和视图"对话框。

步骤三:选中视图设计器的"字段选项卡",将"姓名"、"性别"、"基本工资"添加到"选定字段"栏中。

步骤三:除了"更新条件"外,其他选项的设置与查询设计器中的操作相同。

步骤四:设置更新条件。单击"更新条件"选项卡,在"字段名"列表中给出了可以更新的字段。其中,钥匙符号用来指定对应的字段是否是关键字段,铅笔符号用来指定该字段是否可以更新,打对号(√)表示可以作为关键字段或可以更新。本例中将三个字段都打上两种标记。选择"发送 SQL"更新,表示将视图中的更新结果传回到数据源中。

图 9-45　视图运行结果

2. 运行视图　单击常用工具栏上的运行按钮"!",视图运行结果如图 9-45 所示。

第十节　SQL 语言

SQL(Structured Query Language)是结构化查询语言的英文缩写。SQL 语言具有除了具有强大的数据查询功能外,还具有数据定义、数据操纵和数据控制等功能。因此,它已经成为关系数据库的标准语言。

一、数 据 查 询

查询是 SQL 语言的主要功能,它是由 Select 命令来实现的,SELECT 命令的用法非常复杂,下面只给出其最常用的查询格式:

SELECT [ALL|DISTINCT] <选项 1>[AS<显示列名 1>][, <选项 2>[AS<显示列名 2>…] FROM <表名 1>[,<表名 2>…] WHERE <查询条件>

说明:ALL 表示查询所有的记录,包括重复记录;DISTINCT 表示查询结果不包含重复记录;选项可以是表中的字段名、函数或表达式等,如果选项用 * 号,则表示全部字段;显示列名是指在实际输出时,如果不希望直接用字段名来表示某列标题,可以用显示列名表示,使得意义更加直观;FROM 后的"表名"表示建立查询的数据源;WHERE 用于指定查询条件。

例 44：利用 SQL 语句列出所有男职工的姓名、性别和年龄，去掉重名的职工记录。

SELECT DISTINCT 姓名 AS 职工姓名，性别，YEAR(DATE())-YEAR(出生日期) AS 年龄 FROM 职工基本情况表 WHERE 性别＝"男"

二、数 据 定 义

标准的 SQL 语言数据定义功能非常广泛，可以定义数据库、表、视图以及存储过程等，下面简单列出定义表的 SQL 语句格式：

CREATE TABLE | DBF ＜表名＞ [FREE] (＜字段名 1＞ ＜字段类型＞(＜宽度＞ [,＜小数位数＞]),＜字段名 2＞ ＜字段类型＞(＜宽度＞[,＜小数位数＞])…)

例 45：用 CREATE 命令建立自由表：职工基本情况表，表中包含职工编号、姓名、性别、出生日期、基本工资 5 个字段。

CREATE TABLE 职工基本情况表 FREE(职工编号 C(4)，姓名 C(8)，性别 C(2)，出生日期 D(8)，基本工资 N(6,1))

三、数 据 操 纵

数据操纵是指利用 SQL 语言完成对表中数据的操作，包括记录的插入(INSERT)、更新(UPDATE)和删除(DELETE)等。

1. 插入记录

格式：INSERT INTO ＜表名＞[＜字段名表＞] VALUES(＜表达式表＞)

功能：在指定表的结尾添加一条新记录，记录的内容由 VALUES 后面表达式的值给出。

说明：当字段名缺省时，表示表中的所有字段，此时插入的数据格式及顺序必须与表的结构完全一致；如果只是插入记录的部分数据值，则应该用字段名表给出要插入值的字段，并且 VALUES 后面的值与相应的字段名对应。

例 46：在由例 2 所建立的表尾添加一条记录。

INSERT INTO 职工基本情况表 VALUES("0008","张华","女"；

{^1967-11-08}，1080.5)

2. 删除记录

格式：DELETE FROM ＜表名＞ [WHERE＜条件＞]

功能：从指定的表中删除满足条件的记录。

例 47：删除职工基本情况表中所有女职工的记录。

DELETE FROM 职工基本情况表 WHERE 性别＝"女"

3. 更新记录

格式：UPDATE ＜表名＞ SET ＜字段名 1＞＝＜表达式 1＞[,＜字段名 2＞＝＜表达式 1＞]

[WHERE ＜条件＞]

功能：更新表中满足条件记录的字段值。当省略条件时，表示更新全部记录。

例 48：将职工基本情况表中所有女职工的基本工资加上 50 元。

UPDATE 职工基本情况表 SET 基本工资＝基本工资＋50 WHERE 性别＝"女"

第十一节　报　　表

当用户创建了表之后,就可以对表中数据实施屏幕浏览、修改、查询等操作。此外,如何灵活地输出用户所需的各类数据信息,这是报表所能够实现的功能。

报表也是一个文件,其扩展名为".frx"。它由数据源和报表布局两部分组成。数据源是指生成数据报表的数据库表、自由表、查询或视图等,报表布局则定义了报表的打印格式。

一、建立报表

在 VFP 6.0 中,建立报表有两种方法:利用"报表向导"或"报表设计器"来建立。

(一) 利用"报表向导"建立报表

VFP 6.0 为用户提供了两种不同的"报表向导":一种是建立基于单个数据表或视图的报表;另一种是建立基于一对多关系的多个表或视图的报表。

启动报表向导的方法很多,可以利用项目管理器的"文档"选项卡中的"报表"选项启动;也可以利用"文件"菜单下的"新建"命令启动。下面以对职工基本情况表创建报表为例来说明利用报表向导创建报表的步骤。

步骤一:单击"文件"菜单下的"新建"命令,在弹出的"新建"对话框中选择"报表",单击"向导"按钮,弹出"向导选取"对话框,如图 9-46 所示。

步骤二:选取"报表向导",单击"确定"按钮,弹出如图 9-47 所示的报表向导"步骤 1-字段选取"对话框。

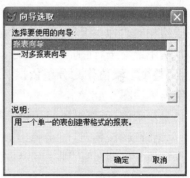

图 9-46　"向导选取"对话框

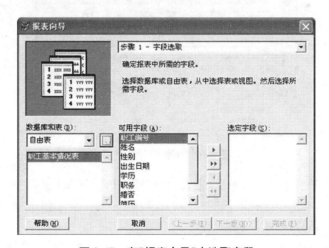

图 9-47　在"报表向导"中选取字段

步骤三:在图 9-47 中,选择一个数据表作为报表的数据源,并将该数据源中要打印的字段添加到"选定字段"框中,单击"下一步"按钮,弹出报表向导"步骤 2-分组记录"对话框,如图 9-48 所示:

步骤四:确定记录的分组方式。所谓记录的分组方式,即按某个字段的值进行分组,字

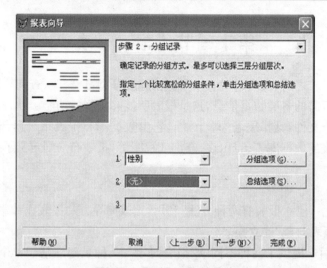

图 9-48 "分组记录"对话框

段值相同的为一组,打印时,同组记录将被连续打印。最多可以选三个字段作为分组依据。本例中选择按"性别"进行分组,单击"分组选项"按钮,弹出"分组间隔"对话框。默认情况下,整个字段值作为分组依据。也可以指定该字段前 1～5 个字母相同的为一组,单击"确定",返回图 9-48。

步骤四:若要对每组记录进行统计或运算(如求和、求平均、求最大、最小值等),则单击"总结选项"按钮,这时会弹出如图 9-49 所示的"总结选项"对话框。在该对话框中,要对某个字段做何种运算,则选中对应的复选框。此外,在该对话框中,还能设置打印内容(即是否包含细节和总结)。定义后,单击"确定"按钮,返回图 9-48。

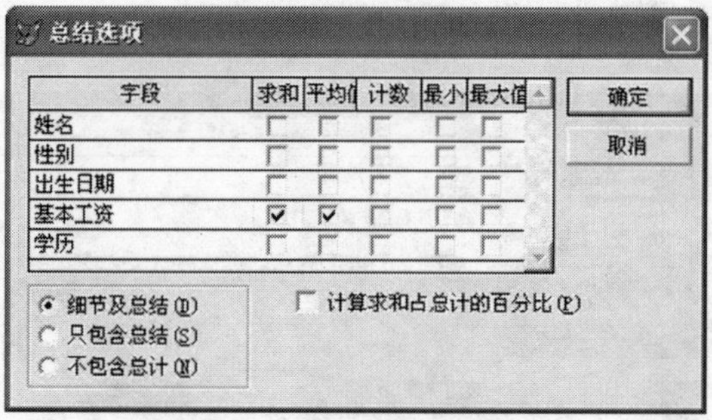

图 9-49 按组统计或计算

步骤五:单击"下一步"按钮,弹出"报表向导"第三个对话框(选择报表样式),在"样式"框中选择一种样式,本例中选择默认的"经营式",单击"下一步",弹出"报表向导"的第四个对话框(定义报表布局),如图 9-50 所示。

步骤六:设置报表的布局。在图 9-50 中,"列数"即打印输出时的栏数;"字段布局"中的"列"指同一记录的所有字段内容在同一行上,而"行"指同一记录的所有字段内容在同一列中。若在对话框此前未设置"分组选项","列数"和"字段布局"项才可用。单击"下一步"按钮,弹出"报表向导"的第五个对话框(排序记录)。对每组内部记录设置排序方式。如图 9-51 所示:

步骤七:单击"下一步"按钮,弹出"报表向导"第六个对话框。为报表输入标题"职工基本情况表"。此时,可以单击"预览"查看报表结果。若不满意,可以单击"上一步",重新设计

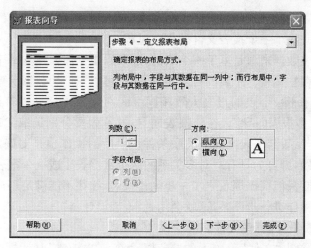

图 9-50　定义报表的布局

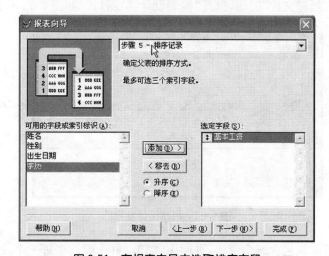

图 9-51　在报表向导中选取排序字段

报表。选择报表的处理方式,本例中选择"保存报表以备将来使用",如图 9-52 所示。

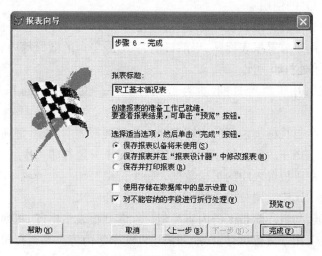

图 9-52　设定报表的标题及处理方式

步骤八：单击"完成"按钮。此时弹出"另存为"对话框，为该报表定义文件名及保存位置后，单击"保存"，即完成了一个报表文件的创建过程。

以上创建的报表数据来源是基于一个表的，还可以根据需要建立基于两个表的报表。

若两个数据表存在父表与子表的一对多关系，则可以它们为数据源建立两个表的报表。其操作步骤与建立基于一个表的报表大致相同。区别在于，在弹出"向导选取"对话框（图9-46）时，选择"一对多报表向导"。在该报表向导中，首先要分别选取父表和子表中需打印输出的字段，再确定父表与子表之间的关联条件。以后的操作也是要确定父表的排序方式及报表的样式与标题，即可为具有一对多关系的两个数据表生成一个报表文件。

利用"报表向导"只能根据提示一步一步创建报表，往往不能满足用户的实际需求，还需要对报表的设计风格作进一步调整，这就会用到"报表设计器"。

（二）利用"报表设计器"建立报表

1. 建立报表　单击"文件"菜单下的"新建"命令，在"新建"对话框中选择文件类型为"报表"，然后单击"新建文件"按钮，打开"报表设计器"窗口。如图9-53所示。

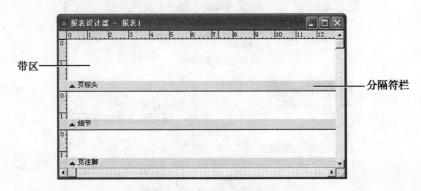

图9-53　报表设计器窗口

"报表设计器"默认包含三个带区：页标头、细节、页注脚。在每一个带区的下方都有一个分隔符栏，鼠标置于分隔符栏上，会变为上下箭头形状，上下拖动鼠标可以改变带区的大小。用户可以向带区中添加报表控件或报表运行时执行的自定义函数。

2. "报表设计器"的使用

（1）添加或删除带区："报表设计器"中共有九个带区，各带区的主要作用如下：

1）标题带区：用于放置报表标题、当前日期、页号或公司的徽标等内容。每个报表只有一个标题，只在开始处打印一次。

2）页标头带区：用于放置日期、页号或列标题等。位于每页的开头部分，每页打印一次。

3）列标头带区：与页标头带区的内容类似。在多列报表中出现，每列打印一次。

4）组标头带区：用于放置分组字段和分隔线。每个分组打印一次。

5）细节带区：用于放置表中的记录数据。每个记录打印一次。

6）组注脚带区：用于放置分组总结。每个分组打印一次。

7）列注脚带区：与组注脚带区的内容类似。在多列报表中出现，每列打印一次。

8）页注脚带区：用于放置页号、日期和描述性文字等内容。每页打印一次。

9）总结带区：用于放置报表总结。每个报表末尾打印一次。

默认情况下,"报表设计器"显示三个带区,如图 9-53 所示。要添加标题带区或总结带区,可单击"报表"菜单下的"标题/总结"命令,弹出如图 9-54 所示的"标题/总结"对话框,选中"标题带区"或"总结带区"复选框即可。若要去掉这两个带区,可以在"标题/总结"对话框中,取消对"标题带区"和"总结带区"的选取。

要添加组标头带区或组注脚带区,则单击"报表"菜单下的"数据分组"命令,弹出如图 9-55所示的"数据分组"对话框,输入数据分组的条件表达式,单击"确定"按钮。若要去掉这两个带区,可以在"数据分组"对话框中选中分组表达式后,单击"删除"按钮即可。

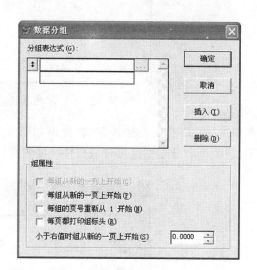

图 9-54　设置报表的标题/总结项　　　　图 9-55　报表的数据分组设置

（2）添加报表控件:控件是用来表达报表中字段信息及控制报表布局的工具。通过报表控件工具栏(图 9-56)可以方便地添加各种控件。

各控件的主要作用如下:

图 9-56　报表控件工具栏

● 选定对象控件:用来移动或更改控件的大小。

● 标签控件:用来创建一个标签,通常是一些标题或附加说明的文本信息。

● 域控件:用来创建一个字段以显示字段、内存变量或其他表达式的值。

● 线条控件:用来在报表中绘制水平和垂直线条。

● 矩形控件:用来在报表中绘制矩形。

● 圆角矩形控件:用来在报表中绘制椭圆或圆角矩形。

● 图片/ActiveX 绑定控件:用来在报表中显示图片或通用型字段的内容。

● 按钮锁定控件:用来允许添加多个同种类型的控件,而不需要多次按此控件的按钮。

1）添加域控件:域控件是报表中最重要的组成部分。用报表文件打印输出数据报表时,将打印域控件所代表的实际数据,即字段的值、表达式的值或变量的值。

添加域控件可以通过两种方法实现:

方法一:直接用鼠标将数据环境(后面介绍)中的字段名拖至报表设计器的带区中。

方法二:通过报表控件工具栏上的"域控件"按钮实现。先单击"域控件"按钮,再单击报表带区,这时会弹出如图 9-57 所示的"报表表达式"对话框以指定数据来源。在该对话框的"表达式"框中可以直接输入字段名、变量名或其他表达式,或者单击其右侧的按钮,弹出

"表达式生成器"对话框,可以直观地选择或输入数据源。

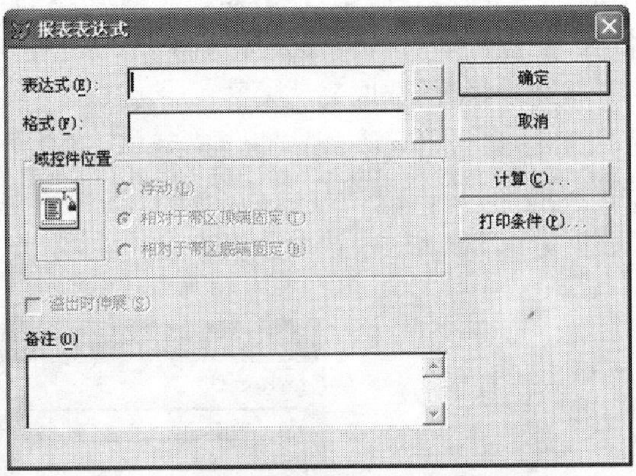

图 9-57　利用"报表表达式"指定数据源

若单击"格式"框右侧的按钮,将弹出如图 9-58 所示的"格式"对话框,用户可以在此对字符型、数值型和日期型这三种域控件类型进行格式化。

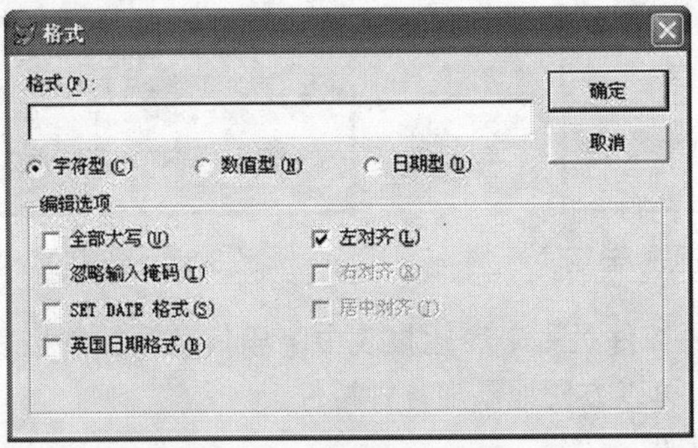

图 9-58　设置"域控件"的格式

"报表表达式"对话框的"域控件位置"可以控制域控件的位置,其下有三个单选按钮:"浮动"(使控件具有位置浮动功能,随着其他字段的伸展而自动调整位置)、"相对于带区顶端固定"(域控件伸展时,相对于带区顶端固定)、"相对于带底端固定"(域控件伸展时,相对于带区底端固定)。

在"报表表达式"对话框中,可以选中"溢出伸展"复选框,以防数据内容丢失。若选中了该复选框,则其邻近的其他控件必须在"域控件位置"中选定"浮动"单选按钮,否则,此控件将在可伸展控件伸展时被覆盖。

单击"报表表达式"对话框中的"计算"按钮,将弹出如图 9-59 所示的"计算字段"对话框。该对话框用于对控件进行各种统计运算,并通过"重置"下拉列表框指定计算结果的位置。

在"报表表达式"对话框中,单击"打印条件"按钮,则弹出如图 9-60 所示的"打印条件"对话框。在该对话框中,可以设置是否打印重复值、有条件打印设置、是否删除空白行以及根据指定条件表达式打印输出所需的记录。

当然,"报表表达式"除了可以对域控件进行上述设置外,还可以对其他控件进行类似的相关设置,在下面其他控件的介绍中不再赘述。

图 9-59　设置控件的统计运算

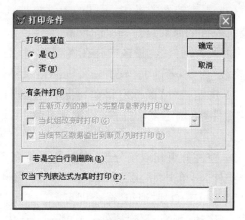

图 9-60　报表的打印条件设置

2）添加标签控件：单击报表控件工具栏上的"标签控件"按钮，再单击某带区中需添加标签控件的位置，输入文本字符串，最后用鼠标单击标签以外任意位置，则该标签的输入完毕。若要修改标签控件中的文本，则先单击"标签控件"按钮，再单击带区中要修改的标签，输入修改的内容即可。

3）添加线条、矩形和圆角矩形控件：在报表控件工具栏上分别找到这三个控件按钮，并单击它们，然后在带区内拖动鼠标即可绘制出这三种不同的图形。若要删除它们，只需先选中，再按"Delete"删除键即可。

4）添加图片/ActiveX 绑定控件：单击报表控件工具栏上的"图片/ActiveX 控件"按钮，再在某带区中单击鼠标，则弹出如图 9-61 所示的"报表图片"对话框。在该对话框中，可以指定图片来源，若想打印出不随记录而改变的图形（如公司的徽标），则指定图片来源于"文件"；若要打印出随记录而改变的图片（如个人照片），则指定图片来源于"字段"，且选择通用型字段。同时，还可以设置图片的打印属性、图片的位置以及打印条件。

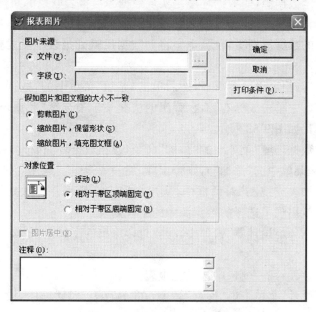

图 9-61　向报表中添加图片 / ActiveX 控件

（3）报表控件的操作：不同的控件添加到不同的带区中后，可能会显得很凌乱。用户有必要对控件的布局进行相应的设置。

1）设置网格线：带区内存在网格线，将有利于调整控件的位置。单击"显示"菜单下的"网格线"命令，若前面出现"√"，则网格线将显示在带区中。

2）选定控件：鼠标左键单击某控件，则选定该控件；按住"Shift"键同时，逐个单击不同的控件，将选定多个控件；用鼠标左键拖拽出一个虚线框，将选定被虚线框包围的所有控件。

3）控件分组和取消分组：有时需要将多个控件定义为一组（即成为一个整体）。先选定多个控件，再单击"格式"菜单下的"分组"即可；若要取消分组，则选定一个控件组后，单击"格式"菜单下的"取消组"命令即可。

4）移动、复制、删除控件：与 Windows 中的此类操作相同，这里不再赘述。

5）调整控件大小：选定一个控件，拖动其控制点即可改变该控件的大小；若要调整多个控件的大小，则选定多个控件后，单击"格式"菜单下的"大小"命令即可。

6）排列控件：要使多个控件对齐，则选定多个控件后，单击"格式"菜单下的"对齐"命令，再选择一种对齐方式即可。

7）调整控件间距：选定多个控件后，单击"格式"菜单下的"水平间距"或"垂直间距"命令，可以使各控件之间具有相同间距，也可以递增一个步长而加大它们的间距或递减一个步长而减小它们的间距。

8）改变控件的字体：与 Word 操作一样，可以在"字体"对话框中完成相应的设置。

9）改变控件的颜色：选定要改变颜色的控件，单击"显示"菜单下的"调色板工具栏"命令，选取调色板上的相应颜色可以设置前景色或背景。

10）设置线条粗细或样式：选定线条、矩形或圆角矩形控件，单击"格式"菜单下的"绘制笔"命令，从中可以设置线条的粗细或样式。

3. 设置报表的数据环境　报表往往总是与一定的数据源（表、查询或视图）相联系。设计报表首先应先确定数据源，而数据环境是实现数据源与报表联系的纽带，将数据源添加到报表的数据环境中，每当打开或运行报表时，系统将会自动打开数据源，从中搜索报表所需的数据。数据源中的数据重新更新后，也会将新数据反映到报表中。设置报表数据环境的操作步骤如下：

步骤一：首先打开报表设计器窗口，然后单击"显示"菜单下的"数据环境"命令，或在报表设计器的空白带区中单击鼠标右键，在弹出的快捷菜单中选择"数据环境"命令，出现"数据环境设计器"窗口，如图 9-62 所示。

步骤二：单击"数据环境"菜单下的"添加"命令（或在数据环境设计器的空白处单击鼠标右键，在弹出的快捷菜单中选"添加"），则弹出"添加表或视图"对话框，如图 9-63 所示。

步骤三：在"添加表或视图"对话框中，从数据库中选择表并添加到"数据环境设计器"中。则数据环境中就出现了选择的数据源中的字段列表。

步骤四：在"数据环境设计器"窗口中，将要打印输出的字段拖至"报表设计器"相应的带区中。

步骤五：在"报表设计器"窗口中格式化报表。

步骤六：单击"文件"菜单下的"保存"命令，在"另存为"对话框中，设置好报表的文件名和保存位置后，单击"保存"按钮即完成了一个报表的创建过程。

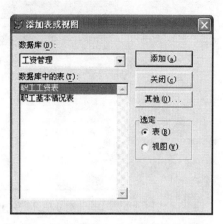

图 9-62　"数据环境设计器"窗口　　　　图 9-63　向数据环境中添加表或视图

二、报表的页面设置

在打印输出报表之前,通常要对报表的外观进行设置,包括设置报表页面的左边距、打印的列数、列宽及每列之间的间隔、纸张大小和方向以及打印顺序等。单击"文件"菜单下的"页面设置"命令,弹出如图 9-64 所示对话框,可在其中进行相应的设置。

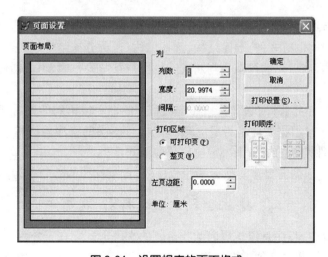

图 9-64　设置报表的页面格式

三、打 印 报 表

在打印报表之前,最好先预览一下。首先打开一个报表文件,打开报表设计器窗口,然后单击"显示"菜单下的"预览"命令,可以查看打印的实际效果。如果不满意,则单击"关闭预览"按钮,返回"报表设计器"窗口中,再重新进行编辑修改。

如果要打印报表,可单击"文件"菜单下的"打印"命令,在弹出的"打印"对话框(图 9-65)中,设置好打印机的类型、纸张大小及方向、打印范围、份数和打印的报表文件名后,单击"确定"按钮,即可开始打印。

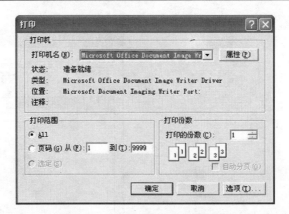

图 9-65　打印报表的打印输出格式

第十二节　Visual FoxPro 6.0 程序设计基础

在 VFP 6.0 中,通过菜单和命令两种操作方式可以实现大部分功能。除此之外,对于解决较复杂的问题,使用程序工作方式会显得更加方便、快捷。程序是由若干命令构成的,程序工作方式是 VPF 系统的主要工作方式。

一、程序的基本控制结构

VFP 6.0 具有结构化程序设计的基本特性。同其他的结构化程序设计语言一样,VFP 程序的基本控制结构也有 3 种:顺序结构、选择结构(也称分支结构)和循环结构。程序一般以顺序结构为主体,当需要进行某些判断或重复执行某些操作时,再灵活使用选择结构和循环结构。

1. 顺序结构　是指程序执行时,按照构成程序的命令或语句的先后顺序依次执行。

2. 选择结构　是根据条件是否成立来决定执行不同的程序段。在选择结构中存在判断的条件,根据条件判断的结果来决定执行哪些语句序列。

3. 循环结构　根据需要重复执行某些程序段,重复执行的部分称为循环体。

二、建立、修改与运行程序文件

VFP 6.0 系统中,程序是以扩展名为".prg"的文件形式存在于外存中的,一个程序还能够调用其他程序。同建立其他类型的文件一样,建立程序文件可以使用菜单方式,也可以使用命令方式。

(一)建立程序文件

1. 菜单方式

步骤一:单击"文件"菜单下的"新建"命令,在弹出的"新建"对话框中选择文件类型为"程序",单击"新建文件"按钮,打开程序编辑窗口,如图 9-66 所示。

步骤二:在程序编辑窗口中,输入程序文件所包含的内容。

步骤三:程序输入完毕后,单击"文件"菜单下的"保存"命令,在弹出的"另存为"对话框中,为该程序选择合适的保存位

图 9-66　程序编辑窗口

置及程序文件名后,单击"保存"按钮,返回命令窗口。

当然,还可以在"项目管理器"下建立程序文件。方法是:在"项目管理器"窗口中,选择"代码"选项卡,单击"程序"选项,再单击"新建"按钮后,也能打开程序编辑窗口。

2. 命令方式

格式:MODIFY　COMMAND ＜程序文件名＞

功能:建立或修改指定文件名的程序文件。

提示:在编辑状态下,保存程序文件的命令是"Ctrl＋W"。

(二) 修改程序文件

1. 菜单方式　所谓修改程序文件也就是在打开程序文件后,对程序中的语句进行编辑修改。操作方法是:在 VFP 的主窗口中单击"文件"菜单下的"打开"命令,在打开对话框中选择要打开的文件类型为"程序"文件,然后选择要打开的文件名,单击"确定"按钮进入程序文件的编辑修改界面。修改完毕后,按"Ctrl＋W"保存文件,或者直接单击右上角的"关闭"按钮。如果修改了原程序文件的内容,则在关闭窗口时会弹出是否保存文件的提示对话框,单击"是"按钮即可保存。

2. 命令方式

格式:MODIFY　COMMAND ＜程序文件名＞（与建立程序文件的命令相同）

(三) 运行程序文件

在 VFP 6.0 系统中,运行程序文件的方法很多,下面是两种常用的方法。

1. 菜单方式　单击"程序"菜单下的"运行"命令,这时弹出如图 9-67 所示的"运行"对话框。在"运行"对话框中,选定要执行的程序,单击"运行"按钮即可。

提示:在程序编辑状态下,单击工具栏上的运行程序按钮(红色的!)也可直接运行当前打开的程序文件。

2. 命令方式

格式:DO ＜程序文件名＞

功能:运行指定的程序文件。如果是.PRG 文件,则文件名中可以不加扩展名。

一般情况下,程序中的代码执行完毕后,往往会遇到以下结束程序运行的命令:

(1) RETURN:程序运行时遇到此命令

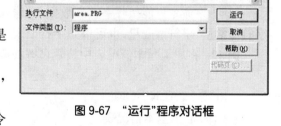

图 9-67　"运行"程序对话框

便停下来,返回调用它的上一级程序,如果没有上一级程序,则返回命令窗口。它通常出现在程序结束的位置。

(2) CANCEL:程序运行时遇到此命令便立刻终止,返回命令窗口。可以出现在程序中的任何位置。

(3) QUIT:结束程序运行,同时退出 VFP 系统,返回操作系统。

三、顺 序 结 构

顺序结构是一种基本的程序结构。在顺序结构中,各命令按照在程序中书写的先后顺序依次执行。

*下面是一个简单的顺序结构程序清单：

USE　职工基本情况表	&& 打开表
DISPLAY STRUCTURE	&& 查看表结构
CLEAR	&& 清屏
LIST	&& 显示表中的所有记录

(一) 程序中的辅助命令

1. 清屏命令

格式：CLEAR

功能：清除主窗口内显示的所有信息。通常放在程序的开头。

2. 设置会话状态命令

格式：SET　TALK　OFF|ON

功能：断开|接通会话状态。SET　TALK　OFF 通常放在程序的开头，SET　TALK ON 放在程序的结尾。

3. 注释命令　在程序中添加注释信息的目的是增强程序的可读性，主要是对一些命令或语句的含义作解释说明。常用注释命令有以下两个：

(1) NOTE| * [注释]：行注释命令。放在行首，以 NOTE 或 * 开头的行不参与程序运行。

(2) && [注释]：行尾注释命令。用于为本行语句作解释说明，&& 后的部分不参与程序运行。

提示：注释信息是程序的不可执行部分，它对程序运行的结果不会产生任何影响。

(二) VFP6.0 的交互式输入命令

1. 字符串接收命令(ACCEPT)

格式：ACCEPT [<提示信息>] TO <内存变量>

功能：程序执行到此命令便停下来，显示提示信息，等待用户通过键盘输入一个字符串并按回车键后，将字符串赋值给内存变量。

说明：该命令只能接收字符型数据，且输入字符串时不需要用定界符。提示信息可以是字符型常量、字符型变量、也可以是字符型表达式。

例 49： 在职工基本情况表中按姓名查找职工的学历和职务。

```
CLEAR
SET　TALK　OFF
USE 职工基本情况表
ACCEPT　"请输入待查职工的姓名："TO　name
LOCATE　FOR 姓名＝ name
DISPLAY　姓名,学历,职务
USE
SET　TALK　ON
```

2. 任意类型数据接收命令(INPUT)

格式：INPUT　[<提示信息>] TO <内存变量>

功能：程序执行到此命令暂停下来，显示提示信息，等待用户通过键盘输入任意类型的数据，回车后将输入的数据赋值给指定的内存变量。

说明：如果输入的是字符型数据必须用定界符，日期型数据必须用{ }括起来。

例 50：通过键盘输入三角形的三边长，输出三角形的面积。（只考虑三条边能构成三角形的情况）

```
CLEAR
INPUT   "输入三角形的第一条边长 a:" TO   a
INPUT   "输入三角形的第二条边长 b:" TO   b
INPUT   "输入三角形的第三条边长 c:" TO   c
p=（a+b+c）/2
s=SORT(p*(p-a)*(p-b)*(p-c))
? "三角形的面积是:",s
RETURN
```

3. 等待接收单个字符命令(WAIT)

格式：WAIT［<提示信息>］［TO <内存变量>］

功能：程序运行时遇到此命令便停下来，显示提示信息，等待用户通过键盘输入任意一个字符（包括按任意键）后继续执行。

说明：通过键盘输入的任意字符都作为字符型数据处理；如果命令中选择了可选项 TO <内存变量>，则通过键盘输入的符号存入指定的内存变量中；如果只按回车键，则内存变量中存入的是一个空字符；如果命令中省略提示信息，则系统默认的提示信息为：Press any key to continue.

WAIT 命令通常用于对某个问题或请求进行确认。另外，在调试程序时经常用来暂停程序运行，以便观察程序运行情况。

(三) VFP 6.0 的格式输出命令

前面介绍了 VFP 6.0 中最常用的两个输出命令：表达式输出命令(? 和 ??)，这两个命令并不能具体指定输出信息的位置，要确定信息或数据的具体输出位置，需要使用系统提供的格式输出命令@。

格式：@<行号>，<列号> SAY <表达式>

功能：在屏幕上由行号和列号指定的位置输出表达式的值。

说明：标准显示屏幕是 25 行，80 列，左上角顶点坐标是(0,0)，右下角顶点坐标是(24,79)。

例如：前面的求三角形面积程序中使用的输出命令是表达式输出命令"?"，如果要求在屏幕的第 10 行，第 20 列输出三角形的面积，则可将程序中的输出语句改为下列形式：

@ 10, 20 SAY   "三角形的面积为:"+STR(s, 10, 2)

(四) VFP6.0 的格式输入命令

前面介绍了三个交互式输入命令，即 ACCEPT、INPUT 和 WAIT。当程序运行到这些命令时会暂停下来，显示提示信息，要求用户输入数据，而这些数据的输入位置并不能具体定位在某行某列，具有不确定性。在数据库应用系统开发过程中，通常数据的输入格式是非常规范的，即输入位置固定。要实现这一功能，可用 VFP 系统提供的格式输入命令。

格式：@<行号>，<列号> ［SAY <提示信息>］GET <变量>
　　　READ

功能：在指定位置显示提示信息，当用 READ 激活 GET 后面的变量之后，即可显示和修改变量的值。

说明：GET 用来获得变量的新值，SAY 用来显示提示信息；必须用 READ 来激活 GET 子句中的变量，否则无法输入或更新变量的值；变量在使用前必须先赋初始值，而且初始值的类型和宽度决定了该变量的数据类型和宽度。

例 51：在指定的位置输入职工的姓名，并按姓名在职工基本情况表中查找该记录。

程序清单如下：

```
CLEAR
SET TALK OFF
USE 职工基本情况表
name＝SPACE(8)
@ 10，10 SAY "输入待查职工的姓名："GET name
READ
LOCATE FOR 姓名＝name
DISP
USE
SET TALK ON
RETURN
```

四、选 择 结 构

选择结构也称分支结构，是通过判断某个逻辑条件是否成立，在两种或多种可能的操作中选择某一分支的程序结构。用于实现选择结构的语句有 2 种：一种是双分支选择语句（IF … ENDIF 语句）；另一种是多分支选择语句（DO CASE … ENDCASE 语句）。

1. IF … ENDIF 语句

格式：IF ＜条件表达式＞

　　　　＜语句序列 1＞

　　　［ELSE

　　　　＜语句序列 2＞］

　　　ENDIF

说明：先判断条件表达式的值，如果为真，则执行语句序列 1，执行完后转到 ENDIF 之后的命令执行。反之，若条件表达式的值为假，则执行语句序列 2，执行完后也转到 ENDIF 之后的命令执行。当不包含 ELSE 子句时，双分支结构变为单分支结构，条件成立就执行语句序列 1，条件不成立则直接转到 ENDIF 之后的命令执行。

其中条件表达式的值为逻辑值（.T. 或 .F.），而取值为逻辑值的表达式有：关系表达式、逻辑表达式、部分测试函数（如 EOF()、BOF()、FOUND()），还可以是字符表达式中的字符串包含运算（$）。

例 52：通过键盘输入两个数，输出其中较大者。

```
CLEAR
INPUT　"请输入第一个数："TO　m
INPUT　"请输入第二个数："TO　n
IF m ＞＝ n
　? m
```

```
ELSE
    ? n
ENDIF
RETURN
```

前面计算三角形面积的程序中,没有考虑三条边不能构成三角形的情况,下面的程序段将该情况考虑在内:

```
CLEAR
INPUT   "输入三角形的第一条边长 a:" TO   a
INPUT   "输入三角形的第二条边长 b:" TO   b
INPUT   "输入三角形的第三条边长 c:" TO   c
IF   a+b>c.AND. a+c>b.AND. b+c>a
    p=(a+b+c)/2
    s=SORT(p*(p-a)*(p-b)*(p-c))
    ? "三角形的面积是:",s
ELSE
    ? "三条边不能够成三角形,重新输入!"
ENDIF
RETURN
```

2. DO   CASE … ENDCASE 语句

```
格式:DO   CASE
    CASE <条件表达式 1>
        <语句序列 1>
    CASE <条件表达式 2>
        <语句序列 2>
            ……
    CASE <条件表达式 n>
        <语句序列 n>
    [ OTHERWISE
        <语句序列 n+1> ]
    ENDCASE
```

说明:程序执行时,遇到多分支结构 DO CASE,便从上至下依次判断各条件是否成立。若遇到第一个满足条件的表达式,就执行其后的语句序列,不再进行下一个条件判断,而是直接跳到 ENDCASE 之后的语句去执行;如果所有的条件都不成立,而且还包含了 OTHERWISE 子句,则执行"语句序列 n+1",然后再跳到 ENDCASE 之后执行其他语句。

提示:多分支结构中最多只有一个条件表达式后的语句序列能够执行。

例 53: 对学生的计算机成绩进行测评,分档情况如下:

90 分以上(包括 90 分):优

80～90 分(包括 80 分):良

70～80 分(包括 70 分):中

60～70 分(包括 60 分):及格

　　60 分以下:不及格

程序段如下:

```
INPUT   "输入计算机成绩:" TO   jsj
DO   CASE
     CASE   jsj>=90
       ? "优"
     CASE   jsj>=80
       ? "良"
     CASE   jsj>=70
       ? "中"
     CASE   jsj>=60
       ? "及"
     OTHERWISE
       ? "不及"
ENDCASE
RETURN
```

五、循 环 结 构

　　循环结构是一种重要的程序结构,是结构化程序设计的核心部分。在 VFP6.0 中,用于实现循环的语句有三种:DO WHILE … ENDDO 语句、FOR … ENDFOR 语句和 SCAN … ENDSCAN 语句。

　　1. DO　WHILE 循环语句

　　格式:DO WHILE ＜条件表达式＞

```
     ＜语句序列＞
     ［EXIT］
     ［LOOP］
     ENDDO
```

　　说明:先判断条件表达式的值,如果值为真,则执行 DO WHILE 和 ENDDO 之间的语句,执行到 ENDDO 后,自动返回 DO WHILE 语句,再次判断条件表达式,如果其值仍为真,再次执行语句序列。如果条件表达式的值为假,则结束循环,程序跳转至 ENDDO 后面的命令去执行。

　　DO WHILE 和 ENDDO 之间的部分称为循环体。如果循环体中包含 EXIT 命令,则当程序执行到此命令时会无条件跳出循环,转到 ENDDO 后面的命令去执行。如果循环体中包含 LOOP 命令,则当程序执行到此命令时会无条件结束本次循环,直接返回到 DO WHILE 语句,不再执行 LOOP 和 ENDDO 之间的命令。注意:这两条命令都只能用在循环结构中。

　　例54:求"1+2+3+ … +10"的和。

```
CLEAR
i=1
s=0
```

```
    DO WHILE i<=10
      s=s+i
      i=i+1
    ENDDO
    ? "1+2+3+ … +10 的和是:", s
    RETURN
```

程序中用到两个变量 s 和 i,其中 s 为和变量,i 为循环变量。

例 55：逐条输出职工基本情况表中职务为"教师"的记录。

```
    USE 职工基本情况表
    LOCATE FOR 职务="教师"
    DO WHILE . NOT. EOF()
      DISP
      CONTINUE
    ENDDO
    USE
    RETURN
```

2. FOR 循环语句

格式:FOR <循环变量> = <初值> TO <终值> [STEP <步长值>]

　　　　　<语句序列>

　　　　　[EXIT]

　　　　　[LOOP]

　　　　ENDFOR| NEXT

说明:先将初值赋值给循环变量,然后再将循环变量的值与终值进行比较,如果没有超出终值,则执行循环体中的语句序列。遇到 ENDFOR 后,循环变量按步长值增加或减少(当步长值为负时),然后再与终值进行比较,如果仍未超出终值范围,则再次执行循环体中的语句序列,循环变量再增加一个步长值,直到循环变量的值超出了终值,循环结束,转到 ENDFOR 后面的语句。循环体中的 EXIT 和 LOOP 的含义与 DO WHILE 循环相同。

提示:如果初值、终值或步长值为数值表达式,应首先计算数值表达式的值,然后进行赋值或比较。步长值可正可负,为 1 时可以省略。循环结束后,循环变量的值等于最后一次循环的值再加上步长值。

例 56：利用 FOR 循环实现求"1+2+3+ … +10"的和。

```
    CLEAR
    s=0
    FOR i=1 TO 10
      s=s+i
    ENDDO
    ? "1+2+3+ … +10 的和是:", s
    RETURN
```

看下面的例子:

```
    x=1
```

```
FOR i=0 TO 10 STEP 2
    x=x+1
ENDFOR
? x,i
```

该程序执行结果为：

7   12

分析：这里的循环变量 i 只起到计数作用，步长值为 2，循环体共执行 6 次。循环退出后循环变量 i 的值是最后一次循环的值 10 再加上步长值 2，因此结果是 12 而不是 10。

例 57：阅读下列程序，写出程序运行的结果。

```
SET TALK OFF
CLEAR
Y="等级考试"
X=""
L=LEN(Y)
FOR I=L-1 TO 1 STEP -2
    X=X+SUBSTR(Y, I, 2)
ENDFOR
? X
SET TALK ON
RETURN
```

程序运行结果是：试考级等

DO WHILE 循环和 FOR 循环的用法比较：

(1) DO WHILE 循环具有通用性，可以处理各种各样的问题；FOR 循环只适用于循环次数为已知，当需要设置循环变量，循环变量的初值和终值为已知，且有规律地变化的情况。因此，FOR 循环有时也称为计数循环。

(2) 使用 DO WHILE 循环时，循环变量的赋值在 DO WHILE 语句前进行，循环变量的变化是在循环体中进行的，通常对循环执行的条件产生一定影响；使用 FOR 循环时，循环变量的赋值、变化及条件判定均在 FOR 语句中体现出来，如果在循环体内改变循环变量的值，则将对循环执行的次数产生影响。

(3) 凡能用 FOR 语句实现的循环均可用 DO WHILE 语句实现；反之不然（如对表中记录的操作就不能使用 FOR 循环），但使用 FOR 语句比 DO WHILE 语句更加简单、直观。

3. SCAN 循环语句

格式：SCAN [<范围>] [FOR<条件表达式>]

　　　　<语句序列>

　　　　[EXIT]

　　　　[LOOP]

　　ENDSCAN

说明：从指定范围内的第一条记录开始，依次判断条件表达式的值是否为真（即条件是否成立），当条件表达式的值为真时，执行循环体中的语句序列，遇到 ENDSCAN 语句时，记录指针移到指定范围内的下一条记录，程序返回 SCAN 处继续进行判断，直到记录指针超出记录范围到文件尾部时，才结束循环。其中 EXIT 和 LOOP 的含义与 DO WHILE 循环相同。

　　例58：输出职工基本情况表中学历是本科的职工的"职工编号"和"姓名"。

```
USE 职工基本情况表
SCAN FOR 学历="本科"
    ? 职工编号,姓名
ENDSCAN
USE
```

该程序执行结果为：

0001　王晓东

0003　李东升

0007　田小乐

六、循环的嵌套

　　前面介绍的是简单的循环结构。事实上，循环体中还可以再包含循环，称为循环的嵌套。下面以双层循环为例来介绍循环的嵌套结构。

（一）双层循环的语句格式

以下是常用的 DO WHILE 循环和 FOR 循环组成的双层循环结构：

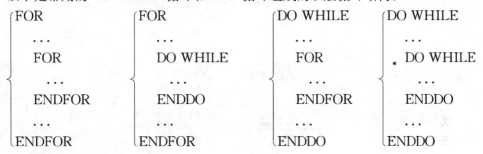

（二）双层循环的执行过程

　　先执行外层循环，再执行内层循环。外层循环每执行一次，内层循环都要执行 N 次（其中 N 为内层循环所能够执行的最多次数）。

（三）双层循环应用举例

　　例59：分析下列程序的运行结果

```
CLEAR
FOR T=1 TO 5
  ? SPACE(20-T)
  FOR J=1 TO 2*T-1
    ??" * "
  ENDFOR
ENDFOR
```

　　分析：外层循环的循环变量 T 的取值范围从 1～5，循环次数是 5 次。内层循环的循环变量 J 的取值范围从 1～2*T-1，T 每取一个值，J 都要从 1 取到 2*T-1，也就是外层循环每执行一次，内层循环都要执行 2*T-1 次。

通过上面的分析得出最终程序运行的结果为：

```
            *
          * * *
        * * * * *
      * * * * * * *
    * * * * * * * * *
```

结论：对于类似的"＊"号问题，外层循环控制输出符号的行数，内层循环控制输出符号的个数。

例 60： 写出下列程序的运行结果

```
CLEAR
FOR i＝1 TO 9
  ?
  FOR j＝1 TO i
    ?? STR(j,1)＋ "×"+STR(i,1)+"="+ STR(i＊j,2)+" "
  ENDFOR
ENDFOR
```

程序运行后输出如下乘法九九表：

1×1＝1
1×2＝2　2×2＝4
1×3＝3　2×3＝6　3×3＝9
… … …
1×9＝9　2×9＝18 … … … 9×9＝81

第十三节　表　　单

一、面向对象程序设计的概念

面向对象程序设计是当今流行的程序设计方法，它已经逐步替代了传统的面向过程的程序设计技术，成为计算机应用开发领域的主流趋势。面向对象程序设计与面向过程程序设计有很大的区别，面向过程的程序设计主体是对数据操作的过程，而面向对象的程序设计主体是对象。面向对象程序设计包含三个要素：对象、类和继承。

1. 对象　一般认为，对象就是一种事物，一个实体。从概念上说，对象代表正在创建的系统中的一个实体。比如，一个学生管理系统中的学生、班级、课程等都是对象，这些对象对于实现系统的完整功能都是必要的。从实现形式上说，对象是状态和操作的封装体，状态是用来记忆操作结果的。

2. 类　类是对具有相同属性特征和行为规则的多个对象的统一描述，是创建对象的样板，它包含了所创建对象的状态描述和方法定义。对象是由类来创建的，因此也把对象称为类的实例。由一个类所创建的对象具有相同的数据结构，并且共享相同的操作代码，而每个对象的状态又各不相同。因此，类是所有对象的共同行为和不同状态的集合体。

类和对象之间的关系可以用一个实例来描述：一个学校的全体学生称为一个类，而具体的某个学生就是一个对象。任何一个对象都是属于某个类的,它具有其所属类的全部属性特征和行为规则,同时也具有其所属类所没有的新特征。

3. 属性、事件和方法 无论是类,还是对象都有自己的一套属性、事件和方法。属性可以看做是实体所具有的静态特征,如学生的学号、姓名、性别、年龄等。事件可以理解为外部实体作用在对象上的一个动作,如单击鼠标就是一个单击事件。一个对象通常包含很多系统规定的事件,而一个事件又对应一段代码程序,当事件被触发时,系统就会自动执行相应的代码,这种程序执行的方式称为事件驱动方式。方法可以看做是实体的行为或动作,方法程序是靠其他程序调用才能得以运行的。

4. 子类与继承 继承提供了创建类的方法,也就是说,一个新的类可以通过已有类修改或扩充得到。从一个类继承定义的新类,具有已有类的全部属性特征和方法程序,同时还可以添加新的属性特征和方法。新类被称为已有类的子类,而已有类则被称为父类。如学校的全体学生被称为一个类,而这些学生又按系别分成护理系学生、临床医学系学生、康复医学系学生等。因此,护理系学生、临床医学系学生和康复医学系学生就被称为全体学生的子类。

类具有创建子类和对象的能力,是通过继承的机制创建的。因而,子类和对象具有其父类所具有的全部属性特征和方法程序。当然,在子类和对象中可以对这些继承的特征和方法程序进行修改,以满足实际需求。

二、Visual FoxPro 中的类

VFP 6.0 系统提供了丰富的可以直接使用的基础类,这些基础类还可以创建自己的子类和对象。Visual FoxPro 的基类包括容器类和控件类。

1. 容器类 能够包含其他对象的类称为容器类。相应的,由容器类可以生成容器类对象。容器类包括表单、命令按钮组、选项按钮组、表格、页框等。

2. 控件类 不能容纳其他对象的类称为控件类。控件类包括标签、命令按钮、文本框、复选框、组合框、列表框、计时器等。

容器类对象与控件类对象的主要区别是:容器类对象还可以再包含其他对象,而控件类则不能够容纳其他对象,它没有容器类灵活。控件类创造的对象,不能单独使用和修改,只能将其放在容器对象中才能进行修改和使用。

三、对象的引用

在面向对象程序设计中,为对象编写代码时常常需要引用对象的属性、事件和方法程序,这就要求掌握对象的正确引用方法,以保证操作的准确性。

1. 容器中对象的层次 容器中的对象还可以是一个容器,一般把一个对象的直接容器称为父容器。在实际调用对象时,明确谁是该对象的父容器非常重要。

2. 对象的引用 在 VFP 6.0 中,对象的引用是通过对象的名称来引用的。每个对象都有一个名称,在给对象命名时,注意在同一个父容器下各个对象不可重名,而且不能单独使用对象名来引用对象,必须指出对象所在的父容器对象。对象引用的一般格式如下:

Object1. Object2. …

其中,Object1 和 Object2 是两个对象名,且 Object1 是 Object2 的父容器,此格式表示的是 Object2 对象,而不是 Object1。注意:在引用格式中,对象和其父对象之间用“.”隔开。

如果要引用对象的某种属性或方法,可在上述引用格式后直接加上属性名或方法名,注意仍然需要用圆点隔开。

例 61:有一个表单(Form1)中包含一个选项按钮组(OptionGroup1),要引用选项按钮组的值属性,引用方法如下:

ThisForm. OptionGroup1. Value

这里用到了一个代词 ThisForm,表示对象所在的表单。关于常用的代词,用法见表 9-8。

表 9-8　几个代词的用法

代　词	意　　义	例　　子
Parent	表示对象的父容器对象	Label1. Parent 表示对象 Label1 的父容器
This	表示对象本身	This. Value 表示对象本身的 Value 属性
ThisForm	表示对象所在的表单	ThisForm. Refresh 表示执行对象所在表单的 Refresh 方法

四、表单的设计及其应用

在利用 VFP 6.0 开发数据库应用系统时,通常使用表单作为数据操作的一个窗口。利用表单可以方便地对数据库中的数据进行编辑、统计和查询等操作。表单设计是面向对象程序设计的一个典型应用。表单在开发数据库应用系统中具有重要作用。

(一) 表单的建立

在 VFP 6.0 中,可以通过表单向导和表单设计器来建立表单。表单可以与表有关,也可以与表无关。与表有关的表单可以通过表单向导建立,也可以通过表单设计器来设计;与表无关的表单则只能通过表单设计器来建立和设计。无论采用哪种方法,建立的表单都是以扩展名为".SCX"文件的形式保存在磁盘上。

1. 使用表单向导建立表单　利用表单向导可以快速建立一个与表有关的表单。使用表单向导时有两种选择:表单向导和一对多表单。如果建立的表单基于单个表,选择"表单向导";如果建立的是基于两个表的表单,选择"一对多表单"。

下面以职工基本情况表为例介绍使用表单向导建立表单的过程。操作步骤如下:

步骤一:单击"文件"菜单下的"新建"命令,在"新建"对话框中选择"表单"选项,单击"向导"按钮,弹出"向导选取"对话框,如图 9-68 所示。

步骤二:选择"表单向导"选项,单击"确定"按钮。弹出"表单向导"的第一步"字段选取"对话框。在"数据库和表"列表下选择要建立表单的数据源"职工基本情况表",再从"可用字段"列表中选择职工编号、姓名、学历和职务四个字段,如图 9-69 所示。

图 9-68　创建表单的"向导选取"对话框

步骤三:单击"下一步"按钮,弹出"表单向导"的第二步"选择表单样式"对话框。表单样式和按钮类型按默认选取。

步骤四:单击"下一步"按钮,弹出"表单向导"的第三步"排序次序"对话框。将"出生日期"添加到选定字段,并选择按出生日期降序排序,如图 9-70 所示。

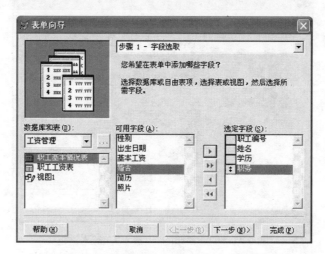

图 9-69　创建表单的"字段选取"对话框

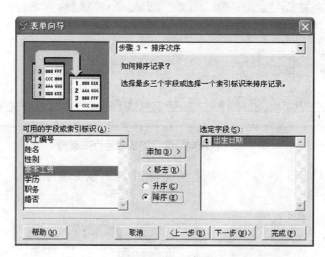

图 9-70　创建表单的"排序次序"对话框

　　步骤五:单击"下一步"按钮,弹出"表单向导"的第四步"完成"对话框。按图 9-71 输入表单的标题,并选择结果处理方式,单击"完成"按钮,为表单文件命名,再单击"保存"按钮,完成利用表单向导制作表单的全过程。图 9-72 给出了利用表单向导建立表单的最终运行效果图。

　　下面以职工基本情况表和职工工资表为例介绍利用一对多表单向导建立表单的过程。

　　说明:利用两个表建立一对多表单时,要求在两个表之间建立关联,并且关联字段在其中一个表中的值不允许重复,该表称为父表;而在另一个表中的值可以重复,这个表称为子表。本例选择职工基本情况表为父表,职工工资表为子表,关联字段为职工编号。操作步骤如下:

　　步骤一:单击"文件"菜单下的"新建"命令,在"新建"对话框中选择类型为"表单",单击"向导"按钮,同样会显示前面图 9-68 所示的"向导选取"对话框。

　　步骤二:选择"一对多表单"选项,单击"确定"按钮,弹出"一对多表单向导"对话框的第

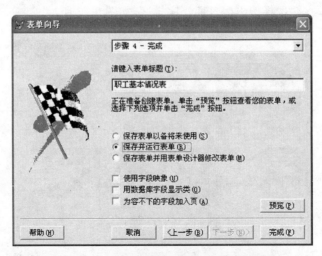

图 9-71　创建表单的"步骤 4-完成"对话框

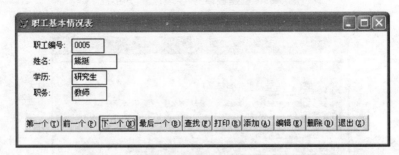

图 9-72　表单向导建立的表单运行效果图

一步"从父表中选定字段"。在"职工基本情况表"中选取职工编号、姓名、性别、职务四个字段,如图 9-73 所示。

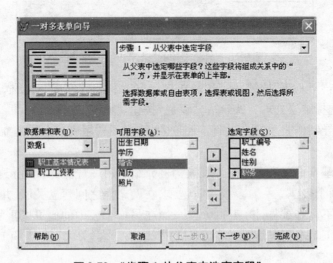

图 9-73　"步骤 1-从父表中选定字段"

步骤三:单击"下一步",弹出"一对多表单向导"对话框的第二步"从子表中选定字段"对话框,在"职工工资表"中选取基本工资、奖金两个字段,如图 9-74 所示。

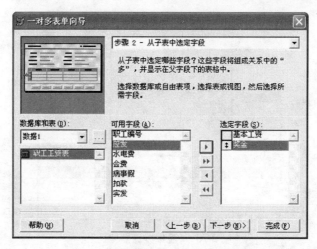

图 9-74　"步骤 2-从子表中选定字段"

步骤四：单击"下一步"，弹出"一对多表单向导"对话框的第三步"建立表之间关系"对话框，在此对话框中选择"职工编号"作为两个表的关联字段。

步骤五：单击"下一步"，弹出"一对多表单向导"对话框的第四步"选择表单样式"对话框，仍然选择表单样式为"标准式"，按钮类型为"文本按钮"。

步骤六：单击"下一步"，弹出"一对多表单向导"对话框的第五步"排序次序"对话框，将职工编号添加到选定字段，排序方式选升序。

步骤七：单击"下一步"，弹出"一对多表单向导"对话框的第六步"完成"对话框，输入表单标题后选择"保存并运行表单"选项，单击"完成"按钮。为表单命名，再单击"保存"按钮，得到最终运行结果，如图 9-75 所示。

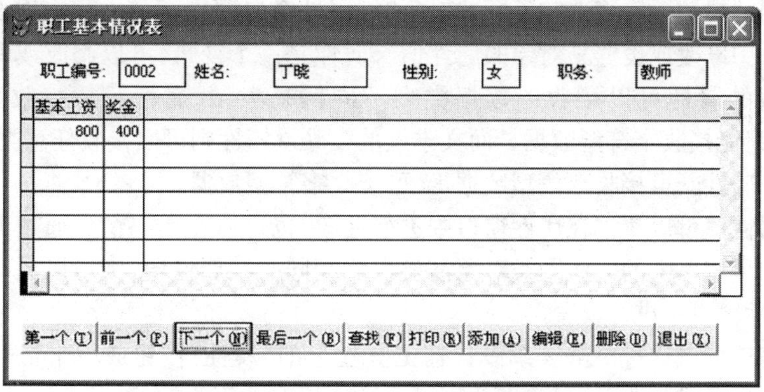

图 9-75　"一对多表单"最终运行效果图

2. 使用表单设计器建立表单　表单设计器不仅能够创建表单，而且能够方便灵活地修改表单，利用表单设计器可以创建出功能更加强大的表单。下面介绍表单设计器的窗口组成。

单击"文件"菜单下的"新建"命令，在"新建"对话框中选择"表单"选项，单击右侧的"新建文件"按钮，打开表单设计器窗口，如图 9-76 所示。

（1）"表单设计"窗口：是容器类对象，用来添加和放置其他控件。

（2）"表单控件"工具栏：是表单设计的重要工具，通过表单控件工具栏，用户可以方便

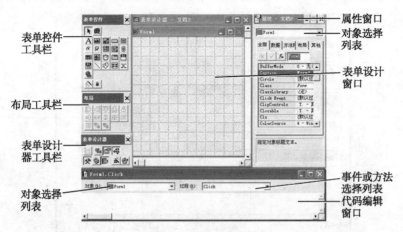

图 9-76 "表单设计器"窗口

地向表单中添加各种控件。具体操作方法是：用鼠标直接从表单控件工具栏上拖拽控件到表单中，或者在表单控件工具栏上单击要添加的控件，然后在表单上合适的位置按住鼠标左键不放拖拽鼠标，也可添加一个控件。

添加到表单中的控件不要时可以删除，操作方法是：将鼠标移动到要删除的控件上，单击右键，弹出快捷菜单，从中选择"剪切"。或者在选中要删除的控件后，直接按"Delete"键。

表单控件工具栏可以显示，也可以隐藏。单击"显示"菜单下的"表单控件工具栏"命令即可实现显示或隐藏。

（3）"布局"工具栏：利用"布局"工具栏可以方便地调整表单中选定控件的位置、大小和对齐方式。布局工具栏也可以显示和隐藏，方法同"表单控件工具栏"类似。

（4）"属性"窗口：表单和表单控件均称为对象，每个对象都有自己的属性，不同类型的对象具有不同的属性。每当选定不同的对象时，属性窗口列表会随之相应地变化。用户可以在属性窗口中修改或设置某对象的属性值。属性是一个变量，可以修改或者给其重新赋值。不同类型的属性可以接收的数据类型不同，如 Width 属性只能接收数值型数据，Caption 属性只能接收字符型数据。而文本框的 Value 属性则可以接收任意类型的数据，复选框的 Value 属性既可接收数值型数据，又可接收字符型数据。

对象的属性值可以直接在属性窗口中进行修改，也可以在代码窗口通过编写代码进行赋值更新。如果表单中的一些同类对象需要设置相同的某属性值，则可以同时选中这些对象，统一在属性窗口中进行设置。

"属性"窗口可以通过单击表单设计器工具栏上的"属性"按钮或单击"显示"菜单下的"属性"命令来显示或隐藏。

（5）"代码"窗口：代码窗口用来为表单中的对象编写事件代码或方法代码。双击表单或表单中任何一个对象都可以打开"代码"窗口。它由对象列表、过程列表和代码编辑区域组成。单击对象列表的下拉钮可以选择要编写代码的对象，单击过程列表的下拉钮可以选择选定对象的事件或方法。

单击"显示"菜单下的"代码"命令，或在"表单设计器"工具栏中单击"代码窗口"按钮，可以显示或隐藏"代码"窗口。也可右击表单或表单中某个对象，在弹出的快捷菜单中选择"代码"命令，也可显示"代码"窗口。还可以直接双击表单空白处或双击表单中某个对象，同样可以打开相应的代码窗口。

（6）"数据环境设计器"窗口：当利用表单对表进行操作时，需要向表单中添加数据环境。数据环境是一个容器对象，它用来定义与表单相联系的数据实体（表、视图）信息及其相互联系。数据环境容器对象（Data environment）一般包含多个游标对象（Cursor）类对象。表单中所包含的游标类对象的个数与表单关联的数据实体（表或视图）的个数相同，一个游标类对象对应一个数据实体（表或视图）。下面是有关数据环境的一些基本操作。

1）向表单中添加数据环境：单击"显示"菜单下的"数据环境"命令，即可打开"数据环境设计器"窗口，同时在属性窗口给出了数据环境对象（Data environment）的属性。还有一种方法可以向表单中添加数据环境：在表单的空白处右击鼠标，弹出快捷菜单，从中选择"数据环境"。

2）向数据环境中添加表或视图：在数据环境设计器下，按照下列操作步骤完成此项操作。

步骤一：单击"数据环境"菜单下的"添加"命令，或者用鼠标右键单击数据环境设计器窗口的空白处，然后在弹出的快捷菜单中选择"添加"命令，两种方法均可打开"添加表或视图"对话框，如图 9-77 所示。如果数据库原来是空的，则在打开数据环境时会自动弹出该对话框。

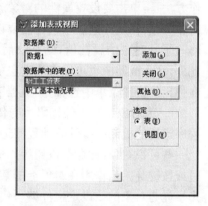

步骤二：选择要添加的表或视图，单击"添加"按钮，即可将选中的数据库中的表添加到数据环境中。如果单击"其他"按钮，则会弹出"打开"对话框，用户可以从中选择其他的表（可以是自由表）添加。如果数据库原来是空的，那么在添加数据环境时，该对话框也同样会自动弹出。

3）从数据环境中移去表或视图：在数据环境设计器窗口中，选中要移去的表或视图，单击"数据环境"菜单下的"移去"命令。或者直接用鼠标右键单击数据环境中要移去的表或视图，在弹出的快捷菜单中选择"移去"命令，都可以将表或视图从数据环境中移除。

图 9-77　在数据环境中添加表或视图

提示：如果数据环境中的表或视图之间存在关联，则当表从数据环境中移去时，与这个表有关的所有关联也随之取消。

4）在数据环境中设置表间的关系：如果在添加到数据环境中之前，表之间存在数据库中设置的永久关系，则在添加到数据环境中后，这些关系也会自动添加到数据环境中。否则，如果表之间原来不存在永久关系，则可以根据需要在数据环境中为这些表建立关系。操作方法是：在数据环境设计器中选中主表，然后将主表中的某个字段直接拖动到子表的相匹配的索引标记上。如果子表上没有与主表相匹配的索引，则可将主表上的字段拖动到子表的字段上，然后根据系统提示新建索引，以完成与主表的关联。

5）在数据环境中删除表间的关系：要删除表间的关系，只需选中两个表之间的关系连线，然后按 Delete 键即可。

（7）"表单设计器"工具栏：工具栏中按顺序包括"设置 Tab 键次序"、"数据环境"、"属性窗口"、"代码窗口"、"表单控件工具栏"、"调色板工具栏"、"布局工具栏"、"表单生成器"、"自动格式"九个按钮。使用这些工具栏可以方便快捷地设计和操作表单。

表单设计工具栏也可以显示和隐藏：单击"显示"菜单下的"工具栏"选项，可以通过选择或不选"表单设计器"来显示或隐藏"表单设计器"工具栏。

（二）表单的设计

表单向导是生成表单最快捷的方法，但在实际的数据库应用系统开发过程中，往往要求设计个性化的表单，这就需要使用表单设计器来完成。利用表单设计器设计表单的过程如下：

1. 打开"表单设计器"窗口 使用"表单设计器"建立表单时会自动打开"表单设计器"窗口。建立表单除了使用前面的菜单方式外，还可以使用如下命令方式：

CREATE FORM［＜表单文件名＞］

2. 设置表单的数据环境 当设计的表单与表有关时，需要设置数据环境。向表单中添加数据环境的操作前面已经介绍，在此不再赘述。

3. 向表单中添加控件 "表单控件"工具栏为用户提供了很多可供使用的控件，包括容器类和控件类。使用时，只需在"表单控件"工具栏中选择要添加的控件，然后在表单中单击鼠标左键或在表单中拖拽鼠标即可添加控件到表单中。

4. 设置表单及其对象的属性 表单及表单中对象的属性可以在"属性"窗口设置。操作方法是：单击要设置属性的对象，或者在"属性"窗口对象的下拉列表中选择要设置属性的对象，然后在属性列表中选择需要设置对象的属性，选择或修改属性的值。如果在修改框中修改了某对象的属性值，则修改后需要用回车键或在属性列表中单击鼠标确认修改结果。此外，在生成器中也可以修改对象的属性。操作方法是：鼠标右键单击要修改属性的对象，在弹出的快捷菜单中选择"生成器"。

5. 为对象编写事件代码 与传统的面向过程程序设计不同，在面向对象程序设计中，程序运行的机制是事件驱动程序运行的。VFP 6.0 系统为每类对象都定义了一些事件，对于一些可视对象（如命令按钮等），最常见的事件是通过鼠标的交互操作产生的，如单击、移过或按键等。当作用在对象上的某个设定事件发生时，便执行相应的事件代码（当然需要用户事先为对象的该设定事件编写代码，否则即便事件发生了，也会什么都不执行）。

触发事件的方式分为两种：一种是由用户操作触发，另一种是在程序运行过程中触发。用户操作触发如鼠标的单击事件（也称 Click 事件），就是当用户单击鼠标时，触发该事件。程序运行过程中触发是指在程序运行过程中自动触发，典型的程序运行触发事件如程序运行出错时的 Error 事件。

为对象编写事件代码需要在代码窗口中进行。直接双击表单中的某个对象即可打开该对象的代码编写窗口，此时还需注意为对象的哪一个事件编写代码。因此，首先要在对象代码窗口的过程列表中选择相应的事件，然后在编辑窗口中输入代码，以免发生混乱。

（三）表单的保存与运行

表单设计完成后，需要保存表单文件。操作方法是：

单击"文件"菜单下的"保存"命令，或单击"常用"工具栏上的"保存"按钮。保存表单时，除了以".SCX"为扩展名保存在磁盘上外，系统还会自动生成一个表单备注文件（扩展名为.SCT）。

表单的运行通常采用以下几种方法：

1. 单击"表单"菜单下的"执行表单"命令。

2. 单击"常用"工具栏上的"运行"按钮"！"。

3. 使用运行表单的命令运行表单：

格式：DO FORM ＜表单文件名＞

下面通过一个具体的实例来说明设计表单的过程：

例62：输入圆的半径，计算并输出圆的面积。表单中包含的控件及其属性在表 9-9 中给出，设计结果如图 9-78 所示。

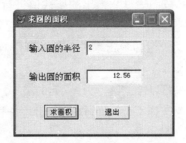

图 9-78　计算圆的面积运行效果图

表 9-9　图 9-78 所示表单中包含的控件及其属性

控 件 名 称	属　　性	设 置 值
Form1	Caption	求圆的面积
Label1	Caption	输入圆的半径
	AutoSize	.T.
	FontName	宋体
	FontSize	11
Label2	Caption	输出圆的面积
	AutoSize	.T.
	FontName	宋体
	FontSize	11
Text1、Text2	Width	97
	Height	25
Command1	Caption	求面积
	FontName	黑体
	FontSize	10
	Width	60
	Height	25
Command2	Caption	退出
	FontName	黑体
	FontSize	10
	Width	60
	Height	25

表单的设计过程如下：

（1）建立一个名为 area. scx 的表单。

单击"文件"菜单下的"新建"命令，选择"表单"选项，单击"新建文件"按钮，打开表单设计器窗口。通过拖拽表单的边框线调整表单的大小至合适为止。

（2）按照表单的运行效果图，向表单中添加两个标签控件、两个文本框控件和两个命令按钮控件。

（3）设置各个控件的属性（按照表 9-9 给出的属性值进行设置）。

（4）为命令按钮编写事件代码

双击 Command1，打开命令按钮的单击事件（Click 事件）代码编写窗口，输入以下代码：

r = VAL(ThisForm. Text1. Value)

ThisForm . Text2. Value=STR(3. 14 * r * r,12,2)

双击 Command2，打开命令按钮 Command2 的单击事件代码编写窗口，输入以下代码：

ThisForm. Release

（5）保存并运行表单

按"Ctrl＋W"键保存设计好的表单。

在命令窗口中输入运行表单的命令：DO FORM area，按回车键后显示运行结果。此时，在第一个文本框中输入圆的半径 2，单击"求面积"按钮，就会在第二个文本框中输出圆的面积 12.56，得到如图 9-78 所示的结果。

五、常用表单控件及其属性

在面向对象的可视化程序设计中，表单及其控件的属性决定了其各自的数据特征。当设置了对象的属性后，相应对象的外观或特征就会发生变化。因此，合理地设置对象的属性，不仅是表单得以正常运行的保证，而且能够起到美化表单的作用。

有些属性是表单及其对象所共有的，而且作用相同。表 9-10 列出了表单及其对象常用到的通用属性及其作用，以便在设计表单时能充分理解和运用。

表 9-10　表单及其控件的通用属性

对象的属性	作用及属性的数据类型
Caption	对象的标题属性，即对象上的标题文本，标题属性为字符型。
Name	对象的名称属性，每个对象都有一个名称，在编写代码时用对象的名称属性来引用该对象。
AutoSize	指定是否自动调整控件大小以容纳其内容。属性值为逻辑型（.T. 或.F.）
Alignment	指定与控件相关联的文本对齐方式。
BackColor	指定对象内文本和图形的背景色。
ForeColor	指定对象内显示的文本和图形的前景色。
FontName	指定用于显示文本的字体名，字体属性为字符型。
FontSize	指定对象文本的字体大小，字体大小属性为数值型。
FontBold	指定文字是否为粗体，属性值为逻辑型。
FontItalic	指定文字是否为斜体，属性值为逻辑型。
Enabled	指定表单或控件能否相应由用户引发的事件，属性为逻辑型。
Visible	指定对象是可见还是隐藏，属性为逻辑型。

(一) 表单控件

1. 常用表单属性　表单(form)的属性很多,但有些属性在表单设计时很少用到,下面给出的是表单的一些重要属性,这些属性规定了表单的外观和行为,在设计表单时会经常用到。

(1) Caption:指定表单标题栏显示的文本。

(2) BackColor:指定表单窗口的颜色。

(3) BorderStyle:指定表单有无边框。0 代表无边框,1 代表单线边框,2 代表固定对话框,3 代表可调边框。默认取 3,选择此选项时,用户能够调整表单的大小。

(4) Closable:指定能否通过双击窗口菜单图标来关闭表单。

(5) ControlBox:指定在表单运行时刻,系统控制菜单图标是否显示。属性为逻辑值,当取 .F. 时,表单右上角的最小化、最大化和关闭按钮不显示。

(6) TitleBar:指定表单的标题栏是否可见。选择"1-打开"时,标题栏可见;选择"0-关闭"时,标题栏不可见。

(7) MaxButton:指定表单窗口是否可以进行最大化操作。选择 .T. 时可以最大化,选择 .F. 时不可以进行最大化操作。

(8) MinButton:指定表单窗口是否可以进行最小化操作。

2. 常用表单方法　表单的方法是用来控制表单行为的,常用的方法有如下几个:

(1) Show:使表单可见,即显示表单。有两种使用格式:Show()格式表示只显示一次表单;Show(1)格式表示表单显示并停留在屏幕上。

(2) Hide:隐藏表单,与 Show 的作用相反。

(3) Release:从内存中释放表单。在表单设计时常用该方法来退出表单(Thisform. Release)

(4) Refresh:刷新表单中显示的数据。当表单中对象的数据更新时,有时并不能够直接反映到表单界面上,需要调用刷新表单的方法 Refresh 才能显示最新数据。例如,当用表单来操作表中记录时,常常用 Refresh 来刷新表单数据。否则,当表中记录指针发生移动时,新记录中的数据不能直接显示在表单上,需要刷新后才能显示出来。

3. 常用表单事件

(1) Init:当发出执行表单的命令后,在创建表单时触发该事件,从而执行为该事件编写的代码,通常用来完成表单的一些初始化工作。

(2) Load:当发出执行表单的命令后,在创建表单之前触发该事件。

(3) Click:表单的单击事件。在表单运行时,当用鼠标左键单击表单对象时触发该事件。

(4) Unload:释放表单时触发该事件。

(二) 标签控件

标签(Label)控件用于显示表单中的静态文本,主要用来显示各种说明或提示信息。标签文本包含的最多字符数是 256 个,这些字符不能直接在表单上修改,但可以在标签的 Caption 属性中进行修改。

1. 常用属性

(1) Caption:标签上显示的文本,也称标签的标题属性。

(2) BackColor:标签的背景颜色。

(3) ForeColor:标签上显示的文本颜色

（4）AutoSize：确定是否根据标签上显示文本的长度来调整标签的大小。

（5）Alignment：标签文本的对齐方式，有左、中、右 3 种对齐方式。

（6）Visible：运行表单时，标签上的内容是否可见。

（7）Backstyle：标签背景是否透明，有两种选择，分别是："0-透明"，"1-不透明"。

（8）Name：标签的名称属性，默认名称为 Label 后加数字，在引用标签对象时使用。

2. 常用事件

单击事件（Click）：表单运行时，单击标签对象触发的事件。

例 63：在表单上添加三个标签控件，上面两个标签上显示的文本分别为："国家"和"民族"，最下面标签显示的文本为"交换"。实现的功能是：当表单运行时，单击"交换"标签，上面两个标签上的文字互换。

设计过程如下：

（1）新建一个表单，取名为"change. scx"。

（2）在表单上添加三个标签控件，Name 属性分别为 Label1、Label2 和 Label3，设置 Label1 和 Label2 的 Caption 属性分别为"国家"和"民族"，字体为隶书，字号为 20 号。设置 Label3 的 Caption 属性为"交换"，字体为宋体，字形为加粗，字号为 10 号。适当调整 3 个标签的位置和大小。

（3）编写"交换"标签的 Click 事件代码如下：

```
t＝ThisForm. Label1. Caption
ThisForm. Label1. Caption ＝ ThisForm. Label2. Caption
ThisForm. Label2. Caption ＝ t
```

（4）保存并运行表单，连续单击几次交换标签，观察上面两个标签上文本的变化。结果如图 9-79 所示。

（三）命令按钮控件

在表单设计中，命令按钮（CommandButton）是一种使用频率较高的控件，通常用来启动某个事件代码，最常用的就是命令按钮的 Click 事件，如确定、退出等。

1. 常用属性

（1）Caption：命令按钮上显示的文本，也称命令按钮的标题属性。

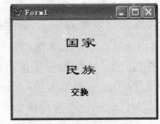

图 9-79 标签文本交换效果图

（2）Enabled：命令按钮是否可用，属性值为逻辑值，当设为 . T. 时可用，设为 . F. 时不可用。

（3）Name：命令按钮的名称属性，默认为 Command 后加数字。

2. 常用事件

Click：单击事件，即单击命令按钮时触发的事件。该事件往往对应一段代码，用来对表单中其他对象实施操作。

（四）文本框控件

文本框（TextBox）控件是用户和应用系统之间进行数据交互的一种常用工具，它用来显示或输入单行文本。文本框中能够编辑任意类型的数据，默认为字符型，但可以改变文本框中编辑文本的数据类型，方法是：文本框上右击鼠标，在弹出的快捷菜单中选择"生成器"选项，在生成器对话框中可设定文本类型。文本框中的数据被保存在文本框的 Value 属性中。

1. 常用属性

（1）PasswordChar　指定文本框内是显示用户输入的字符还是占位符，还可以指定用作占位符的字符。当属性为空时，文本框内显示用户输入的实际字符；当属性为一个非空字符（占位符）时，用户向文本框中输入的任意字符都将显示为设定的非空字符。利用文本框的该属性，通常用来设置帐户的登录密码。

（2）Value：文本框的值属性。它是一个变量，用于接收或输出数据。

（3）MaxLength：指定文本框中可以输入的最大字符串长度。0表示没有长度限制。

（4）Name：文本框的名称属性。编写代码时使用它来引用文本框。

（5）ReadOnly：指定能否编辑文本框，设置为.F.时，可以编辑；设置为.T.时，不可编辑。

（6）ControlSource：指定与文本框建立联系的数据源。如果在表单的数据环境中添加了数据源（表或视图），则可以利用文本框来编辑表中的字段或变量的值。表单运行时，文本框中首先显示表中的字段值，用户可以在文本框中改变这个值，改变的结果也会保存到该变量中。

2. 常用事件　InteractiveChange 当文本框的值发生变化时触发的事件。

例 64： 建立如图 9-80 所示的表单，表单的运行结果如图 9-81 所示。表单实现的功能是验证登录用户名和密码。表单中包含的控件及其属性见表 9-11。当输入了用户名和密码后，单击"验证"按钮时，如果用户名和密码正确，则显示"欢迎登录!"信息框；如果输入的用户名或密码不正确，则显示"用户名或密码错误!"信息框。单击"退出"按钮退出表单。现设正确的用户名为"admin"，密码为"123456"。

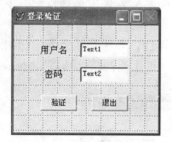
图 9-80　登录验证表单设计图

图 9-81　表单运行结果图

表 9-11　图 9-80 所示表单中包含的控件及其属性

对　象　名	属　　性	属　性　值
Form1	Caption	登录验证
Label1	Caption	用户名
	FontSize	11
Label2	Caption	密码
	FontSize	11
Text1	Width	80
Text2	PasswordChar	*
	Width	80
Command1	Caption	验证
Command2	Caption	退出

设计过程如下：

（1）新建一个表单，按图 9-80 添加控件，按表 9-11 设置各控件的属性。

（2）编写命令按钮（Command1）的 Click 事件代码如下：

SET EXACT ON

IF ThisForm. Text1. Value ＝ "admin" . AND. ThisForm. Text2. Value ＝"123456"

　　Wait "欢迎登录！" Window

ELSE

　　Wait "用户名或密码错误！" Window

ENDIF

（3）编写命令按钮（Command2）的 Click 事件代码：

ThisForm. Release

（4）保存并运行表单，结果如图 9-81 所示。

（五）命令按钮组控件

命令按钮组（CommandGroup）是包含一组命令按钮的容器控件，用户可以对其中包含的按钮单独操作，也可将这些按钮作为一个组来统一操作。

在进行表单设计时，如果要对按钮组中某个按钮单独操作，则需要选中该按钮，选择的方法有两种：

（1）在命令按钮组上右击鼠标，从弹出的快捷菜单中选择"编辑"命令，此时进入命令按钮组的编辑状态，就可以通过单击鼠标来选择某个命令按钮了。

（2）首先选中命令按钮组，然后在属性窗口的对象名称列表中选择按钮组下的某个命令按钮，即可进入该按钮的编辑修改状态。

另外，还可以通过生成器快速设置命令按钮组的属性。方法是在命令按钮组上右击鼠标，从弹出的快捷菜单中选择"生成器"命令，弹出"命令组生成器"对话框，如图 9-82 所示。

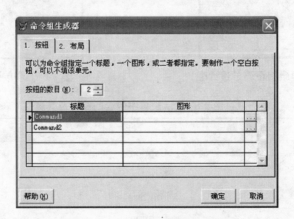

图 9-82 "命令组生成器"对话框

在此对话框中，可以方便地修改按钮组中包含的按钮个数，各个命令按钮的标题以及按钮的布局（排列方式、按钮间隔、边框样式）。如图 9-83 所示。

1. 常用属性

（1）ButtonCount：命令按钮组中包含的命令按钮个数。

（2）Value：指定鼠标当前按下的是第几个按钮，默认值是 1。

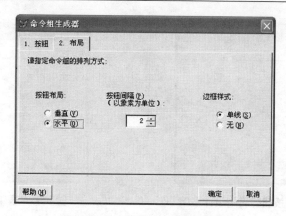

图 9-83　"按钮布局"设置对话框

（3）Name：命令按钮组的名称属性。默认名称为 CommandGroup 后加数字。

2．常用事件

Click　单击命令按钮组时触发的事件。

InteractiveChange　命令按钮组的值发生变化时触发的事件，即当用鼠标去单击命令按钮组中其他的命令按钮时触发的事件。

（六）选项按钮组控件

选项按钮组（OptionGroup）是包含多个选项按钮的容器控件，从选项按钮组中每次只能选择一项，被选中的选项前会显示一个黑色的圆点。当用户选择其他选项时，先前选中的按钮自动被释放，变为未选中状态。

1．常用属性

（1）ButtonCount：选项按钮组中包含的选项按钮个数。

（2）Value：指定鼠标当前选中的是第几个选项，默认值是 1。当 Value 值为 0 时，表示没有选择任何选项。

2．常用事件

（1）Click：单击选项按钮组时触发的事件。

（2）InteractiveChange：选项按钮组中选中的按钮发生变化时触发的事件。类似于命令按钮组。

例 65：设计如图 9-84 所示的表单。表单中包含一个文本框和一个选项按钮组。实现的功能是当用鼠标单击某个按钮时，按钮的编号显示在文本框中。

设计过程如下：

（1）新建一个表单，如图 9-84 所示添加控件。

（2）将选项按钮组中 4 个选项按钮的 Caption 属性值分别设置为"A"、"B"、"C"、"D"。

（3）编写选项按钮组的 Click 事件代码为：

ThisForm. Text1. Value ＝ STR(This. Value)

（4）保存并运行表单，结果如图 9-85 所示。

（七）复选框控件

复选框（CheckBox）是一种经常使用的控件，一般用来表示某些状态是否成立，当选中时表示成立（其值为 1），当没有选中时表示不成立（其值为 0）。Value 值为 1 时，复选框内显示一个"√"，Value 值为 0 时，复选框内为空。

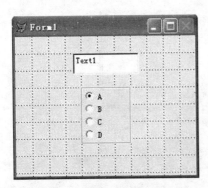

图 9-84　选项按钮的应用设计表单

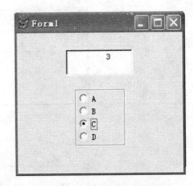

图 9-85　表单运行效果图

1. 常用属性

(1) Caption:复选框的标题属性。即复选框右侧显示的提示文字。

(2) Value:指定复选框是否被选中,设置为 1 时,表示选中,为 0 时表示未选中。

(3) Name:复选框的名称属性。默认名称为 Check 后加数字。

2. 常用事件　InteractiveChange 当复选框的值发生变化时触发的事件。

例 66:设计如图 9-86 所示的表单。实现的功能是向文本框内输入文本后,用选项按钮组和复选框来控制文本框内的文本格式(字体、字号和字型)。最终结果如图 9-87 所示。

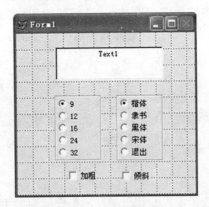

图 9-86　表单设计图

图 9-87　表单运行效果图

设计过程如下:

(1) 新建表单,按图 9-86 添加并设置各控件的属性值。

(2) 编写选项按钮组(OptionGroup1)的 Click 事件代码:

```
DO CASE
    CASE This. Value = 1
        ThisForm. Text1. FontSize = 9
    CASE This. Value = 2
        ThisForm. Text1. FontSize = 12
    CASE This. Value = 3
        ThisForm. Text1. FontSize = 16
    CASE This. Value = 4
        ThisForm. Text1. FontSize = 24
```

```
    CASE This. Value = 5
        ThisForm. Text1. FontSize = 32
ENDCASE
```

（3）编写选项按钮组（OptionGroup2）的 Click 事件代码：

```
DO CASE
    CASE This. value = 1
        ThisForm. Text1. FontName = "楷体"
    CASE This. Value = 2
        ThisForm. Text1. FontName = "隶书"
    CASE This. Value = 3
        ThisForm. Text1. FontName = "黑体"
    CASE This. Value=4
        ThisForm. Text1. FontName = "宋体"
    CASE This. Value=5
        ThisForm. Release
ENDCASE
```

（4）编写复选框（Check1）的 Click 事件代码：

```
IF This. Value = 1
    ThisForm. Text1. FontBold =. T.
ELSE
    ThisForm. Text1. FontBold = . F.
ENDIF
```

（5）编写复选框（Check2）的 Click 事件代码：

```
IF This. Value = 1
    ThisForm. Text1. FontItalic = . T.
ELSE
    ThisForm. Text1. FontItalic = . F.
ENDIF
```

（八）编辑框控件

编辑框（EditBox）控件与文本框控件类似，也是用来输入用户数据，但与文本框的区别是编辑框中可以输入和显示多行文本。它相当于一个字处理软件，不仅可以在编辑框中输入、修改、复制和移动文本，而且还可以自动换行并能使用编辑键及滚动条来浏览文本。

1. 常用属性

（1）Name：编辑框的名称属性。默认为 Edit 后加数字。

（2）ReadOnly：指定用户能否对编辑框进行编辑。

2. 常用事件　InteractiveChange：当编辑框的值发生变化时触发的事件。

（九）列表框控件

列表框（ListBox）控件是表单中常用的一种控件，它提供一组选项供用户选择，可以选择一项，也可以选择多项。如果列出的项目在列表框中显示不下，可以通过滚动条滚动选择。

1. 常用属性

（1）ColumnCount：列表框的列数。

（2）ControlSource：通过该属性可以建立与列表框相联系的数据源，指定用户从列表中选择的值保存在何处。

（3）RowSourceType：指定列表中值来源的类型。包含 9 个选项。

（4）RowSource：列表中显示值的来源。

（5）MultiSelect：指定用户能否一次从列表中选择多项。当设置其值为 .F. 时，一次只能选择一项；当设置其值为 .T. 时，一次可以从列表中选择多项。注意：在选择多项时需要先按住 Shift 键或 Ctrl 键，然后依次单击要选择的项目。

（6）Name：列表框的名称属性。默认名称为 list 后加数字。

2. 常用事件

（1）Click：当单击列表框时触发的事件。

（2）InteractiveChange：当列表框中选定的选项发生变化时触发的事件。

列表框中可以显示一列，也可以显示多列。在使用列表框时需要注意以下两点：

1）首先要设置 RowSourceType 和 RowSource 属性，其中 RowSourceType 指定了列表中数据源的类型，如值、字段或别名（指表的别名）；RowSource 则指定了具体的数据源。在设置这两个属性时，应注意先后顺序：先设置 RowSourceType 属性，然后再设置 RowSource 属性。

2）当为列表框指定显示多个字段时，需要设置 ColumnCount（列表框的列数）属性。例如：当指定了列表框的 RowSourceType 属性为"2-别名"，而选择了 RowSource 属性为一个表名时，如果不指定 ColumnCount 的值，则默认只显示别名指定的表中的第一个字段，其他字段无法显示。要显示几个字段，必须指定 ColumnCount 的值为几。

下面举两个列表框使用的具体实例。

例 67： 建立如图 9-88 所示的表单。表单中包含的控件为一个列表框和一个文本框，表单所实现的功能是每当选择列表框中的某一选项时，该项目的内容显示在文本框中，同时字体变为隶书形式，字号变为 16 号字。表单运行的最终效果如图 9-89 所示。

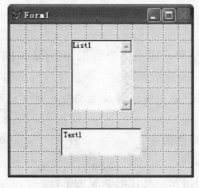

图 9-88　表单设计图

图 9-89　表单运行效果图

设计过程如下：

（1）新建一个表单，添加一个列表框控件和一个文本框控件，位置和大小比例如图 9-88。

（2）选中列表框（List1），在其属性栏设置列表框的 RowSourceType 属性为"1-值"，设置 RowSource 属性值为"春,夏,秋,冬"。注意在输入四个字时,中间的分隔符必须用英文逗号,否则,在表单运行时,四个字可能会显示在列表框的同一行上。

(3) 双击列表框,打开列表框的代码编辑窗口。在过程列表框中选择 InteractiveChange 事件,为其编写如下代码:

ThisForm. Text1. Value ＝This. Value

ThisForm. Text1. FontName ＝ "隶书"

ThisForm. Text1. FontSize ＝ 16

(4) 保存并运行表单。从列表框中单击"秋",即显示如图 9-89 所示的结果。

例 68: 建立一个表单,要求包含一个列表框控件,列表框中显示职工基本情况表的前四个字段。最终运行结果如图 9-90 所示。

设计过程如下:

(1) 新建一个表单对象,在其中添加一个列表框控件,适当调整列表框的宽度和高度,使其能够容纳下职工基本情况表中的前四个字段值。

(2) 向表单中添加数据环境,并在数据环境中添加 "职工基本情况表 . dbf"。

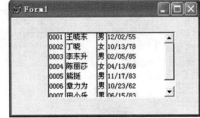

图 9-90　表单最终运行效果图

(3) 设置列表框的 ColumnCount 属性值为 4。

(4) 设置列表框的 RowSourceType 属性为"2-别名",选择 RowSource 属性值为"职工基本情况表"。

(5) 保存并运行表单,运行结果见图 9-90。

(十) 组合框控件

组合框(ComboBox)控件兼有文本框和列表框的功能,用法与列表框类似。有两种形式的组合框:"0-下拉组合框"和"1-下拉列表框",可以通过 Style 属性来选择组合框的类型。

下拉组合框和下拉列表框的主要区别是:下拉组合框不仅能够从下拉列表中选择所要的项目,而且还可以直接输入和编辑数据,而下拉列表框则只能从下拉列表中选择项目,不能在下拉列表框中编辑数据。

1. 常用属性

(1) ColumnCount:指定组合框包含的列数。

(2) RowSourceType:指定组合框中数据源的类型,设置方法与列表框的该属性相同。

(3) RowSource:指定组合框中显示数据的来源。

(4) Style:指定组合框的样式。

(5) Name:组合框控件的名称属性。默认名称为 Combo 后加数字。

例 69: 设计一个简单的计算器,界面如图 9-91 所示。表单中包含的控件及其属性由表 9-12 给出。表单实现的功能是在文本框 1 和文本框 2 中各输入一个数,从组合框中选择计算符号(＋、－、*、/),单击"计算"按钮后,在文本框 3 中输出计算结果,单击"退出"按钮退出表单。

设计过程如下:

(1) 新建一个表单,在其中添加三个文本框控件,一个组合框控件、一个标签控件、两个命令按钮控件,适当调整各个控件的位置和大小。

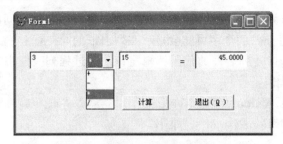

图 9-91 计算器表单运行效果图

(2) 设置各控件的属性,如表 9-12 所示。

表 9-12 表单中包含的控件及其属性

对 象 名	属 性 名	属 性 值
Text1、Text2、Text3	Height	30
	Width	90
Combo1	Style	1-下拉列表框
Label1	Caption	=
Command1	Caption	计算
	Height	25
	Width	80
Command2	Caption	退出（Q）
	Height	25
	Width	80

其中标签 Label1 的 Caption 属性值为"＝",这里的"＝"号需要在全角下输入;Command2 的 Caption 属性为"退出(**Q**)",括号里面带下划线字母 Q 的输入方法是"\＜Q"。

(3) 输入组合框(Combo1)的值"＋、－、＊、、/"。方法是:选中组合框控件,在属性栏中选择其 Style 属性为"1-下拉列表框",设置它的 RowSourceType 属性为"1-值",输入 RowSource 属性值"＋,－,＊,/"后回车。

(4) 编写命令按钮 Command1 的 Click 事件代码如下:

sign ＝ ThisForm. ComBo1. Value

t ＝ VAL(ThisForm. Text1. Value)＆sign. VAL(ThisForm. Text2. Value)

ThisForm. Text3. Value ＝ t

(5) 编写命令按钮 Command2 的 Click 事件代码如下:

ThisForm. Release

(十一) 微调控件

微调(Spinner)控件既可以让用户通过键盘直接在微调框内输入数据,又可以通过微调框右侧的箭头来增加或减少数值。

1. 常用属性

(1) Increment:用户每次单击向上或向下箭头时增加和减少的值。

(2) KeyboardHighValue:是指用户能通过键盘输入到微调框中的最大值。

（3）KeyboardLowValue：是指用户能通过键盘输入到微调框中的最小值。

（4）SpinnerHighValue：用户用鼠标单击向上箭头时，微调框内能显示的最大值。

（5）SpinnerLowValue：用户用鼠标单击向下箭头时，微调框内能显示的最小值。

（6）Value：微调控件的当前值。

（7）Name：微调控件的名称属性。默认名称为 Spinner 后加数字。

2. 常用事件　InteractiveChange 当微调控件的值发生变化时触发的事件。

说明：在微调控件的属性栏中可以设定 KeyboardHighValue、KeyboardLowValue、SpinnerHighValue 、SpinnerLowValue 的值，但不能超出各自的限定范围。

（十二）形状控件

表单设计中，使用形状（Shape）控件可以绘制各种形状的图形。形状控件的常用属性有：

（1）Curvature：指定形状控件的角的曲率。取值范围：0～99。有两种特殊情况：当 Curvature 属性的值为 0（即形状的曲率为 0）时，绘制的图形为矩形或正方形；当 Curvature 属性的值为 99 时，绘制的图形为椭圆形或圆形；当取其他值时，绘制的形状一律为圆角矩形。

（2）BorderStyle：指定形状的边框样式。共有 6 种。

（3）FillStyle：指定用来填充形状的图案。有 7 种选择。

（4）SpecialEffect：指定形状的不同外观。有两种选择："0-3 维"和"1-平面"。

（5）Name 指形状控件的名称属性。默认名称为 Shape 后加数字，如 Shape1、Shape2 等。

例 70：设计如图 9-92 所示的表单。表单中包含的控件及其属性见表 9-13，实现的功能是利用微调控件来控制形状的曲率。

设计过程如下：

（1）新建一个表单，向表单中添加一个形状控件，一个微调控件，两个标签控件。

（2）按照表 9-13 设置各控件的属性。

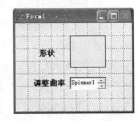

图 9-92　表单设计图

表 9-13　表单中包含的控件及其属性

对 象 名	属 性 名	属 性 值
Label1	Caption	形状
	FontBold	. T.
Label2	Caption	调整曲率
	FontBold	. T.
Spinner1	KeyboardHighValue	99
	KeyboardLowValue	0
	SpinnerHighValue	99
	SpinnerLowValue	0
	Increment	3

（3）为控件编写事件代码。

微调控件（Spinner1）的 InteractiveChange 事件代码为：

ThisForm. Shape1. Curvature＝ThisForm. Spinner1. Value

命令按钮（Command1）的 Click 事件代码为：

ThisForm. Release

（4）保存并运行表单，最终效果如图 9-93 所示。

图 9-93 表单运行
效果图

（十三）图像控件

在设计表单时，允许通过图像（Image）控件在表单中添加某些格式的图片（如 . bmp 文件和 . jpg 文件等）。图像控件的常用属性有：

（1）BorderStyle：指定图像控件的边框样式。有两种选择："0-无"、"1-固定单线"。

（2）Picture：指定要显示的图形文件名。

（十四）线条控件

线条（Line）控件常用来绘制各种直线段。常用属性有：

（1）BorderStyle：指定线条的线型，有六种。

（2）BorderWidth：指定线条边框的宽度。

（3）BorderColor：指定线条边框的颜色。

（4）LineSlant：指定线条如何倾斜，从左上到右下还是从左下到右上。

（5）Name：线条的名称属性，默认为 Line 后加数字。

（十五）计时器控件

计时器（Timer）控件用来控制某些操作重复执行的时间间隔。它与用户的操作无关，只对时间做出反应。用来指定计时器时间间隔的属性是 Interval，单位是毫秒（1 秒＝1000 毫秒）。计时器控件在设计表单时是可见的，在表单运行时是不可见的。

1. 常用属性

（1）Enabeld：指定在表单加载时计时器是否开始工作。如果让计时器在表单加载时就开始工作，则需要将这个属性值设置为 . T. ，否则将其值设置为 . F. 。

（2）Interval：指定调用计时器事件的时间间隔，以毫秒为单位。

（3）Name：计时器的名称属性。默认为 Timer 后加数字，如 Timer1、Timer2 等。

2. 常用事件

Timer 当由 Interval 属性设置的时间间隔过去后触发该事件。经常通过为 Timer 事件编写代码来重复操作其他对象。

例 71：设计如图 9-94 所示的表单。表单中包含两个文本框和一个计时器控件。当表单运行时，向两个文本框中输入数据，每隔 3 秒钟两个文本框中的数据自动交换一次。

设计过程如下：

（1）新建一个表单，添加两个文本框控件，适当调整文本框的位置和大小。

（2）添加一个计时器控件。在属性窗口设置计时器的 Interval 属性值为 3000（注意这里的 3000 是指 3000 毫秒）。

（3）双击计时器控件，进入计时器的 Timer 事件，为其编写如下事件代码：

t ＝ ThisForm. Text1. Value

ThisForm. Text1. Value ＝ ThisForm. Text2. Value

ThisForm. Text2. Value ＝ t

（4）保存并运行表单。向两个文本框内输入不同的数据，观察发生的变化，表单运行结果如图 9-95 所示。

图 9-94　表单设计图

图 9-95　表单运行效果图

（十六）表格控件

表格（Grid）控件是一种容器控件，它包含列（Colunm）对象，每个列又包含列标头和列控件。通常用表格控件来显示表中的数据或查询结果。当用户在表单的数据环境中添加了表或视图后，如果在表单上建立一个表格对象，那么表格中就会自动显示表或视图中的数据。

1. 常用属性　表格控件的属性包括了表格自身的属性和表格中列的属性，表格控件的主要属性如下：

（1）ColumnCount：指定表格中包含的列数，默认值为－1，表示未包含任何列。可以在属性窗口设置列数。

（2）RecordSorceType：指定与表格控件建立联系的数据源类型，数据源可以是表和查询等。

（3）RecordSorce：指定与表格控件建立联系的数据源。

2. 建立和设计表格　使用表格生成器是快速生成和设计表格的有效方法，具体操作过程是：

（1）新建一个表单，向表单中添加一个表格对象。

（2）用鼠标右键单击表格对象，在弹出的快捷菜单中选择"生成器"，弹出"表格生成器"对话框，如图 9-96 所示。

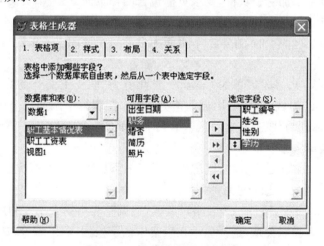

图 9-96　"表格生成器"对话框

（3）单击"表格项"选项卡，在"数据库和表"列表中选择要操作的数据库和表（本例中选择的是数据1中的职工基本情况表，在可用字段列表中选择即将在表格中显示的字段，将其添加到选定字段栏。

（4）单击"样式"选项卡，选择一种自己喜欢的表格样式。

（5）单击"布局"选项卡，可调整表格的布局（行高、列宽等）。

（6）单击"关系"选项卡，可以设置表之间的关系。如果表格对应的是一个表，则省略此项操作。

使用表格设计器的选项卡调整完表格后，还可以在属性栏修改表格中其他对象的属性。

（十七）页框控件

页框（PageFrame）控件也称作选项卡控件，它是一种容器对象，包含页面对象。而页面对象也是容器对象，其中可以放置任何控件。可以在属性栏设置页面、页框及其控件的属性。在表单运行时，每一个页面都对应一个屏幕窗口。

由于表单窗口的范围有限，要想在表单上放置多个对象，会给设计和布局带来很大难度，甚至在一个窗口根本无法容纳下多个对象。页框对象的出现为表单的外观设计提供了解决途径。由于页框可以包含多幅页面，用户可以将属于一个模块的对象放到一个页面中进行布局和设计。这样，一个表单中的多个对象就被分配到了多个窗口，整个表单窗口会显得整洁、清晰，而不会因为在一个窗口中放置太多的对象而发生混乱。

1. 页框的常用属性

（1）Tabs　确定页框控件有无选项卡。

（2）PageCount　页框中包含的页面数。默认为2幅。

（3）ActivePage　指定当前的活跃页面编号。默认为1。

2. 页面的常用属性　Caption 页面上显示的标题文本。默认为 Page 后加数字，可以在属性栏中修改。

有关说明：页框是由页面组成的，而页面中还可以添加其他控件，当为某个页面添加控件时，需要选中该页面并进入该页面的编辑状态。进入编辑页面状态的方法是：用鼠标右键单击页框，在弹出的快捷菜单中选择"编辑"命令。或者在"属性"窗口中直接选择要编辑的页面名称。

例 72：在表单中添加一个页框，要求页框包含两幅页面，第一幅页面显示职工基本情况表中的信息，第二幅页面显示职工工资表的工资信息。在两个页面之间建立关联，当在职工基本情况表中选择某名职工时，在第二个页面中自动显示该职工的工资情况。

设计过程如下：

（1）新建一个表单，修改表单的 Caption 属性值为"职工工资查询"。设置表单的高度（Height）属性值为250，宽度（Width）属性值为378。在表单中添加一个包含两幅页面的页框，第一个页面的标题为"职工基本信息"，第二个页面的标题为"职工工资信息"。设置页框的高度和宽度与表单大小一致。

（2）在表单上添加数据环境对象，在数据环境中添加职工基本情况表和职工工资表，并按照职工编号建立两个表之间的关联关系。

（3）选择第一幅页面，添加一个表格对象，适当调整表格的大小。利用生成器将表格与职工基本情况表建立关联关系，选择显示在表格中的字段为"职工编号、姓名、性别、学历"。

（4）选择第二幅页面，添加一个表格对象，利用生成器将在表格与职工工资表建立关联,选择显示在该表格中的字段为"编号、基本工资、奖金"。

(5) 保存并运行表单,结果如图 9-97 和 9-98 所示。其中,图 9-97 显示的是第一幅页面,图 9-98 显示的是第二幅页面。由于两个表之间建立了关联,所以在第一幅页面选择一个职工记录时,第二幅页面显示的是与该记录相关的工资信息。

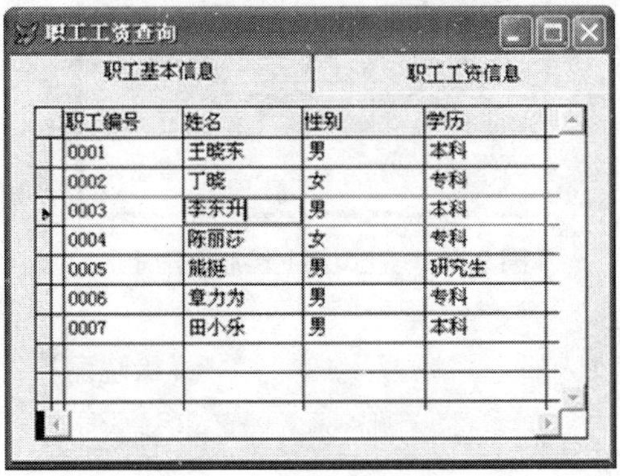

图 9-97　页框的第一幅页面

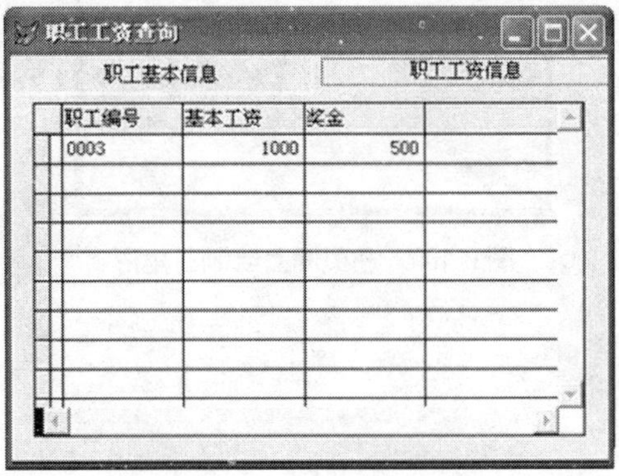

图 9-98　页框的第二幅页面

例 73: 在表单中添加一个页框,设置该页框包含三幅页面,这三幅页面的标题分别是:圆形、三角形、圆角矩形(45°)。适当设置图形的大小、位置和颜色样式。要求表单的外表美观、大方。

设计的过程如下:

(1) 新建一个表单,设置表单的 Caption 属性值为"绘图",Width 属性值为 300,Height 属性值 240,然后在表单上添加一个页框控件,调整其大小与表单大小相同。

(2) 选中页框控件,在属性窗口设置页框的 PageCount 属性值为 3,即包含 3 幅页面。

(3) 在属性窗口的对象列表中选择第一幅页面 Page1,设置它的 Caption 属性值为"圆形",即第一幅页面的标题文字为"圆形"。依次设置第二幅和第三幅页面的 Caption 属性值分别为"三角形"和"圆角矩形"。

(4) 选中第一幅页面,在页面的中间位置用形状工具画一个矩形,在属性窗口修改矩形的 Width 和 Height 属性,设置它们的值均为 133。此时,矩形变为正方形。再设置该正方形的 Curvature(曲率)属性值为 99。这样绘制的矩形就变成了圆形。在属性窗口设置圆形的 BackColor 属性值为 255,0,0(背景为红色);BorderColor 属性值为 255,255,0(边框线为黄色)。结果如图 9-99 所示。

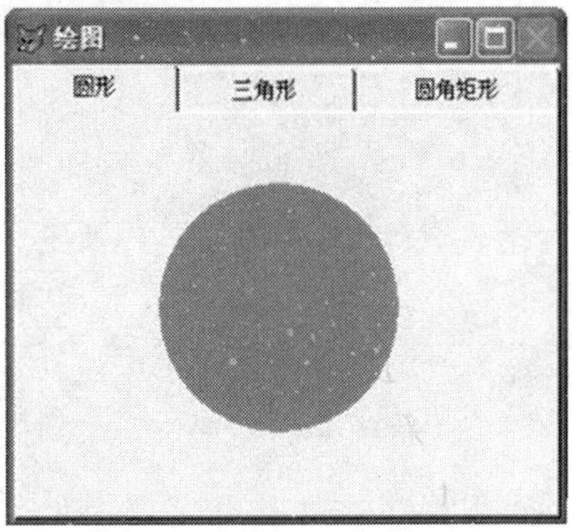

图 9-99　在页面上绘制圆形

(5) 选中第二幅页面,在页面的中间位置用线条工具绘制一个三角形,注意使用属性窗口线条的 LineSlant 属性来修改线条的倾斜方向。设置线条的 BorderColor 属性值为 0,255,0(绿色),BorderWidth 属性值为 2。结果如图 9-100 所示。

(6) 选中第三幅页面,在页面的中间位置绘制一个矩形,在属性窗口设置该矩形的 Curvature 属性值为 45,BorderColor 属性值为 255,0,0(红色),FillColor 属性值为 0,0,255(蓝色),FillStyle 属性选"2 水平线"。结果如图 9-101 所示。

图 9-100　在页面上绘制三角形

图 9-101　在页面上绘制圆角矩形

（徐晓丽）